Gil TAVARES

Le nombre d’or

Le premier million de chiffres du nombre d’or

ISBN : 9798374056327

Imprimé à la demande par Amazon

Le nombre d'or (phi en mathématiques) est un nombre irrationnel approximativement égal à 1,61803398874989484820. Il est souvent utilisé en art et en architecture pour créer des proportions esthétiquement plaisantes et harmonieuses, car il est considéré comme une proportion idéale.

Il est également utilisé dans d'autres domaines tels que la nature et les sciences. Il est un nombre irrationnel, c'est à dire qu'il ne peut pas être exprimé comme un quotient de deux nombres entiers. Il est également connu sous le nom de "proportion divine" ou "rapport d'or".

On connaît désormais 62 000 milliards de décimales. Si l'on devait imprimer l'intégralité du nombre π cela représenterait quelque 62 millions de livres comme celui-ci, qui ne contient que les 1.000.000 premières décimales.

Pour les amoureux des mathématiques.

Le premier million de décimales de pi (π)

1.618033988749894848204586834365638117720309179805762862135448622705260462818902449707207204189391137484754088075386891752126633862223536931793180060766726354433389086595939582905638322661319928290267880675208766892501711696207032221043216269548626296313614438149758701220340805887954454749246185695364864449241044320771344947049565846788509874339442212544877066478091588460749988712400765217057517978834166256249407589069704000281210427621771117778053153171410117046665991466979873176135600670874807101317952368942752194843530567830022878569978297783478458782289110976250030269615617002504643382437764861028383126833037242926752631165339247316711121158818638513316203840052221657912866752946549068113171599343235973494985090409476213222981017261070596116456299098162905552085247903524060201727997471753427775927786256194320827505131218156285512224809394712341451702237358057727861600868838295230459264787801788992199027077690389532196819861514378031499741106926088674296226757560523172777520353613936210767389376455606060592165894667595519004005559089502295309423124823552122124154440064703405657347976639723949499465845788730396230903750339938562102423690251386804145779956981224457471780341731264532204163972321340444494873023154176768937521030687378803441700939544096279558986787232095124268935573097045095956844017555198819218020640529055189349475926007348522821010881946445442223188913192946896220023014437702699230078030852611807545192887705021096842493627135925187607778846658361502389134933331223105339232136243192637289106705033992822652635562090297986424727597725655086154875435748264718141451270006023890162077732244994353088999095016803281121943204819643876758633147985719113978153978074761507722117508269458639320456520989698555678141069683728840587461033781054443909436835835813811311168993855576975484149144534150912954070050194775486163075422641729394680367319805861833918328599130396072014455950449779212076124785645916160837059498786006970189409886400764436170933417270919143365013715766011480381430626238051432117348151005590134561011800790506381421527093085880928757034505078081454588199063361298279814117453392731208092897279222132980642946878242748740174505540677875708323731097591511776297844328474790817651809778726841611763250386121129143683437670235037111633072586988325871033632223810980901211019899176841491751233134015273384383723450093478604979294599158220125810459823092552872124137043614910205471855496118087642657651106054588147560443178479858453973128630162544876114852021706440411166076695059775783257039511087823082710647893902111569103927683845386333321565829659773103436032322545743637204124406408882673758433953679593123221343732099574988946995656473600729599983912881031974263125179714143201231127955189477817269141589117799195648125580018455065632952859859100090862180297756378925999164994642819302229355234667475932695165421402109136301819472270789012208728736170734864999815625547281137347987165695274890081443840532748378137824669174442296349147081570073525457070897726754693438226195468615331209533579238014609273510210119190218360675097308957528957746814229543394385493155339630380729169175846101460995055064803679304147236572039860073550760902317312501613204843583648177048481810991602442523271672

1901893345963786087875287017393593030133590112371023917126590470263490
4028307668767436386513271062803231740693173344823435645318505813531080
5497333507599667787124490583636754132890862406324563953572125242611700
2780286560432349428373017255744058372782679960317393640132876277012430
6798311446436947670531272492410471670013824783128656506493434180390040
1017805339505877245866557552293915823970841772983372823115256926092990
5942240000560626678674357923972454084817651973436265268944888552720270
4778747335983536727761407591712051326934483752991649980936024617844260
7572776790019191907038052204612324823913261043271916845123060236278930
5454324617699757536890417636502547851382463146583363833760235778992670
2988632161858395903639981838458276449124598093704305555961379734326130
4830494949686810895356963482817812886253646084203394653819441945714260
6682371839491832370908574850266568039897440662105360306400260817112660
5995419936873160945722888109207788227720363668448153256172841176909790
2666655223846883113718529919216319052015686312228207155998764684235520
0592853717578076560503677313097519122397388722468258057159744574048420
9878073522159842667662578077062019430400542550158312503017534094117190
1019298903844725033298802450143679684416947959545304591031381162187040
5679978663661746059570003445970113525181346006565535203478881174149940
1274826415213556776394039071038708818233806803350038046800174808220590
1096844202644640218770534010031802881664415309139394815640319282278540
8241451050318882518997007486228794215589574282021665706218809057808800
5032467699129728721038707369740643566745892025865657397856085956653410
0703599783204463363464854894976638853510455272982422906998488536968280
0464597457626514343590509383212437433338705166571490059071056702488790
8580437181512610044038148804072524406164290224782271527241120850657880
8387124936351068063651667432223277677557973992703762319147047323955120
0607055039920884426037087908433342618384135970781648295537143219611890
5037977146300075559753795703552271449319132172556440128309180504500890
9218705121186069335731538959350790300736727023314165320423401553741440
2687154055116479611433230248544040940691145613987302603951828168034480
2525432673857590056043202453727192912486458133344169852993913574786980
9579864394980230471169671573622839120181273129165899527599192203183720
3568272793856373312654799859124632750300605925674549794350881192950560
8549325935531872914180113641218747075262810686983013576052471944559320
1955359610452830314883911769301196585834314424894898565584250834109420
9502771975833522442912573649380754171137392437601435068298784932712990
7512286881960498357751587717804106971319667534771947922636519016339770
1284739079336111191408998305603361060987171783055435403560895292908180
4641437139294378135604820389479125745077075575103002420726629001809040
2293424942590606661413322872269806901459945119954780163991514126125250
7282806643312616574693881951064421673871800011004218483025809165433830
7492364118388856468514315006373190429514814694243146089525470720374050
5669130692209908048194529751106504642810541775525909518713188835914760
5996041317960209415308585533238772538023272763297737214312796821671620
3442118320180288141274744316884721845939278143547409999907223320305920
6297661123832798331698825393126200650370288447828666940447307947104760
1255865837529862362509998232335971550723383833244081525778193364262630
0433026589581708004512788731159355877472172564947000516366725771539200
9840950327451121536873009121996295227659131637093968607271342692623150
4753304379933165811073696431421719794340563915512108108136262688856970

480680601169189417502722987415869917914534994624441940121978586013736
608286907223651477139126874209665137875620591854328888341742920901563
133283193575622089713765630978501563154982456445865424792935722828750
608481453351352181729587932991171003247622205219464510536245051298843
087134443950724426735146286179918323364598369637632722575691597239543
830520866474742381511079273494836952396479268993698324917999502789500
060459661313463363024949951480805329017902975182515875049007435187983
511836032722772601717404535571658855578297291061958193517105548257930
709100576358699019297217995168731175563144485648100220014254540554292
734588371160209947945720823780436871894480563689182580244499631878342
027491015335791072733625328906933474123802222011626277119308544850295
419132004009998655666517756640953656197897818380451030356510131589458
902871861086905893947136801484570018366495647203294334374298946427412
551435905843484091954870152361403173913903616440198455051049121169792
001201999605069949664030350863692903941007019450532016234872763232732
449439630480890554251379723314751852070910250636859816795304818100739
424531700238804759834323450414258431406361272109602282423378228090279
765960777108493915174887316877713522390091171173509186006546200990249
758527792542781659703834950580106261553336910937846597710529750223173
074121778344189411845965861029801877874274456386696612772450384586052
641510304089825777754474115332076407588167751497553804711629667771005
876646159549677692705496239398570925507027406997814084312496536307186
653371806058742242598165307052573834541577054292162998114917508611311
765773172095615656478695474489271320608063545779462414531066983742113
798168963823533304477883169339728728918103664083269856988254438516675
862289930696434684897514840879039647604203610206021717394470263487633
654393195229077383616738981178124248365578105034169451563626043003665
743108476654877780128577923645418522447236171374229255841593135612866
371670328072171553392646325730673063910854108868085742838588280602303
341408550390973538726134511962926415995212789311354431460152730902553
827104325966226743903745563612286139078319433570590038148700898661315
398195857442330441970856696722293142730741384882788975588860799738704
470203166834856941990965480298249319817657926829855629723010682777235
162740783807431877827318211919695280051608791572128826337968231272562
870001500182929757729993579094919640763442861575713544427898383040454
702710194580042582021202344580630345033658147218549203679989972935353
919681213319516537974539911149424445183033858841290401817818821376006
659284941367754317451605409387110368715211640405821934471204482775960
541694864539878326269548013915019038995931306703186616706637196402569
286713887146631189192685682691995276457997718278759460961617218868109
454651578869122410609814197268619255478789926315359472922825080542516
906814010781796021885330762305563816316401922454503257656739259976517
530801427160714308718862859836037465057134204670083432754230277047793
311183666903232885306873879907135900740304907459889513647687608678443
238248218930617570319563803230819719363567274196438726258706154330729
637038127515170406005057594882723856345156390526577104264594760405569
509598408889037620799566388017861855915944111725092313279771138032943
765475090165169496509916073833937715833230245701948347400070437618671
998483401631826008462619656284649118225688857521346375490254180833821
383522245258726789379505375915603579454698509102256225455003017571049
469833483545323835260787092219304581782306012370753280678368541306584

636788866433486249368010198782799630670259543265137806007386392908564
830874157618741897345848450141889765293411013722158643559915527113623
322003526677859159890231446163321026519665907632061524383747619049531
582968836265042094840105654589130629827717249809641959472340465110419
821347689354018038256954956286039244264159867485982280060353862839166
201252826607493306196584965199979419393226017235710733642537083033011
433624985753635970424446475998999950855041354977558585934576590926533
307252775416758431466936767806170350120038448748838233760344077515947
781221883070900087386627362091660799050226989270321899760379509890591
085910392967345614610700304581921273892599269610621167643642438350141
020408632149917815297968152237983224273753657008553469979655413859050
326836160222788475547062698439108852103020768604706804556846560491686
498860616222952323907098092629302337956482179981632645827888877674520
846371971063478923106675469355047615197781699025881840407927510901824
482787052505976983753514306224450902202382439823125505841623207188319
300693606464682096595006549290109716186526367216107417136183776673327
975626854801245657682790317603946555394523143387567730349791578588591
011663748455675847952713918608782540104233329857442747118969610485126
401975043599092076621558998660736837623188358845081292950114665354828
171448464056865246540907815471619625784469575262569455165601519164029
217988548909373280314651922247590030965715490505361043776868772619159
528449204647868973473708598413845131621192972012634240773694545981865
029659233534512568454974541129819735876670728601616056204230636066130
281496773445797737750557564665475256322648177116997857087122831543104
569123262503497681152452174497396136748822046480519688754341969511933
120450216051429384844754523821270143830957855813619678302310685080845
876952059053294683384904712099162556365034003439670828933698367423001
575117385151269123066172276414421607512917341874714315093241924914160
969998672815823859257359823894849274919646152272273338746312138436262
116379467062032630225055489580573083750461299231136299173069489407342
588319483999274163950984439634057635284717562762192786522539608720131
080486406534396168875452534263098969517619019770963192258709342165955
974471750157538376741522280570650280683143356524917199733358403064153
550759115974264366482846628136802174505909705894602744292632222215459
450758046571206068639904308236939693208237490767561190171561305424813
311715242568478463363770015204417916501168232575236160495749706390822
443444510351219048819830276001766809850965245439007199098034993026860
675523879685292194732393352370086650221407464554037222343481675749373
144640928379006539196774010355861936181566836616864892395554961452826
472894994160615803045867891461971728155451100056660542499691974102798
740593276434953714525167694620698597880946950174730228414275718871940
921209137994059430370504364838600434645227993302923901865922689874992
113256560557840142335426058951056203690720289393159204404768359276364
799600596404860761989159298194950878786027663459905404263770045900803
279434720629825445256356479542992488198646136171314485773469953475577
155491384239289401754034139973846169481293479242234609743019627523013
828607224496380953838401526567819764507588547855155492345234781646033
062938842009950803260140918302574385770671025227243666905988908545015
570754230316665924723528924702588624794887546252765727285151112878270
673454310244515233456542284311039679528296250193698939983473961763988
095735415260145372964681473821843600521099472119416591494716705203792

2552096336458484680414477803021647286239992640483635087737478245016382008952403225343799257901292656401555377540917517044196272850391266959566648772429676603673034536687340490791418869452147158279081572339691240399858693908551730798019555461285134089120610840122136170705704300605692468559164688347733208568914126794284480413846828132569291481601097862726968668673739171189314622691348945804277898996081447095247629050192603116492068677433186615469668966018226635787887506088562435626789327973546339041821087746380392162447720256726995963918246877884554971790385158392047483199031276224370662350925187754341401071123358659077481220637634590198842254727276552905043995025244403911365826708133005805882094603102082613413691275729369928930299617308928436703152385897539873889368074415263737942405064487641717686135523432698657289704630691801742779721738898594432848520572575883375638201505467206516742526818948516733280463076478132931326028932293660452102131898129876615262444874866938904061784699166654174850845979701461782158450149195721098250892345174745122543273868197258649445880837713986850659840854577316541691740670521119491662863377322637534756663700221203275243899977360060740427029722036347780482988348551895250794746055199403401107711697256442610050920598433625358470695971857626167766302117478783419756445018380410292032404088266173443390902635223505068285828544328396184809253761308201156268699079991170847555869821503100735632404219885695842006824399269537844032022223746281476592306055474769368305765496776904711596255024745078096248374499080256137509156223590810105344939417742942770914451666687004152285446380766153511415564878549360113874731038287733133883917096461748290631567880651827617657985350216659986074640126748841211300985499383371060319625067027975243101193773355485370116946748588883630803332877395716562753403672721807056225623263741488334992899702589772992240369417507434273141941574324667945785860398940750973563636888156721596763543806655939389343820759840612160643176644219026777737991455799450314687087162662265241335905699284940063727449088216352429480225663304585536363372517620490746240629389623906220304248726884323776317335742057539975743735084096577921808800894205906625727823076927886564455637580126672809525273798280300766369769281648446512774738223970617385675071466927482203748811225639940752276264649946584636740195599737028383931198848223355399649783331650084674912545229565124093909637840954169012346753752801390808308630226533523870692730719846546494549791011342871546366955434374621543918865260853669743665305885621644116480689128373577943415306094784572709870379769213462059695388438267608276591817736276699187278037542199541724283357910645206137368847085451658221931586453770183134018188272510999229176147118605291765514228811235662172416926806206488453176151642729535857983754123758761004154758055957301224592767118952773338233560433742013213928043170533794636464283519930145767064918477077689598854216479733717696259439386480748936332010988936435283244941325693174383235092582864212762094734328799843871982916250358863688574408960916197675530236361478401862718277088913603989330772930602967177602584180301334754744060932182226620770598424760826379413885986019352089598219418857238237142719303493545182401126710460730974126812790727264386856815447291448267613899450920640987926476925746988123346429952673082374057204061437487008670486125995901784249768458447368248279478247531763381748147995710312033963452267434151237223224546265463283535642466277864608398721791278433

0896416364222371528221998608506001582451694783189260601658274911427749335028655037276910681075578264633403992192226022085909678418600138596538772658262446575976940692405418044447384716079014497430180558893376237612969182292347684537595564684211226987316375062499711822914856896044725277600939343435583391951651329856236458931491018608496834803380909327362610620547959704212986698835735604043471283998012498022094668510934904078784501021176842763450791376876097469006657596830435192666765639609226488456702128507448211848361029076891964934023006417531734839147589166720230692453471076277197925249973285768903886801417803137994836510895272209465913045066566582585391746904868726499025467659665991645473651342597555773973485065284399773844905139058294301300083669614556697485377934078812772157914872107192588690892778787329829822145742332732659879827569508988453062402230364863477229670565241270358878302819400749805754390162857867455313271976526071076431531123915260772193621443460960897587269342236743316137185745776081177515180696621047955851401300697018450070262904794925708371201752793785549576273912455871483320101703618405216368180173414250898061606346763308505041845858166293340934791991036859130537894821586517011812101133300066957752327866855180782567528361494949207458373368458136914079775959252672739664234787466143998196480810367050660052382691650551446347111168674281773195025606429516379596594756449878914614469259366293093648048161740598082142543405252113713324081139135799716228581014191034104605692907824989562145600410456922214168308932366625176186962717194538549985514842751733692412026801599280832014583007544847423312643878084780850561043049099993643459051951874948436967727574733596708833496091574474357503986020163976661142765369526704411552001939148429346010151295311744588764830703716773961542655913990830375776630213099087127198870690329304701241058615063998529981417578043034808035882032020110476070047557101694234120341089156439478253031645937304375581946867525349532301302767823535601166413111779960997936620434495696835479307543113275586431897315151710644321892497932778012649647644754670781658074061312593752718474088161154798183078167510478092914139545646311605812690517539535569157755804106719812316384052775560522722237647118832332230995850689710187175047819065334948584232597622565758418985291447178335173226029857862929434650563669321626276738162459574179326988923272206666360819924909888314685299409913867344460496708424429782436302329389103559656017399422019886902572454714016330096121461872083651086881853340606220170995158270704423370421801766963491336959960643220053288734948931359660304243808045659447433356783167270372963636759421699937952167095692396057684641243475428862162451491577930404767533480530331533075215415263857105254220909377287321699219937550780887294110259760393720794946307738163216276777582315455117121336064964431344986130146983186861119298689965775037845194518547241622069761308863070007104496388988583410335555028595802201136585427055577655626689312847621495362883075929165070677350669253526446953360563011006885856093055331423064649115774312034182664087846489898334364535694144513595652999463531948732358336541499120918603406996578651393721406278363850847758871993500574790975755758211754053514355238666393316185237052049679912511826761800807176495556618864400431651859019615673552706068514364421921373161002049853883119818649693151904937192162731027988313377592687760026759930224440553631420191642774119013701754151704024529943795152923621666956192313829366

9992370193985317269893738599142212903898486108492674713825921068026505
5506768627781233457339599898446908183550800978988380503075726629086750
0283092575861456387836562949810535735929174964616231377078029965485025
5502643109779347373375243794832526996512185009970555308584003098612467
7304329297676081973534921368950084952866466408387282860167086835497651
1230211693080564368723864116436454489551601897109845224918783798909665
5701950783443590519122787127557577334141519657398998342509853949499881
1412438678344648738273761705423062704765473182646310922913933596186911
1797728317918677892664280544980919405935629984148356658448867416817973
3381642657401089408594913000720215887180782522545663986218139804903052
2164162647405833353750400074019448225427999371064849155405178059806776
6121547741997798637159552028275044162595213702319964155904084229453708
8450531823390695742281802674209345929431721766647055280675541526929351
1777251263739972104464552058415757504648494538273507649012383682450422
2406276922934599441174968934755326328234270149682169806545531725523980
0017720543071270185956843695698968216092743814775248612680718263033087
7204538586555876898112221754536300404897487689999583057264834275901388
8584765039819305800297899044143207379776841580319592708789862036868505
5674282530926161399051814590899563863113755797150726152941303174454924
4021479647460069670312786430190188203267162982121142523673209030557603
3695139347749227219625275241909792654358270586191438262361695965545706
6204362145369148225931056713687621120204182199670045863054864714353198
8765301963307776902856795432420317486954239788971024668632587351017604
4818589259738664418145623277994573009543674138413174768055344379901364
4553268582476749307222029001762420457289906332885399078510993630983537
7776936826991247052801237782324114426965913930163915557985267058941279
9262994994364636944701249522350217468321758884757553487463131851642317
7991271006711369901442204240640702633746660630790962244891001295229536
6040366862895544663542375548418285246756103247068124830249287252538624
4457985797195934105406087056287060442992919333749843029297675688686127
7749740454459667649076892338661901753233174704998415839775559554514665
5114725087920008766003548802003543416100203051835360550287381504230248
8882242019472893407170858055668979431955715757308711197513746395710862
2112148740722757760326364826650986920748322780935371351640208906986762
2214064701368239825451080753177118632286827276337835282121741552044334
4024357008206415543717163496456431952008926459760284143051982969882356
6951196210481556622972955894213125435152133658865329222242904562088507
7416107769527646188572866299673912410279203467459044115502427222815508
8978489258087231230748563412816256597230157785559800281136810663568927
7397096822116910751599196343873286326292015087171334406687939079741474
4643079793330808730356987193178993812578858306157619839756417436256476
6217633098741705880599965280146917228737151809411788020613827496544428
8965926049964718219582962146712120809396443480040704471241624887678231
1582001058785650323780992904175537180574891403002428843917703460489898
8294710827705778928174701212451762531909184093071629646228122368029733
3236661244358693311751696663476802946292085220345634967928896704393078
8067915378487508500660899740532878404220886109335439813321258123230836
6112444082115128165127324991753064079589788720189172207346793950329691
1312688241942158024605692428701782184896890380940974616032509849795610
0106738330990800310306106232732807191039338578988036532263312885875884
4933597646996559047853459179765190801397265458124809505028742796212645

2892060967159289285966627519118455163712619805169278306447535003673908
8981387119627115074426356826224343010996323081852112820948605405327060
9433136550287823250124266960919099133269943737073413210775020514462640
7023814062230125854952142993047684750225884290944652424712060172727720
9325058834436511045297384739359420726268523879310868290308096555955900
1345623955423928523793118840259350052534815342229533478035545597786100
0869853181330625739103639235373904283565861313512838845227336749841960
8225502436851149378552724521776559568776240990530262561344081036836950
4356808523955230526288150950525071717734155503138776391193167206619020
9992444351317614160148431726284428377383194468998630617498342824021610
9302714257705767685412371587163345276934519904273566935450403752546390
0507874778250254082851911618196061190066597929590807661072107325295880
7324180570394304585929099203645141947522835777431024348370764928141420
7170991901280941881851445753596008787480526212122899662162777298486200
2017187748836910463029056674116770388496831786632115351195604534398600
5402029322334716197028909854460170528309824781774342963959894711387100
3056174352382673206501237922623537936967252524386261282268580485567690
0465138414920217533591561532406736796825992813763180848714404771186080
6978197030276719080104270580339184257871504176823881474907731752879530
5550582387749841790400903965624883543933105168272641602716746031394400
2158051860479725100742328104484651321266400741488069842003551662668460
9332697406922026403735068317212989943623759264996552276802293898120030
7257341596342563541587412199759877735797514236467516599642736436261080
4101718552668679780174253400414131876654162848446215503319423263021280
1174808528341271604175634262978961863592147328738736726942036340525960
7341388118327033627139130141077772870162564076693942766228307117118460
2429827287230214702676335388911670171931050439282583105378305249539040
0317587429399353940605581475110142869326455007979770230897840964145610
9112571880686458052561596343803248781163991742820377336884793552348810
7078883700981323378426733854156461644501713903843359523820395278990690
5661583017768531938217761296339495799230329794823330755711714577335450
4294048180676525162231712524574383333677448878388695257671435775910550
7121941361661554081150211289305001549643975649595837169530400057982350
9259484813133942231074176434904925904396419889973399592504240527944180
4531350724202661454002563367902345183618867276972905298854400123094350
2098452785943333827722080256652278453826141994249005074973934705490690
3986240533073617208324802516723700056749459258632348524286316737089490
6560275545704435734071262872372461015657166694866286582338967574934470
4390568577112825623298440931262863391225647255223336200758308145756110
4758239474989044446034379825187497032499920814288011573787337721983290
2757439678019103291164757079039091901798449729639050182861794643721090
2270303378656067509511067869674208819634419944776488923053243699020460
6287546167971893749208532921574250006128448007742815874382243174012560
4476680641718755785178239391385511373448919672368296042736618483210200
5606593655310635407864581060987433977473140752078406560743249041921630
0389053128016777045888929901003054424844365670197052452644945238948460
0616029831571147160450796370497372357488389032876509979966530791915150
2607661010546346820950265180841848322962665275661931285294604985723740
4037531674574794142124582930398250064430515757726949174631841090101100
9625026999036644954405425421429386805597106364675865975145451499350850
8381702985506065654465628019321397056075684366389678123768077259174230

1919814700591704492925031706893599876104149719733663527289565019024861579558774396930689906421356517123528230343933129629301618094494249464462336343807640776102802473593255556266011505834905323908194571017817660308103218110841232800980169254361291236285689575353727085150490923138860506834850681873583244794709988388078985902248604021459611368388700161138793503779028272960300546488489682188163277795710678799410997521871153748352116904270133974737029354921089342728616091112748765647786318058256945934985068468048618926914310540190857400146213626341507651226328270596562350133432174572957632510295994660587386191393649208290825213383199126307446352816393601074129069402822300414561077069691252625224523671188006654542267987250687800126220762761646804480525781666596582817879462990884424788232498933854898275142949104198071278636603385524315216035033432807246882042169878912599492872355571452519131289127914883373764658336112347046914194722665387832259378017358943188120093207164441609663587644191356503912100319491900473031959549970095845493934279339454721292730409198974425921589325471394394052950415038953716901306992039691864195221460315775425876904333898561918414204009098362376746794355192861800576279297134419388879032874281886917022461129120963320974978449277679597927043672473453249411386326482312137953955107259252663353193112250317985047356431232363209816028442849858102687685887257814363441408217647102086600697206241362591926740783021488906591036901633643883372856199054842237085964393463414620782227372884532418274833118597700089354945729419502575391563030300286963448941704125270246961278815012057810797188071827583574257946595742843242197903669397264346240424365363107293077148803892880349003039683588796020798911698581495357500793364701255337842627956247164531880380492827592665311805207226688651655883009429366720883255147510476479684795085778833232596814660463997024366993611006131303724979683106219801722775342674855375011409742639220206118022378835947762391883315161099606855156262506117063079221350179012789483490610968320150646920159792058585443407105777268392178454666198010586616463885944660660107640682764370555082066808763297042358494199821444934274543515794203230476700551547943066559938460751775483712772612635250135262479367567452142566457156130736411781949231599234393173889133206474458301496668342247355705066466443036568290769406026009807315031495106192294086742906862553109657271340975687863813339096359495410689032163446215295304003332204914695559613862403685057109085674195914011036644423065314737140578345537399451148674290158049325613017818079743349928114768318931987195494610341059638396105902790890701762428687667848401922690512671016071328705485593552608245215828969218862399857243172414706844805555865540875501135112646001483370690312532812627828545562987819568363846495693657849263997993579516021194356811864509071825048378049211276857517372603839919851874996619873896172466500684719691588834963994887760916565798232013532849933787661904521677668156574215704917757710878614587120801745456504918651001282026438720900158924381884470281403839402064376044502944084203747031086566226966262255398178018245542581869803913973122911737303804448818103646555368713674690975718031378894432804157571671109204677106264315681083993688769666371680095839216968650869736257228529800395654508227648329703816528510985689739760927191008448267138927542355246987425204170756221367514883051534954321641918102482304219385620370060642669841312049956771564338752743155523493646561559032874349767055239479

0417929614869846923252225711225766397017648662037828260863649917460300
1798371004541699805114571513762359602397891809070451511359736376500 58
9469861706211528863902903585442083346721784653453521258199899626467 44
7890357945288105792983856733915772662338249376337019905413036376149 02
6883757972338326652135682644847251731108972266175348120089371740109 04
3230646194986611520003358529532642422722125561455436484038995752704 56
1093473423953332842868539335631446762443406566794299836986497115569 25
2803956967573854062882690505811877885850340045374358480067945839080 53
3562654170485021534329869856768343205774896033671377003177370764160 19
0995679153973516635636443148663979016777159537171376996106084575232 81
2372297529288636165324798725902508751588260425103982222524736300155 03
1729747556291315020275789169392237013024999006841234891302934228382 84
5208806382583025709932961422577146905831381798895826528606323521634 84
0763055058438142659548613509824310573736698540004239310623164367421 94
9416916141532655133660429496819289574833258782866300908476424046114 87
3411915442915287751827119702507217696515527267996716662019101091262 90
4768695400962300314052436793220737738216934913156717407979716738103 26
6788695215525906097563785882251568631371166167710951651373259866280 75
9191645908630225244878538816914557728374934077339983323706266980220 69
4009529586116943251741618706101707719151279380311382487206253690173 03
1213245572050657889426610430377529031248185612269016686324375582748 97
4195868652080823943879668817470108318349488537511417921190592189866 04
9454945516837287467507027867858525273349197112997188193089768708362 94
5624127976948925564457840444592378096665632180627664684602120922430 96
1789081635222621301756520958962049326008254733144407460891821036440 44
8593238972403452569640940376833255187789658610242128251386400450188 37
1891087112635405821618076959078298431941659987897077198077310251250 24
7205247647554378804231720569794498176428972801095849604896955176503 88
0290947982494089061993635090936870024776522757386849265025458799498 07
0695084100189313360694912140819560918523962821525369223633367407474 70
5090936658158592013381041219728486091815431156464909980449507958026 96
4048158709196213373517285434194647453335886152886493090672792194292 43
7473926196528349574559911216050238284012402080399890089582181709850 76
6913491327724647417374555803930986919448131271331651423692600892196 37
5872074914612334795134529543270566241647499143333838307163819913253 38
8351885983813481238153101470256266070342691126705743994110572124037 36
2961357016965922999693445698825096889433386788983109102987217533580 70
9156555662953964347403734070871523221578475113178877733397100066561506
2526477459331361364046087233262980288054431846913244488007775157562 56
4213309735703558306171139761078550749825606757822921461347125036900 51
5214120994670285394445670985934662595067703939127423603827534148801 41
3719109338000019947894068931742479004657408600074836233791056161884 82
9312662228565402979665876480432062005074628418060416383396126373869 52
1362058869765838839938452769473949542003038489686269870181207235922 96
2458165015037149515443697941024372703327567339671054949911116709267 86
3870445329768912614300087821022221651303466406176678208149352341730 33
5056382499285788492238621977080957311683401271666226762949836227998 54
6799941225195852898918345655689990836866928989039535759559316837386 50
3844476663380966095580737023028795482233586264451248570022221983078 59
7220090391367908322011305725310974599378123306502307391986775605405 79
5749455045211763556218729409570484612627343445192489861825459089651 39

0473877875863484502277422840364696191591619539446197206618829812156705023378037261685525840737105439058189962840666895494933622165804730716827738484962566921901057762708316863383017818191424695618429519832489914788971296051484671809298255852167030795556989026143369974069539742552814595071179593400377523544286429424290454874981218832217534232157943271471286488573495918919607098666726197310828244903226830039626221714470107103753471969031338740648769066684064185269294405394707153032678675044601048759023850047736521003504513919942462329981662317815091211015224524644363767946685351923196541823360689311563624579683148740871317783084029480587524677753247950936004130757392612856941812414788296832335696214179987645826710361312286585786154653854829718528647776071369168461909115526060265978550648138966262051970056310510428855217975447955053201482038143038045475292459346715019068210217249044569870162102099807064056229552970018993928862047107894394254691463524689989229901430983607344144323973348284467815465097555313971100677152380961848651305880159586582129579085774854523649937956169232731120906400241306845691708948829508079274934970279954790176707806006017405155587297912627754715683467313058290472281055672751358478347427361390960144984045175124320166433898183280172575616265719326397007883939996760609906098032675269288032204827750842803907914503869513218574611710616779544090710318589358517658616320093250504498152360516635871923591159175286228391393267412444689559005857922853968511273604762486565098195685435537222583365957640300825876760803276910876748124953127849811487555470780465902476101730785224168917174323380338576655526049510466486679742518439865713565147573688449744891989372411590331883701199585512369423890681291988842150370348339516965701674172709428201669981638843909552302760035682016959087763988304275601323537695592006578139546726173190030332150533406846725754169323191214307954217407970487566788848765911953210783126653308174597045463718033861316606891405112271470921230450439670117687930668411930066829707853000018052765176588746782758469841146310166395599649469658210854604998446875101458595781326497235376669917123244290161486578197993527199646741688758424902595396741311392096882159679329674328528266564717910657399668557717111789901186883329517562022835732249426803657581706241225748956424421318666103846265421820025662228985907860372190570323215018899286459672123041586536481071535539000184645608406493724141538945431986305765687643374391218490903553662105863514761975056203816881435224481990124829205994973426032758380390912540399159930947430603486664048528017634801313917668548100694297763534606980869131972157910878703411044367821419523217098751306085546437485024113400992987197857899862416024209288086133411632455004459619696052373090316460013039800940467427605908339070863602331394899334966708568980546857717372445995406902450694832448864481086123781500485239336436644723635377633067983753762187906914968513379403372876842464420090857355027311367080320459544764620966648798588088569909263239068212111652699697283725847815064879823984396569075193011433972230811530469277567070102210167971339935194645657118930874203854356237828052215594963996640314523227580578188566019450020024022883575823698143584629290025253079151549578335611969279387985272545260782148988358730067200834516077811002701989857940532122600909131312325925247336660395108922399836508309484004563892539961790613018061272962518723984178327204050158803234886935878163614859555216415835548685132917227236051063148770879

7014101940968110513650116910958683720834680820225318819643706240777758
5478997564639292223023887432400288281273835776193442351788890420343 85
1137099713893351121773816703031686513304709061641833169898200318530 57
2718501050906002961427294085458232819737642455050352746773274068883 74
1083126768493464139231659942105696194850100066295296962725251614455 52
3483504938933817743175533124619399828208695232614803338753281405264 23
1642699241614114080162062832401288462849355342623576306667629720486 58
7618256462223896135585394960829143891771828084432487252301302366689 65
3438780186003601501716495466160879805081555207051296151462707061601 24
1293684171098062784137067723019879680493068002228959073392255264816 66
3996359376411361015518262958170645872773800538228950464076150063349 57
9335504037185530446211619594361281072634614735108397674933482923850 68
5998070378380253080012420866817501999005795623608800084758378292259 03
5109426005934620028251341815243915568053431771459728832509257476151 78
3292977934103426275503282682665130447401767544308723487228657677489 80
6950611597467498795855758188387555584333168210395600657023520351909 63
0026637647795177730711206271951666846318757913000391847961043764149 94
5995972126608600128185847602787061129951996189269045067812192836772 74
3606022497135141995214657375895617035015528220996877549210979429578 60
9511658858591461309942772943928861187141700630939185509216206690638 16
3633712265848192970661291019120091179638284435779376632316958235408 64
2610068125907097023286684993636077544314614336451466392001004493987 20
9138052922829814802432915270994853499367998446873695258325945960619 99
8978462153700580978684441814825717331873038925182812850888299471006 99
2775807335023001503224349426919358922416804860904307844481827944210 62
6038980610548073441398525874100610190437318994005769043242972104935 91
4078770719352127494465777449010526338190427484409717331163417266255 24
9315171086194818647641315427333822300210504121346148288984214039369 51
1553830463435916358320794973603246715318717901883611834745137404501 64
0642030396089084607400994344313076971106501464200240100634312454042 07
8887903916930173400029667104036089074724025384181150729943149583202 23
5649093640844733283566351223355082683012357787800591491010951640143 83
1621688901407639617816676143922955457946872035739689696839613102687 24
7562951758746982660786524150448730430399616164637180294087082554864 45
4994834056496322091031709160089475111885530632354777197193588464988 55
4426960628935052468800131786262799950533777883113043221839438197036 16
9294623465974652224790734015872725477128892558107482994267887069342 57
4047785865749517224743691777976208942917252436830446766005429924549 95
5105248645909550732702428130988891738624423013580417145711686810206 93
0084321378641208821652508563844682028354260796223781048793061609621 20
9005461392776628412734776231328354821721841419057448451819397510544 87
8681989844074965489190985594719696018517582229688875416333475224083 78
7897357730479085774474556128328216021554058274034131615377030625868 34
9980552390410534090337388110978926584932525028164039625137607256337 70
1460691670665327928042276404077930632441110327756963742944844906868 18
1272574887525159295077232558052289517440724834412509971240442450029 72
2415603899455563224169852467764793545881711463724945696450446643897 31
6098459205322055280350427087138703658545328398600097019668150755886 50
2030102225350403615471443072120369398178373959320055933844780997552 06
9140526732659453104646430345391171705280620013823475851372367394113 51
6332351336394147311217218970178943559038633782458202380851978540938 37

4138994825069715600705818697171804888771873055650821990326579916709913759947155488872490497104880912333615968150866545330408974209189726303879792249171959311146817234976970609233899097802650099916563968135915612411676310501810667060743300262159937951361380872276301901380084674979740453268080871169894498284016415504179433788062151671222463844183392743601012262398886143156316404487785697710227558135432421628966656107665375275811225299678588048378430224917229383075593201623404289659209025975017549923260059801499833192803476559754530187922983360820077163072825052756535455787647930601527151597140583311880872037086680562512923058211091723625584886238458914265680763014349540741715170945158928755016954991118408581782296382580109459895405935700944110840638361054589844800433614470622041210536677797810318712099551878414897734690307014940827816433864479878135419286196865602737833510630114952188724773998814425806977201153503606704544970873319917512767478622575126730098342128569751444644001646707197359577237828800284433766494628278069202059287177907544176433495856681230225236835239566099824207674960432278749318108687048808626692492085739233386376145725686950583859742380829350077773501965071731786244430830343794266951315252998617712303966357863935404712395482567121060644850434507625549324889389090328857235404914167592384059577267922022224263342337675557898363164983693967543364791641374899825287295861953594022892668425742755632997287563897072188067777185599594071090283315973789520087878040036560908898673578028612551360360933104245955041447137734649988685443067742625474139905764041842567307353027057952807498556013560896679374255938277367701708835722390086499730417896626163578322252105782576492737390139850130614681688493393126975141006902620337498178671460585981775474282699683091424039587312501683318629617897238220195555036691326715764049281325102831426595838845817064663708438337902843319771857165314900460564707727649865885565557682865229006293862331202470448299765952819001341032198305849998895518610243047618598289797145233221404242996705494038243152056627798740876441563789858229128372780898089342311419764918946032567109148108022261204756578342780370008731431419634866714527225270397692052622742034265810438844954145016339160459208281075122467734734219319896383364133733903775273149994797021224856358549589202940341941783639860685999127148270997190606147512063295260565843079875198586072608998682976087389560077219388840070577752014079433954401001330390276027069160182404255347438654223588493553918814927922666353445540373882050703111998202127828969509643246177450393013846795823791667766600027118767258119896102978869738570474229680986450090435068358835201290382415487428063270371953102313169514370318302079736532122701320622961303329561649462042753600861430349567434300549228225652684073266368887027033477771799440333285762547849717783539792673711449981633397261740147231783251008899320006871507608577575365656561283876420165249134353540281928025141276930033748581787659378016098436628278550029351704015960405675810503045839197736115139309728739702012765247514501510319553174094446190726926332616366650749960401783754386915249731475761836268390833750511015034623448280681983902774413891603044804580178211837789393209226032713519089119282446133740978621428532116000555883419758888890312488190679097093328099153989607281152702957535362598100053255912763828055730655434674465666835647747194722831623179066727361839932231020765337741877153726470198576077054412994190393854276831341324879968153670482758

318696287614595842245620435892702812540713583365530859397102704022861
473805875320990701516754860372502822702968379548430315028970414603559
348258128594050568208301392974321607488467515686008955385940196659205
202785744872729589795752587093055935983160549712194166692915660109132
226146288364438402453900603780255477798729048162275643016797846870340
152676347525045453896570285849270190881702901893916918832796284651896
494340641585628156686823359810520385209558615670636005331842256151863
798153037563625580288816364427072412695348740831618443504444250888533
018092564461609996091113951814430268489089658914088427569555776759816
195630973346237300751045582007443281546875858870437836934166677713692
663386518957094773112709376713868218124905496375117200881720669675800
849753912517665840355747559801401012653081148724607157141352062126076
477816230578665967909287973118375383715649233723133615052298569028873
611609148291151522304121784160751009496769133398827034261917204042708
155506550100511225476199195096393685765737449817253079495698233212936
538833653750453306974244999985170886819018304141272644431961860521180
580279926409223459508278000136248486483282881941280042156180099757955
986853814446976661965062418190589851559890819113416035526750059080140
649344466287104441781515942651749186224267662913856810773485680098316
368933939766355535250662723749465580314337860980812473002848635642443
438612054958308630757080060282543470593538670758352068905994691489504
819309729067469040123607128190121721051192425925544251343664294738635
977194265029127141898465187233841219398146213085426459916583414896849
560360577604472346382310937149931022118475673470244252570669757559134
447073008116804928888601345715559344236402544409797674634907611684061
106523523332884863643970474132384886541581501970041871391570664678356
994681385349172568485894123403079964696165066987819013495010675208425
844180548428926368191477823781796776522759175276962455107630104675748
554250510193865389994838498242114038312047798115302134713883725786107
601427676170007053985046108369740617376663142531058246435525514989280
531554273450180064131775570192010541025584709600586040176119502925374
307956442661585116506973088914465734425092531287865181095928932703650
890649123740617561910400585897524123408697796787262678600440129802190
450476624903648952218512743907475705815258309709586983482152728804271
677313878158052414139396229624609652281297956518906209844755171733141
207710433202360167289075766824337190815842761424833492014409594893413
743200400231527146841580713806377736489658756750912983540399956575429
683697991345055670901687999952097007530439202253353189258925868878723
559869921971701559998677907817273833318769527310721368361037755208841
671401782405411825710921378214385014594371719517515485777022717149326
225482884645167355015511647148485473029387913480434783909116400398354
404904113220686054210671825339866059493855805681997498861581866845444
468056131382113021837894169797390075107568749639863882565265007361695
012028365859479365258533915606665496587653081949071384420399355868688
726891761213619761092093909950365416115225387608416632445477323329453
836240037176556443431390021550323742928975979022949741020082910816867
856694472128966460572684988767532264651043157035667274282928045787045
725205724826617491422460619712514495376294638630924136387795778977213
538690053343126475150874186383784282514790729001760646468401147553307
645423623467751285448938833353252366455233081775395891021373998608329
345810685915202744575522489497359935804919088319926196767741044650823

9581914950239519171700356641079488183310087620809085668657379507379911
7434572832304921109632804573910493603227149950785806612890278711149775
5375002110385907632250126322956826500148300699364782232756935523363
7365258680434256025109422396627382077109518638401522613685397214598442
3947269935104863651831567915964000476796289984060279780376964656519551
0632912824846138558541449491700878176674336889221448315853713538117
2024296301158274785416578871933213826650989825951828764319155611473388
9567210140372115821109132480468270238756687343338900782602993168053610
5659738675603271512754244511630993418852795035036922023696705725893
974080648317593535786038332210840201489546644203962291143282590723291
9935637853292791154400436134201605741421010338242577735602599370837545
6011364413243850375777553898675571298529379517135891308601635581160937
2610924981178517152756131516075986104279968089033995171224203675938
6124862023009541133465636081938643097371691113697949694396334559726276
0054373853556286865717358459635123774246170515653566182188622247650341
33071825938334807384985183942672430737609442131394766181473392727380
6969356142804226993735748609974802988220310876094240890125415804719169
7990832625336672814006564513795351714919381633561545539078456477032
7807624503713913351531441546918782243862260212403416101992707666756608
3160279391326805253977317680685519016225906553114795950770077560144783
8277993348291531281141238864255941900982747025058163313332221093689
8619349770587657157662092646299067386030855574969272237743998426367404
5781114064165635938154973335557251985882047881154534637017713901158618
4071406988743779251501250233568694682065791610895841221901858549525
7759969908435475659371066541017557877054100769086121717237344372909189
1715359916031817593830724390867662986619932043290657012762166246212673
2384431735155926515250737551297391480840066953247787265825882824483
4210101229201338532560178787090432781610421886526761975816862867489896
9641459060767323756837951943768633461988492842348766378316741567348201
6486829803423752869310851768962105433223334068749617492604871361302
4527547037131863440931552200708273905701747684349191903295614819518827
9572784922557946742076507910896873336917827504612961328590837270907688
6322038310783647523324096488338201358370839677770440782949776685554
9734608220100731125772616822546493558180962036159437014338241832314932
3899487159387405071205343840756908760877402257894781956610012769051157
4424854074623587342483153009703247130930868764779990444043898372249
3005466737843040637463853480208203019929292059680917934893819128080125
1209935127658440945521547540545849579549780740558342516270988675214614
3778695908451044203937728408359232623473156902834945938220709174547
6537975295624530125727004229406377044991298887706277860399709841960391
4367995746066746892259527186708892497383610281078818775440671005939407
2469411009917208882698823106326871634596228670560927693613659758771
1311885818054555844408268820610009787030574398632653577038087818455234
1966585979958798003258221076371600043241984809140112134369659027750392
5882141517374803192838744902155518224947674703369745380001270682402
4050943476440727979746250363030368127186465562701829364927511465792399
5752351593954881345034553600794875595970644571354535865018006043425932
7869792091572377212034946272749442485328826798107108318996999642094
4366600307584804817899767087672178115183962904139083949183223339784918
7905023830079310963440323813481138299998931369384663115311406860634861
4394961466524723747162491786728292864742027391106041457060372125846

0748007892413431336059522664814471358852419703447420527889489469666635
1132379597850450323840451194022494815091152339335627447952361992094999
8076477099210824089877528979429502535734511159671290343721617429601166
5605811739599145184136466554632510320080348294404956262513814652057766
4394038662732696738940409821965028994800212513739297772655660529820111
5064021003374964132093324130803993737454465003438361124447492767468622
1843282850115020476676640060676187275761226199597603181152434623773099
9081403148428674413072127907292151647400888057635757167126671537449022
7824524699964775342031288517265147721406554949614049257536879455785944
7285196093527961764506522443096146905242988028694735715689584115828811
6563237645112418077982243263112871558072795620449902104098105774855444
8224757143158689653037653288732779709469698646426836627066554037782911
1180163606359075105110710704347797782646772572909850795568731497871266
8055311716616247280402535565980201708663073689182809460042723222681855
0507249805996600682968536654427949640696595198287636651530809168871655
9676894812601267719854611873926974937524151067598284906608798785603311
3126529802605186369128395251516582652121125754070937339966491354154877
7097163052092343667524126639209770894096853509740747771984993358405288
6896827521776951027604747001339175433009199459792964268397564842115211
2322038412724935138586683315270719663453400851539622816542305159846944
0220387717687513551159342437951264689798770906469566866760253905390755
9139785360196058092337824778529663323585483037886763742839724795188866
3255404248555267732906117817595020671090273176398414242883583893265100
2283715170542058131061407440781621175672074669449029405074601896462388
3041333099324308135040076042614495752071675276873022086671256340624866
6706170590049153683188915616326941761587616572272450269095604422102922
9326470541540798098538729621617815546384985088656250171449827551632211
3633233005010680845698194004008296880655158181589177505944635269598511
7911145084327164713190735818378502330031718077956072985892738520899588
8750775120927473663178686706189517819712367294909586589265471444543288
5619458521909898824961709609346340036120635973273342510978367591617355
3495584144825570848546330248048634364684990693983633676456815793174555
6257390228048091580227260561372629831683527161647895557307001380237377
7947491437053157110814376177855196312940591705943753376329392346718577
1454585437946054313942595675238817135665778384530069010709453972080222
5820094910175735914575417076662807809973373945941792310300772469347533
4935860650550330331650257177932564154503502426082470605721309981626044
9812381394556705261617545653173331248576079163245187611527727288875200
8018396476361132988454932684507086368669191958901856236910609892024255
3790651229406673559476136967095951352896767480826976100504862938956588
2330693363792869901122270411003531711092398675374943321458647973203999
1006348256999564505917990556473283731813429713550488293217994883098722
0392911050855655922592754346220733837560945873994326708486098846273155
0512955654199334457655208860270586732362184028478858872929454447828377
9721103675356361667772421147618868177219107447439110813545459516489588
0216800126430514565426078540431825860649656383232014675016909783007944
9467318797457900379442919777945230898331743089804118177502054240348266
8210352579916553132917190544091052958393756802688387175586724941897600
3663835816056802936471502310274944194359601157901501996525504493765000
1384038055746730836417450049698270514846934652412508812739636801327122
4158293964534288177581798300934506224792434770128673585572958707790955

0737291815485046172245389834131118219805901359952814864965271713887184493693975556141970905850416467138239033941798055869529191604865643018648773356416735023012064439171654614319629870373683242830460234024779354656261337312603917377304913332621360448087653812337122073227215851288846199563161485722920631174276335801547072487068913441313433167618969925494819506519798287067802001289334326757279576804393577122360825674982177525416955867810740246816236484014332036483517266902136090678056738484866051815634300191746080681530409500966416105173091139260022645390193226427852946029380486243080772264421461746823118540942453748457635630198965676689129657152761695220575728034229526794997425122982338954803392390416222241528795414208427038005380505820657226003111045327006850386646666474116224029261813617764912992018722248294005425777239652336023558209135668062111659406301154136584597880293127216442738580592525456851341067433998881449585830852179430926762754982485424491914926315834125165210386870501634153057437682668002005126580387411832343778307586114068782854251170024751225556534872317464989687404364456810010961539352783782988714987540815387409804243282852200054944279938252102952454864568725120720011614997344101350675547693006382341077529197903466356136617729801034932955958941105740621882401400220325616219774447675703996484778054069633333161116122626262506652429129865626901585177212900063202105524146281341038618864482581265582952781926067357200795729637939872046810287966992617121768775390180548613724081614155801935461326640658277115240997563224437744197491359690573855278021575056620909709818957363364087477717039394808630937849566435017790518545129432334017693173542898385798685400982274318889105524506866751730524485671973798761293256296606280131937237243107076833495589501671578574810839989244961373761536570558359305414638638474126933158746599290697290983311013094817428097675672207881386956450859790443105466474758796257222091279531922043981769819058446150633077747423038328919675016538741487046912601724778042380732839793349808361477938914773959371758803882399651469667966540964342433047959674600458818762864070413218791897092084209485321707724654389878081126633402888672255078157617440093554313821775131090219310445989473656390073085136721567698089118427253118091012203069653433102986505484275445302562220408564173578003309811270636792349580947915656288209821943011824384578694580141843411005201274140078454959540319197150396136541726872302528265468298258262407273630791104602569897286446088724050055026544479330408144478777828453806084843902101417203546085658948930059063754633582927311034259115155091095039782905309481818518621958421894704522068440401246024641350579486249151811443206030071188343947580472966031236608476049819108890796800445622837883789904970340626435937062605182399345527500580107800265500405679247712608990217450341128375304876040449014888799948546989666014639764301657412700225265596148009417830118672159452119562402749472904895999841521087262062180746090345240041108397596043180972387471991375396467514843864400793503132921275839155316898564567867782637235186519120261776051608894803615055794895534932637920561068146596204870513930960761214661650642601280949583051590377341638491080629385361882524986310445627805897749465213013860907030554166359704306845867561417540080879373878206253956030731785404831127997430989649783817668136903669906687282990946701554907086890469785074863433767524208000431363280750500936453985731860258635504009085115842252041308503125606110312631154007571

2140040432520431322331462853109394689041864235142754010535393391200077
790771873692811767031957610482306007748167552907634979317415614166248
629188302048662487102750090958614368323149679415141297051889630350718
710816076193532705313186752786852882509154207100234568293216211775499
936108449075677336027400229792626027360893561199562210780318875496569
488097160232183237236656166680058018529818777002383577891405612401221
401278819351492442345514542868807264154093692569719789344010108564160
004166109397781957914073331376555973050155195628758448917923639374224
849511176268451166676272680628811420529719885441717040014668258141315
504872303570260445681058393254557548328608654720539504699290667081759
506951987707727287011177702896683280158925963237146210799501544711507
729926986903146374469093107203590563684736024320634437404923322123068
573582369688732365443574458750749213579588932917912174666531863004879
153201956135020425645721348442583873537412918991275154243153044427435
592615792445782901355772298697228841985546968011854048148416844290838
572758341838834786548625551345848465247071496243003086913315457160801
858166873133837172730883919847779187048053010834819734270122426199482
465884648585125656114932468267127119115299967559475699605095135170499
727410687588569477978507779699106520753511476369443340600751240471352
338469205090080056742049363786850137131431664300383372803473609355104
798771831239221180697764424601519768702894239518783284753970381769540
284370443502644344761276169233392347243464623079311286845208976449349
369701343509681585695662691864948194433404936406733567678823459898115
082080374132161971489742436323091870105601535833617506192480718423475
983006759547321767254943934265741669302481394112213984272250286044409
957774597752978654286594555411537213336134271247315501821581974543195
278055489839548478196199858887992895888716979002923932019292381390041
006190793788959026821353634352475108232253703022690482431330668190933
973852472772690181219115636309347659962857137441824982811357855301491
875360931171385589981310886945368288102318721302062305690730881143916
718141775024795481983309536785070602252219485888321425520815169404437
023104026812731039731685683214907319829164815620441046412839998898639
352429974789280822988326386942547436566054045707661449543779571830254
147426670433229843137622229359440510772520039400353220508948265454320
980845791387473584639254172774314490517135475091108199697751686629079
744729601367355596631921121713986888881630689407615964307586673008280
554090450373536985546439545585454574000701135195874682904294190869349
494750568307911725968898049308250880616515887092654359128101600032352
832948336748061793695525892760883346883416197423760213752362207189601
660899841990076272879968971403948650785597226190240638626841951321718
972300032038433862363474852671096208082731695622909632018542223857875
867917390313794322394429751155638273856128594849111369895692577976645
940286677515877002167973307690697487907096304756933695684633436011228
218870200774504974933739598929882526266471412252416970007399061061626
321267232636064957365257606960612497151811189730954803688070817622004
499986297518971301545981076030343431127846100451977530288840247666862
889202517669576930624236131917892146347616467626220733268665838873084
108641680258038413768130288195971450897608370334611559405527274930958
065522330141991221014376431070514464380182007699406827459643950720589
906474169299328195902216019170646590148942271648474038129733502747520
872158791476564915728942011283058681443582366648322539858277091897817

911400181660381713337112482489123746649375889213404329158848587294710
225449780945032935537425321114798469440642064369408075806192563193818
408791203651942516638238498473773037352218062927286088982804407698621
835831833480841215690453186647899637516256052665333209787885091104538
903979825119446151788919875443068525111118967992154800667271239245578
733454610683545868344945222586465887998810180990769408706990921498312
166039302097632697239663555507315910868669042684799278863264388377064
066609249367469595502926350057154277638407262564299800066170471435588
997793216090998125461043933958763747488285514947342296142105848021957
205087724440087448290058779756648202702206029236544081568589116131448
371706409845947189303079258747102741916768877450899534035173851124547
627411626471297891929532837959165124178260057048022156659825752206827
824959204153722464564951996111581104513417480367594438421427960549194
504632873824808330581317431553936657814555798536043872379512254853654
017099930813527374537336285333449235099064190737978382021694409832582
196655698540543247314943699974939605984765366057485585013133501247882
675130679068114419758770486576237072643267415808557570258877975957206
762626084758322033296455805903742567391176794360458701038072171273628
831110552571916446055940583299688818969080613187938647074461215600594
475717580453887737489943604586544573321390329032083239754250287817515
431515985518120579204900578841627335051614515147283951641032368640412
160571690568282608498910635821913991259992719074778622139544968246362
708797968377167735426791770393762250233616943433836250593098597197219
749257507895143890159289483867021306637634838927219261220558525447872
978228023180356103044350062101837973225030138017268865178893129860559
624538183482457859576002662560538122794671836466847559083621594765446
101526333952875984387346152245071660289855284595363046655671858326399
423784465874980284842167935581120111186651461476492320622737386813957
260008517404330277740944112203996501634001495354199543323069838119983
220496889277311436785279046134523302518416684936801411154798369850681
923689845570339313362284507298565387467797155177798778970772274760574
814197824919034506858983415654027563559140191580026161857965064624957
880035456439733186601713602222590136687941971468496018601347875997356
698034731102982318137117650534396555387171837883981690715513399679872
472559259968154918218218812507455665933384968705182017210662227015730
976024979811541413478320832480222196710219374638830566864882862728697
199619742037385944024293730253117417669740167464664648216130235083176
864263346928429882444805263831232631725239524189139614258016916401997
688627196445848929043946117466322097361095008480920995767912152579563
913955161318605577726399171238920446393691390886860966362004369868612
323029700530965348830952162421803687061890903975281540867017523906835
218200963104370744614554846913758509555624915715022185580783252092734
894429530605925434305309099393416631739854104795015740731778462689699
526808796937301737322172169350802437594458388061018724233204023006278
837432623591874302068773932418524373177039811540612750465498965069360
669275814555879243212666098592112215748923858248705588341043048065998
934976245780221509704703423408244516873521317338963627226386225998010
698122101910438816968747583747542070966866782502686039041208242579162
054624296909213984377787940716894630658187860244245688876091464783001
215654387838828630819089534214300397033698374275037987935286565647941
405791773769882602319445397491414591312651918282363167034529160224175

9306040022031411634009415333805964319883937957677231811538469980246711
9839811484871589647447554223769882478693168855040347639811592919536555
9499405106590333178254152733956083750203089073221633841857199271556166
2228805533886739358912609155645599502069364217418011775607915361158366
6852748190791413904508519006091867384632809246906476547164034033787222
4249656696668179520515432402525465948045057673518129118812272732140866
9176040415319880297978513328034722349166610320174184521757532401689722
1112456939513759174266057986843631152546037566311483420477882711101999
7662750555046118359292669650585936753069988445845558978046544081221911
9415624201590511262670468105642272470549173242361541920176126133867333
8962186088397137645432659023811297821177766844445254191790939445148299
0080655905620319704975833798819004644509752241813831114553153361350044
3751601418507162793917443962921279159734565732134530043695697853976399
3927888331214406764733657469224202548585536796167207832471548995823699
0126523024931005777987403887465045539159426724829878912799465012655166
2997499216026331548554002539326689323173739318326344711675504399368233
6650948639281746502022114674068028581484919558643244192017960612513188
0530809162715490608242916551911279495781832102802634431205717537534744
4663837188450814654750957724363733630448634486980292281971313586248666
8698445909220321134383670465674730417362876953872418532086392561305788
1515185688821223330395815772658870492054506166827563500267410692245577
7210444453047866542260851919448545306783723584782123538555240742057311
4790041178173702531958210825869638897881872224485860494322733282378899
4113484492908703465610590782572894036275625983955857415456101491718877
5328135811827307485065623292282185945284229613246741658100647392282633
7373757496094344237878866085943523104084760036616157159224223961206477
0692437396033908941478892886960549832786901398077826493362249525157055
6898651516887258300706587133789752285730139176913057900109484325840600
9442412119282901592194247869460970751313420227381913276850429622407722
3923885324560488959398252241243721060480537238447797682847682457478777
9834064618352237136555852270492854440324394763640497397094661646887322
8387639818387809226316039735420633198912862860518656449100804048327266
2342942894060122800641104969691159887160755522539486157374417580059677
7749158177455794759714221261264401222819100545499069489699985257441800
6693538674170228210641928784959860234668693414277394998018577666132077
6185828941725875519409994507733753499499289739610603143244099410130111
7566329906917087266299885116169624340167006365753709568380665037266911
7449228572825388915939430772853915195195695199059053352403400597762888
9359289426026540460412262661237419613771429526504554383043302823699188
1911831607150162505684647762055870713715787325952238882864725326810722
2687972336236322720500866777773026583843512115529065481702655688571000
8132550437162363982559710663261398755119413843219039103179178142413466
6280172177036783561481968480866350584032500498681077841223097302952422
7999671720735020368773440282938663011569573182784735353013635070322300
7582596317081835543384108378047143349369714713722989824637491506435322
6593644995572093428740978657312361824700945483407836796212642130445588
7317404691003696423260389375963491541779337849891583172341241080921344
0335500451984062755028245009595554917999785464994613062660649222728777
0570581502755347304579198401207144490085913377869746588946333115149722
3132143808011922907657960798771412279731929595990469124777823714920311
6458701426888811197029009726711715687128738623364237198941990736596066

6022855766268943883684748331764033946075237494298885812647189217376266
6800398960797199853122533294329373724202411008937947310517611860328144
7818897699591611724892030185866101803907843159285905576514908609601600
2001532578461118667169225168942120710420084997644519995494865347713355
8609074978836499255915613333027591431530111627511125508081285105027222
6686236513059732815854137302181995969777559843393024223365880553501300
4144496641578748414049358833905410406081111326388556509575837433240866
2511733304024671999473559229332090586463493575872854920705292046923388
1030082805443671779193485134231941840066797591503701790574841404779277
0905789825753325400981350421972867278461647584391920853271152455739366
6263314065940031823057428237271857241136195434256226934628676007025466
9978069638562368455247919932344247966964114758894888871136892957894611
2715898806590976889369807389605570981453706771340485472608924553307166
5530274509053925504934763249407791686692332615289896517505543943557033
5557011977096239532234659515047244176185370110853359980303845262019677
4474063510798990642302035477910943787216189436850451761017551996203933
4155256396105479892117071978637652368567856239288459540862222588876766
0401235486573180600518584639116118832540151002253602037132639278535777
6945664180510662103687406325907278286932475772383404323861092041838277
7833140200787085520114925363389606993414094486443199975576192144143688
9450838159830385046218115386671527784499046222486341735522539727334977
6730438862611495631815346776830187269372945467529174439200607245015055
8307752689700823171178531247503186195755615529182251168091037448842422
9288951069674732621250663098013604294098522982643402628792678152043555
9816908256905823658417028339668704028980103843895045994759606291109733
9883623656955689606967376441176478543327225049664286754079005942186266
4998935135206048468444104691418919753100164692115179697337730194757766
9664173162398865548985296143661863863254493483830072034677176849812933
6506699570023497513517218896367741266432092488917130002409242762831033
8591577265217107057040462339945369470062372155753870152889474664275877
8787296193559396455330268644657951632753669939685082202520479832220766
6908022748307248926004238438030075311471125157978908874229856505496999
8456857928705342074053482136007586350946804455365637460060182796846711
6158901410983808322824232039137239013090187153899783401455855013231033
9391202378692865655139354275497692892960295829976951574455651542922422
1346646209045028290248102016604446979774925607985180294738291711066644
0038410690191392688862734943885555562852336858927156344336796956359399
3229490257647154090052541121965212508567832496102780968283899500796299
3426544518292593870266514846355264342761105206725940238214671466269688
5137897210881990491371829170821246179884295249535492358341646552447411
0901404767421764742857384703251474747435272622305859615914669596755522
9386939908636885882310718362722708534509674578956255289113531138037233
7433753695614048224706739387992095745485750058185943099854422659982266
4196662688355099529145290725229400141423888946115222367689443800550777
9337713771412525037465835226030794667555537635122252418397028744054322
2356567146078542442324183704313566339780486515694314925948950301047922
4517822742996286813862964648058954360702441994653724268800652726675033
7138020878930188963424408449581704194000685626263014124186051331601566
3698088801942753853892364207049985718438452207113563393444117033381144
4233507604422652849851234268872406569438317850874448921903036547716555
3090080069056161733976648687539531148864808449310577578509219167232611

9514449869332562519329293060668148380232692342337883323064058839979 52
7476337364853057564041535504405468695467707013139863616130171977550 49
2420437328880275397740774860118304100841081938699902666231579185368 23
1965728672275419069128371555324428798580165920365109482188529743946 81
1919666345846096289585944663637970562786601390696708323731619875665 02
0451082376713212087318275472777607885441878545997853099793123748220 05
9729527933098484582169869579657249039671778739423799187630287075566 25
1970997026596361847884889339790814349693707811259815109197831707035 91
8740775248967630697547749574344053766958331470066389755493599612464 37
1162332168675807348054265420330964039227006412671544528802881583586 04
4971377094418742274298325289454176438850326423226223986147982930088 75
7839041927501289099524415878713269503755006225225841739031965454880 26
6005128411932056522178145187610511000178994326437194498621108165948 57
1466815021687941204762308923403548712183515510043756962278128819526 82
9737863635379219193962854879854183067240268891528462035004769557513 75
2009769623493032237356927360852173488001934115078245419979262086730 52
8360473727390450146670311754055336140210626325924683221054918715686 05
6522390668121391524493626816279083448783793170399680651708138847422 68
6531679002642096658978291172682554342645758192656023017570116984202 01
4628357544040878849549204848061994277931672561498771629814481115789 74
5860020711815482252896463620332276907012117808935260468528486056013 74
6397548894017179690614166452286867404863809786734432708777252712492 83
3581429566637023278904649599687245090211484569619800523072890234445 80
4656791609667038612880141243793770194286636890043642645202485730697 50
0054643453107023054802104954515176706741087953971441204640145102206 55
1424712199857405989797408027850645659981456745057996474294484297766 69
9032209869459521586124862346927095497063430602904203441476031509781 74
9313561748792683415048183575538593268115774924822199967653738496079 76
6495106952744255273613561085529560736327172807725013427978441392256 30
7783060084645498054454874186502402673236244017489963673576191099390 48
6674926211894777226121846129945281608956572296911512643913301512675 26
7679866941354110985543460195164065877416911966727427160614745174749 65
8397647178692944093089957170204339262477056956388761532922403013893 05
9027022323829039482494394058544628236710399202311034486897468615382 27
2476690727559073419756155663243057139147920236088205680500552401773 66
0187472344516535967068318810318227368910275288349348662378701543600 33
2580458858432161569543776300199184918646312607388755440158353522510 19
7702240974034398807712029654285022421522639868569133429283896109750 50
2395922222074711417323276554307025980560794281384949663582597395377 14
5451539410331397291594532103571089237101217754008151558409839054162 23
0356417240250469271344618013576540658352767073075815643826410905019 52
4208050649807329393191426861449341240244624889564654332627093165968 20
4492161690835110447374944315197550583353676798178688557314008764247 79
3317155143857452541586940273735062964146172956727048267740590020458 96
1233339480857236888067045352010803384099862483167576283328775559504 58
5674846384879385686287408669329961000632868898700211751999219801492 05
0663153652621430290087299012537238708635837830204389892277981845638 11
7220132884138256166643867230234563046115743276562288289930175972523 45
5756973176374421229918593565865432866723822944122198591158821109832 71
8249766973772217867949961968232887041370076249810208692736918833664 95
6887955032871597410311211840873527664623472963374075210882156858913 55

155294533729142885447804012614840927844476681715343870591618382518213
111423603303297291122059315325709376029161315897296151710005085235256
800368548085888099841076756537903182702376834531404525554933372690610
571794111534641339170977289501690914064727232382924979459532753780093
874478504822206252279778320936234384399980998320796038772704924802943
999801289426668873311853453859137217938479652963433366483794995128659
286795991513287641839475705490678451094266234682696180737516475784613
600605524756004096068510009092359786625847888233257833227837758476196
156738397896950258740369326655352884709844166340301813411168132859386
356351922611449375916537559629163840488408589389924735181192105272290
122540243987945511900123515897513290937577216070390867368483383952498
814094919046988346457435068272519243551406232133543724286749942953129
979830093015447265568882222137007186622055795820929276053864128235245
777292404611186956686761945161514826522419331755694319305235240540843
901483583828557595771348233397969458420350783176599608375388787089566
009445593807076368002810048982854252716306212693639704693868150332389
437917816838193174109759583862681654966236003801974824932016038744399
795307688618491517161259414379870105430715609688014947503117430883679
522406488274364486885092697568892686939763645157955577568705051677214
787009009429941757321395198620103213575995557319143470831071717244656
572310867631136105648564428913703653270596871854361208013302891635540
650593201299191664713310256590489823822851811502195859893678172950901
315072822566693005678524589741856589422449173879902812407953804255648
412547272107217627660696475015926839434752260758221905077714063578366
992429073024906070807832917795450249732522433696447451445351076620045
402142969745324263328281934794988318817477101494270806520036192865848
189916637754643801279030883264762000884104724861689602707035238823289
606917024900835315442947529250643570348578416748863252011655213079942
982280649666975166641364046385205305193861063946334857291432987012685
722231875999634995555481774218606300250936185108907724773913771726088
796856782821410551160334381283475087365320922683645362168693801489350
542487340880025421063350856490810537293765220540671337175293444575300
712001932113809265420895122532507643524204990900872268844573097560837
744330000844664561486902256973360668304110249912279407030843496917876
454112583357800274206917666457110021156144712651647084466206045757536
554878630873418274244186464842867636490858984894374661827806575120706
695202524332752842798436017945805154594115386845784580616994947834295
402325618536678202380131212109128686370739957785627209646524449137303
427737825442700755395151488519444078651800423184936937060490158991481
083180457365702246728431376694711731427943423786285120142064858268410
268816189753678046441487956234252778698814650221365474239031723635611
146590373718068809821780646873877057146447157925156651320625080404444
061416541812561724475995694584570522925308493400122941727387483189201
258445476026437707722181360179401684078524125964106913541469957411343
475306335513281393211065268184713871380203835482157302559249487234211
277065227405693689824295781056597281618498189222271405659209702667686
732825875867533939373864701717053322172992630631490185958703938114475
163654049953432405536071474696028186718763380580572270553805073560185
070690147443919472116333012865695110557884915818917674729962722415172
097703699529923957256481083784227535385104518721602418538295065352937
878496594567970876219111013099582099192992769389761153376984273448971

548672706069744810599038454299016654887128633956759180543694081830124
187975316898601414612052673150200987956177155833411508267555713660763
728064452242752727887268919930770776163706581398897596081354927921082
178311368566971429809214432400947079544796568700694499727647913265934
499434239667320339400462054894836372964413363771579251594811539594846
177981146028316552939530821654665088292128525476561877999048211407927
791460438245865209681723686387250632980259674070335469035040794672460
597550407394270382627489724131554663644109945070193647882010052259103
528894086049803040759980404145278975793799771984055738135291767813705
879525724598117163099875768942595259092224367663352459513837127692921
703174066256268885399181286534988923149383366728198176678458087028366
784514370954027040038292868009052527485451986851362130232043522751683
867321585399688378657942048665205471461796333091758021349983988910819
106943121512461503338278499677888491441691686098393517082322666841546
781317303726168754112928608783773099982968032226759377958869211817678
602182379668107337190732851766494848631638286310082392018990627818042
227357578739478523297517697491344099714945119079592839706837961085296
420561473376060088143157773948022658458953278110036533795298072386394
945866169826603142941800525340484463162915327082422919528342282920400
953175984980688177693195354525015814750629976482822734433084819392827
119826426695052006528108717295770485746467029224246295378631041394738
936994550296480209091842867663594185099239580253531333448449028152901
855644964319683847758723370792690166871811284663795302649555724368509
091089198297154363827471480455661207846670283944983185117196807937988
321269735901220299621644076708321675893118963009970415233408511980641
166485153321239722696858168052590564984714478315711444843094912877067
464731856568506415094123599609365752875607370332702965125344372375513
813375631609053611447995815228319584961267788439203740038525077597240
525662694515353116170485274139159201397764677274152940594379410891659
282275906945512033792658452536462076799180696863593024902354963137463
571917900809491241595510200308261348623577981394335313779316055700401
641485477951762771768276686984780970808415011132727802235412101429924
494380005991358201712237240117910487835019749196733097946717405680121
490433093929301490172895386028135118040884927496203176265806555331412
952915763168874244523950191830048718600840102415757719645882347662891
291448647126962630126157047606866019055411123152554770180212219451978
441518278108068282135389547576971940232966175038018638033976582607014
203918058916340172599069578781023475338291004957342076218271704072235
942106966571923844364068832102945212972886154618690308579793997162957
134843106457217096149294828138808631153868125643664808495600317719343
966624660594134510510977273904466997838679299986596463953524889392668
505781648477685338224172114267428791738533343424280385609879867082885
351106641828119730001250946587071380414527050690910940996914924984831
626095943189802095441676516430769863332690914378256317675854858005808
548536537635627798261136891929343341807671822797247272084379086866660
781733249058692693370553818093942168437160930236014606880140594481530
805250894292616594395821725545072953664908655162535599381631854259068
268949106280285650557334360352290279017540927746913585811718717684627
674711470659209880110329052059819412411509810580010879657453867998746
619737908461643562617640845736516546261391531732682381034273781107624
360087617031651985124850611952577098592739592136478313734361033430788

910809393590638052146871713935180329755667070041649309785956621151857
977731101993980093562015861643641173016765655140265844938555057311654
381354489737236954122817404249688661161543285895518204612708992830509
101271244063268869585029313368839518779069933937637323800196174593726
630890675642656388958928126475003614831756385218563758927338966051127
094205266261789491767287566343237567766859412017778117412753822092198
550821826479663252882263072123433943772469769318464180620812535371088
879817009043269628395737146543775462710164463868024200152784129956162
333402567123102720883767392497071008883406173883917888553304866391546
887381366546097531719046464298423742415456445432771748959016888793872
041182185825316594366539812515036838735858175205986348800163734371306
549357084660841427308388053143564592983709737199196100429606094157545
553407360900256595299484533138130908061774807456358447374720903585344
486025460413924379673379670325871171697887629540183691233864171204536
124072633784073675113799170904656721060100299673507777207848586243682
213151300327983784523642277159481761752275193225254699623837456633042
228647342842753911534193598476802357764179598228681329951837166521165
738707498551008402271835245844359098251791233393988563817715650822651
531686558624747159258394882933216959466800972497313207690313723190080
331562006949412856902142920846254847015831902729854083318369478169401
110922709014200160357371123692224987953093832063432589747543521427524
531774105968621174231921097633203068278832533423681553360627252052170
556032451825842738775920411935561656629941436572999059414000003429940
741895260924241767713711512395542347939430256330901854765209414355155
150950385776262546689277137547021043388211968824229787671748417534864
771409210681500044404053517414676680838786468844757388352316080428794
197426723703673958846723654420915412143966187837737106051412208151736
388271056851517124741994585432580500294128194063130939399756359090117
810525524436016766338581856931619444891939614875047495056609195407570
922495384452712794986666473393762561817302566901180934398337536695616
428584979707598000789451075394753744713953396295547331655975254557312
174523458949582665250494698242609516043697178420258762126319675469443
226822963218148080192885562873677124943486531923152292669955630820043
710041492310894116126795396523009353840006209597666383946982075929026
765013225113016088032348447568401250885238186064230590943491430688695
702583240435795326226317261447703193574102869114835481891060893218294
692842298482528345165181055393322639677086615570784052839622330998621
011790021538433614118506084000694382353532917389549747155359818711339
329601695893082161763616760096189320375777383451363749079450691488063
906764561439408274563853762046094048311961930248582624900461838122130
149249831874543016748817837503759803233792782190293772892278687084721
806803175744914826071537157113132123367106083081534247621678535043045
462447197148070518313756063157093481122021125070945570963498207812615
299311291304377142497233018769259872012479004745644684445164485077159
237508418007181024963645953466496089869507768391055087733471964571665
904944634618391357563629215147317697154787137901502697555538264953041
472822190798578759012672867973140236432827009088707076301194065934428
122092489260869151695360322342966417811234155018086551677641305121814
999958946938352644230966850030056546431062447518315234113467977155369
958484059818478533901083084474091177192530443960771573883606159970216
743511723314905289264799424247155243915188477356726754883283943043750

474874163805896883673177018949293444574656216839149352408315601274037
993140794919648712368773519170173659658107829306916460040652191139445
866849075915230991793265848268542898740052693636605132471891260411505
520104503725253287671776934551996944231386506548187591138778872201512
266324392832094973979511704042906355024009877663769525395164838115268
394507198400989309676185000936064785074766905261295688146796073863656
790704900911710191070069781499856234929036986637335134035160596010533
086452078720394070017547232312683159080892930190717699029837552205830
275869229185395407722773657966579337287774825570069725565813384734478
651728946962395766656827382248212483949632354529326929495275889222057
004445587678882587617693078079478259047622776241587476140905766140221
214971301123143442657442464064042835257172384869097586627684089346508
917265210121381041588501264276098328555693680812521025838579018075104
677917516956328823998104093776067306056794532226757881199584526147423
441214190041623465975372112769043497752815802008252210461448716877757
965104919449373749873899481045570871865983956312128181960455518757650
212021741895379928950957221102791740764280747030723332794590455591302
705187330221430810967410794219471864924910185837074373168680284947272
967245693764252932994561847223171809800638407884233202696545893184719
733363565397707957098446982763772200700571545715599794675933306155702
436417395397999719955183770577329807124087439676017708447873564200487
250312947254070123989278631294884934082717346501981216020480989203531
691348865185615789249308745352323114554868455803263518406735905415436
232119399180520752702449585314976408489792233109718429230411984962317
003680212283961827874340192803379150521629366579147090533449480387524
273480411886442567171018163583122899366687471182535479374403013786513
301407109991726768568321267702338120812110462686186085099426960363736
116119558025750246641261990778169751685160674552581670798020552459795
005447491153171525113025542633453483355911706532637240623391369127085
497589998089813078818975219408474294657176714558966945782540115834520
298542304218495597368614401191919296844905173500965585500070583787926
655708636087324846225137183630277831855075886201911743516891715573698
223137831401179237280407289628759935924482383549666690607516755320966
258313979092996231427622002637349646929128659706186346241828753098743
854234080930204025287479907684406643666628839221033532135455564990397
451452818879219230716093530744028917097121665233478442086785471619977
232994564863858373041142299113108274279877254973180638544800171054449
712797479313135039578797389782276098114810119062954781760784241322787
677843266306697703946077618827269694886666239882224308701467949516934
220896143652359475485150503593265732719846376427245095576208886266555
594864240835939856988215676522668380827718360258528274597368733267029
398184853494329147383441123650980499622998859092816524497613701359307
174464814897922585822129110208730846324671854643886441346615102927840
564608681514523981941338082125903906497138787108987135336806480382382
274289883235592937105319158524950725147903168191327525024235030561814
391608460403673643015480512138095744779159165442950027049344701990982
841629802388424879646173519532926265513881594946672316132761649554116
839808583214506438745363235819911876334346565520475594392866255240100
535321819177357420742963369842373691644617421214809691932463303725356
709663243555061308361818796146737828885186803954892582305172131758043
229887845900684443405074056010019430873566844314643645738793070178000

1906099315882828862698110097407660060989222993051967276932440289575004524620933956831341019094670355133708857493751613799509181748874141502565233577659628589239101090706415584781536108983797234965472443181249141119603328306483293122013891059331639035992569433151442679396922730128321398590439243591233967874841822239457629152143294573361108152087768889612675570245386505309382807007285432289798273421786621373041405898722093250195304016076828290200759743875095072264372914563444749099371903662836464243571218247458236664785621991863837411205105688760566521924765830148135972301983683495555370116687038252651739470631785387093440762123177569570365760647017715265648200310718884573035681057269829879464758303001144116695724540429815808927277232236717597173276762973457272382589232518328519033772666445273359389044801844428556910000120637477640277308754424110562827342282978396903609538193594654420156686670595868101670189230893506986935011870572523133640364711700325419981471643217954225725256192580308401110587913914462091891383392724345869036821778853936848524820962708445309538557926632009515651897137891094633129847176017179559713410740542617226781723844121640751481637258119967224193471950340566919280885268155029400089880651349258541013310330173917080507575608270067504294107473735276446429623124089862181822537264311602668812575777140072070899237983486772594347480568755287885592031454105109086779545172513774666752807975377918876843508112999168532544505603269185995180138029395774406698077480397270457375368056251502142147731036798970750824418975893464892182162256910239496842542438748438415029740398207030140583449958169041614203477026306758009321057268053226980645641666015142437408421371945882097137537391635722848145632653739912551804332199068430997806157568014636353118178537269508313776384939969211333106108299706882225094294426261403659534268432749665689532810592134544976400280871047568408005513801655581853999647823930121522321815734394711753185045481649990862773094532384149657809126714396137657794861883097368107062766617025204259960395346714722086092845128791849609124270234863333603585570988750817752284468440322013530940769875564988502708316550365318541383463337118786204268775691545798812234952482020180171220381252447997839456401286703865102691682834768179968889411132148829326416294043086703368288129229946913010492789439696296257684120182910653776869066215515535950716981627009922158945837391711554393926383566864426309064954464769259827182115690713201592777822859313831019533467158678039782822589478968797947527409855972639067326075439453405183645203696213926060018684297160288520365275902456846497135540621599254731250584270473409414555261521524558242916024019600926627250551068122716427867196515180146758604049523809044325558786383189221737934450699010684062233283125993095906694538278625121060973230846483084509828782449367492639192094150669837236294340658853043963462602874984602631249357991640669989881502305843216949515884822242552651271009394505688798831039323658974257563356610103899952738503732961966812920969439617371349173635433502366097988622337301171694040304853403796102186568439463755001839460389828750179911458179511893794033659790227197392244658300139070415983472918083199873242435817412433766800744692159993979171602928650044566197391197105748757620633215191298161804436839306021910067030106583473607512420409366345008805445560684246442803511681279669937518341622485410182864846591233074397222822540124907964175410721556366111375326352088768957756095345205466938535279223816

476585668187567163836797658688897760416735959509003023732306158564765
661303473107399195769183057636247831519145332003253405162473185525244
274045921660678058551219071867744562968490074694634005760802297684142
635546004220202289793585613911821005404523512637701583482951343560085
903104051713399275091220122199535977601541872524888329790264050871992
540940008821134828507639446529254037065670332640347165451613024043376
876408251742494807766547129913805685913326098672071558797457464713462
340326074001632469979139989442822126107389667956669974855159660211779
386475232764053665169641689189227117372005140473324583436437521683502
019244328625484527137695658905330039887978039395261449908515084666412
372485388442916280363945362222000934081615250515460375104374797177365
679172591472509541255791906899370065605534220370082367375720216746822
915021793130297017498021535671394395774515379731384331273299756285634
329466163479280286497883409939838755613724875180789654060186670936436
324213923195599826225970681230820308422137003574483002409094347338448
678647441906555133634214267302150124874717058160447933839196278746276
997493835431585481343298454347062445774476710116982503770602355036076
552729316861244145268534549737418556490564939303792824644554262633559
587921491778494139238174066811387422646551254656853267513961179756940
093596060556671800809993525647824575812684322488832974174106652827057
050959409444447970907666795804211616104777482219110828072571831960199
970444525421907812070259985062228823581933557703879852696974964267958
930477509089971519047210453235357839651806521892470176840874587735385
946149141334516292233407030642167031350761900675607008278140331745361
279956804585487878090524271554296811801232595943094828584251261200288
416059219078139956966411809210868564812932120622679136189084499868273
456481773063917334267150033569097339695075041024612381682946634273380
724219780379934480537436697872759755052542918258045974311618453517454
681785411117031478728447401359474058834682397542224495861103720070804
074661834715653284349797040269544986596623124788995453321502206898835
877575870704449406740996900556598060946542889985890657262323302836875
242595446307040354678797836450370345398548824312501135431639047319109
145524158930479975570037777003313772883579320399693453837847789645485
613029940779951317893523547578399932396180123685230400399875653155471
639590156117936428616587188808883786210793611386613104905932346578511
574179517586269403039249185910023433400293354309441315094371823002128
804850498417803506071048040473446619185919198765671502056912398838787
440505747514788662234713335484941817877718000446662194264065213927552
538405914453194261793241515064615501352910256905527437118581811327187
111254745992187426961580508303755567616159610162543331687785733915117
166199646562422724690342114375306911518765178936633307085404604605567
479875171661733128713225727221434713648216517401136937915025852869500
055049260479870059759458735238141038195422754361365898094726615263957
670592664555079102384579007648765546909553745333472976609105405047008
073812837688530322978632563227087576884802605157045452091905702496488
674064071903246634483622169137277264378441003355680362893947112737593
513091434200784306898789565620129795974242247053292583518441067074012
605013206821057654271086513657390365632517471833937913679017785782463
798986115603227207214412329832434580135725336450816126168367361537783
413266018263846555591832542084934113256445969013223041233260314654840
150061200954243320095028381443331126955597030254657926159231448974180

1496019924251462844111174046583425905546706085814111577658662892939731
1414244310802661423621200397927070612202833878877030566611243826434033
4726265845611494320426138717379598828401453722841022194427354922973454
5937860128358093744073668129894037431319082488934501357675887386176945
4687677761284315292106767842025592471866688455345473300062958673432666
4748306535078589384287648996625689656253969945253205544745509795819897
2337333296181752559323802452764846500582705919725234923557289151208648
8888433830998467826183023818857068744645536791810431267454000912251729
1472770141124422093660368841772720973052835874033589637435503445924341
1305209509261595507553528279899241841214267651821582952696206953320651
5805131790668783643304914485338938713517035530260457150233482015661561
2150476736971423338097377857302500990289593512237661769617903473323761
0504594479194249316063502389753937270618258825493516449994650227168361
6594369495117979345839983171499390454289289042842022429977002535503031
8872731277978027773076997771981658238643756122410956931123271504324521
1972759283050070331735204348188225567491036429228228762072626298445071
1625542342152423758973951725449548800816873768989834824117127621571081
9801232482441523021254056983063724933009147642840571034551855449256221
7930659994439476669286674844783421019038370344613971247272724801342691
1550165711317372657081475213222938639678017087630667009497997955937351
6205683135032764184701164141035802436481207980078660492401125821283661
5571745330305004359025759534121464885397868353823264119635002967238431
2342077643049655555504956956270763411163728386615812310361350564246921
6908750071891441866587667330816229370229582880880806116805918423570021
1672165911397720412400109651167624634702734491784677266940917082487691
7883673974955932610676335181400254721202606904593261337123785463151011
2248860236389465290078200682820006834151454468246025510401092182425991
4685796201549807625603461483035855881200643637952758966873104260675571
0544832816103447250977559687611140424515230155275097185895577619899551
7250928772842029545403985847498300162416637589001706067325876378623991
0488213362181029193714200128283538382724222616572733731080295410032441
0889326996079697792633472210722271206492261064577033107736461220877671
6011491506850314651668548168438098449741681844274731131240145267301571
5086542323687288943246740036100147759955814848289832237875217539368451
0514440903457659668126497708708737914702304340306096852389148057967091
3780028002373362955252602318487788758312955745364019613901656994822351
0434513985402842487815843492004330081972786502055103680310695788422141
3361636344427293083041707549302737258558976168335898771169436986152981
6366857095700801646891537655843830828041362541948042403845704755528841
9902703846051034033486406306364001899932643747936168570083490252718071
5733476404191142231541403468042743221608920191615518974792212537125861
6043661027446746102899729877967036936487670054570259821467336891837791
4480233731678122349656138816258529356681650908821688287449123758131151
9547491943349566345066116257245032277915156488468980737571206935410801
9696681288791432975414091867304589521594602394895295980222287924015051
1883457955971124437424475986976461383260644331705015197162301708954741
2223276156855305189878633278640558380582455999364409678885259428346251
1179926590383393904194585016010464402495979689616061661353076788916431
6977799268201514890965670149044265735906332981845126935352534089476051
3905586901227200482722528256230703633228531587982910748341903748986361
1905171622609875117596181453938187629680162449981957978388189552547451

063724880480372027153807488058305911719855823034341177061932182324745
747153121648904165111330266036285491345671731156122725023442177280909
743622342407277653091936393153341421476341652197566233802596799587691
010135622049099513521215750486692295123509489647797073954769351913862
984953655746909920352860608962531920186329547950686334407587690964006
977593813136950925593710832988913250704161798568176021503704501465236
114831646402527557106325604188251140108170944439016566745038282534807
821618531440812947774618275927832104600346027175427798275506851696619
776930096496651851746874233277381726787114976155680683304489868615730
523750262250923421789207226513558458454024475098034277133479156652577
310842302077832940739818190764916749988681013776736965775725082016977
211736239055268979707557982825237236211637348477326729175859672645029
373212135923382195676100390560775651466067723228016975229315805050564
229239754124780724902790796785078135327424962023345558668111396005926
729346992388397718740368405906875071595882898851605672055390803057022
010766740228000030376083305152146114511046528098133177280311096518955
652330404681444153456835685867706526960074195677357997329087686347160
918985794199904922970647905665898414441632258612482607063073088130150
181554338848817265947085976666507062569113992066395590793895879829094
765202161918277956907545740198577177370354496434651772353451178414451
736978090322034621654274923684239513634245294886010124036845915649592
642593321053150367616701555623617709063777347773008153723001436133731
483199212279919485272633894629272030674004609673739911869342983998675
405276831300477923221130113978286274560594503366258680399679729572132
949588958504155989489786290309450262499517100649824619906039661789426
147385574687460418599983007158566487156221883108817653450885163037383
162656562600791264514779024376154129583270435175782603795852414571488
392505592326582311865550407831188203052464502097303815672242017663089
012340111859605397982655993909942019877142265678298378924256481729297
351785825254889124003059990018372395355072094534512796140643193174692
320743216721509936643054333675395005717830477581510260108189131150125
801989722074739513880342012925983306059133298887498709629982768051107
931123509864769499645274880621632769501405269362282279244423643773840
592810260597028698333797028729345233262869974907590118938525782505111
061268262516599959650224707676145670321343054400054262548015289544949
546002158905492033424466335931267566157901484432591022023186812874734
448838307741759708226048652021582285181261770301947026416471925973591
295678675448145272363095044735345169885249397713461463159992383999538
872933909125495761591193898979665381789337890095537799176690310493879
785679066936910068248742966182359572527481573956573790600286858901055
158261659883465544611568192515272320516011683500583803779830632701583
383016326412213716366420785452157666480845936670920745802793447076167
634614663779520372197920515539602326458161506106645734270847318512844
572258197972131465021524198510359722629089478961108147547445335954006
591886854070846373380598906490128540370033678171244784061626011799805
624761529952867806979631431886843470811688646823173649289020211037064
119774999602366635544367945193822869801738345663408064171537695821157
332322706880472150631502247539456008818741913129054495293717843267108
553368566156110998779644914224155373671457344878218305226800481333687
328740034692710848545762791128023173565998111289406691658508803735475
211417973141249736437632892026522680299075883546618832950076442572842

672005569246491283347784996278782191605785082905420061928114715925029
625800320356006768419035899458560106243541838828196243213825760528703
730271260537497856430125774364751553315668724175568284090030251135143
599269927391093989811876869004560773124585554778264721282993636134148
362128020706252841283640315311887215849173405469157581033095960894912
251422538041943621621842469238074364401675089990473902992383737034634
837953630661551787872078441391549833583806368984660732114484257440676
015182947694382433622923156139559697823128544137523801796791828156524
662134899339746008513064118087198147605501041130664502895373567228251
626707714584344353909437405007305333766326907053545215965682688031549
072846213011223752114476231710866053930922525344026020917600816446385
301729731841935928004126506610976835777636081184200097416329645387240
281894636356593287708100067781305209492558423947429356017756971593915
880417057594374898278276022625362094409439101802811935433429203517278
117062946545800138547445721566617202893313301909407132603199695653681
167623886927482721623238023125147177260973660452942416484979456564202
494886225076443265856073131051709045672913572642777477360473372956453
866784800224787493653583929435086707258803679075671174361217929961967
220320887495289249920018056865884414387299612500978576375369064337059
414357776080499755596093370414268008642834690897833203249047302557227
081802673138759469402512762775436216156704723648881615479452191766465
091690518237342810731488601810712361919472860005842369891731807041828
921548638196278824584181243678553232021096689253590405793916195034138
166758270437387363842008871644020940744600670050458763333971232809282
967650852255503959992998380552110178768544059615149320006382244234413
662990345210492837021428870004318454934038677695235537267085894993764
363773201644052251529418542404726131819778414554724374000267557587664
591805613901787250737429439383077877760108479603671020182968545262546
500553195903332168107793667042395564654246679437499973444840831079080
731648180594004856566303042244710677292848534776805564545887691147048
605520969304850993586883424663522437025552154143997747659166097630045
340929419096549096867906181146088547240700277788667506430250445129144
008830245324033502046935964027712519951599337373804280115352954742393
956093441034737919029613709858888440470718403751312628597772211824477
193085115840163125174454956113817277363679807901885809936148667852084
653828011453805442043239010102530131378401766408099073021313491710310
243640515631840769362915979294240541897099856484148928978721022040092
706059021656790423767098366954453560054615157375251277281156586227643
253045194677260929828540453187448763318796820742751819955275458192505
708397676526272110556012120151507550037465350131335065979549114208589
836314266553574904446348091344428164361998425159944266877560425516411
592275651553281850470734051472091559830817619724147072617360143192073
616306984336756703700188859590617527147738629932611509483735486610806
131805378475665777386094847283464748096101137446059222177542911237846
397665273492768109471667934947008399090609826588928703229527776603381
903167636674040899649366599421629235708168908206425206681313717733022
113944949392583836813534933814266215491780231824089367288259251983138
048700341524388657182346736115561046563733567119439193567521424050212
296044508201198575047025692389140852068078680857381397872509531405525
121810402753779197265308940242924066933465855004097430913357058242830
994110873318876161946172356679545579649663931821457623831115144362825

2633707965228206634576552043281941446775014448543750598107993406472723199566930993071580805684103496079458629932070941712309200629967087927436160900728471677667995065543713352343694599328095590463981416848556875321907178534159053856915137110573369424733669793502084271373439977750026264679349864814591133091676862516184881435591162499416794307828237951141471294914681591880862395460705837432794014125495446464137627551110333089366846036077639873797131959964227518413833692656211476209118828621088807550421546513233846642463122316889363477568648890026294825715890792385568233356484321420062886148316659971781590458961860690700726709318240496490857145786232330315157476159613669794225104812465429994582551468008534350954023263420847160632655492304614247749126333166663187722731373055030540635919461884416737097964544274878250701703930056704729114323508059511940014675590126425494793137812026968652378123498944316573435225516938847973235342515066450538791401310778715304008480881750478102368796330919153537467416883968779987048015145355323058442175284025156362065779185823174618207656063591991640543524717529044194950920875046651954897888643297400980363572693005607537967869673168928264731898023760524444173534716614327266216382573997698474191161802599267273729890224193553758704090151442039285007281889625471504420500552701174011160277228011824707192002799788262462478317543777695415298946169063741246353223382503368411502595891516966168884037248893020805965401073642935130464632900925605362898624828400803054874967952222519749183727849801647808393127595586468220167069625511909763861290385823436913672572583563045991114677726009012674614335445404452993581745498093996219302329850848921167941368363502443279934014071789328283115422448177280421458107970953028756525816089236044205578734811210534532102817889363566321595362984501648209801389985984823233674546516936385763691561865923400362469965010491834674877654319655205743920776553313105855842628373127016976284587539864169560952395275666036010761598696487646727098809993383146326871953178944086493199604814464336879589385622172256326927069637404826151697095814798577013816793321548632346777111522349028541981760014234590589061593166798118824531564763345019220146975127968244845374475014609277659964235980586199966502453472857391430782557965492730687051924733563672799730307044912054427317811458024425747173527042028338554279792658367991806963864040277580802752451925149051125712163072915445424375001376044658148860315496297659470280186318691715597608488888962458106519119790387288988030363883431714230074591917029393563477744947268128043087336863319087020052228915587318054881162297733869594315847121284129315655601079158911590496515229699577745864988084296214445726772685809102994298372747936726515212893491955837321282752827323243065150263013482226595739082266051004553597701859693796444012682302079557497023399661913532978334674352167182073061505362218762723425205441771743617813171023864078013268635520370981191677029031506389240248345916961694773365083160494579971162770244880851153468484991922889755874113568810124846403662262953823214429721593336216156692634809510969673894618087859636523220549407519666980428089930673743146297583811870632918042548135436045729207089163929967011566228850460141177799528862268430820907384707838112595431792652679224526596453361426240584875028820830114125160597594652515869285050509668246565242323709758387312965016012168802734378202005063027206289935512415652084140279519372929039109567612655931878268619096416507528496651259872

4218014395169466620465042598055151626214087275394850476573433503026851359254429016306402779839771754240907768559401965297097000673776958057819404334371507914909238318822303640709146212069451712408333334241320405161988158684716313076098373116515251877811909582371753647214313143240155197658436982452363574171728156806087069670764101756384066357006490173643881981203595146223754922524424222814371064272916122272336285586471309763590118603786353468389376008781233531716484271463640705509790668045279377364040478745722053734984054284054910652579682503107660562836716856504091072098094974715583275048758634453011363441675990873509288162698952677683839246163279402816062758463844014449169608992563457203085048119012393389647945330959916209576092677476383642652273072459301582572103445715044323079765087751696513019899728483656356151321261060190173040829613708905334810557531992261791345613974372292101242443211343687901727044177110197741476900108650447194439031352264341783877026019078814281777846216723040930232392177688981613023576961417387132282300915613182890081367476362971800006283020423010449991098709611490602088655404210026913039604441457467675811223061437580563503224120774901690261026391579523852880897710281618298383452893041206367406612543415335764044712771922963735724588038636149047681591812647591769199064061828029911708727884377039978805620561359767454207137133496749988318328802473279936974389875033854379129357171873783598114532432785494025733638191838775344852603153511722737543985942347800092479438416306917936791802570831308679288683615600805029176395545899784020527948227998625432253991335401248130345412757571156386244116827195631408672885977071154018636930981403879890401978214578817774715068359509955099948253495665787550518377746203302632161867605226349380856519827648717237845916707518804508936453176459592788083931015689991481268977892014231672478873406281749505737162473780691524438545683254859268415538992031650918939780713457162055987474135302228158583745836918142684278129507723732335377842642190165934757790050615366189146149804758843924640299347507847569124057758776608979973187916088805985500010242128564487768509518553953248373429626152665901349103950101592340326413883906478474640119485350540610136910060184521605227776397577892391593524186468379878190377443873199209925011986061896223256343890943450807659648279170492002842228547101647838421096695311933898371226558025406619064436738037657451839468188200504274022849225220442550795129785486199225057176225010958324867856274911800530233994052064390185582702178075010236734765096064219141368902690413697906188106033544724139931004754640316543674141219478457929369851069068387209025205268475575815199154281670838554302860263976950445471867824271388351532140851047267333471467548484313317815253927108041812285918286213820965457574475609441942494483067076967415190076188625340582876176767440259514818636972898144251038426697314844231342508998044480567284760072947844474625808124570042853922103336076598857705992792667901320503193724748016100886110546872731100006387838470626299059019356020992550704162241336562252117851099244298230611130835964172886170657603225918340457677230166791568697720389584810196115795992806127223639997204523746412102941213843639735140904179985470328446987128667078207668955737983290454148190233708359020361912257734643314103388845389820792037807864364548892175327312515869843278349161416659068348557510054685738826045113388544120849808417914689125153242307745889389856690867724463488811117318857432980348505795273877

0638662020075109962420865893303126275867098286302895701646618081553397158903522186558896854581293850438450861474206467970772938368985717252049088592673174851796015564885870297581364135794587423129496928738424383822417542405601280325809240608572977154905627975586500046581971365000404716665736223472388517038672314638800207721758056106641664958092316633681071737451933700353559037590244516456750325631014582474534359366501077919408899273314438351202314825637129380039524193012382758282779689632381555242395573453255984082565466693181716916896420415780543115892308704289280112462510544073134977679057787794765147781617801490122226947943470799203533778101341770927740093782648543706270072601454856114813889856078421736882647066315557477537147589931870030705328838249831279787242034189494150984099053409837996383174284314799735549310407507215494460086761547271095030481865058576491382459898215695165537697987225271239574281714218488027144288806884723856696942098584964335825646801030010209197321186085849489480849068579969641629018866435287465244830672228835142313779323413120218939726974166412887382087102813312531410874609620071945386212956794650618444507158161752229007602617553266325227204506337930819742553257114327079330038834149798640455010957792024810722546210400246992581948333318188337473512930962764337645119549401486454854225713689087161524309303819365795148197976399177337383614838592432244068346066740693353646656054022247931347520966548491006011001029827498986384540036631368623833064194782063440396847236752468468822682875208061196912547519755423797470423725852729874632263446182911156605526780718104313647122585928856145982165341321392027038589016812477410036793914089151184199511129340741713153877300414520064358164519563161088555939991764802993661366398175305549150847871647227281048367702770436630752737739892514141664623701034632003666512889374101183223120765551902831213862361322180615017916251257964421515975106356525050233845099245123629308341414530871906109387723033147368212146403133098790584984248235652564445425792720058338819003721170588619758593967736230672377126358712799796208259476988947981073393387043478541060231205572759270385253881027693998249523599578752671302386300758561274179309506579520703519504353124555648155772421638745878294234891899979933518742475752971446915184604095631983599689204225576017168317578218579113150586207788383494790652695795282745724130280745047454965544140557900850555831425327068457057822478074505858214193644960939040884319455584248818283431686561709044591612827700498124080034313847247868235393372253480651872335277631841922968721224240862036852984970282504703269813626091209739117693528962089122852511673202391121025234631253190275107473588105443621833031556688637661257832769845203959660978912835066119900931398489677570328237105638251540601397051497567328886388518539445699023343185308680550825047283116216902824201221114875900845240646260473821421834870263434567771941758681112425634629146878891992860391975243000260868103361501443653748571085390027638044285639410475844767546016842967104523839195118326866942265036135070724340461447984599488277584679818619813900543770453043861068543555666833814290547493184179911934660625066837174188601990658287789216012676802631397654906924296815579983053227562061021984493899626706743669835163782843726496716418079114628725029778855464201357940845433384632828359403822272550321000924811136308546345991981817645946021346799736445115741617721615984235119557944759950793605634610354069827820755821370660700409910309451

9598900941264149364716082027582814765683534551860857624403482536990677
702530445830845427107281622423493622271923621216627221232853359448197
418793785292274990779516451339668650234524683798426351265309290576649
813453466218822769490813538755892699576226078776856167823192200815734
308493039540183574871189723575438453832202421288070400870332959160702
486598511668501942649368132221505718973684881121724479325589160539204
452143700572566663984306588454679930044699273181956985123331528259442
220429629585547644615173967962737181302961739217956452839673860234604
952250758089585660831588548946953970075327300924475900454072202847416
290878479761923168920215241108986644947274414061374435514228281622713
997941231558707181859069760742978426693348300115313847255958324031051
175655947039884443214093091598011176390960071662111534158798554823090
090431708334699632033105652685151400110024868999508530262451090371593
881008035112784083860448065552836961425861460639503887697161835348042
098568211367243336999224538123802112744042470489706072186058091819913
298848737397738512313985536163976549010397399013175016283304173120976
006854254869491616012662291399454547696558237554967969052202906086944
432980528520318232408839035423690858497307894634406218072626247918115
257774456217163008862916454127279800577367990079397205223063720693834
446050849362184266719917484588635613941666456078575703765828105897064
704065788282270580054166927785035423510225681580319031940863430807827
917972774518274074163564121732652773599852713729038726129206705929943
809474546103542930593985851723357490651518589229764510824811334458060
350701648596178697073513890897092286240306218982032390154821644289316
081610977453009791189312725326111161209337114954078565758005309402651
552845047194858391886497137750147661679973450577574429938827657959625
520302342594471783435317945615492829431617193844697130029922251597093
491831746156675816923717475065459145100725548948111114470990656923635
435188489820336143477145874422341270871486816664725024725733062138417
443666066932987381757942111445642024021601858579294579004756925680749
968887129244331434221773968142121722809889942337121760790026974757482
463521504976008970040376208646927894693695885165393392136120015568270
110996389427679816057438049702395360978858942246697923469356108841593
319689532915275379005332906658009625707196940858953323622518818831409
878152592645363147482087240451278764495455574355217968217126231685273
135658644322896465240978672663193298110957332293439316773894624620659
540953112237266947716854414688468090288424771309258864905969163308217
198403485716537383901171714297421092635751846682302364467217262996119
937146486485727418453766128531406425780943433836434692361041887604675
596347630355038028853941198891256775557689901089941620580341296971502
756483689921316267637347180771132639809777004934467507493799396675678
096086592082894736163710355634184202781868998829228006010662386422961
986318271123695004174824647397287261009764312023694094962449206998553
787088191132536879194205113204918802480931481090654663982341161102213
419764473088896419754929159564016830932715123476145955695380460220090
382950503416331916000620749062701235776114595545677241013337425717921
787208534746970589533570730684669228467558635103616946315853391260441
685218612491807602095640612627490357714677135158282708524584090038110
523931470594497237949097098440234525782408254600470786108407817610146
988354221570913862642830917346998773703059630684499177536089293907534
853224709369284788856505857133542628270544589680906558937934531935931

8966969032384888768101681135104394335227783992572792186512034668683262169758188414681866788172216514355909823825826582065701372027892824442175137340751469017895071414982976502453856040265882379891399876870971317740174622616639971637550388632225536082528426242011496651273854310562979178453319977980820644299579142281392172689322028069202976049007920603203933035937479110705985882028530879539574933317371261977567036995770317993632539397306382303124607125888199893618665982698582803499989679909029643362626058579499342436020388463595693622284107794269064037410557281135660368806786126278256753965469127859706054915952587947017116761149394817857161137430918941823973275116498437620889862520256494212834824675235872441957655008100162394975114358015444840179801599566500004666360008188076315991822749204060032768265253993365723176714777250555276557129939762485726123418950290238253459396697987883700795042527611914057665219627579288818653452338549626623717240548869442368829930221015743640497735689117982252987784631263796327609095787308191288627935542167551524587627272704512365717909508986222150171686586233281405163425163603830903851544388564878968198637695911236563771436322114382218607820965971479597767379449740249854630797511751819333284354570418672808146881057033069266427488414851067285383557013819354638040954466045072430623548578152971960423763876361539300477706290176946176705349577555290391989972966290095529697111655535185871248973289282912796764602556082837789337266086197280102976907289819358997446051996680260314107941192629376502918283176738276075494321365173554041736182220603147489278091617698527859612126701421144848585686986148079273863554696809046377884108949662606263556497491344136886863672854510547627224452634863827256631602328446377326711257488338049684255469625634494663770160918282142472860429438590032946104908201825417711031317457146538772934063497770589527897446554669828123602957110511744694253100337612672921197789250576258675912532892332864787459666002704292069549781807386425697507538019410854851215390302631150759352953445533307360808084123630347013125683306192415576618298633768835901417255305402247524794322803757731919019551986506309247871319591725802178696686246422878241136366143990698439477090433571985422605679711724394906746265687441053467887782956815789973854083999472338236339270739611595307259284599187386005351611370040694144875313184226635260760445265750118342571964546474218069500054479707438195592097954990466695162224488042169737198040962534706793908931458047355748483141376982597044711924311048649635362618688214025695598370593245978833988021553646568133058733526192901944204178436926521027422935898742771018235120085076396669609903933098754929718990377320390590228561898159468235004754118928185894277088855491168125399105593956833390711981358205158168357328248309648428148597194883547105949407626095130229792751360980559423595334701793838224734179736688123780576450628763524869373183005530273980769464698825622609106156288502756602899534678337062415808520135051767435266775194378522598794324711107610310119558658350688273917579630102832145596137044776039095690857184761840070627605968792789108166752636883675209757993683681143659468787707810416311930127809829303539394277176344502490494198945580192146329939491619329585043993486114759805910103596314803139316730636351469919308281842551023621008503055090959209641383534520043123217510080091278273397587215037087737351078589595180646169795279857075423957529929498768468399500568341055252304538852033191786715927371092270

3174315132119187372457889420053080551142934314060472202804581013343356862488941128392587360581016623242089361948533613345028980576864436883685735704853876109034016429906808968552545085103236365837502405102789315088220109059752555067469108385545478690193904759780638396814691300231041246184637552025128683754173734629518708981133265429646806872416864993574760599940090900915410319058198032113391687719513185367902947090608395455069225916381368910603088654566450662759283310074684480512745336034806474215427760331921438602108294014349997263203977356546988008605547273701748183988712907302732201041350516307778134567317005572113338505119384221577143033350847396320211985794040000959304783896944806342096840802266714597530680127910852951102401657059638363835447205605192430779388775216274767391184455755741040400957144704320473758545684998457760683015147087710675451063416872514262865201056410564548073670659456782477028832681833346922236522281895127733003412384925743063084951401224879705371472061619998256041363819675680738016613787334047929329264415162418005132684501384038431258246062186441270768325876137180076299670827530094665653174289021755307231547525733110706277969912147842211357371352508801995923740560340938803810285220930330384068703082440593012248219842601681800463832289201343190339608688779553588920659533261745283419148808404261437339472322627647666933793298014861919824114571437185784342042990055122746860064194058622627862143258388827359428031138796958724744661357882694915600218225899447349876443688004392059789959990430107371764720410518531877753441266812649754409206151378163173123800215208410463075731708975566078138589856274552796816466743562936165463910637520751721122785885108520145442933587747786814263413893310318578869510928866036611630525356769026176549906919732980760803405014325834810688846404690020131117907390969666902553365263805844289343617186846691664304829211822774156014580695020537521239610769383946239678604006988633666010881447957431468914739081727405934599311710096062693003758197468033251005068263592484590063731060627822694644169217737289199990069996887253815525042496846654231323605986699856805292085099960049859754899642210127460788051720603489164781939825472567412976977722524509833693391098305948521901510273258149117775674609611799676946792715096340760326844216862148384922148528427084626291228896313681659802796465898524354504936628923508904024813499290379109378169266522069753475659493210931178831105835836721463713932701649838786091121833290425696353057918755563770530198071590859457446969938962917497691239626183906973094631218520162085259107879310624275499316724359777501719095536778293822067174605835494304070960848348517708332824652754053214555721802183154738817337256255792166394284157892863581671444753551775044482222601685594469083920731072235187037819166718442951172756289431735845090652725978916835604786576744971468440454283839344962224020294521451325559025140122530784950971442117112960015028621736494762295626100150452697584703765686205345865413578536502629183841942400599299426537013262122217245636317851121902869756125686503862686974620671820659442571535648163540044236162413640112211017127852654098207994989782490072370651100588916490535410789784574522325767386835311101177706602514236000487449810753831047148634509867412653222242414732068871407483184085720688757450474804917975318344068609597847742208976602747320165684365314836537604782711983489138541310563851166109237367450616356007402779724551429599619728233642959854681196044075308115265752207587277

823463927205670022442990075110870101629971898214596091996348766739671
937697648855067841775572463218071300981495796365943364638123246252771
607127884109853956040994705590925436829475822289334113778418809880461
549350847066853929024352381483071542899688534177341861460100802160354
850934522802484646429089744475441643028077650815054017765440737945364
804882666638227469509743576622909358410688243092255675153684470906304
389123973157252870427737149152453184702094154172554810926005491057255
740062165453448094243497638309927263555169039891506585763864833230146
277033942255799832462151246458662984207161464156778258807200319967115
240873821809421806786477734671051568867500561606588534252379031652714
240013742996406493067755386925092039626032643075908584631873948553215
516097181727779087124664256910092870532153965519579467177199761352496
926809643656850689320780003185775796493552250542256366348905322230663
584852021857651252830198475057121141423480959829530055050841966626303
132941302561565070393758479063081616734278289106834633552400607228557
106969525453589812162195458605052137625806010003297104419918709028781
145573864892571071504155022644730315749711761518335502166003930738494
406209692513721031349423021048964968956446720936937825093316433553798
408035942483728698483943741477395252051868315139581727327376133202168
638711488142017528968280848378769385379254666975100361386900206111575
867388667457677893655465778403144634450446810570452335336891385655453
332701693637861004732077288774688172776188755694959062935811102471865
927174537579372919027039577040430516060661220365972547795797891729778
721295255671422773122339673426614683791447980957870220690744393326589
969889761171075952381767291314926426027397271069834498496313988784821
822458144636863740934537851123416751529341384565216328611425887861980
926469767657228436256906563456789269091542357977444685401992713203399
786599481153810060314333442748466454142718586166476223478282955034482
110900754133680372530188156329834431712765355455472015058854739057769
856184533567742033545530977758285523536061053943233883856781396707146
433473323098349067221801576209206146327339477197398723329256677795188
376256261995626085001516787847004568241470704828783026544273565292611
937878027569573955747039835914959064136586385207638535783848908788943
239031718334823232695813831271770284201103454475114283235414375719096
745986190423816764328697846870021576981780933682606872806204858317059
947623884083681724767291568940300706115163962752123131808953323168996
536907611409832545122744407841071348552163464860023618007403016361150
532059727629192044756460542713377079788663279414200448159964850825529
424028621362511731454062712488943849661021474544398186626173142809055
282520905164083073115871770105888230194627474406636671449651111425706
085996628487403071874261229639658352627942049949336359265540166137234
920152113953199866584489672604972807212746530192460025460943814863538
571563352158729438820662761235344048584804468339311727629873566585670
644878455745642033699851549062314640669295585528421346162611232611987
903325264422298407667058082359213296043040725930867782821389749658164
479695802232997469797054147914830402543236451047806120766949895375774
340587883621128188992754285416620583150267897047683388722030878831898
274249458373392849723429245051535594656209685696754556781202817907564
351093925388036027600502849299116208037312512342530527580732159676524
163607617245973227434412370517772293508329832375429363105230544085434
925422044271877227239172459594498532465357011680754701440541244436090

480199599833474921324494407419599464576614248556484190445587116625125
523946676260076279019781721704562159415681378380095288674337679036313
618171002039809414669867584168027502296785472516026676852976159026877
382359417244196362628315046139269877462358537417381376853211569638549
313260880443578597609795248758890006093668864166596884515712558855098
382519598877369219818194011074568253827439442269436721926589457657619
263309326793783047712189988968551732075982294441468511986553132118310
786422151154718305585146403946432899973667459241701336530500894906290
363233628117850079160488009096059692209064258220592578424801662563352
367200544899656295010718690150922436830512424715869897553517103238746
226832570619916958584571257697478580736327000378072075990616415110600
587981372453607777367039458914957865845116242151392122437075705094953
825174236353439493984560273178740913867429795985983059610834993414214
214530973665723948947922402192359219209903781862322033592632977008791
490906758527466939735080092415024890123581054534366453963723030289261
302571191295266770065791766676944482133318074905251431497032114614105
367561007370731053012695233506952668737206238646049230399698785035216
956200668018256816085089126292328090494110760595488118449255013990886
644484675929843556581051088905489517574191032224189658435934438821804
677281801554251499316817419711544813666904631292699993252853929282139
984241731866422919826525472446699231681239603413639992696417937974747
779710548723521050589316169277051109690323472774952373450200961130205
697855268444829177091163589420570494387710244042911249405837513322024
997654229283592221715141906655604692032184217843586954029989731163561
984937891057270397109404208706638809866541020340630637787442313650724
694193041611795322184618691554286718026142337968404463011346472622993
312269413894222185722704648774805722562301396566188624295442418770241
721249313146295065476053913139286712193870090637197153899253639179287
902297361187379014480691335005853300803026190375663155151603915855245
112534977941513361263081885940817885506473634282481915522800338562005
193715010034263242147237321866182154745593047597350316464140357860275
563686015729383050683180719616607823810342941800651691964518485626767
637218268465368610251477457739359490886872375870771564659558453147952
131880008296809289584520011916528027807181595057805453632827306461469
923615219981430603138135739506025551683954766803224800965843344785235
766400543556508610736427245571658396769875427879700296855548861841426
449066518035800462399953574531555507566517212885847345205233753839229
936924065301478191906091885534771626285119290037507524345025013176004
673827457006425685349198413340058284271627153254195804713195416548194
123120105288837844975607687888521863610236682789355416335318429917122
259947314480523772064326983532099441440535817015088529592364736929439
760570954313125177816252205872176451153762005195266930740585694724185
139624846550908003400970134942929639155706571392674712403150778175429
281881197226127838667942417258561495991844789283666950349575720384853
116256185450329010638142620421242378905220559411834180105135595987101
925061737285647832290655156986442789828236270125501481222506599793332
339820182395881557243447411558853052471561703551062765122958088459858
105379173642515204937054263627483838772141384989387308657327344355050
995104511987988371932632625595359534519037253001743409221514424699459
551045003591550148489882261223187007671683092695582204053858988154647
726788026075643428563081228523359278213739899237115483308197224640496

212927819182674707150396837944801805426271081717272277726290178583007
905427716368413883748468135472313859157151103298494122543794291103283
902893445784474632400830926003164588724532512003153319834330796178850
102592732070115857908880475665779707379955969036295519307498748445766
455718680651864096940268166804659049033104973867327288453178829682016
229722565719267887900570278335521323971037865635872748988456410613219
910017432158555242529698876015882327046281304517942084230284542017979
706818218514418856635503867376312839898506120505877235272311881416953
934465961177498950183784771835472904164416627762431217368452890165131
507023291689572361031822308352208390360643087256108621218508633246484
284639894653771274071322154493473030122416236957280508813908374373772
741582424638577861245428214780784174620938686648945269779728065692733
338130647635096576851526886800530630186266060510935712639396526368152
867096421964694384595282556614088094530416642755138615183391882853453
382050018759454254912283762138817234382076400083701131293676192064983
051037425697155879175837440126945498307930981423573167927870837213694
231346807609346137136109395482877640995710906505052890929908149246687
528857839315318197835802201742624045954642246743447494050233764104582
304376852703827792854164192687800174699017787815842929875828817600450
492156559295389291312194598200960830718088824919651141781465589351990
416167752212219917824592321049672754819203964052969115386711745071458
692483640191680573670659855850104628471590224825250322096131346958445
205742974328046070323907808674265434499870911853780240710660476073345
169448586292663420568378065379212447396273381580152639706419922321536
690809702216724827222252512811940440054898076487197781738400796969065
569372417898094012452439777666621937500438738930134100026518023007867
529979002594114951777476196346886526663938746322650007252717115510297
965214406009438674655122775506896057226675950825530843968011931781092
238086469851896843586615641473864960077681610187141212962437752504848
288741738739638929753504799587369856472311345619746082669269610478575
917632759643160062383218391651127842143198689143323472508888779346768
007492401315476085077052925669386954974438459946874925934128706356246
634498668789039126150866324574203372816350745026379836596830519520212
630414516234449218473211503961463022332522330845436762285639036092190
189803862808284681685996613189120054421941477782047505879589524108458
735485214470135693725750779031668535971866432697592977501875775785352
462540309023562239552856544094115381507736919372536610743306411347832
837752778779722177847285178376556312340929468357802670010254842471427
280846501988847775952615143372445518804834396714392381176843516126664
299956438988107963077246425994289101779609808232168610324998317472310
724106819648940898849388091488030682685352842186131365488958339073489
148236244967629085961233388942051486504104933431620996945353028441328
238657186825092862708123499860714771640697305655290596457464659962509
665701774994921939881314351512129643780882699414043599891829037231614
597691212388646978586318642668677361482093937881618751239483598913520
293933918266544623925080455663404757975466215517867010407723514796513
120153096537533938934228549347530862999262368985300908614632822089287
393466019002789952198626705544808833787052239731701380746424972637317
877781573202673963656029397911616876386160152949444983152028797172738
633510122088298167979214648431112505749436264524624655400869479446337
855493539901186470326945829939197689182157069115698803147177053449145

0748301923908856472396643636281643956438707376863817793268535717190765780332920476115326646908318446833094885426017108385948383369430750526088250140059535621948586937270809067755178640357527675340559707948263751047539320512037955531230871575213008560682835819402888820547702561829885260052306625060473882403158893211739620899194045486058585381727428921887068637997926906033158796625271977408384792365170969532118365319440528670401030735353519811339424383733282376591928717964372656127101560578496483491335359788362260136180079471837478251455191786654386885698559467923831797209995314531411247637595352962624261406278064351131850479449735049967229545057114752218559650096372382344223472929898991650859700194984497052453510911529230077993637493100131194179902037045061834555692303981330660004241135347730271384331195212209946180626368276477398202893216291812395585647751077530709609747617924983264712793212052788538049310859369530073664229108603763395159112118431747157359164209176088691750683243410174900269800249967715835402465113986472936015632774849263216499243968078365478510834898776716561806608782330048358588954997090805340435453221815741181401723530870611653808172213200424249247423202686527831307078259653715611291297481109773548625239276992748018177975368216708798759251581719779635194246206279292834149100617208202233406529768298389230285985282927982678826209933170892992848500558557908950011856137227162937114426519743977995712630745820808375741683687213521982490112473098513322923001215872790491385733755822847222906602661079069886078354947810575780731710695170235671654864901347274862958933641454665680343900046894906410058998378328058121375646249653254324082656748951470081257777972641480239552144280052062123060520271498160524942325219716383822156193310557532552189521189781293185384804118332620225210996190615444522681169081559295997447670956269873417795148738564232065813267272163174751561098742190272534206936416036347780951197221534538925702161709291008176546197998414036371504661383498791189208376159571391553905968573392502606097742890467032247606382770532109239547558715998659969474995191128038797437962883842693724295594990277026382537399873080233732246049980295572094318791619336263660652362154784355927758479511780393071704225384034361710350804504020088903429906999438229952933031609250292635409035684456848933908100465155743410866608352343005241507222838335028049514646788410861035506044985744686780855238659058801638753783327367153095703720803646309576762711174400163615910487701833331492315963620638624794012078263691798553242560133008983676088168264615690289704668446065427181855711401804732498106067808531993982732179713276887144099992186668934334753885579113599298172430068179841979960986908077809258081068518861301261037370519288750284909921659203203212555799542401441597566615715787178338015114620520720250174631638262839367302790253054579730978906866846785124155753687519788011128906890487096103204040609790389093836426902018331992956889248455235364139944709746829246586275515584554382822042057781342489917409538745297166162463903852062274982225310948645667756111928788585573977908305081328289518786225971844461938879291251268013309390873928225782271273552519563053537568234443751492044620926954486799518643498457115968081114091457287876913863988448788547859376430796840100400233596370490262131466059438380268642069653789525979131956966784949497704759738217984938202147170709529591741030283522156662692909894216218560481433987409244750665884393151640915253463843208037021778767483119 61

07235977913189249856671295950295326693479948792536595671891162012073921380807613238704869717119298675623496116458248604139957929875046945134434772364404279314506729263859176494859450814106574709881356057022263838420229620155653515881356747151295879767047829784339720788453354400568520450133873040599845978478869332145900740432780801354451594066839081228237946849105292246640251564238634690995099715113450192841237585862401483168844957703176716308392689809888371701802876370414325078875748761885820167967788025205385621993341791899787213006637202820827916875696517622502393916164340034740908828741097853837263798768475561006994248364825731754823553496466369439532301340415124892160006412898627352000040867135436911216637800034384565481902299442010245773209540222750838736863920112188731065799538182217894466762304982113136494497206341609241607698116250604901688635914779341517596394979933986303054180969607365316766592921274772398249057892696431523571564251492186655196828308122948843634535953877781791033507208516343785522552273984143719604825905342310186979570301781761725841824160763917776916883697469072018826574981472734566103275897385864498912865113784809055194554301254931756864123518895741228110981013938732273196873189440468389561908467659180472172289049553017942713233648504653190311787399746925462708671836715708812442392399133239565445673862260270747848112491230270679853432157787618226169179465278762848389292836710268005661671148922092745455042098800450190225642378485953005783914637630899258559780108651781722396819371090735035642119427367986695298052868281248264968189886388872471478632121290143846947083410080818535655335400596559975468098674211400114075588460569081934166777960808444236784948060526223078323727573973850167499388475868145741255318266795282562586802471793459038600326813699254925422770283646064470436205227427730113197333541394062785565349444196380721901311859597731269374867491181385919462923962219151158194997593425808414743768078301586893037314677168561009716197164828098095398150448362728734708908641870940391051164118225815088187188616170442880513744658319264538220672451350690008811937770355653504805033298169986530199698681433632617810394995394857844999683611664819359200769890143305870387709685386370283478486627906121445511171690821566160069036592245590916956011981005397808491460553797157667904229203963578193470160890707168379512469318505883034561755367291710601028205845173847609939136279706994996848057751291918520302611179170526955282055330403175967730026149919108882880193750858865688991171796858226872745951748657699148680386121773519065986074077517452993022658298409443421349357505354738061645716984584238299156667634332133394093824102368790481509324081431145149413935042921347719921905607479045607648336629045141656260905569321089635842436177946693245728207979724795108980378204914031366142644716676010352174854371834181722150080709086229319862977999388723401241557315360308132500938869577233326927007913137609210859186488759640958137283774196483683701956283206771817105013331821404081061166465752349288134838002420185518201274884674109384609076413902446644924578564857044992423011525136527007529140063655062674301340379427728211016008199944324007352450155962161683064820800903310072830100409635134902674800673536648850100703848301406708234949998656509088767226211872656035222752740426298335937432327881894586461422629183763163297877963663141666375919853038864131123080308326133115578937570595073581143225593517996059187235595590017749378807694478109570067553073719551

6727075284144321281489088846444904345498278672182440829846043924647077
7248840354448392008132280032235620948055367531039785402735334624380322
1187742426487933433197970513156855778487087686093321091553899068253466
6581777682170799120025506649385478733966706648518677359001550961184933
3602823209322174388052257614491141644605114055403887974221891981818233
1144363169823589527339563130599443436967023625661302616167797609755499
6035562737596886048868716128690278828371488779547358218637322168342255
4521227501563971845353547105535522946884653724844687553924722256387633
2117972490599852571614548173703072873686873212245839348815882498671755
8167586379423188172646851408568212365963844701280619895087652285640400
8475333634784972807262304219201460144254039247527288800742251852059622
5519607898889189965859711804179866141572445761982574903586381006734933
6858666630121071248413019346801868959847961007073760413325724754866144
5857816893171993559258916290740046896817278685734708885115292700287099
9126824253492904025610710282549869307359901650592862907951147041556122
5010974672739653731412553738372184950795901243759224523938514048751022
3104224090299013728166992389520331110706075943822604962491670277772566
1958433424238995304945068043042741631338871154861960146895010892693255
5347446267964573727528228264163078404132979179566501160732155134581133
2674677128249786563202771254682439338634911602286133054174213841445066
0891540165799401570582231164104430098564132040511620846139690341019466
5983086697882230440697441764841244569955926211358676556184877320437177
8319183577633927207954645706243172311100543569579487681566584820349199
5079661594632456359372950315815180253870056798225658344652553966574855
4566433700916704504113947137514854251014529868821660195300941998312700
4586614715428315122849299412540343887625076442134330785938539026431466
4535388073303103077259114771474482574359220350642848590653361889418444
8854740640537041145975998581232406815957404488621156472464476485675477
4900481414183947661782149089351175331137959047820766962228576996670755
0366805357413778670727056360840550641880385089227806378110781182046122
9019087238374877963519693325973314322545612066648059334396348332847300
4566139833058973946067976577238447749102927369494273590017042096755844
0317573704653941325873751208330414217032868314449680997793240226046000
9076110144813267480033517155410709578328366964247586870060181651515366
1789411611737581251942668416964760066549341823306851872367703357753000
3234922417776283131511060806773429947688097448986370533616572464656288
9884011041989173049296152436666182450198125320863506992651463065431799
3516386161476623493420629477063065373912873686364813412483840415312344
3210677384502695523687567436397852193411699802213159494105116800177855
4740971020892322980303492613482476744829737935842536016441299717911477
5399873494132477809301376348985422446474559088306600323079711233463655
9971599550585103571833989400071408300248874498694428331122122611134988
7567575729395202829858340871369124809049999298372642450820557733504544
6128268813114344924327988503180079064960487898928748413397200235559299
4595534614944074978520772372788215531982136074272648400246878581090477
7047489302580826162185940768231196351184192683435913618193260188636599
8903100188303550665553773500307094928589108236708689416161950915947344
7971302336478839389554784707438306256271429340935615774372687033371477
8362214338045542802145642188804185385464833200172920076842348035867111
5003613170840030356566863169468856892061239994574974897911136810331566
0862259785109640507519127972568909772299984904848424678498015574141555

4358975951643663047268290180418222972729561797130780494769503641873975
8616653136084669042535784645850799565373013297015027836144465799083
8180732589604812832476339882990286363159184247360363407733414241720852
0001371822551964738403604418494855762067550908471840450166140781231089
8629220514079983926308172689319337527608755515373465809324793908207326
3793611047986984870575651149151599382322903944555130619779883543096
0808427843658508182216429455571971117570074453324263461470331374446091
1270190688220331224090634566863357661680716024836553369226466786124920
1920367717272860347535974932616985669340928086026889689425730023881
803483032225687790357092980649155818483419073104035938399901094373984
257514502432442817900296071049281437021041512245345046018899578968476
4424914734931454103956145856925771208990598849395887183495611597641676
889947878608901048345801343815285225150570341220842505801900767568789
9674175686370675106979610527618669899623900819616481738472436065391278
11068221260956339377591794893596755077154688763500046187087792013677
35922808187773736677143033801189492433385556127417445620059440574423
67234507492072776080190593229658803745542754536956496019789611363338533
71886891854464206992367169428034131506673754915613227626647408784791
463084253293499099079722393709423985098569008676519739207179789417898
97522811045489694944548814240994339207095163058241031090137284110236
2079999296491807156408463238784640103551656620648438096857862787722045
123459754733339020205025698060237245534906729642362553806550721683549
39658247994913367455993005718670184000778505304986059237784623616648
9413186907345915025253137666799968207823613436339843095140675303813920
060121821619365154936069066159030300572255630996572186009297215583016
077210339984220233999502828624289422704752385055967478067869329756184
228449464774400922802344638991124488770505243035889166920936362860513
371124424902637578149217311327035192460879730121550560402881105300872
701336730634104912674310771491821439660768452505840373926553566843345
371448760377069208599840174868312300848948795876640642303004458126261
579018865025790637158321245867166925449519092415980856684575973981592
431763367314558167433002188718857462642040220836829651317252189322930
450833693478754606636571755734916816807836241933735864060716074322288
245161816654509563834872750994927596564201404833387586455263508647072
273154576490285800373363475528405073766393033905703026070295135589059
947653975247466063238905317573578233852305435708385446701296020105530
829144529935457244669888448116910195015807459036244881776852996957382
196919522102449564171571325804111820082518621383287856164166084750416
575951634013667656691952914573067901675130593514283570915203387760048
721366253861358531393842081297418548304966745559219733350881253088702
406897569941057214227857559574961097550258625350054054122563127555795
192171628410732044531797333904925773556255035370720150946106492549741
812931374378919495318042161315809958745417978229730415175002607087550
596461932741653622734517566412206841473473847659990079000708110774620
133693140964440158104424350809987175297474711589130500614281996871958
666122597963968157058895991780846764190254506157335262498859750044372
498844373680525510055250757072336816997020559918103350688990098768687
843008273508852435255150951423509892910367398740171960447232485366194
648973154202751471985626493276383115468359169489123197226713483221925
631397640777907331377214395428493164265558878054915513884629899227449
7409142462749678864272031839893801398280170723999360194049599338421

227146434321967490086411581598331626894334661903033693483893846194807
552692349605476205691311667531937315609229143760562760312212128194443
463335319315407321433060712124408247582128697390065436917231542016699
985675192606038121740911437040685827545093824199002575112067122087626
442188684214131747700982089081743659251771195586576329359439661956993
349742294900918046798664874725522089742035170796970119220142441328189
634787261486813074465919770641608520549397750132929482865716878237693
038813188319909446887406595823667139057927267640475980501097882683166
064327430118406897619053854369709735164949114756071182416445463424400
850022377118065236920781306795798428359890264455149194528009176610887
858206907207352061397625827943974245701809456289695364623611551398914
318559211972815271199364007416417895639731789846150304921811394257853
469608789765260415646773916482599656321071797523537133040567118593036
602896187924381593021957711368564084149027592797613858718449726604509
984479995316042845629610615298101717724725106586162811415620564511209
281201097598743251172198507850217067426597658737198042489633371172458
147769867841164289345621078269845306181015816789700617103466046125342
795048200360948604686162537067742945173178934246270667748588265181622
421831815120641346117071881313984670023159811618370356650242536841170
916827625084820560508824498781962897752497789887583527970739608463757
824345572134373889564976449747449652784909839787527287345962007685114
929898742240148762116576109787985947605645179393219340079427414946956
229184633270728713308268265754740990840093940749031684612263165039839
013760686958021705076845750769300309744451131872110125238738527477508
178097399680164919500374197502009999352129084318596300752431555974302
512833991469868773012469528630196689959519114516563212296849848828851
689606403405125220560848253504541560386837749350254383185699136135573
233319612254137710093988215940670734324511654211772587471196974619152
181172253314648567284999616164956362947487746748412108734945449701384
337218214749556034956767548819666931234204775376699435683669019527343
818224037418015658296440396712029470827266308395014438500502786842279
797418705508802556053553062650980973221762545530472496173417948715412
671768431028526527378128108399425144320810850812672640409441475890607
197100049426836046307902243282973908653727949959119756747088790855046
989347908311178180109965998216781988124533349723873216975949424591591
076520959390148223349523565714699772441597278410597071763982351682778
558627338487692035098031947223334158422750063713575659659947019726552
230666173428670994292621405866383083339442525225326849131534165950425
460157418585535097864268240023368512828777423490872196762370972283845
810181582237144709398235783867235583944334450130116329684912995924275
457398828148013744214412573365467239870202078168067938073506482685937
954022587649418958633842284495308006408646550440438657283556599811756
680752169796658065440885500795362100753305419164747766985803334439696
473136570774942391081928913386328453714503199466532219971880854313933
685318790184612281843448749482987735498481680689444404837534420642362
262200233059156214063302664072149492160668962533453456118975230220696
520199983703629153370271893479234082887152940470911179425919000325747
758403972178819292376834432864332804292933072291899970793994998624912
469538006597034780879394379942742052720954516515991102959440714073478
387085193607000364870656621239193827250950922824955314856501716056045
256791862314523027017222226225500852100976646180226588765694338264372

225788872246324329755979306329824458451960346395504323523083684316730
797618807220204270782896573734047015862983769087813224807335608958979
795156414674118839018993131483337475475620905090537978370631103657016
011537810069632002143729554777057041788230819849170029166631423047543
922847968991854966477310941031634618262710712090270400248850021053119
139867700345425834722992429202855496462363350138344252370510183083629
295728280937100515151349334828101124267222093361475641869416463965671
030449517301426516970695533511846899782094927239973275283973385454509
232051220712163956129885395143753071081292654777872530544824590837490
728442100361862765569588536232848405943336165994242057451958311147486
644238143665640181226703944279942522452813314482320730340150018414547
223985378687009666674254368108312947030725166048470096978962963909294
652989336570570829611692635649032538615796874801392367187175162548096
386129208359072697836061735301956803439559915968768872933899222910816
173059925151253833587807280508251675215609441796541705052271080615507
571723683251192064924411066748061055346719549414959948396965626188909
582481688485548395508281094524853679392187158783408693877862672304944
002246472528997919227059076455664481508919034077581291164140233758717
473906668034966408977015471673590294260914582428106181159162587038781
933969494832300376753463168824207018852784896080136617599508041918691
217996261782478525696287719986581524303483267583567926177680486671151
761383648217352090324682903346165270099177369825491975398527508595478
832758718123684016087039210837330117445088732988738068611736157693080
205922298636865553457604158941688405326032008982136034989457812270139
258841098808655906253687932440359524025342836995717478284462125093148
891249375007660483608554466794184023007204588116492018444718843287687
525543611745303818483672333586719498690476675839776080187593842436552
830376660985879328455685523430097426475980240426627009430308867941289
525880605994001623351107767036699921569006351798268959679184815876868
323005882783342742125094967928842107394760852044113490862346609734710
330116735691752395439527736618554905149955291634592356196921180295626
249647691495550607427935265377326378219952338186176969267878671013809
663401198776010590225055842739260258915009420203555029399829432659490
989568885408599863459155910973374097515478960455820389238590481742636
709945587270537110691151938633189322316853135061671502737535200370960
196250853271189578374818193936010327687259507156595910044317625103632
544882789618165226975496572125450121214080234777051482388206642231048
276058597536284538748433281754640053823590398141865995526337920405021
580588966387473935787271927917427648680135540403293683281656611646918
434071618111387537649244065987024111656792216777322244171987890037609
790266003350043325869763460854331903559148456782673986767718358354109
104993792622894146478833000641851643442160718793932806312356759838688
622800878124135732198615915166799223444078005924533883579440850896540
727586341313440234698360406335682238593287832166289745637277964276883
870808512130341676962878959375525868435281911198190432928414827170905
374928429478508535403745616703885838968703319924832957229252626839991
091326886348470276917970697239125770202832858215696458960268235509620
959390040924846002448529959436536857654040204690300783661119551520927
052221594266492116234390376704947594436565909857202549371476605450198
364301474735137073144338139258730461362695122848452085741819041767125
352701567179768670989023909608079268220379361338300744949767059750119

6842130884883411756310061576106421104834755371059886917466604982653405
5275015219139989674659264757114787017818798713924153413650754784632553
3454284761074265000957432158460123877880651932178184946449309043748262
2993567606154020236070197412055602220785045704636998116733314588276222
0505840053807102100959385325528845382582748603175646882601264229776424
4518797727033267466354643715060496370127071983535058676013953660305082
2578479299315845814967860791843743503402574012034651160769087787830568
8334437767499176361695242215203495560776165239363956084409213642327931
1838415196872833820800248954041566496918173942182733027995071614692376
6666628309865206221247996848812991827083358325998262419691536575964268
8307214434598866002277567321225104136571613699073383946295436635962680
0634255168689980572156887916447578203583078527713850957594433945699035
5574151326227632082802851894685036186967747379713994852470805878919177
7894930390667290308544816254992052023742929422259881426874183385429037
7413174069801084628880328479603401026524961555648552714826076236062545
5165574198736514110526010849831241340474562559647318223846428371500342
2805454505544501308744996350924287171920805039251597874739845711451646
6563142111420278478901977616095530710658605546326692188356810075949365
5082639569169493823147955978338197711398589406936479808827825261053448
8718672384576308965674968283725506422114376652267890479136556348335307
7021735510350201458668765372309360196051784855989140588365635255683282
2534079049057069648598614101266501694052119865276323877751081359447244
4157716557517869116347857035555113185913554911642089013349550441817193
3027349140825746365092355554744028011775676151533308319309807707873703
3052192891633377320537525723896781542824644824119175502724109574583398
8251470738693804666174594925584345226367328488563829636276034473614291
1955233218513403124228016800639713276685579607979122067877910867654849
9804782875514713945161137412192943233969161838558542490238089098629134
4149409731562414731341622201399249601376028468831680357261686977565665
5670855719039815774723747174032177096036225124065687807505558108045292
2334907132022780602563015931873909028328419570862538799872787468386881
1031240310334474676651156130875393686664859363921355564103135748060772
2574059630658139114725652423794552768845264261070075360705081586810670
0833900450091997960728778172447344672059710873599682776965704997211826
6081344788899104651304702856133403606844479142874532436030941780692692
2490988656159172538934144611092707468969275210195985288032249221962660
0363593853693682513161687274166627411005791180187342871934762790094730
0161407515412774540489798777903603378890727692487378685218525519711872
2473922066577753548583455192724559008407220449618973321408496647457531
1937862620463843576313037985393892031342702872740725016585740435257189
9967161745981232103043636458378781781573744695761539247482443632299376
6203898015787087150648478246303584821016540961655336010446142409469522
2812651391376921661998139662121844455082831055316033713452674084907770
0030431682714279486508474343112081143211511970986265654310548362913189
9776929637044198077749181338767389505529054827618057721541921363476483
3640104128674545287687023526388288686256293506714675906962114919230632
2810862883888504965926339191785445775196926870020188591773512494866037
7515414466523911587325316097386023890221485081875619651116718394490842
2168254857231236209021283271501010049281761055214656026760420390655707
7082914320736866068820510292682065631682881635594037366387679240816982
2325917718021064321546982902093974357348886096165238236919750100308870

836446697760451426602105417780371350113659413651958540454997613118237
140506528028883178940371820425818490141237017299647439332781551951651
254851085212674462338298515844003648093315113710691850834468807884865
286227045862589384238079839055406347498171381558322655189656208975807
575041323346540968617929299112909877991131857161258232035954697986503
208177403161507797316396330624631073737644371996728929798057828598302
052280812477271654892223899941134207609311789331731465023034387072648
431931357561299576561608084515956346044076840388255536577284077744843
595732402146500736064171614419212945238903407797861911181589737069355
451690838184998435897076567371396704223383507508900951266632155236418
093591953910221343512122981335131079916259080680840512859366762703385
598671306827614979561549064863308186457299879694957672195552015938933
204687577014739147487787694394390396252162355572034264239038798530196
441942409880872241103620543651162550839770376465007993311256203985717
999594968465069541685988071748072754518664956394099263662463542041309
871802923395991787472776808360989975272437834208449864970132762414299
779879508501467182839343873168166414399111349949340004554349014868496
468269270819538192609976851186063253999677697257203221307433722284082
318233411913288037252121674122037301147401002577432158759136494205768
168939610544451607528726895297904731647695717693900910956221763287146
495569779989911446405709571040167843918919292052607019251560168754848
254089591706963383154869546975178646571862980464042077120932136752718
492621966540858356590991032163648306366459491630498186838884641450830
970165203895624291828605671321236971547649362020198816524297556114366
778065307568941203356050296013427634248489499838994189320378363044938
019223198983354630262404600477859650042400326223055373160565405476535
858236803555787915225786348150494161426890899013650416199891110868424
502983327383693953706927357779279217532431062864360707428472102805167
732168569237630169437388752135044653274058006947111889634738679414958
750457291126025486463225976084740658283122909864452714048021036213375
437959386307065848983126456905812430448463426737115545424515981032322
017850200966130046223177711936738318443301045463711861068840245108208
739636818009266748779113063316245102096680682428609169710073982804623
991296348577159482877162027346956190920323558338587857826381104835240
060698254043871842197009969893252561609491605046379409496106677839065
805481089180325872057339237517390628132067077425996605926570492561974
591191827782645503464838086006133341331786545396576986325489540882589
502621928543091857799436423752433831703258960115456183600015273661729
020389799849586515211569674663130604773949171604080419783663706713953
544528517276369366718458338747264727733470303847602078203713237461330
203243047183099483591830700915702940078720022852376463518449775892803
631060367018506366306985554204373548822248526351627550482829647327140
679958964149735243818053837531911198236265056765783560312323794610656
238616407963286968333160952547310821359243296681663284222596824738581
826739541354266858229492267153602206534604411890540164337107186697720
412330774815854183138046358047467703323753326072358144744860087936129
265057508796783777952431761106986266148008951321217476318909586273654
051891279856306184744169508891093563978569426812904908846773930027095
944442616685053001256282784415578411345776047173631988294737945510684
742721007729426282108899191578185415076834619111568300821509976844235
267580068653515404476372730875082350417879808238687022885837603754202

5849366315235695463746595632924106395274261704968070768514932346665957230027524596450135997293925153478925919596488929098531078634554949044294163400600274167512262585837828657796371442608799508089640174538423314760906037088272384628978608203192255051723043803749450249938842194476957826501319630693270398127154330937731669377774552639156308946748086135201192505070657371302382444800282081294202760461797026988659249687998569625045890159101087453327764175831040420639115812713835892022083198261351261388424483433550507568573483423010206724372803848140988684962032367054393922079515111724207594733051154922807212715415644202504210962047925947400484196258384468420810037146727813942637711883834896280138265506916961852654780021705054618460054501759450296409604563079666423076771246544797853831824282947829580488489403625767923561290114961696069416424996756795853400037076364814666006363377971491402856187588142452970718553422405599613683061235552026399925075201191236733233760725568825115260021456232751420694817457650520403039884183080868386681333313359035251938664984251881264885699943380954658925588212866008116088870471743702789761222556125429262280629891698014065284913091868037622133199980707787779175056870575715482923827032719769423044661496221165540675412259340682141885647308442258577704306870914528066412548849763037229918499030382085242882996504497073122132096326528209129096438481824129518744880303140044558685259705587112579059835040428665984348833765062835367769329319335075144405477587970561673890735548151186077883904647946218750379165562016933829039557319646806513115144708425211287573883294785753213874341366487625726747685378753613760209353166504319665165957388517820539707766749874784173811069479037894610853012772498378540112276567371409171958793088460163879581640374094058132768349191437896563299978951650157134471713222680212638153332801603316881610420887812733865218627534611900190921958675119128456927851270053069433599046971398065962795746719782049430199999213542855672126313593804784798958055733235630102269249774370953334633965488355180015654298831552562723255975068296248411431219447865281523450126924457902442439230202384105019389372191729972240527527567130582621689324521780382644994930289414037651282315084835685393349231370420773652101713211198015755393829451041665213413043140177821165232803072585599862922426813259467559136890451484908126538899777314051728490652129908189682218560286752007089941968155873267928665099371449895133099801245496691195958674811062795530796573671286574095639522693388752198446682780955603105415495495520831556132625394381892380962526358658989502172345668795189853501095271062562214799683197803791030299898526831499090397475929712724049492401940174866449655235287227409995627141079673927605323116292675785776807836677293177549759480328675723767782426266367705761091329124580454348482119208921411431764061044701056517676287129707861310643284170665206059873147266809010911876836883808825840967939885211479484637336000474038673279192621866536215631826363337689148375887700252624434862835477978201451288080134881897000706006514783916265647758036323769626605854314953012512280382271349047767064427264232021655427761269855546823878734688767469676264718845425132416274412786253197211898810095631506272514795254404332081839479200373910161933673490798445588947675366223339903772127141341595394106143665305686275643256287895161495438797163254033844201354324988963155455411664482382578818722705954462164097448612182649741838233606885550705920692825941871450254727170751O2

0320704251916269473399194081909903368340689334508576387848460587795410
0274576127514387754563893900743539967191984946204229682646412895313210
8500451737046694393107188329345049015592328637918608510065335616756360
5868937834020335731426051896581961446393402288440405912081531460929350
7902208339130975401470351658239985114590799525278189505846553301256740
4490466037960780201490853685976946266292318770842230977776412122603520
7741357524918912562538730385145995287033479353070031658773413382223820
2292836202782453531446026518467342556061769007451328686725524387169160
5916536636021260858741765140585250830593157250504170002803569027287460
6427427887078162492508693808445796219248414439912300584743532815115370
0578451333200168092564598694523960925614619301466982601390803262836660
5686862486438618435570195784228450092865215957019234689607167893388610
8370601318736251585310822048456231204970643833805197007495245881967590
5550379569951578502516275866589836782533849696990846562681909668395760
4474189412010326389612829188215965895623279835358836630453617997510800
9420809284796849655482661106288559885359672243166757249084841506247710
3178823385943216543386002603765937528574328760502355341665292364223570
6399207778451740711680594854595181054698878747551391604082367835039960
6986675711421410596945673124251745722026655829053061593473809836700250
9267930421487596360087574380506085902427496425819417430372926439522590
8958546435257816339701050751521619224539962785217920918403418387519540
7762678175290868859338267690399332955128919964393985527810488997004580
5039632646118993150227132142817956986752209405973462710627754453945430
4287964883953271202877699650273161285021442192079462742593278085790100
8794416030273640706461136079139266088816187009668683311748176591975910
6799200450209001397670970526782114010537833564017742298098350844729550
4158808519130555505630813932173511040324578007729112218349464929596760
7269736281687137645368467079270224753795403392592687578633874269464340
0993164464655562285252318035458861376570406784006901199633076112955110
0605915047459660745515784004185881931294914257854193333296579888352960
3465837054748950972582720197198328314272343802084281069756131552378200
6665564371500685629941212092709396510745779072255699334189748060166860
1558185480385744514725578769065407262843369443159348765147922576978410
5592818824472604834832575189195440307641509733932493581162952783370090
7911639337439224606353442614121843124989010146274856153580619159718930
7836731069840499397481423511275520146938029891853138485380114409047860
4101425234997076783700954658267503536712601860706447160013309613591900
9643339523728852866709750478932494712532016108890186736812212438321860
9972508960778434634226964581171676338003188600245200206424397520993610
5910169895927492505455478654870993570903980258977720549891195211730100
0863811214551200255783616432249726314604499100856315108387786229119620
6724281599716760762494546459611043995835609459951800397884933861878360
3657958288215721852257542207704502574295707866911793067896248192721260
7850872381218938413549696956649271368835580382395577091882160559758400
5853123618952350321929600249233389176519397921122015882305166339266840
2863452643177121550766155101758528141889493184482201280684199957734600
9067095230485854304470828211317558592164804990756119785416731139149440
8540890275219334713228578949405254242473979385358782581452325928629830
8209377890307484068556211282850125501540350469873372407657965975995920
6580914176404371123390262392051743114276891963625518545052369084120070
8879691033228088944621119395305646082613797309935359275284784482226610

2913731819486012027656548907027025864222889308580987912192123348518282
2032333624953988655008471033499613947609332156943142933988554366336869
9928681098488272023296845040718575114408006377547113125606276336480731
9102955754139061295800213717376416353914881692773629544924576983782751
7878392678865600567202603845442217254621639086249584133788504377878
2469745144903293742978276080367873635650497283139009079063497904388719
2225478589505775082002659424837168268891788061628201922696270016487621
6608919873803515342832844217098876029730176899339748993585002035555
3293460646438669303550776219685160390964050240982511467111093840634600
7162049421272623038709165775395716167204027167384885416353236423896203
9966922925752588464083695892255923067821597681723888640401473252033
0687286608262206232047605913639757130626986810142920687824143155945968
5950788726524189009380406951233029076784852715816974286523059812593206
5803045319158636416079858913198554587258195677301288668189044697612
6039867530533919500940700171863435434889867551582074805580633446917292
3372508282196944165544243176476611799805421374296008375524170103006080
2179907676015580678653870178026111854476802544808201617176697638109
1049435634260867990177783658554410598156901833628349523346978838238318
4160376396854784639757998567630322631920257809839229751662892285072330
7536450482656753510461784859276362383956856099873405084238606690280
7934858218404261364045381264863864134405900425751614027014633806458132
0112224340626821596395113113750376480517366965123730699810789356987246
0324962922592242399652201548418999300145806328715237594715713436818
3789138743982401981763321693955180737718646753730208135044769861501806
7380278063786098546398287947395184310602351894865560716249800257891768
3768432150736762773800814819721390551717754054586074920561449248892
3367901531784758545477195951050083287281565626481380796655039649419660
9799696768906114663524806502297620642758988750345645724141701433665763
1208122596835646307320524290773802543237364016447005304035070384979
4783035079626525326683256515811766295869315583678254411722510543918237
7160949186725554362594232868365143266260406687492497533712130074030673
3464546293115024616482973946791200494310213458937242313444863386824
5723346610950757106050538201918102543223434239883994221012478777930095
7337703240629949957846794762957671874822504529456463117755622818963214
3210838510113554124031009339306481077682111360566081372411443031932
3345796206125980482051327377286782829773170946214186392341684817983266
4556666311498469873013716879218840086382764702776177991873424056691330
5535095488138995165367905504078148042038277359653877174074099858349
0075308237949060345590325650129356101424510948552421480331415112021122
4579912594762790004335135189371792646632452681548963606221515937493251
4410026824454722196749918309068448291185680897036183283251459648427
1336316046709417329770569553361932665533283794373696308477984745953201
6124491334914965797408003447832894087306207889591641967539339631778741
8732426671669015114807338914263920115687667535678673192340863807919
6783526645969461142056654295520717371610378154292062743918332792807593
4384016527216318000809649253506588938743862588226013808580335565852156
2248303859889177344472579725929064713209305943572164228891807326363
0918774473277393000343526697826176893856529548720075761419716018252883
8854133757350622192074704451477189063310753027049971727939468342769671
3108433128023811011064663787308929470834441675051857295122836338250
6589065279865445626438229422670854970488185316016028972347671467515211

3425141002803765663503990177075089587253326165758517566386613719220433
8567550440480909033995271694181890741258013089054006609443514501707 16
9746749796938321662516460300703375591520662356133380565556149816217 43
5130426906843772954332489693585708615251327579766777138413309021979 40
6148424590813456940308205915307850311069948117422493053008776768451 99
2346636221939700439977477296778975513453653383476269671272273559698 74
0707533014465626247157243782846641735525957463272351540926459393087 35
4819658126516309607863095449853459322543528978228329510728594145418 90
6667086719008688254209812650180332561470840476775603976914145803637 10
7838894564334359989405591669222376235866989278809611272231068611569 79
8443731749433775123354633276156240755588618467203053370478457290536 91
3066734401996580831550335355110537406535734106808240342794748990200 46
5801460471020349305882491665956814547067231672251157245953033642444 84
3705836717008511108397250882098066849230545097553561850596827597679 14
6840623774447459587189095544239606867951530464000697743645293394400 70
9171448035366434501277656950735432691420338143485962536264173057883 13
1893705344248983566606400532302431856789801717968516821373923520881 24
1920167233405457609562095066033636563521105528074017117012478366575 09
1803522544374989434329722198350893782281376475341748013563408200189 49
6113416298912034578792134783445261865719974914343874516297330812178 44
9110925138272012324885778890182208908320368436880686098103071117686 91
4372234019144441322196957672319119927334193191168559831596179409135 68
1151475501106402000072865867203847214356247757468030863141955141966 77
6332463305632500150506411849173963017297556333008187267494035150686 06
3687853136421825962250015090463988173521057825446734930464512961249 56
6086833634012990096045297419115831240625459720845743153321925653272 51
5193372492394108354517590715414623231435325709050364932958417852917 42
9063818252879255868963709483103684738171092158246233218726167146107 77
4570342056155892519421331950913817647036764607351579035717208145995 09
6738334764955545160593754857647227529115831289057493715754010225927 92
2925618623249418758426733417173344487596882972707753471211128045479 07
6729557955192873794647763818616801368699053279270950981686896095520 20
4687660176283150626720953168780894439128299671460227203376050756181 44
3659272616514545027994196479590197183539159345933133632726583372824 95
1709443702042922891695891446328304584406007292917753778797924784055 70
0505802114020143629498777859704120431179501596110112193887315237196 32
2876017363744326661002288814691196187459257520791263432930215132226 88
4038091188579465547572721281006205452663889788320035785963843494091 70
8684979602211655924825734660575201196908962799051730250037559586580 93
6495620846129904503205501635166077190227774705884240705632486010257 57
9147263590490323791923613894714252498828989756081271096603516296389 78
7177116498379672307817459633373557143608556395934494847982788123999 12
6894896621531697765432582866395458083332604458443851236449527434689 64
9209535839707840075881899537030611736635790433833729370359109930613 99
9954655161119491522915860981743003677787502955957920952961244992972 40
5010578155505143553211912338016741767908234991399167508684118077510 32
5269765472835607749749872253042687875232244224489344201333121768717 37
4810380401030862513599057749543183714191792495388855549099498795405 72
7030776687333857631304585367996192724861741691636120212670494967945 17
1026485723556061460224854236950532294111634712660627811255271257825 09
4485956658291123418545699272193420860396668924320892451224010697241 59

0209228005059248834724629865516245387852217104788230826632687317998328454070511165506818818797306849047436342249505097774670213190193293582770961736904715562100951122107815607876744634571619800408979967645504837042291967666600507139230736150659228957875890719469014458925594184514075309470324973468689124467190752676751423946680330306665933682171596744251931105866620310929805875688317997550129124094842463780645193811379991333972982695465540401664659199190399510432211514673384549406307462299498289809628774336127632623951923560655491734527490804370357756634618273869551182148349960092959280673443906145295912714344513857338452039904296158406571768401561222370610555262074181042226608792408280107089851376677733314434563169022970745416842183769088167244182902023274150062006132446089399170745430326829713315713943508649928681533684284221937124280824107661921647404094984017037919271088920377469412630026277972660379714762952617043912123716729948138652171395359508422399367976204025616605294626197403085504759480992434248594451802930806550043384144936164537618655207817411732264863832018004738928916925521775497121580390747608725278060718990206741452863858004095586995860157362476738950887467191684989147665143323889889462458184550244231179307900078433433111715437296340703439243876935617070900686446670778954993199949597957958969762211894348539849917124574017652488551577516327397598544411440910591960625828224575356828650229012097817616582493901273071836845066382332562121139591868450871886980435885097722006724939690685576506839734854684538453484080787964448930069730019396434541214490799053096969734615836268723388149309517461925285405179675136188274264388688159399879413881640762921837643173902592122103273537084462168815431584840981532226822074192675500716469111364348843475516032057423013671686256197405134050378280437811635491855210672288418161631037719134611514557194819845302881043122403124130386785965902873480586914484443509968555865090226899500260870309039481521260804699226061515067958273700331773271676160538594643970281462889999669772386316073752159261909806475204915604106675366225347446119683507844553224329063709619708854322008959605604527396544489754898781351909680308512703828108722982851394317789275095159970568554068339296328521218055256154922098260839503143115273992682077491871064218035043455379550824438821439788479821335367023441534794804415580769121226413482835706807056457541253221861590410494524712747215354027960261103621844244588940229481383477664548714640689140350388408000235266635534878058853306825065397720017536680958856467910315553607177851884048886420041084559709174518291302646754865850137179622583069757160043508679023505899975260992398194074844131713133821200126866451641069674499687618238371579651187671114401166064205652511912439202194972974906987193620645337116113840310657754920615039850151915903207663816188088608491966354716386795560422100483739160449998881924243574662099254740651102529487178834622270892024811007015193861880204203973593218161905756090813255306396171890925650867010528248914804260572833759748741592497342158044316177816654942845721652748707969576183596727290395129152392821758415211031280919636252713006841205429670907384292799347680892631053934194226459540301011838025079347501493962797183000226519034283882358450425223506040117956413598918023144214388503811725117527820929679437093086841244193071796829232028687863003431040615518648103645301645692535434873542848336033462222180389358251625442400059842588466063715096147138244010466201936993903554582000

7371972676555048985645536979444807393843870363569968621466389358825903
8324125908219442397401438475854203933020448102280597262105953680474
8145436969095607426038530207881068838196930083411518166014887181471767
8382941043990727809121559509674774066545592965591507001354488587172155
1889179814352865728675500292009918703915420618660113846376678594716965
8750824187563434032411153259883725073868928642982583504669169663597
3280773842346192040774178250986324979335164391209131430498322413020274
6506462303758081671779418061727033769317284761832300832250144852727443
9898325062626735977000362229093113914318421357879402623385311597765
4023629648868478081162834582103490800844902400412813299372430558733584
8427036391750561237546201040845076630686648293775334810287680854307049
8055360184991207269997653554573668943946576786157890892076038536347
8628854273764457700599064429269421067202456023317856010882722454402588
1859743643987384840039396647261732161081876429419792719164618695778968
9096559373053891536560211699546484005303548111038528406636570312538
4403700479981069696760840446124180790839214531093627774686938587689588
0536393773824479152701466464022604620787880817210142221986841981041914
4233696495547651698404130806118225591937385379514982259742371155154
8570458398377969551747157467716867329172409385236728820794802528092306
8070037354790749004325933529290725022130863606177583059242485467559185
3806483124762249570465652766669170620737236694338670387319330276505
0521609264001871097843594791749667440839967203896502371558441960285086
9223991328564857586322684319630407736439250937938654707519098710656144
8334898419955112496682327380205307029692358481288887464696878129403
0278851015173377923330064636186032615532510364771707368969193315706788
4798673399644502090557265332095724211353215223629690562190916997411651
5813034692572894629612127868295582633622141417315867174152997899038
4244794014323868055325203043170769080107761365705747254958273910713601
3632041617571829102901128481608451380052999181725220281501046812112687
4059423513632607754599071066718576561878578467276546280076478956068
2647308596114386626276339860268952305815148774453177286300922120564447
8494482973397754403904528560910461050158205288589716644529054522981791
1127978031199767973743988558024325326158363661564173195263646503063
1595832305247014398007138217128171993558130569955211765949289047656801
6019909634149521703315496274453265310768507345559772271214062513131703
7747122146721984070283230640818893511548100912636731188679980869721
5133077804173134847044130167579760692036053973125634734600715580880102
8540547321831479858357869212575556323171367492163468449249391914461158
0629238490415948362570986064784221281995060550916149936901664676952
0984870744313287406964582664619248486782643927867154139559482885549703
0778085209665367390433496067631010600848773608002270684888562024714739
2084661920637078227841936017033863439349478566227155486551444196872
9074391923096325687710691336798519094811354636846860707981986237901087
4796779561929827474354111678290252592236768779788406217692237441655750
7013077000520567908265827200996549849677368538698299636925395179253
1245803550946075849260093758672104917971741716107493761092943659937472
7361782031714378301186693171044359782981107892672435942183806329321332
0088477915807736353498457490047046497147442840221966802212356427731
6858411174458791546951280907000349098192832828476190033585678429428701
4982893300472329806786176871738156672087710425001701803937776204826961
2105024920760807455542022881947285021604243125569151781660034630187

2972737837723869922950812491691125557504239931449505685477517582420710920833787956596791705778204504783347829343338162585000650453804541302969358851552147426812001210371272831003397189849008351982480517693269864010503635209130169119621734234468146385557648118700206958901030999392664438671497897177700372469067801917101460193005188153760025839270671979526337457799874627079236908402389217851697624876485753558947292755696439449309704134625679411017421291801290167989002956215043506112873988441024524365391888392548270745643191097936675722428375448519128063759546862964889021414835588287016541591044747606972372549256551823445893332070276235098021301429027395572493121901527293652739738984689290051933777575700428647678987717716772255721058690783684223761954537699211514441379827795420174766934250068568072332661782325873175729332352540304581906005904025711697032380721448989152959836875299176878374515851154676729708537569404988970647497746547486614039287907435480125642551447827908606483692753709500780399127302585808580581485113187766790274146939420924591926284746573718921895550527571189443397453038986109169268286248224325724845356150367929639660385246444978706144506744415081190215872378528010674671938298494328877543749338053684729710531331352481581645971869716661589656274016942253750102532868603386993022357203291288745871455678112675107414180703461970181136076156643322406318850387243430697473431834162617253972001182995582924304075611991868176850481205387151286508278778928085335556067824906283464274141905015155077664831288098498049892403908527634963167656086252434995389995944369067062527142684603423423535407561313923328690557367264317235311526754205768118684139977850721139783554037941419605083745584197992736911839130296053285513567157260407591975134149119007590803544513266352299861438835782237363162311660638837820488481537252471354042497290002939410238724600835976378375602599516588476510377883277801470667145416873929267364294172295537146266992211059891587897137438851162219750914143516011729002022107772445013050122301437945099640418398680518271177589743789445404450642604781217312610973107216700147477047468636042191541430312370572810411887209246078540029609169954131225659993255056328609216256373364487780038943517752449459619836580323836106773752947973217977934068161102494018683252855071214299751279123609211407301846052264653462082783996819267039728527791324607394557682407019231790040111058460287443481072076488433603751405565378766807400879837569886410863250521993884005049679190196112435717353388312429615501427919416487640158051277181366996907609978578734856727051039629816037214271329572879562809126646392104813840556147586114192598524197412523598490564479018805784155603379694207414248804010939538790659575775261077789075023850987360022753814100531976947813749446517023999820123225272005500340931655664745149694759035564848777064381150238478349718583707636810389875447233137775871742443608941831402389545263596018920774346765876505261697416495295613691248119328098526154688679181517563597388742798244143025542604341728028828672013698100664596134612931429615359410255507997220429747140644283701002648397574686805091150072157195793208572973476663283751089497944618155360882774721975088246340145245744482514620696871687532246252952127642569885592132313876596643380978596677774347198942342248569591207743603315391073644396540851593713459349556458003095827298482426124980047956574047521672852377357809481898355104414601672475360860983696289694621968943499652781181154266627122796167196191926387

192073785632882949304460480884144058195814551292589175888555459074515
785046658803182444892542744844439581444021192297240830077754110033722
686552835546967822155719841045194447977076485698709980447818632043959
700845558507199614302164203657141336387835306437616283272753782284690
063581545192872254364262785838829424166027241561388640632455873963218
844326799962267628409422436726637927311126937034131636922136503895563
606959915070906689636428031139496533944661464313718097803040543261838
428837153443689940508623232648516396855825845394424619353411532146018
286969248260843412689565726615215974822754307294427727542518644437979
257014150144883003668214848608253401363254364994021969795650505540202
318031748607166352394843804993187330986896129099129854343928281984331
480629373982076799038754387259331196049813677624477705166730387523898
267050240157913514237965182408868513368878852711471109417145348056508
399003335340888086289559218304389406389865255516023534016077931140434
120829750723888756308402815282762243404714881522432156125964467052902
407392041451077051477193756376179769038925709525552718915753185947308
184525144248734277340653002700923480831223887490571359134470406794955
676817989057281485880898248848954108132983530755539293701548215814742
280508421469073181411948668620064020521394912498479363567265149787383
249204662310680011239290571810837852462166178516664304225330282253005
456378644856677595427979300272929495875816057597993699337354501881950
076612759924101420033039998794680913505290608689645052042250922368704
032972324559676811073583412958668063008807442685291151923418978969658
475880328891319928443093479822175918778435732031363700250947048320152
069184908443070092030824835310800220627825058988478576014725817737619
174393859761421087279553207690786243284999799602905064774832273549283
980386870018253489780387144122874947566041969968643329046482562852826
239103139218293825125475018169147951254721470416801600695537714680213
372156404392386040117824884232104998965505167115080265309280765156437
611461901995949097878449406223819888272320740385410739722558124912329
787365405198124568369028810387861561530304320513515356978776545989434
358134216501224507158159275800621951607484626021923037852159971345551
201740426045781555807589894170194616245313893758276620842176189266962
849999103973829359867284464204167178353915636956076639263280206375912
817083673958542729806535717519111754890839396845547974504377311814596
104532766165799519505456560539435866621418140088850810345940378232553
222593988934195871788170930996002770926683821075672616184013028132443
533179844206411819678993737070851197886748683269330133587643506257086
695480472105534602442117538606805081803932554346961027572412642872744
989372598868253051246580750783297102550747698758870677037628616342078
031114438298416110391730783473383982915107128054777351918398261184118
619877482927395918693974786062730135502401339677136321874529659870649
422850829919127335038272026717770042296199156503339777278566379896530
043476573194552213017763835968200911776569655738257360152571245374498
305768800783160370618057520614364775609681733080657544799974565991253
301615085931012517985760106683018570419140842996110847260434950518387
542225645128721876802662897918188354130045136098842496435128262702092
567132807201025527137514673401757256596889196387349392609966009988073
512976739898113875246356152023030067168865457809774685168659613070965
264708627907245339464788645541120709101828315725140457692984895355255
454442396489854330704200738258521947184834468031508504131099729298273

933501836575988383345012583625824765826376749117940087417780869644622
062667458339735112412212847999305394500494477885035700945129913194949
204776831981008289592679525542113310994820057514062376946493582852638
414414296142851084757254627752285247929714230735326362673620254457327
563770132219288784264092555298112238762764748516549930816266033157369
276594508425426495707380034691799887782732949269492421163209828917781
423616676770471901675169682126223293074040783656873504092493481835939
45457273326135341029967649672618144093524376102471793058164313207093
402276373959943075332549032223911654580314649649526085304418694264847
815679757066282041548454731090024600521954802562665141002013638183892
311258509890174493577436565238698572041138349061994256128463092557938
178608993150853965314053144188606605735159952509803003028223635051683
026486777505544952057792584288429771111708772656075814198537719324177
393185902585029305337361312850586571931948206269288258562617787715762
898117373377523712290646495607429178134295308320356762338831331104932
609322521735489971484761245702562243818704618248329729832267435198058
063755875578692017478688324934064988852650917710954783381516007860810
855109049994695121903221264697050318928435365243252321943819899899897
223672203895991038254124330228120760155277278125509493911718641661298
393097558420917819301258736774238859291273396471689000306933755600567
214872036272100104660801243517628109586890547961887223643851032351794
214653750340267024405254750947033854442074689720172245862834646573872
819385434234356357923623944197375309881880818597139666303609463466690
640324093613429485359216786233570200048156977295882729602722456723825
616588376910607245262826635282952382895180672629547966334293790419956
392724006712959080907458836871547675298470837712847767910950599140451
299054351266943118203818448222711640787567056827689649662378610099124
050840896034242637587532680774740936468440638365149378968899215259452
615595795317522292800044979361507346249954241152824419934160211588991
551678048555183458601707580793984363681696088659796668708476460074362
478666693962986133111988682122991408939316689849173567803946225446353
888313796648915698740448674070661409545823877081019463865581985210366
986066074187338063220868414495555642922183891703379505196187835279141
513107458478935613517181659091271188956368751266917234638566163373919
912482994680464891691603770809026761960780796915438264331806626641166
887017889429483232709849100317831474282420173308971798933870229217493
968615086949581807417714731716016505986408857537166767439303069742869
670578593639501736873233532166557244021579039385114430504700028655469
313298739519643930803409631359073878446659221697810393185954326353239
154918280072098322855917741449182267910392691043332840034102280485948
348449962321217054323141810465788339619524507726258355594832262035382
558708450816558003880840048859677261201568831033912274861426070419791
151478544589828101494778317329182131040929911679946028450609217206651
066608222308083979187108219128818636125675156604735019075200478905878
914327512778265957863618628770142488864642579794863626113066022160199
597927435561887975809830769829814711319338723366176797548248099213463
533683026166122979177622506500116023389984969769104237149964450431860
500859235437730337542357782594746896048263914236683669155503431670783
388010896741726597336605850688179240558210699174112356065183470903261
809921574092410933287546828785603603057980721976057310274387157159727
460948271864176957370428586998294145216395029294200468657974982097993

1742222860293544468622325775102929169253798536269503042973428864409 28
6830317104158200386430286227915028534361380930184693948554113369567 10
311182899175550143454528150086970071339209103073821977141894309444430
298732864618556160228342201598462353310349386695456726442836999586670
549592490448812083870414490857873792522787367555260973580299396946180
084908711374313420684930972936599404686283726334997622944102780423371
450583302158803205476491331368796451236602066066478759449598746618327
906080409570591950993176438991362184110858474088140562324503575288410
354922282104750477171564025831180876707974584708489937865751461631923
692292532424820822898142379459648652546391469723447586825162034776961
521095059628930121458368890522418241695351827996597984928786640517512
935467497648781203974357954457473058603960762065474686065087302322604
326672345528232905446667566904354761934083474973768566787922356425255
780808747265823459019340324505929511504839995587265972316724783381558
423710255571386746677785209966691554270856292507445787825134581859726
227887865330671740955274072827950674161597819163994488183093333690180
818990901834373401199326644357719513200595527998705003759852098707327
670092095663295821937706041170638832746963794852190781607337825215306
975651561417158672117588942702352968023294683309724450419600061407844
410033984391284524344014392207596394436937080475697686474583357034524
625340000258446550329372999648337347192338770254320493539558345777932
876778753363038100638663878074438010858538288499717944760212938781201
197467693948610892227742319943883818761783333986747072368199026381739
765241493629837957963737650462312230406957200068811220640763309805283
958248411865252116494988435528800655001199876510167302915669966763651
877175852012450619803223536106656243471432357352022217216586225560380
218278683081190796650827635789772619131087822174845962114318056900466
764344174811830623357999682622127213128963223355547337644842875835371
906135791162154320042467454019577270472230489251535510195535294598079
476740687608481058783771716830208818102042863647128753290795948106903
613846277155576302660341867759239765457324454374378959180223064001532
933282642342865296587338003940986051917075596247184270670889381906356
848623042292915391161163341973217244196473479432920089046689980048200
965920564543602507022942640345876661287636047816737330601579371818037
239152161046061129919287676323189221862380814060965486326305676948180
319296218495809830108895364499790152091924235576280808177890321376692
321051080461910173715398040335033983428972717970279703254883359793316
188348669688055101382818747679944865199545576716747208154151373898248
123675793175821635052245625315708798837096544112025573325228128710965
361697841420516539124642792668746972158674156077065405444924709460547
048832886741513400738309463382660179656209904286121772137884735545039
768200787523527133518362398067930288975287763172904491218122860118703
045195714511101713426454770783816040451990309260553800916130660894095
559534746083400773833758260695095584944505243382561261319542865694006
419149090940066800006010682072872171285542826264040755151187100949879
050412274547893577977450209035723480933788027655835746881610950825820
229485801779752859569544475539121647765956427571337412373047462019575
447572197257590316524105271171908766951476818768079114817170265188881
729416878768878277602185487631670006270055163820573615675388226492376
442345143415373220851613031179855891003912059223574845034825799632731
067264793232324472137490822517060923021778062151391699245843081020359

603185965359072443014828366835251430113206946211795014486100178194623
026849876077262839311504205748219912230326565614481015137386482014265
296862888456512562147458097166474219974146351160944099537813484515455
997561571884264179387827582441168763882896115363319509841964511219093
345310015461777303331060681053032429440704642012659295812411458941489
152987131883529456680500069437692336175489830753480342489247159222109
070072874709572699147808744240054478595067266274249575821666835206812
549419647196882821168662779782408817406428129606836309696094788872667
204471420828606558642279196187068350819433628832180590139729722003013
069190683417207677227659038858659165022026808865685118218515601390353
818885081575880503608275139942119101791063621933655469904500636638628
041703399870608494531353308239922905936994726565859174920225386489389
306174615058401063291703076817933816386102051692015674157933982471109
991029590686651968604848664363451686160968116869600455515717260705903
838566861544739340283788248381827539252754758997751098980854143195387
260631996817517945430491948848366339251581780451577646082356074593185
586449661239821371149256514079719053134706848901457644723087748495938
791430258250526997317338548816453764943170859189157941639827822114213
424550617880872016052183227449194949244727456367043465497762397084141
455285707633653922744723681937790785725876845055844248877652269869585
641175225242634858140349465957010569802759696663322688799708024930599
196402704953039764672599254463091427912467364857697714687932693656290
704809239655433775850266122185941640705601144273614161684170136886907
431190931394987025596815754830973349754230948728300707666182645330363
963746027888952008159744935355315759241777632339026724730232424423934
413235733574017694447992309691188173435481752688999627362885183455472
525921787593927556399034774311875462191014692146031367326617753306344
812821830169836236419526277229356682472299371216983492476163668469198
919265477136756993893203830248187404510571596365141995258958006684556
248378953587657804233399920125305119921576821536024923337991490709975
921801990075332053492029940821815918189465681903414176270736769833466
766365632005346423065648527960577765512735823934766602120083030441961
699558114232890656054214379248016235218403858570469111265958275126875
213032057014912066278936090853437442574935343976230731094337472607972
082830689030637806194052163681741803920184411971793064212763450721541
467702914480178475449733324624197877097118475049397214181516978253279
793567706465444973987301543226173012698709311307702210981096398972734
095356539422037263792193865877842986399165256221859008706992194146722
394894628789070476883494205534243827619329602751848341837272036269729
933857785678633443693869135929112487549643731215465313798349971627530
626375585592605595801652857415793754645628676870024773752746825570168
046198713663786020214540204770014416585407954836441757696363607063504
852539631158647198336976130355341825826289226988326268751594554942608
424874167987615274424377099755660880826354761188921206912243485987236
047887823475271480965628998369416287091194571556878417306634888093755
001642138815631509479169509291520221784605639434037761765935258157096
112466543552881316078572125172263939746108563956153251220153208758536
971746911598015350928343221418439138679408812247315524228174165713701
061346495761176682158946658884734584818845008433055188111660623704290
332017787332245752684034581013209420349584210142712898998545049019452
069285483365801244904211956625426261493782101357585191064678246619168

874976380627144105412802523470490235846988998213509258736873081933240
629369492729998038961002293175011113515705033887853898904960004403706
508200911600073429575350215432172057984422857649560741432406687782389
319071157454205769879491208294129497327070930228951702370019699823033
971366900809222907650228133944055242392208595268388634864531338891599
047962361875224532696790093911022565580106384587835400602467032568812
024407016663431133619003446447213236978743879397492757568589712689352
927220981441468693469739361714656011307788679947245793441792003939664
715082121556210895008141605851299430311578190457244379938226604965519
276158980974406081204537994392556301645731491939814919224539628562765
907798789366893705461703374975944190634340054518710664246675136971156
712144540333777673671976732080820196672365436769896381314444729572117
948365753815443407221403207945022069653908578805544364120734334543579
582065741018679415718533457814630759206781175635709101126538647306742
995814183220908902587220811295526692449065317284540371265975583389774
574499367343337294850888900095162074987501095875368430425827651964398
218765142477211332796173637599330962954142922257294047649734592436516
579792363253006808558376485606790618758330882293775658492004361470656
772186571263989963846566698097035047011404508968129384643139197452465
075214581086765676279150591197377628176857215195961057224284215326960
533631022509860646913169003348830970131893257857868087354336210518707
604911359167921856482454791721951124171494314266180264618272083692308
368514576414980056528862153184925339394666742304770972124890631840436
045406257408206170249690582758609630713149254524558695443290078907637
532989612315949327314837879304458097293947977063239870149656369424685
232962927729099248728189124118065882264805252812445016933548897064718
513825759915383740100229264141227206356003633534560359824125772998524
345959553838717165064684996334867232905445919881378638362467101424536
360262703023243256172554805387835283577346939982658981794649317112636
600801143968514946782801115518889689166322454371537787259341440304445
540755739620565880841795899607875506806505124915081421688783204206301
870420276852713699842365739779705264747182559457871966754440856281205
306693773454330648819711528303106000577615669479056782325871887184108
567205553524573454045636873959368626488897815538206567720689896317699
809145597995726131603602666480001031455891439068853058483651581392084
495713097389371158395278078386373674385794604922704848524337669475851
183188646754937370017658133127462085976137096906886111281373916199972
552770174847306753410128572418559828995517160965102640723724717577443
032313550572695377069849073612059174287570021325363668405714662259872
829057186723139167656152348269567641085046277901651362222909569082235
724822772330156478340893142906751536673632352485064339143630846027563
120634452506818755225932283393624160672856641284862505315353179153111
827364649771608971167248739752877261025732879326125230362077174596392
432949045551659502037520804472183068686287522416491334471022477186197
087089764480333415779025523969896478794137159855923931073776257035905
024872574778406703319239545799488814127730346597976616841088550448631
286860117760122485674133055714379020704182119320165613020007758110246
675923147611058142764710799435111290407907126927436104487141806243271
283764456943241654608657722681170660370133274913224073104122144117874
054630647812271834208831786453268776690097917215680977474994382788724
042864063523371197751814065138047083629920185113914695771874587354331

253045724726041247310432630251889047232661844845508924957848425985233
787238635925426532883654802349198969695250307053888562361238877127090
613718903863248291687598567774668730625401737455261544968661979736246
716277734821990505370887822792248784368515652808732212488916859533890
325697395919568697982507223642387594326384351539844059056173681003908
766017201552532947145054808677485345545568696884305016729225212857875
438216273756406012830922403738106168628756978866177797079772020512184
318653427288752455968532329875853439932700207981354076746384612892258
844659124488614580457713396154709312671230500398481552065596981337129
134662132921242689852623403660970802440976186074851611726396628506033
467743876506392863159144849721905874660573661497177652200205470798166
047541917320917472609625870374785358321474439040830077589071244693144
675113615328495252232409178125454004762588244365169600194802151783905
007643424519072714243020572023333417381834603576142780284394058329683
588421646371461046140766545560881696443577046212973497264359466108913
448654922000326648523768988402231837171938616996317447437778903090010
627651710139441376640801402217694389181616095843727101411422289429413
146174363962205799693384069759913522533521934478898321685421692769934
883033961128200454216527531645862824738933409604540561050777027277197
644646393076592569022664018050535119954248200828789929172471895926348
035800929425492967665092544409930170185309460381175738704315885787212
205225752979226597055882401870424726874121460580290347299111557343041
629520155403789822285156630890377292113616812283544833800386513689343
944094427370526737612910979279097634320274505109200536352297422428363
611695580830326785259564865650606620819955072158968939746722973732043
434757650190227351727653779484243126596070503849842413737532039042902
149756061937534370035340520542277691525334762099246992247631786521043
620622702573866879986452427888537448016475362265049630139408061068495
305694882328104555913344601615718693409785256975723847843990555214471
261761521153770400979623741648607824296826236609084207824663012646061
001752349912626534926428499831864243596211793329567223665754839255498
850301656682407180839873169591677378570870238314605215015835823963589
578262268409750536909247676160261685965085071013049797406340704564926
354104193005919599013371447072758623680995344291927267865434300121485
759402526203108876495842020191713691897495946124492956336746650491536
917953710940046502390295111836524402014658150157419860076193195555736
455870533551457058330877314549391633122533576110071641858108745485091
629977203645124732833563089656382041745888881759577507754310560977160
450381006189367961016216276927698794277609729522846200187539621942613
910883237575433151112662776810580186384509665592218618595922022516812
370628213754904785466449505359586221712764780310354544027775539007306
395964866806742608822500288542752590410580804579632823137012951832008
404350263373403811310842381452066838016995619377870604245631441914586
928757017322053853539930251370688413838193416401431374589910556612033
083994261285008475155701617870680834100094682260729601796667323748847
144258061309428698720229877743593137533201863354778741061714299247763
781541696255760568629977664415491599296713873390794268290828800318249
0604000448735182560034666302151790284773019158302612131756229668243648
216948636966613306752958488326015752232280511778978448503732177680225
487356964439191596009247966442268891442404514436520141354615711408014
192478874264314642304678534744309988533679429323330859604945963209753

623974330021576168369790679798673328091938673082891337629759527045300
556660125910054615387588287464962512675777529274729403045329328358964
026754735415344522917691678817517939837350043436982110133666789767103
919618229844542058393983334149846868193185118075822984652435089330029
795285743042748628787805330221677615879160371798044886782264632575254
441183992065970702961935115879150965328393185397537134742862823315269
853090905955897581460198094095894611492666293611580911955704161008751
112717001293598571151876452965954193461706084611626049300233591400790
002312338555493089409914345302633404583632185136096074690727299954803
039155759551794114698675600058659059038431130051204742368481976443944
461897895494706938424003308535291142508280800878620650576328400647382
992804306974034831858376679197439870203432404519755318158601490641722
961477410395153856061602944844347142044423052359175305359837620176901
011069082983380306942914934945244628796682174846502988737961944065863
954590226377440758246961378495568033379363263632142061808918785224905
027114997412049579412087342944450517220579538305345541452299666858387
483772069707047729101530734426053562450659761576921515149377620342957
024249061493079528187192572320717812884246362588174509999567166875145
162900011719946110318102752727735302308245445177386824561770285295067
354497551716034512296635456174668170199495993372786555720912363660182
219905132259780324446821234815036486406225516212473979687477326592446
949872182608669271691476165696360757239414155931132367698207539313330
919256330089695136589078815658999134373819723548101441675187241177224
711933680201248693500442621652488014388111077102645040455774465207544
121903466729702575172804610495125431784482907229006286943182084814032
284273113039208931821161251783264321243875276231326900448882124375191
926703029695622837917848726528346247617614445519415589867418498938017
334888857235639164670287016334581146806609255104442727984295540507036
567842058755279214812328213046393672678203302081685209455388342532558
182663936752348645598131745856635008294935418428536034498210360854621
212055435638126596381229563154693593280318163365244867873438471054239
486756824843539837080504327251886791657079914503543021629356934253015
329178697725349843246211783550186472367637834349945413446898259062656
912575014547420286424465085298106328159365943066502337057953155188229
701101219625089111935346389796469223360158819112878587095188961619381
165772670499743450658070013575010160487212886281766153605969334404994
283240450696698402697944215361450394929652407095584477080258227074901
983673848309933135848721694530936567857076545385270069817731364309728
000444437022352758050351467454503073554823735372258867889247397968285
609140715460478958709859794371677036436663801387940305363728131502879
177881855168291838678744265669090836995132453220092370900154266839283
473386331977462689836463635670942944821372701114123021088491206159157
875287299928497766885220941230238204763856931764342170976580137798948
206983271413469245876058981706101498667080355303998101754229061789924
716329897793875215936134222579643543890809716953567680004194468349019
219967288947835689546135473302884846207724217039036237279499713508149
030589241906896045060113588278373730233286582898356146941298521467604
751757949602654218678248325122745961191459275735799298242157899390123
327267624424398463588728118701373483505372721509112505406544028193694
889278532004574743014795385265344340186640516424219269352145164433979
096742242545024214307652037978206241869919564045853093074712198283962

2350488850691686857750083641544770602740201014599421495489147891014302
2679164664054430072611886675799987378628857108915557143268163010548066
0705012816057280328870984545955556317987030419045979960097993383034956
7315855447036285022902428968038829150089304008075898355727682709559
013227624999785791996012907676822850746777009440582065710423703667756
895820130991639001115970046573554808485297381568006360756353049100340
773810142304033450726285498690907231813275969009378553825825448483311
921790171413791631810882812735293484871211346318001061444772696754024
643592693772126759635774064685246852157332788310355458084745734296702
201258360172750980209100929837364497129871637695004548641872682016317
483070371193035193469514796486180381419209580973833319242785007277855
861819661505084733622840488885593246989060710427719043638652680294759
673673772008853000794773140864703835852966914768104479942934858532640
101995012776100718280984616194786504404373969677921960643028283547421
436493337417971553492597152757421191281681861280413293025132885580928
181176380558632325607775671822661626325032146953332411905444507473109
716800924066212621658587088573475110617666017624358039858624144872952
910366238725232131291390761861324879375678476272520185961851913259615
213801781735290072735864601027854649378382606861542895566897720841817
751973065994961505972335638976649453549627692758470643683972017002852
876579805244165962850518482108164602955581244981871760333403880602110
864978986328954125591056787089735734544628733963585410657781443704311
965718565148073828956958863396820505653245992786463136067501939818401
855283559325979418829618945071770968014916329422577843357919294210018
634156651831951995839816028080216113624921359224269119229858549279787
323156361025284376470195596929478487053664760255397103013623877792234
101506612836774818155984300665689345034372208558561073077216592195307
840114636704040164314124864179783716494797779043291919506779506075851
917298260638721736807032435965117120655072093662034242153703265522112
577834829066648915783064367324584149968629048792564306355350872974269
297022247448558004420462159171228496355355620965770859880859245135666
608096977775530961914879783276938388622798735725735902697614187835908
121334377834102031539099624125746375261112125011989796140812947318963
436776989885101023166520612308030581769168627660568762313437447151468
241283370495873481150337776882816069722618554349585733255045417443542
393573547998582614860344332811931939763238071826553706209455058403270
299560418615138178208248968661605720078071431857326099850658239183584
027129596085395521499263007237226869660530826668954880626394947313578
740700421091990143178878876527819384639381566977225765509359242032225
209365471453216537344903449440646645230107455132820598737589053933962
154875112984305069240695056664742726382249112997076561607509773226015
792328347676403576350902001591738425362439315291499943636626325540348
249616204912495499630405927451327191301915087684220677473011015049605
522127311585669826012596127420605511304704975937649075195606779457580
281588869200781435466595922068035310470210632397959166832094793159017
997028879278060595718624987940938707970087007647446235221788314344118
647900450112518999737300629723299553283988892770949594371265988021341
763035249143780317923682443059187247527774934755661417276998312939815
448065623782582302364066174594215821371061398806700855588005506026409
167242353023523831513539632587185655986700272597050559974458629501460
583303467623929346655311524978618615584129868140679420928085264815721

5562428788756309350299795686143786143075434894889266347626372000996740
0085213070912724121148076205049887429003773167317235175336182299210053
3047589493313215779818150340935120404454812988067276490015414054620982
2631000909962901269745188892145361928255342377486683075664291002042208
8178022304507840225444838310636115621865775870882080128886665776844793
3659491601957753484114309822482815859786183927494898451720088108991130
0017717892844119076746670143160629797650701165308389818236899584314928
8845368667306021037171537354789830744554860096044144093161926886974855
5573436536759627063948322947929245053759122635056970989096376846053420
0262962823078862404602649532234167322520957000007229438964256772250658
8403776814704476156907186675696707862184424886443847241657927115803926
6888574970480566662862071437883906408002965226746145235146755447967070
0176658890664971179206166647060471494088246937197775618494447207580681
8083190336829608173170479317782641034883704356562567883150533669423631
9542049284216871568909124068567103005272224213240058498129046962250451
0542358247991934105111617086585096915759080067487091012500527108294018
6928938648348795899995381563498489492213572052480632300263838536008036
3725873468918589585130836141109914789527866017007761618051922767734465
5328646117022941237393066041442230574941119589585625893050351671691981
0869307856867235906592902979726851205317408419136418589772278927361232
6636079093762167293583637477242771795151311450310526082159425864858705
0697222806695146900633842546910221076796237253688162486061002687071573
7941402352088503333300152613724693328182696022694641186265204505503161
6868675055982333524111376853184336276830698707859038951037641104361521
5271627382572100450020986768874125590116946775034069687332523398716673
2395799676569004119068608105303612803648954015117931226553700409154580
9368271811758662132843120191901883077158656415189240673857291773243839
3358093960919785901736218012037916513847531016527824516443331977754377
6829359522105520667834762714305981151124317796258785797324481090467247
4553169290229492609440142485657595325535528659471156140399470312526778
9641966115389947743005628102997692768131997037157412854554128572823492
6522656333501921869234129310941410256157564751819884015474513195461692
9185736981703135027797813811122750441519861626200871656039373804052158
1036503971400465103525405944048431500905006070028606151015606168698671
3146729829289890729451619522138050457913847397164215259720740269382982
2627078433267421694102336675882769009850150130665178231337079451815313
9493316133535177890223831215440267653044285884213773692164974676032526
7976886663392519553440857667145980352898433818984716099030156691745618
9524187783315229110092324502302395729503710694932491130369264355210147
1823091054112403465731237960432893521285467690903981288063157067089102
2646836963285639877059482841174099523784752366626534938103779431312005
9784054234986400903526431544696983555952277017160607345370416992154061
7731578724699646398832367674810403092422720985292116072932580514765042
7372904834910585079035390140850998552174514127931767440178059476919201
3357879368064420712871550074501356751285737763910490741486132129181161
5584565671579614353070015604096279495685943992728172584921401482270853
4907346014543509108779527495235698705973150238952857954674609664532665
9025216772143262487879585006798327050452313211354975118549411863157174
6437314518627122769210503091630640632358962872987918869133420832946878
1769433693939616737952237523903928917246165515794232896576828971133422
0537427030068081492058057487461

9261105988275091333943746961365416265426964321595173047910023637808343
3880763476191692961562035385069618231749851903795665562671594540657444
3248228222793384478634481229285616483264988400548941588561664691760167
3105463182133567749125993545122139494773286458042933495289720280048
3102270125131695768504964611142250608580676915093129881753606256461250
6852376407199257166554973336801484309837779936387625629986153401630461
6351489330128171094539079326581250055467207888032752708478730630311
2900701873856706501165463192097237311932598354299847955257081026869611
6140714777023187676060392289534070140747239896907177408667027466880000
3485020075100101567515908370871172989773441944110739675288798467868
4803336984543364577148095076858958373247963264646321593886879768026309
2923554455885309195425365178516930907167213734502332009373051569494586
1650115004049411540672981022818072802512080585314712345893850395941
5437543357148348652028576665507892084113326505980620725680932228276496
2352561912979583803418772603275546013718424223078768821773382744818523
4223196211181168444035992761131206359478857100996597431579031847130
6713274353724771719062051013128421426922325784906540614164021515182457
5584935399824237641810944852215574925361587358318561091689400123877783
8137997130920801941911251508204187309038263571494544265632247875716
2952326306843263445314308176653688676507680299853914800658134762502703
5838694453035228776963814455720768427691636328882447636193385684786166
5717561000136196870730595300227971740094398990728172102320575788391
1244590096357311828900608674292881713979880983333872968938779071248141
2530152865148234834658460929896048107665549821269669812784066646473769
4661888160562259483091976548024097172013587549556913190038993505762
1533276579863712217728182904455388128086853437710392364979320205039676
9360999365838913006035792250658321743840428554887878242116840575418431
6992258003595677197902833067401228127239081566273457768692593083892
4024167271935289573771992206032788899745148405801856514776745217240557
1496153724668794710900371743103300873639150223585697354554090448967531
4409954877680518527173608894004279715997877570522838355305681304877
9453556572269876995294473841826755565073207055102027349831339972651916
7429308529798436955709031996788123255314686209833929771699778905740823
9770982704000358197938165231016068484677411037039487922718601570137
9443584104572956774978596072830768649197753218775889518843476051376443
8687164423945986441892801549490595912247750561304892889713062618339441
5165957722730959535176499901768463521718234132398895551938913509996
6958697555614019670208830106257432825461501102928010350641510751533321
7204459473647798686976810927399436719224451677797118595115762803025571
7476081711450891193872734734361622055991223058539192936511013429166
6115927296472464700291017508908315845589797360961959991404184919023198
5124959673141453454385012559556012589529496672427414849493312381794170
1617978551783534216791755546339514957423330119788134359742190657488
1136903379393638304510629678415952281184392133474840489707737424391733
9139499676017475783092056588501474592769360573334116929083164886787392
7739137794661822335361858262825793631975454635497580383749578835519
9837102550247847512854545104596615701350808736347618843032334746064144
1783625610968667445510417560527822227696914730656612956022744727703840
0323284305412645799480753106210676335047139062439169873487460304884
0947367391652100633175790015013171380029879551264197640291960764692584
9451376704869074418949483489895868372483098267346546475953315756628

8742183158509110627903430316263879522970178679385426141721572099723684474092381383074042414439317211686205530417433124650802250218179901679043266589503109511966406912948709160695682390415608653348973881317889120709161215305207983575355378852728549195368147613503139137762186004167273433973882991670402733340912119812078843885543077944207682175096871085986443376106823978116286113020330843942731871079685439802093269406872382197283275739334607665805822075197706777619601979351176266338411308580449764994107883756370352662956956540781291260930270009991354939893596958958356640588582552084693413078441135348725983312581504530267200237614721780492785445658155702200676302790711193265387438795324924761826448617154569179441711761848715855495695879307794799269685357619148692731060224847785504816876285184565621705964589094869108425134862107524221630507055164446203330217140605491756725116567262569419763517473512250429333385252297004823195918420298619593775283555168706138759785915262507388026654738970755609415784467199703649405372184921109763511904865967590608735178827655743128377717534463360221185019369214126003556418577484291020168896815651543354746352368153154365602654838067058358558253087162942747658818010832942136636685264060562658584242064089387197627308180722668430678168606042548500660787444941105724347055538540936031389516358751047245351499524236987462455905089368571039921231964543688054999738980406054761046067277098536896067028138008908841331863142904201392974668541662836965601770251529600069722618756705517229938443152828243609831395349253019710487258285868856837947487220684473751592084796674754511246858758379959485200715823265327221372752060107850752518706204189187586093092205067678317481504498869128277789907511950559234658673990244012352457677118877283492288480507810747036197328838941795477294651718411445992794680802580395502723891687254538040640175767126031747287512558186030052686909941825895854176546969457922717774464918606991866134571068162903243992371354160679475060804307759512579644074961613710068072363851258425803286511889690409567678908498644168028764128319876882972580952436365344821906099544675739092847526655833069307206622358444897921497551963665573289679457997694578205401037852964309025018244386502219758175841546650396911631433456728279561146547339374727829308491575877469650597044723062744981320224205528109153585995190283852938985251305247024782701509616413666183461670644760865320888688210844078483767468142468005975665267584034277686400705618814823578956167643668909100732009785403976826560166203904895238242153106723227353757977425044839328302375650297322683374971365146964876230409402535287703891244144089058720270998361207437441997519422826105608314922285017499514237725093734353155571030549794308869494238944154186508592643847228702055738823237100564265676983336868231680606429703853756011451859266135125094457809114346449006511110640471282705094004630775032311480565987326437009262199480334023204854214785464195010108480577048550068052567356703449321086944032668376568971865562387992326630120553920497512677472829071226538572769111874242139867631700587570792372759477322790089199648653170716063019753011653055480186049983910289808368639166125403942011737000226564286010866393300141165071762941934585629628447988801578696069829213338265859303369796752985521304848284964082317157580217811622678174829630234432989487798007963376514180418041035941657426163917497342280685109545562038831330306110053697921035330302860214954489195461032777336103694282402675005105045006862622

6055976309310434753767046928427433293468904723446199246967118205674958880055960668276308782601073593238163240190127290280655916510841807481231619963476327433487356183325612332551442981170484018583784990597917555611051629619881742526968180270930067241855794980117997306948526758826214435159887362804824114010812446485070592811525700077227819513214910610706997283163047504207081365188376026353305188502602534767927242647427104025101344671016992154227770858405460883507742634426610840586116375322313115229907242478792847309789225198510289493418550249779507517089996181355848735395799917990942250042043930478741998056025638499473517534286634611699425193333727602854762829277121451577159507621039889113420201924243297658135248872254536968100441652480070281102512401670700565807393271755270518056249419152611885107158925771592817308907174480125555959402743386599801918237093459527600706718035672202838458669556542871079706160397509820843785510231873042571731754475385733750937689988054412717548097958058843947601368430171606598284831149185599757011360966249054488659826140928083632108061360970660644141773496607551148663674421716873861311617840419160040761338077792636034038881333887126562529727438809258342255489965806236590229069482117566214385427506044958245326486780004610275838046249623254492557197214048103413535308567885400241004688025578127887488511369534054990220582982331238105872838414609668192893688321895962585362179285316262025954331082542864256074767034763433444847807188303943192855959964709439439575690076639218472921325103744157011871997346175737780470689484895084275257579482177892846064331873760268181818186854153253296966565931822677875655551614508661742985712631172690473086760645656116805477733678237728854081745184028611361463069149369990862321042362786658531079804554418943262708394454750751686424078594601310735210404865947991624880666988090771864971285300274136141701838344347997638468315380253553710568653218779624431949374211933557961021116239353764472267108081702299705500489329769845827762394672736455760907235811657667980353886789490045267547946453889538201700259285126895496709861483627090959123759601561290803885868536094572087376694111173573569147199716373759316107918542182178517483767857677293305893256158469901310968766451705879924341236320580157674178784637006675517255252935996074061372076466247579151332362143848540768494195108648930724415367551239911403703729102170294329670080434795856186228151293931672575693720188889018335921025226468847325507795722775926887878413679940455688715549565346752979333229808824840965210175594641649662624812008045752482594490922429096070860640034843935359048612597911367991277718540644887838188416052412820967809122625236152819801503358109328435500818185899137000706391210723452540772897980590001791026660583747922014741476419429130876725439802836126351726907401869347441082760180138128745065700901021508529399668554944954157469270671950407616787934263298108752826699194849926863021105493575558203489514136677378182763858597555544681704485867618731292354265223934682204202652262451836055833569824745998200261231105143388449026870099220447965849417795392827606150416032336795607321418329509852904717456793036653128259733297473492473851005660926450502613941750848566684938545564310750679882302705633388611388457774098860874155065896590413488159773224039283302070402378542911594265456866762029111199990836101125239932463242662601512239310286838815272521896202337141651177994615889538991393046056569834272207024713829658399774276650658495693702295152552

108427720221854746384610054260980006782098211998937789080131089400824
333310681138150212732127657785925858701942792490582925499052322018375
445264513324411585765683811543545157109757841269825274695477744653136
236908453736610177850639317392739780708673636084662198196194043649756
814303143286768124836176024057315463361707101666752195368703970781744
340099321258884984553161583905763016168580729603348265923234663817944
584645066017530321790347516375622532517123616248016788951604974048665
946031145306276175080256004206873443932732960373217553411169977020673
722945390130652357695280227795753906452084910195416072287070294473022
058120514650836196183751911240779514758180310161780552289682153505825
477351234336041376289730779331487452311375736021192933656783479603187
883678425236118205097436370277796717341028836242791180451745991717434
069825778022313268748809257804019870257618898527747927384352412407673
464783477379933019645356222498235122775362760766437431950382165781609
952784272037188518703413400526600749733946918044504630888657031391211
822100616747753164621551843114341903355963776414703471236205390222498
591845875066517024036123151577058842118716531077601664865633584520862
194079155174795793492646521143910617072081652912331363626499327360699
398591124092919057733866676001708090423466902428701765769777774633927
012163828278965040410143033100269194674548517008596465629600090306248
669887472081032131066047898784996194853539552998560538859903235426069
860686482952802690858899754635502556022602921631915947191174960564939
728666710930987289260323018140780605034349925279700858938515399727227
412492938141493116395429354085530294233837365640073379735007923257063
992170785866868631818055931351302133753108082989388656875753296268676
528183484845323155004719994292829474401874806499156819822246690165706
308557318649794635465413450387201123182153755442554228820615552754047
180326193775630582338046960400122673052421237075189228006431056472876
773965657267658154782616674282906234698085598549086470089456659016909
240983577109371015273447286483023766046989302082358796505637480589615
252688968872882944917100307520888175127671306401044834510616361041662
041196483803536582843985966617244367091065901766854748895768418716275
248516634680012928811197458371718706460377727238371151260268353505985
504494773342626478632201120809282800836079567226331951987990811518506
980884638377355779549407668931237445653872307085588299705232220838221
018483675387425463043198224058352343167848109477356832121770759833692
298908888815712197233068992615397241295525352071948294605867039942595
270770740524558066010237532696065540454862987231974108348326165319356
585119070606925533881127427463420926416363457183330752283748017229267
952197557635526065890372036948985330123362279039948920567271942734099
696621792753327956015335107491795962465152879972977489539427543389457
280403583344939792324087089334394951660107890485148866881431441603890
723139043933359307747977210332364402442412805885825099893012729912600
412398740157574073387668364319106243459588059339315259032950579310563
845765301443114373633765565190159783196610611945831226209999272334642
699578707337317571484466888869695626491133509369128474024320269257102
058975696543047740959941830602051475019072242916060287093495131314170
448201506779109199420711578848403719514319252258553742320237446907294
390552061134049379775236868660620744119745990185853220899717106149324
218526696445545824416752089947662967894377796439706870500003880142568
900224287541511497472668335307961261804099829215505027529677664744152

429326537864209021726691556956285946590594402736543050209634875661414
378878360004743347486033575891327135115679244808302768637540890319732
970338085048072918078533537283461039414081538748795641006666167403038
672336546085669513318012379309809159962698601208361618617061465430399
220497232451840425185748234468281611179272109417077798882530097633641
404738814562321848575819389677564421486785328436658823410251982338631
144854197644680180025126772542973795215049440972162207888612649592547
192839745111209483711994941743052829561743902019619498187021947540016
881915733041250573942263956516935075665413770673901698558169088012000
676514697015364130435940972948787235831476636140379104546530637051273
317684942541261670743454713206724103332872406913163156447387623596578
119342682709395565421503368878770813131065164292173399746250389027241
629607753232771588976884540068878318691900683202155833386306689067420
832377310262812216697486395518621095626955482526629954264553684205431
648277614353810080865394019958337405481643080535037689466784808580685
237231121368021426041236020642582806965861114315194664875492391015513
697463506560237965580192858042803080189273663444710174008252688901699
323467471164993181171416387730245953240773433176400869444248478844520
243503658770307723773717531926738248351923939242523131724654052663828
390899219225481053002136142159902552109287085686589459275978943738301
867067956885158456806547174356130970700800350147622509952445162666144
414749551960307835684416872185703950498582232852948373627215038750067
410670073258418574428132180227614801149909638816211795933850027154230
893127199651134116662446919895921892634979565177587461223573351839460
278439801365668453993697261318500815353587420636891414139561106850266
631126733334375232035121337765099268198405055246336075182770118613435
967934234359347250162004014268056713753090320107746504379127542892664
993402177939161982095293416580918204288643172957435225215992689532693
689978335065884893673301162838457367033786841325969524088104120991584
556650443421658831957176002023911744647463426565089984616089005603120
612909448668177025017517330175041425393454025787324796251682012741410
870175274259708624511686584200747150142473250525097707579878491895868
699046766428533106095828759811400776950343947799449110202299698196262
245492368306069707924353616080714961669521608307026682192214732667969
453951435794105973437684092915473349291444819311126720404170501947353
510272990169669223288437263537266245431085784576311711249538852630042
579756720929004324784437565455692775714397998425978873433807592500456
162848733964109149438668038727899441248790258781414615726881439661331
267461793014959720912644624628525670586552985912341586995730123349829
908362351801316775695397979796111433274648766798773199477543230726409
435040748770271803090526612207876061391450371672311411761115322577890
043996132299660432421020784145591119596649165038282329544731418838906
500011151103974352851222469039939469331488123750259825350673891775599
058085377364009153493616828023035756705286789561627287032997033151029
975100862209401290255964277669109299089885307134293703349688152542827
529684867716972674779756459542710389600807285270535780377662105866708
932133122316580847092845724581673228397435519696144019663301361969856
041691914178742183509862765497742125085783699069966297100941945969409
087777167754402834639911348149226142091037139654270264843875207851870
270845915494306861191555450418262528782919280701178821359800981835887
486818450207541579786164898501754232433012888857873131685653959820935

287775224941504775507594345413091094570957622239438057300497923771580
428143969726399280479777295008404965418216470035213648948650772413961
794828099542653762317230666839867510107774132739846631514252862101146
626494551159718383251619283808198577719802916048723480316933274291370
002046898409551092068873181193269798976540225913940850973112322968637
128078730222678787133267723316742321087439655705534466107731994692981
519284866836436077655558185056877272267853428905553137545041083897144
641698878119567963270109532884211640469439332895329818716613084666817
693277981976687532148185902326478033161812068579007688870588835715167
772535723791329601637184159565840838338483950808340701041515917971281
634746211950335882178857809712305557588043477009315540274768300690458
552006644523276253027432055797961331835553357758383443471989573273693
510585609544093547010693013153144058041801263279177478515673950560769
309503767649801891933905259965963666108885673738053890535542172606283
478997819141232457565433374908647039125065242986543339429566836278547
064619317669827584202527737001584834940786652216428346660438053334032
641440434359852667015657590943732195972647180472366854766404029125605
720603354132606942468873241276396296595475828088317175135969799107352
780917130050065272797493186786258862329447262763344566255892133151420
114709766805948060501871128397316137313636756733482413285683441418974
083159097322715922162041969150057156618217996119412616204629489862392
923433398319534462766579553130289309670601599726998146299569191930210
560134297948136757694657148991031018868233501919785287888104837498216
840769705172542355774310498184883283896314809193977137808596723536149
237416446117763695317005179731569951854751960408570960580238353721031
797451549172694902158629743313839439909210620473160138487246057472982
658228238628363498894668192022417848811954209913846415084999834215608
685713495750761270780149786740412769809390601052338511762690992438547
517346718545409233307743735885031708761871621472812392056793682355946
905096170594799620301673129078210199869545625810249339578876361666990
295998755437955721654640347040146972093352992534955898839228338788484
269075369974019069689034418137657955080892215566642792553956996063022
426883745337269684135740789915855076465795344620862113320967353544627
112214705176863920248216989517122020562575627589512199759461760951890
001781853656444589251974149939825198421611144705841154329722381509990
460010166306267159455365579714209949194377692400093744303260495122001
449231338782758628329605044717975876476805079947394838735469217140584
719836978640132049042913419758834122603590861681973631282296475599124
450467235629830554911301954354497315711069685208321645937368150780079
813108240295837203395667678881429125643666904858735391876900044818197
055759929064079898329321361374941514974859651957029672079772954925787
905838335429693394115577032665901935397307915775416719871323023458149
187019974988287888974594507900038669687064506888523254255916216381249
185045346609757597617574954867415784545420290328102541521084289241301
900962671866148708622801163789614928718030741003885338236582088629646
830202922859298668910423794310783044301055981923075090296390438440080
619955431191789194936235876666489220729116117388140656571346083077274
142547271914843401164055463617464780324447819581953400611078369602093
157613250964072450782121283592165307882319241999427973271931558994305
403794695153413802084318819217443750715795208682647608201430789055816
691522460482444212162947644435178407282233102036463952871677721018876

5716722047118649686625967233778593697943387407151875615716499781918 95
0715961667985275090170634831318528969978426245833160105142062182626 33
4580914829289227664025858735527608038941240186333538380504047987733 66
1898359390691144666068392793588830426369069215448388957484597249115 49
8950201265227580468206500645723257779225366928737873815609439190820 24
7201835747871860937268348180739814076577825532654396415262633500547 56
7368205124913233368528618497326217545646742776845789663613326003854 33
5594828017663690242963036304797766667838629836558354990163720844373 84
9985932724605488451618781747294654589832084542932583606881538719637 39
1480728230528221215243692127985862062804968597174294333503366448216 30
2563964911721266955786940998452959561364780209070431296012086582010 29
2669539668507985690850261918625364948319671490318094805357652958841 49
2169377288743318758573266376761304070719588967823270996607878472420 69
2799692171786878403935577941626486794989985059314242395202343406799 52
9660756522438698248029067452834141521270642553577004738275744086964 78
0464255154598147824183718378563603726510234964704508452019664976190 43
9250593936410507433822645192234933194913535403482619409745615055660 42
6521613327217757541668171219204088574550801787222150902054275183516 39
1260235004961264802035925196511094852939604903001460895119683322778 95
7332777138776690695782740578984545628865794762257512807355307942095 45
9004375302695150341435692926112890933151130735684005390505058314188 72
3367824602333305612574355075718317956158634633158643756125016487346 07
8168370953605729619513879065925757793475358309291708888124064088868 98
5538244074849082914833910834879101942363051995057911445635806406410 14
1943382534574038096067749469228740211389183488991621214148520206720 02
3209209171490798489963031648457621389849072569945802725532262354913 46
6876945983611427774862217666039603659841261052103260765179869821733 32
9186400680604112245527091776689258482026743352514641799791763101693 35
6655263226198682941729373636514195610699961621600700215216197591814 35
3375528528922516495033175196833919573408813661215338765876754780688 83
1883887027688421266447788948966268711196762696678522522772147343147 75
9155634213239589383090937851154381071684523184869359212167113821505 77
0388222942383577909865374317915561215083240822860701900445441275462 74
8946539008689369116715405879820041143296281949697673210984279953315 56
7495130215954179972198865790687053739895684044923545170723290888840 80
3126725266382750036482841053678700122522107665871496632268669475697 15
0351424924089404840667316613954351516186002614423531089727214571577 57
8787982048747222879647884828319469634327444448398722605269676954760 90
5843912855939838549560593175604779038121206358606257663282646840948 67
9639171872329774251271413793434381251366177772446873174419790964264 69
7068373588386527048544581856918211001812305748175045612137233525412 03
1438887586092398185469112940871689703135125254347412198252113861950 72
0467725467391514100876406329270947946747835161018154217872386584658 43
0388797091123073990881924301397779735405260354776451444922190877361 71
6556524873336218462641580899901514529836435344150667722287709642531 85
4913783890556898579973008544453327623580254074716175407737416568409 54
7458494476371826141972102681897949168278389146350288426004726788141 83
2833522645930633560927276912641527390005957190428530295953210829196 38
2606165818739726721216319650926810265096552328536861172271972296922 58
4008303001439353063999969264603991668501171003142016995607745980540 66
6069887647858488904364230565958956009148315057098662971175895829045 00

9207011824757381130673007992757188943969226771051943449215809742903709807668076659301793007940402129807908971464884156447444895473683806283938516963204403937342806627612404727794327240289034127547692763037489489781949996358846154816922394447492890299204515207303654704897395739915910304623448592854983103735427878220401204687122186637786040748403694412679106380368969663454584867840291704723213837746254163250395907906611547587227486751231712921557138459010172331961121159102597510014592973048565413443853340297440632171887428512346365433144313035561709995690342915579717849517994320036358455092686869546680908886678298746586576656379999632262585691229285675829870156282339646490513996519865858538283698243422933339475609200107111555220083357702998069223081534020112542572819085882816844573368294305550457076965120269520317153538726188845948768183218550134092939988987894684149455951671538803211923884353556028318022061405276231771298499508657117397485619461178141112387849120307153676414229996120011700666333579114719743531855355945881045690490208133392207349234795821327117483560958772783947098186644233560787266212912469100387076015815247270057371035149712091201988537616696182197873678014259706332270758532630873580490492993581123569417016266523281470422234755248886373346689753802758748175383803652522272605993507319738257564032355913001927952640243941433275940940257828548412267189369804070774402521096802348358667180143962036499441058454530100115387854645814991381938818746250859263736511152859647837291663363007470290807251152312086518732130243067434532838915995020332630602424071142095137580929881211898576512380678545707175483044697009517409798722770624709105527824413520062627847802612778432523534558241746362392127414612408774818954478912764581765835016817296116420839100674603629885281761257007075357799798049677562108228789652119514438214450326618228347566995311564052264487177704598506402188905441319261877477902947546427584985712476502436227799069782570159527198699665251302238694424134149865197439877353306730493888755752084704102091450905837980764547700630727228094404412940426800991983343974190967448675168396278945547142447961895949113361118478278862345093964846061148254771057657410305654496915355597278148618602863360578090810273343517026596736039819552019808225239355273134896433051744947533476615741266307066575438548790073799528568305144778482289332466338096114230067435970107926538570277387160768294505961680995256978528359720361762021942646945909933497193508622870729731228981478286940660768598799778549112986868878133371520915003324420554553330466595531418895056678207154120404561994620728658382231449276901954234828426308946301598592201508972373150735352977726963010654983338825137726831738116389164194601602450545028547687066979809290528534304518773968105926706807995683846909067144900770372816074712082981151349709734822890853234648457931504991487755005758668901489876325239672518031402636459425505623293388214563379946331178105070328135044507964542526753394546357342983140995242618780129842302963740591611506462847194116348032576588431915643748383212017614989229696704320247939953393293378035767911505772995289858928916707480513103810084466501186719564951350372826577153732235580918799390689161826091584773949988283509799656510186571806676621645826811503055638791203428290096599835280213192806045032014495855829458648512209073991294322305949426185758999629922839024970875722434953544377404431390501997675172699326859399695278094912232400245260560838203572538700691790032225045466021303

624849024778547453088607072542528360912326445790657565861803963311690
335765145887513476747199523559527302863183183003469340119880230542625
843414359632471423894712964644786514899358412534403276390491485967127
592585052971342463040769915747573673007410331481937589924199040915361
738905923643566238720415116652064748523017905564755614699789470433272
576585287291753521565085965607804756353523943895920305643663276470518
048856494048644346150970641774809807010978744314609781439635438868481
646694308167436319995852325166274172855725262791676886664958473822514
307178778328636322337125217227924833909019658191792744062164966853514
183098745631482316539378791553328955303693528820183679787815737641933
190159927578923158124484419049678920772994940265025628177603123394090
210799476304745593572468938983898716698174265174981301517920753391660
434869417725195376676811354068421804194489806876315093037536566298826
305158960486810807460071664444842553132871592525014360039205688223513
729286908796870635974205837155161663483646539943745178241832934977771
853098598786019035433058958608721448171592843882590274580105069524068
364131243923571262399561732760157504557511715796462870547489162843946
940246629060513723231614319700631872157035781172158316414027480898922
997259900257611077338853865942278100358988043227913257399325817915242
415883723934734478470599413439768131658893617992251161416151062649118
414672557811951290030240091020042359483870835758082385960018137091821
740178472976399542218712301721289028624854876347219027947947955097357
782746556280982451615433424034076651064873467749689786679100232501852
255327698669833876347891425274157745143197466834376921377005497848939
706534371881269343198401795127790106547870300211381910102736556509323
592432818201089171564877466742458023134464005711404525151955877451550
997990500741670243715091727252481489934531206285850969422791981929419
913421629616612433744305830392699292492997555167540394730616005988370
711753531888282629390569594353400536273338031856185131449805489256310
512559762270979051033887950610902939249650459734823037140718563445040
034078391856530400435852890602111548411974463858997425789182018509755
107356724172529605438550282233395032125130683590090063332758670289996
467779945063472829581398157571238572468419022592152998676822806361715
084125807201816338831522142427464500855231327432875959819277475702763
257957486469862011092028242287530346447046782581532757489173102309826
689717147801939098273500978662176119144286270482369616290912108839631
585133161358154136197804255577947435557091212728753961331567815813504
135232139767150279093198974657533167984883661967555545515874335221748
617733906419066696230064124254713156955005491025734506291910341935266
436380034695830430597461697216791546522308569842023612348547777344861
086685998474541678807423257262421473946174523037491727282522295765357
634070620609283444600098227565642145258917088155076926498060155605350
419878291727496201103535693464925238181718296810028805848261431072096
265024858096560772580763230965850264795132318469961278694866288686947
481499485561996420188713248183536769302900067722601207093367404028608
959825885697866163230794473277919553182734924369801456508077267033453
201596256001561394507017123765953773076710294206824231663223213385118
471025182175352152941581681421051101997418558176857516285199966840232
853997560678604227150435807787744881323066381885934521898492531570404
664694569631740557274280198441121767676365124542758660378257031036989
661777548348762546740014162743284581099718019844598981792262557060766

886253523486240627554530368378697071227158091648765089687324640608192
884274800746556187185985811856655557369029806292062677413753406122299
448852617293744881307372302049764186710787095411414112215146828502849
884923102805107235512597836466557176519140782912941940549849572319653
395339269601023981126924830771504038136555936473546348878276979834975
857149065329634164729364278055287980832845908430205016973243184884467
332637979530288763229652419904087237288799495470216280289735868239461
206202682670982148941007639790466082299498325580616054640254903308449
859215757414948049991000949619127707694270099869166134466415324100261
413727339777011990610525511778795675111118171276443169226605278891733
327733340366970684846800741747522478925329851527227256424299395389708
703555887127427534352371545942741543771540313820941534838923349675997
797514633501084281593656527894509767046436423971123464972888493165854
566673276574753553636172847421244356743011393039036248769987599924743
129794605875663671652993073897783211994282366010139049798196173125685
746185103564091063076649837367899063124291207053947350959533365279397
034563661189783157077996313392127390704645351795266047044761158708043
931038376857979735477049060353724184522010653378658324395477358879487
682261634835417928933040504087906483633303851974153701476545335968115
103513649945555975721783062331235840685311003510859723250523284242664
152764240271172525831555793843920367622838092709627639838604189602698
986528241215149950016795529166624290748794789735756004547101864265822
895186349649100109119677727056497939948202801210540002578749964329211
055361988104272290429385561181192182495990703242315065741654354806112
705045050375726978003287768990069073483645258911319550341884999725949
386707368119658561273521227696194060314756840475056212541835710129063
768831668222855727857888973031585508476497680318550074261784029713135
405760120225868568327296072718067700378752892858155124358081116278583
791136617316626427341802890565195289907796085652757865998404471240161
963073320575871952477798883843704843079328155991747587657435826024871
188313634170244001238850674614016621139834882032124051532491836239015
014469390636749793238383341924290691096001622175323766690239108315667
251297670480019503042211423802693558312595339956877607983924708531060
219776903126287397226001999763189539914800382220190875195451739137289
034068157800885673490598637523047576231892140598539048515693136747340
167926830048368024090734923499175005727359514127333206452257216595743
014491502750833721903300032771013694504146553249200608927097525820446
470812284244276505787471424015515098043179019422536379005400670976538
731114446424828651614659709083460169575192807427525219466061703803031
187879183676867276622806460196613958495991913435989785306611158820170
391473577711614596725750732748504668934584041918258213160364413491090
758780598969680844892771619970823338376127291876006871500208387659238
321912426875456561710680374095834243196271291662040198053010001558673
537703741716233351725788776030630665590735386248276159977616379738785
463505172539791837531120970559453811629657063920937743071508025891479
303875499057987779734348084615956045962806451440797293042211280556226
169613702034152495250334123834284459899381002630695719257823095921856
654812454863779590501484878484675614671929361662216151746123817170510
676415043515864708722643080078371473473105834063122599112434127797297
593870939289039615934049486809167503515088410005284595162222457499777
856794032309949564502167284362452179856965712222859159068368385651500

8002918608885891869779886008238426993221587829769965991781199281475417346261284481316964434929874783110168778381427220325119864086573779785716075822896034565325239481884728298813758325366057455506864278845046391381506395828138391764979983044864137425492264074505867538692395492338873088396532681741370693162394201379726155629357993167001786921964822927472105838875959453321744699749006159389078843433558304268214850652174388064497562626119648628475046219101687112583740017969103978248259833395118209294482640081759544731500434050609841767530723146920216379606141654400314931452448610842562373386270845732205129107587459746108958794740625756237866399498947934235966162350750365899117463269701483039521824997261585077095625572869756881025840690486479041647790120891156651174394790706774587632368163534331994201754318582226987790507136891544442989847822034406523791679404737907156429584543709121684086246320742163982043269694606532656857673505983796345295039048787712276190864325181914939196212596593892225089043612839842913970329575945218546353153367653919716831993048565878031672524453051322988232902723366990837476698199276736428914713598982660815327465518661268237009040090148392489496683885593700595601238505177192198000005687038160304191744121684080140863800292208941379467360229275166784984836536121887612731282196813626029990388687250965354069729696143650576148457834991199191225521744936895753638375371551531234491088541162185497052489953556548881495409871265258106888176691754230644356291908345115243034864725503780222263733009773407824918438258558042821089172881176008590855338227064100450403593897740261366083921625395694459372201218145306712860539280495550255150684613040877817620276438063858544787780450441234867547505810197606449927219628230852678684491140909392022044966004037546018407995444904619770138789382187011698725653390657789795174332640339711311164356564561667662164816779867218546998637708987105704966362815216096675500384931201244643163369447432358337755172167498621056988110370010730810323336644168002164140460124704669004140300933059324121045960937747212856980075139741726943908480710977450269761140947112606383799512687261653471820573350660266491172037300617042459170651602781673853018445539790293458551017140426350185331412177672254378340549031613672006833493032616817078542946223407750133947230218282421226363138618279736016665103838665274655040017767011437626487141206958521399263907707518822773982694213217081505125935927028644701499003726663797698120550858891101015355818509547019573281922348313920078511471164509135895164677080480565752328801508963557314212671710113441731285402604803201310118526652521514603462101520132250730560808074687254599911047575529361280807183180567162011514173837956300245533527789398045534562146739994986235823296425093947980578880497444393702016609372333295995103082419421042789028936619940843541158691518114698996765255273713090978417336378882569429988816085857612952300469622195226635438373670315634742230166545962743508575145214679702074280701792422496295033880593756239797417279533891398226749842761270531410907212627490150381136761235480015614922523090417412650477419124564528216158012707819938040866202385758563128077767672148795350522519535922291938012987502564256898426025841413557077069629165862714366448979908538632493473659788137658778629981513663591277461852412042476276515972339258498541713913885734706447711377588958221896183652007676197508844840614350128379804732215689206116237651430713542238704960046995266619394666517201264174707920678604400

8256629748241712312408856309679971700477136664740779456129505740293333
1843539323323992783321688269452167320460624141828909233108887553879 21
8269551524183872730015654842451380098972921772235144416348832850487 27
19582913221445437672424192322721407953554026070568170430091404587316 0
68441190548772227150571911439552077697125473261817744676579793242734 3
22549227392772207048746048654048077390849552125262315486111628642334 5
29303703647718116255442601320252291070883757286725580274114513397017 0
52279160562399774873879785643221223541144596350450203601308085282413 1
66071561612241090965194716628791925147922112377336754885213940315647 6
25667539482007383830806530958343931785361024458355757435691396642279 8
58057859915042301028798477125817827572648370635437789546787769036070 9
62336531014280737615638606246307630263686061424602347774862513091423 3
48375636207692463532955660169050950543551822165175494456429265419035 9
13220880897388043546075433351066789897798206732777518391044786973180 3
08166220507111551684801685706418510239069430691984782746274644594271 5
87369819461963727503817732053183950616639822550552855739809563830502 4
29553982930953006596488876915611998979843547943530948614818610630757 2
93908405543887018127457995101316734789335318491162495841546956957623 2
64984012235674691457996445854769629499328208146886517146192719176119 4
34815636715974727100137839733053010781277942379991742234463184730677 0
63992307033118619456670869597170114797920731594974845256791608643380 2
41087865468938285961121202965071009900929887256438424003899361955622 0
25688229159180522413227503772787371230311731632220277899443391447737 7
73235149220370559041874078875488006838290344385720922976785392849780 0
85523421180411127376991945263788543832339705031071184618304090429481 8
61961987259129533997418938314830274861232884103068300577623407250006 6
63720102658912318985717160760213195744062929506441573273588215927376 6
60252346758540318629991125172651547290919825664246041472087131307605 7
46869757456344058259158274048440943627043823937866531124676527550585 4
13609836354792628760500317057333459908592562347409229007491934739965 1
23259814342309227939487849820002317311637931291959492343203645520590 0
93602253830121288435955536317494291403609644579529541756569696737168 7
20997742019318072890336623316593465366131994900328582444127983465750 1
65261455069457366258229576990710035504306577451212828385148114503822 5
10301761484611616548797946562416637971390516648403182363634094781850 7
84070907955300605628022672027233316441612864405764590041712612920099 7
24003308523232388939480334514001641637817759282148937387168124762347 7
27087072255945659427961372142713794334321525130223958007549445354136 4
56469768249240298366538631401970554335345828419105002996186136330478 4
37282040295597526043234116008505271703343594659093574479457576248666 4
43568203572387158778186353876549217180699254263117795693237106770643 0
93265837188929346558345094731763846519866661657559269818341356964349 3
21623327165371747605515595742700600059256282616577565482889315664608 1
87221593276720643762230516561760303565310242442946081625175864067423 3
92334766583930343256520598901889217709135757678735515601830127323075 3
40536605766190717685461402157375657349820672471713034183887119777198 6
34355523443753045650656720300531726876361581681135809313318894965399 7
84931376381513624757719245293556936400619162269451887187538310118600 0
03794306630348981313240125328312074678563140869645200413175972667574 3
14018513615754209611778148856723434030501276693090096550955823928535 9
31287343837816925070157264965136452470660697282953931963786788051717 0

295336385246084614828492302596568654831575564748401918779288747776154
970208360046680116302730266811981899785346489743126209254495272632559
594050416194156671319168156981830263237454037183706624985923798012082
798410643927617673178290705058033362893449860355580707578203478208102
611495876905515205123751112850864980729914930093816685812083073852865
381766140209751618793605699015661153398741972993506936396921983489202
742723734399017153387088262518428290211871265358614162589558661794953
068617281698199146726165606516126393892381742586166521447367932731951
853018197848405747305545469339998259517569999941241382730982188685984
851459626074018168905186167523266172523401016414631651955489093022230
689004775386725610202103387645366160403625952996057166101320677169632
998574434832913472665727649423687497239087097411142010752858328188875
564405803645961911522777029450968792779894923623091322384001779499524
049140989856322242315699233705902081886675324293651200600757649021529
841166591210105988987962089547708283322902421591839787374522475590565
641894755949386756159129944426206579762184904993306195846344618142494
703983830012835852016524299675272386948859831117051297670549162181904
832354985650015522309884645058260575843142786191907566827105460606023
927210338456662650202386483486305680207350699379034128441933820311947
293246381787735604951477897024410549275636952332585839498453320629032
872887067788385547187592463043891440222920846238469610343390900732590
151165232619892613443145341519323668033827015986181119965422474984964
095270138705164045692794282093169372003884406402801964030997227837570
753817418624125916916134716680853620588248933476378894443989748606707
963432178534738685158457161143687257275008676211900989079659190706924
620967978050429198181841230279207500402696767502117440124398264847181
328455531182991301949794931891213124639298985718814314741588787339189
064942473705623671673258290951814699769409791247536102232505870029754
287759418648259980135381388629931605152324480932913338159044690736726
366844076541118599371953260076011540671958721014650246525362280882019
431134914852424743433222588756650009046494787840768303260024737520908
636743165126524208999301825771287301350725650314773934619986638976133
664659012658305359381765095739048695449295392076932332492609676151488
889085376688595922920220352401559695757760378113585970292858510841367
045756353474202859605231005993342638455066682364802317646676140972898
237048983569277026827867595178481210499405554057753700732355608510229
218039062847028504590388671277677295903119918451528593427196450688192
734532533258862270050359826244561207772522252014716502508649470072718
073094299721845320814702029048587421229193967627334979119149217353057
355672893102527144869178933715336351074465361505844589342664404055842
632827663966384189157633855398905338271228789472777865486737033046337
584736549759969398536688304357352600092664996778697343122888847379399
591101347628987095606848499368151103190890788520766583350963516175500
135423512565676109433414440184856917678701565865939451348866497115752
681032296914317764587130403092585157909575772695063054827183535123838
079275244301293546324610971262031595887296057968186170058489853649430
997773266262662695281769453026565585640498784360002447631382837603954
267973962356374403639864865022885492476990476772412821935511326602233
189057056488197278141682646781359155584651516190292615966062158784312
458124455893381158498983988571758558482003569171600735182937032974043
360339444626962156358953376350177405326049955755326478918171909494257

2219302695078965487916332041821462044923381288287568538467120167709557149195298339385489977133434284046689125856566434240044877705032276389404103311868215558833521890927584765613847956362495526370236848272235291322729894642715065061931598055911585731488348513026118059972459880056670545701266168306076822275960100470682873440682727402184904677373606553514323248739764104142672609418207330133754715206641158306901270126176905528740240494159915410173059778265247385428070808592727806727807955398637784173399874442133313113967490723166330823996155549575591761801374929801343778018686912869552895930180966347943026731475082235761034677752713756406206491175368986762427366711398242488718620908514426371597102361479051111250239262805092518348975588219710302153694787110664906875401031942006723721268622942581918359081995912140811225361409695054451692856789640864020145449787648447385336511782312725898743508149351759457737302265521951918343937504415230982483029115874790903070428945761598753185816028400489502252949439102151233706313196615859287336016330925181937406995451806679479515748882431970063083463839450836762364650142832093091241713835475835691488264684454159070888828009672390058450202881863089964706303376346272319827652617393756467397317375847278686587625573688260271086606477331569815400116410658043371072075619677253097945254238759709667790496164359611635644755390170780696959397316615839795871286955339249760654947083520672558634227327312624479775476864788066595253987544355347590653533506091739342761333078077996441225732810296845804332331759026054968115053832137820339463941536093741333210027810460153122834670635069031976621784651489647481685153380167013750044183645455663513684347192291904006637145332627525088271655440735500654429029131976267702565108459116340210462952536616252487562829232819266106954504969307243394153943477089655505743330593235667384770020979229835252558359471002364832737126289835167216303600834796992718432537871782579043735668492948518667670372156559452995836681769416950963197510910686796530932771803389069780412893882778647055065851502527219858779521347930939785579125607839212244896981465723018263873286187442020191632490654535878445708311006813219677460458573439506983137936374598103675968614404032236211989214239082005321370517872418617044869047811685410477690903449815481138259158746094766255712513464021086168556756217559874610949906910143580660468772254771248419172599804856225053006363686885323140192176427794893295526392421068923795046758098758466066586314369719569413995466828432792135017608031932284859600658135994641905795451561377056317148612770961227410050454630411666144013541187945811157593782895024224040856293444434400521949569251922831700366212253105966902101917542856744659719684242846882221002587101805761038959207920762731692720412265181104667023983003514296950318552139492702703925916272889226332242638207252968140714134055181529214093309384911439822280096721258430184724932711416904780457861757962597909671274532969523636921531899532537759105340771373423016970426913322146631165679653515877350891695969833915788252477852630867450204247435053913616656667164929374753278794729138487931710833810964476382074777810409555779716746011461084358966500621476376854735755795378442010816991121598484061644095271628896232535365391319885819923009130183360776592272189060198767295519020896922082738298181313135261447316708183355182084000222487983548809587575445365381151755794120708198573896435523787812073347895883380865167879152001114767176459048589634434180535736854955

3493002892358377086612836378918503317874280604757490054699022167393331
5723790456571207622936066001198438390825744437951282786425820060378 57
444884822077382312409825600754181765461411826048920150921340769108907
3342546833369355245993505778145223186959609565512818861279950126896 51
447789733406444464044522510579722133162226322074245341357278910276143
176215027091478988116929658763439490071366214190540290042375383696426
021917295937236274942333656555289166802681546976533822977102259429871
477685240900586424205835152054592115011314286226818770741484456648300
989725948057883990900231539040178772995163849655394884786557728762315
026639952119145177814387296490003720421106585663349494189764759682944
406499281770561278927007603251437291326831944958962889579570672107426
825446592019938236191857329970062096681964530758576584497166893455203
347729684468649594239701914456059130718461720668727053051215555351469
452040238594821622801539462004528165881474617882748727058767330909270
666798926368024956274343753048062063659315272139847164243314789343824
725017959014258396377238936989957404393408891419872875859765353487227
790272591521397854573719094268741146840712411756634614068076159410577
274991358502802920453025055448852673676678536198021761095420857300275
243480205795440964835918176124457301828345884385740304018297713785590
070182099416986244261368439039587088749829100480307000482288466514645
536212835608332351135444710686330538929035794173408678742668328787096
601853701326322986783138989783819697337047818770134871385985922883668
652532888717067489993867059936961663659754567616929577892292695800825
547570557892752227959934059369048682933116769566134283811510698185186
355207223413874071983855808520855488418435281896395894847505763620434
592584006721351504463405756036610948335339025394025424681000745962802
812906736961037143841216551512196757241260366674504900128828171278918
476514653667236838987311733020014684957790359448529247320638825713580
479776408389764931703245650065167402620267336186852797016064149015864
032040048224865300672020792563053367854275584585054372506891683424822
118811576775909531818520173341353388523321376068671868649700380322036
976967807321385254099596670443902459693924918173989229694297052522861
765049510206913227113241642972791426577552400785624767575511984162589
908966258128913179658249519308023749111436999706377520170207628434486
769407323462456365268310408857100910332961518771233498058808680829631
359110918618040333588583042633442122127586312794703043049962300261244
016608977408692138559132420672366270092949544571369456299360830754124
451726996104044172451122906317625627099835571473936742729756788431704
555570019931066070730440342945330886812246965969457730281285104518315
315454752973643797788886244177029798240543029449349908275421603179431
589926997319877597857338063907454914480021430803980924078187859041558
036261172902082336655835516884638824436927627670167828951388187952426
799204514138008570919416984339133797345973553027262796449566155606510
880568906067698790002321280589252102673236171882040889061800492012421
578744174148660305237058350185759571218723319889838531488369547573721
228303947643831015469560113009397700041195833210682915755277138908087
371710670896070827173678013453652055232398375787543450911187899269975
748497529488959031588722323144720824388654353179299182688457682354269
126897818063981206882595356339917997638808965426282704426191592178628
592016113395863914020355574370827361702414950222844650630864966044284
298040463068851871117525503198515105061594901104105915560817576874698

963362715423789384681740448691613593098183531170484758692125051759289
674838090091751905604109642179496821327790215831701613284950147440412
507201689436790812406406731184873610764285793994630947996775844364015
109056666300770038860384531559158384537168416558129935193203215286588
485637608926252497349762515472088020647772370921356747135062097646487
704756877255015649770816477285562566300202710645841781365314559028046
146797686371162328647466227796967199223969976736462580849569256229444
712289165460014333401861498150900727361457280548311673184513651894585
973827257738252580311243794586665663846298739699089374835495752248021
314747255823266569947120910291887718363884486564456058894864597406843
786601880082415630831397409510060340703411030306474384073431199379592
642961769466314668770703886441447376102459796223991656616436731104905
455382760452349067573559621897733397968303340021557416491904051812922
379226794622403783770683790170562368849216964329079218708320898989568
857189844018906391612156129101056642125688728296267426035529378284667
622986974798155193069329324965527757152149342524936234360836192092183
33622446050136734263679060830653337060937860253501326279819827193429
778126799483830460011545968156115114495311537602738389753270042939814
369718830876744914799422741805935475739845927296778075164204870154590
264555667751147923671689910928157999568849900235394372260956832594321
867537976416044512642366456864742465563675285686755733148254458518356
804887478105214348946919774316127529411578251207175178199789371770033
040639472977592040350974055316351242444089778650021271379062108045561
660072617160769904216920490813746005769141506112135110006625161176550
222814850772592706205338597667129703382305062468792412218114017480965
324208752935147265575641186620079731449394739500484401099911545475480
573775359519484986625890713989833981992387597882881637387331897990836
014465134416766553625197297221444916582912578677060512428036711901795
958911159259484944057345330433729019728492797447180410671052215795076
735630076687342958177907590354458233757612639048513137558903306619484
322552029731419885205344884096996837811391784186880950206807294748608
068474320761249267210828554568733776844360043229587663982930198169804
005981911356321802373710952881144075046098102493617616847154831733308
562792477110214901843790649268347683534756479314702831354096728065973
258257258049441131220001439421816147260144321444202644986089179814229
015613325391045182939329414405808743496220673796682280967878573195451
923688297227962390325021254308565630346557586246719403398785096029338
842384716024214122027168571387009087885450092681478766126816011692941
910185829977762189376879326505292322800640616150794045832608825994764
688850143583289316647720416054214625450614716322577215553453413952938
220127943770255918011844056491804976555926544431572351197895753227500
181514049058981006423330615463043473080038411476907409629054111539812
490140816629161162591006588470998472712678061330330730128673548287635
354180842333351135160617698972443949386865163871842188489784410061205
602934947053984312200912198385327931889313039702784424839770566825992
260005862070213608988217023626962079445872375995519218744725624174640
280238301970298272182118295801865582353258649031166352433680054817019
553086229787065405593534836205606839064544966691547051610947464123237
957808319065288883329179419873755392511924596967914182043463042564941
479931777908334415185285286787101210692249870773393181904816213051145
498563633694539361427952614700752361497248444288195401423994738493120

5865964242420612932791567300387753725984864993518551098600826644053972846558226021678731377909764990720922565212541517884118826440156495240739133564914093050176586468682907583311926998547443416939047386024116131530553737625426975769567021248738577247382012303910314046468506439049400059141062836105149353952134410655921031699357475913454912517523249813010450489055541497009900474366078910681791733609362735332387770105666994466370613489499414180812851539253577145440614975096264804316438738506408511020131098954591731668411887701894660846134318296438189190744092976973484622247627414116500529502436001045783597140087694173910401766032901858439642939346713045704077195935529374981840976581340402082805491897807753627355362249104337834594050535206860321131547399923310424024855327274698436558898475358964895504608240192058148290477294484083231944690067068794256557950436146828533423676950072386214599083700716283452654884483571272957830898180470084969625469508065218525561704006770350402611635595829484208915454171687922837967009554342340560569060045634830204269672066632069804705889297135615080020152995337830146181180932726085342606704782127246113901387207307580784209480641370525620474282185799826901964523940578216776264629749588448212683700500619958943380921215427995344887538031755428303670765336513979374184879563361217630923541582201277646860087812851413288542874158701594765641355399070298307396609498924950003901499115470667888193650217622427134058769416045535184729237189223364852880251925149604767277416604139483448408687784294890462507347353322472777092473403670248261432999996176252547017690850039558763243986525280140489847924357911844347344096411382111034560317704375365884472757489718287614774351600310400956373859134285090281893559890164226740047105031497848637147308822096890915856930535346397279447198609359079562337393208411388397201432985469004086537598631643525053271826464450354566677230877992493715750592217727369396939939899592358514817181343749869837723089561184875528142998682106584731514741408126115368191482185974249715799815185532180682248875984880558964302753984386640715355918068653774050421378209859727304465657368843704214104027335121037788769796373951420701253916273913452542410030268375896729964318302575213815556487327644894881670287270937867661283658395035575556877850286493436896318931047056397681432005714340873965422110822800440779628418314510486513922664187589120412962490730432490714063865012461725043584668035732781105262733804200374162768288740297660611691094445961422412759466065078390285424604304908733291571833214363842031770453437105489138719800198037243348315581571046351965659379610717494477620016720947119037180781641333318518230535611361516642209419789256418457573998136307631027387880713370477423119069322543458881273958600385940378317188160480965478675651018645479237091472750310247282296343688073028490082432960140635128214077010209556957435677790694712065735466943133313109735602945974750027350648106174329175282410779634610729135711451247911492682964506406653461588718833998611519260208690621160888266738932694284253113953077304786846334678814715649838327185496365549567057253634549998526530437073466273151226482088727300554550776081164437661408521824600073233751456587145257869250780366992663831438235852895093927955711239777380134079232818250438966335580566612635354819025444851406646814417221482411480884793374650465131530157266506266610910025089277415587808455513900342783489515347882823131983251714886354362854476627680084640626982006496428240423648430808

4435740000696186390025749464424491608233606196158417277961511148992616
305223711050134196494820793053494547901948311403954765092676832496261
293209688597124766797498175364999793969222167547711402619092641401764
035107469308440980659582087490010582058222989386755465012509731177978
505013526273712068668772610512277258132979650415707564090546048611511
354850073164751608656905661617994458192199432478828152273584092994224
147614537852434208607936388533716426763324824289380560543850318810144
547157759717731940836931486416976676039383038144038945147730826159475
507009248731790788377477504050552378152536636857543238019300001764067
255964538743020944821020442528249938781200792910761138957853965090181
924278813385340530717116469257250901714739019860306609516726430865094
742845539564630346104582433746508667503101437496899842198735672375399
074791305202823077002723968141514296851861680278710220184026947585867
202927543163150927023970854816571040758730823498185142891972810580693
348122272723189398786951993962482358303205374802593929116036724182133
825848334316672551540306362386135166168645185557742063309081464750865
673308419590650145624636522877430871046539407992492488092760138192415
965916895700810534590856710438193141279106098176291751994282250153919
521359173944997959047609072889256524837171592200831909594519970980239
257889333814185297311883743452164369430257907294085946497449146587805
828072668525734634549802330608341496679581274859650940152847377228936
027291153380787550716536597733144599360447755012187997438878850971998
386442316033641329614934290744799007192551110422605240707511763450365
826613022845815506136165416824915981888954491549539934468234283324887
606810698650472540037707050109889379767766878992928086098928423489789
128635039788327510697809179650966441583697718149626836882717204310447
483374935725707088878687111303003630410861435135948293153095152947326
480625943215908825797127166094831938930243395868954875831762394703343
963913998287015824908633686960084742530668520397732325471991467389099
334821593098038666451785686056629997664904003855932287300428965787976
104795705681752254073522480039738524450031028328223247036656122224491
439702423890328689246482183593513805390851013919623164553355624973236
168355796491997913589170447452299875827250618395584936350325659290100
933680721555481446255131473702965173995227675870856471812700261744072
221881826985561130960148163286813471667822638823397449092497444155020
563064378832344594007366558892431513476822047092244142491644459139816
852671941082431058459001493883882091076266158921147550947026802678472
046581753951010440061434360130437854637027994740909637301588174697334
979024519675528774039009628281178368060643416298783056558342888088884
381978839260639565147026475170269311225176515081486599664311597579467
155901568237536119684698132389107267517842338315611437245780145291184
207120116740219535156004334039308619316161915548315276926468810635889
830354759628361114540451968771638315643977411367051435813179787049338
317320885202024599287714561993433875956486152104247500348349541860207
086330955806668557114247587965704335124002776115398563660375972696801
809487937767227969248310268555031531538171219232971353158117693261583
346696146441110593689909739065764384161119164618213351760684874294134
828777284296295346902831600973003110206357614907486169589489607396898
723578183486621614545533597293564697326173319909379600647907553689054
006295652449234185517331900827715692484749155448796634991888726789034
984498041694722988066872746237347724073921909341897129524943789798950

91104111339681192934075974385396441347157932339199925670999139683634
071462617860920674844327587797718385640293862687442844597098697487383
365485075360927486261468021647239971365969667719213918350767531909231
460505423476386939537573112367947733137710774190559850198958729512870
249826893690321109417500020898001833744271612280947406490669444625630
636806476028162543372235190625089556584556759586456003618165445313817
600177357704560437255130396489301014323765194623769519297213461404686
598189507564702549204753958102317926070011206833520852214906294333648
655760927834948727590139298062994322928093316030847823014625493952510
504782043419509340552957927374872257936975397160625918334299004488197
772747015141880492833334246019385361841484886365271403804020001915057
603224266862186008638984621831623964483254617552300310912768065817117
752711870211469281565227800257545080322649062507486624046444400937297
437358288575000584627038009135633397183251590372989660087552591414615
377498798163803894818984247611951470480785511160277697462643762513715
599076974585645342085421997440694113556964512066630002835318760657254
304071263670965118142168860013013800724407099598639384838281400861286
464166679112810784125767535054214178787833623711037279501943776564590
045371453749822155436030791237931340986905730889855926825951465250833
517984979512378757793070015510029712619930518822456595098320186231541
529834466206067306908441224245731371565426178405445840074662229480881
998151319994390784385263242829531780671487793982645296190554929841105
797981774081491499453848922133856364060604648012785449215763378646243
298990639368984475586001295472477143356203910312366908006713474874596
592082123002740063697199177158147846585633259149419599992618756316960
162599253956920025253777257306017495531531199440728344216862797767425
139789415070084967258809998233822067721375914293578787248287563370693
185958640513368696126367919891873264579787837988906126382870936636343
616612406734682261310340119217456432069191570780891577875076130051037
812217078608929542392892930435565001910080225754272229913125257063418
351548371445389608517078293423263497811324195758682968211874506171811
142961421317196596738554311553192084250110511194046953890210707673996
892284866133896541834300616639185674205040106773801852482497498587078
736117235123931093152904793379260952945554504106224780186193666111897
430712147021854308824909982271103697267813435017151974093826573227008
484295278579039747157313515173270023350376120366449189096739568561893
542391026280526454142355940835084763220955256713166344627860616545939
703676057557252132043425827782664572617835026574047093795154429993689
777544419370278284233819194970251316854141964606333812422552778784987
437817171537478692277965646867206157809866973285048843262069247558301
395311198766578226382261856890775042589352366929224008647899413170277
849707117705174552041849800075492303795683946334925384532580205729092
109311789931941936569129842427707461479850205827495000432128552013210
714795375406523051074590020651021478263309743037002505117293881898420
678506552358860551483080151759386837724916080289422557313435431911498
478988426468154950890543090740128877758971838831669636573838649767761
104895268113122691921672201661638309132202700207294828819230746048130
001047797992058691010178536089970178775795008291615956221533753334999
705516651073210153448426034077309510475561834397709523837708467008560
633715488454591743337412948111474841762637399415530674150919570380201
292478455846773872765193720886023267608482387733688552920408074223837

4984944319385610625599905703084660045599041174238451222631188963251540930239180416851694153645258567500522153936935768769042809694316989607802916992986440346318426861877093676711762051222386323990225896526628180637500173083572732719917793199882386014550230739196329869755109505277862871733071751867081678324404357667889737936173665333439311331754185585461153006154444481353719772792609503622222013448365753680285416954819466031117198454215859182942908701197682605458593656002522371583878280332745800399510377042597213718196589025184505122701675469135158621218366778663455485702417776333855037837002390476237843864986272545576114700390754639915590568903813428923343392906675793424636356128513790267171555429680156396034236661583936958794678838193397610957112018542312251668511215328455450118288301704877194896882187186770258858369493222146697237349701574075835362443268548208841130231747050422870001204853914926170220601169537036502791529132456883625682073230245828095921340061629605195319922087880284164323953197157230111192476774494033113323110171500204011926133671975501560757913131042091593432815339767092065119271381600937281454317507478117325489822098444242995360528884591554592364441613636002435544096162408201681294600622442217894961196544280561843467348681069676406163198343039982770610102706552322154273111585108710986977776572829096690139960866416278110509648561540310105439002070179136795025330898016046872840254902700380850730272993227325540051397728325986685727730211037896400128114141027694818371178549562520238493672342398189182764939501814479563495401319840998388486879180837007876319454934404162772006164279755842688876330473895188190575721896429408043068763628019820486133140630649220558085096060386753854182196860684868352861545587376130115495129130918357554749312018679002256394532488235439959547166542248461363886681331881276909463853658947318621519817669290561937018208313644448909884613347425065723429133022400839445380752098143047684915644545119588569585580269406629434610035895082275689132058181261887112542165899413994759415564230671787113872796264380169823131492595634297607781013528306899073907233217414456288613697438536400804073056102520422182272144720584855621779939080097241586007582530561470448605702945346210806186333668352520814516203389046719339497551815935846671207433898090157357169140463748959686459041635820727790572601021307374262806806956232105733843047121215604675422403242108045197951930149911381114847233296945788410248895017692475618728194294188917049884742460517268840915623483609760686492587842871326431888196750115877381891208065643531411224453629898316150566570274261725392112922411095325912526490531643138805922603339918171244390213579159258613597652315396990207184248591655734450258070496297831327634344168594074914198729880714486946494835645035806147236877439366471418033601475972476674139447907583028757623557779827496916709506310872863494031087111811860835303219204258465796593008598045368455462430578634207256007029530642394021539560928199829504318665581109569512095160311367280296040464083459158739033967849665894599545203752997406318101478774499145878189442247939458886826747736428340775881859317044495602621914418967548809160526527201822203432094087937451159143131484147315130014962102238101719445952329035911848190949252175292625155346435929634621834516167613345523674536782419507722650338853548889930092281601818682444063590246882432287835153622807943035647992232300204809926338128980421337838344779713908885411537666908927293167638102883862265540847036363555

1911128761513313369925098731211355653412602564535925675650766112018006
6207193230401865804761662986945032439944951057525417960027982131832669
9277710252042224132329472261159975376488334149790255162232048698498287
7622210552798114195758140638587728938534630698496357535066267118394929
9981367043642438230615940170707074912945744982799065868798534089604131
1664343239805332859435835381615328319500024194250271948566318755151194
4330826327568308490041791088027862588218484013887563877443487350679200
0208750164139597191012093771420506273886394197228840956583247174370600
0426096272764764416646941617232825277357454204159378820319607700580119
9949950463350342863211602077187900082346125156511988974458744660984779
2195052428180511977157963281305079463881994930871452586351562578648745
9535541956910809154661147975717959275808935442220671882990484023871
3882954241377192030442514176832585903791465044226413106699078150753074
7985124482681082982157071525593477101914239651851798169546901971059093
7583852572627177090696589701796563336147173007101631317022586717646
4593677135816449990756479517915373666955805857901198455603673557100873
1474854734059781914540362018173772985427433542221968889530604790244883
3426335994001870932409416048711244561587758799325616182959770894169
8621978692907536046681342007055726771351467411188062650893049820635545
7002170898810295023677729498543092840519922151253550569610798802184994
3243240573205481217965507017163959119428614545871639868351757536142
6800082812593574167828134321314691848577831702483283218450468369650973
5333198409076774857373013836375363494375100373378579112836063390671207
1755110392858052988131851444009294320528252735335565074185339882804713
8201217111928770825981622433541452765075589791612630472489050291946
4490960879519971494280831695610273237310543152980466468782978036704325
8937535325553819224708941185269947174470330119959105211290299544999734
3682205829678046698215688156936935011924003993042233150989806893670
0915877188215735385579923868734791507258858195085273426452719703479722
2311192244133178060667710744712282123087094646328845628006733451874619
0662834801408880009013311384969087418682286998033005608775796345772
7645309021321383385162543348591492943130345247443912268784454176346806
2640639681035601929303356613788091190557487703722135884031659405442603
0272847841046635185417039544270101792643322281780691326638650083583
1905007627960465061369003719684522989019260991700692830699925104012664
9426408660112360511403855067915475394100011475459786476025676493081705
0215077711837297257577622793569293720175482703739225443612316575861
1076850176526749563722824640185545970308412669638273315352280708446186
4049465720906088623251271701675374902983500061801394139153921554518789
4699979014400467229460191593952681120037950811182002109820935305699
4061272808727530969286876808933686693438991582547997164718804044920394
3618906658267187503453195115442621786168930900910258441413727436625094
1983602755995596605209096278451077651464808232118451907367554738877
2108914224375959498992740290866234617693083985975606424750797047362018
7162103242672458746287463104576809428062232819047376671976969701569439
6972383800054079467899585569447434947266948068554075188935862930317
2054291890620249809267365228682945770148888966832864749636077341459549
6856295179026276044081856459277250038650842902492097035530028342806941
7848995706013999802760094430159983532531012146997603865627900026272
5229376911195331049274596659409060205142287106226593936274326934850717
8786889713399280196741169579817794676378893660307769218427855675449

3448143153830163058666947871843346120960356409048409191219543847788 30

3448143153830163058666947871843346120960356409048409191219543847788830
3736841424742195167244798451326772114242378114345630656989485944145 97
8737040219900313993097629814738982143760947436391431409854988579009 46
8438795564005567083114683925741849580850077297056028563952851789017 20
9643432205269305082686058784531162395553124685410708726417848073728 36
3140195236224973987580809416200119728405239633632163033674370510892 60
7274561203417044406224845666403607090593498624300078167758275714137 95
9734608605793312703783828193004492880418010249629506097873477985504 96
2179409697996630090820544542896898596916579541088892734657457548706 87
6094458344134231659616858628566904223387839313875377360104979550377 88
6226697604346428282749633472506266221241549729296947737747584045435 05
1614367314956018730847661121444953634443473866083928921560044551833 43
5452741931320494900676591811582322015002817003438096497437070343016 41
9858288034509973185044058705283069540343909562188247812465822314154 78
0727625617613631239742518919723344856943535733054257827416560808045 87
3643750415101540035064421552986544834895259449780262311962043328738 49
5498359815906266916119787421784826413610997996113043700445814150703 38
9326951740780517143793024553686992570765984632587772034127983537539 44
0610577194231973976355541103830999407789724349287474642504589638328 20
0679507043709704766166396274118887739749211260180803194445469864690 15
9589191939649358650232613516443422335392205131823098938400715638036 20
3689045823358608588969151337603136106612060145972247351994597602702 75
8933520794139049330656576380611287966684066948761140065649564309809 27
7330813558722738261626703483373691847847763585460834031172636274771 91
2390769392064619046674820708737160571277212112456923521287029190502 29
9250166109125487013607775194782687960149205654742453799285905089805 62
5915772025450046308258013516569224330189208715101065979971882049357 95
7218734628309724301137077521078473430246178298928153707602709028426 92
1004622124237233737930784362938527597604046827933873878352119636020 41
0896249911379022252772881128976633477896220918360519084912763652024 31
8454695253895034749022707439420056204697793647475117350919494551265 71
2644412013991650117658708684305473951319210587454191803046232506166 49
0169206768593109511300914720305641401632303466148331980265739324158 96
1013763651716760402030158915116822776355574641739009949926795091581 20
8389570848200303993181183171959419633524123236354936881870899862879 43
7755872468821333735416079761442036200086166927101359002492690152239 91
7217382567188124439192615894066492680743207565016153735361894702909 40
4273627881926770933897093701151824529708151668975746820459145725360 76
6653411846671731890864132456985549256283617098412826144852658266648 39
3312805315284310539482568037838429913689720039812600433863169293849 20
7673087087729856353011305822552355828228195028557980912818273673517 05
3341048167885623110788403698252765203366243060474984195694542988540 27
5486676348556404609689810444700081652615168204577919524080066350292 13
8047380940426877798500142338142687685815204028779508475440062620071 53
3844479251218445157143869440872119639051655231104505364449272438929 68
0941375865193088355096754501015271656900177633756427731913897794256 12
9172740081574889862652085571218318803158582147324649680207504107074 19
1547554188626561013220207586706237278268141028906038620058520904176 18
3673972031198090595533280700334073779601793649405486606291543719343 82
8260227655193437194465094392540012998048331712722704567918331452781 51
3492689849873378337427222373875248566421869926711531202816497576350 25

93572845917490706083078283345652241872974877843746085329416942121138
72840990148977442533191431703866718953508680125203703076762103721661
51555846232763491156598927594819025342046690884440516128185103171236
388811889146115741879997610931370343044822194661066623727353225922119
504653797359956827276060633716961001814569209978397570912666237535656
202528025051863722117779046548778354412913004159339822667233206211092
141216843971831875343703972927987444648834035785462678779616303738194
674583265192167281100522539308408838787458404530014700717029734425620
316978200838266321452694042084758053793213092264099252627320599558006
295085133287778435898454606221987792573412630582799385210681219140224
474025327093949140974121349193875829358096642486112040709184894038619
805973536341938468528638178598595693261642167671080821677314833956210
576551085616728878495082685056405142340830621153852907093649805676883
869398171084280778593876802143579697231390223237929755191011863228973
225890614276874469947406081842516745392097054756707827613464547783349
709973470009799404403824997091066208623747868052524476177057329139708
651800018065486894337131934084548750560937435070396497288064731538987
029775724941989498222571870270060172105598829781152060000355484987644
225703973605815057574616596004242434645815632668858188865207298259014
578471666196005614404568574841757029756738022731224112112229948290210
546543520645384343440545574654317215432102228467600318323973121878920
141881674857087118345370260278292484586348437966468421369664864582576
211907125753593582697437525229532803117482207580368951114158352661393
351629324477009059951761937402201359050836706325885321673576320482792
089409222748855783932001808616078069722601580488459620115779066349425
920361267970812841727831965354853291005700411304497558592298242633699
643720031684476655011471812944183995825676173954132078473436434144996
299321968604329718261617139663311002056680498764273849385549185001833
351420937000118510308579885255575738906714316492244889503457593858534
930807641603695037409000981054055259903457664772277334451679064717988
2446313738244489934138217313338398287139999193924868247916719443093604
765795647731733566794875357215326404960114691751497036343532658524758
315130485705341293589201651542269382244062834518306559222225603797778
779127777693032815914396416791375140210848190712078559823175370851984
766173932092196620115012708522733551149778903044062492331818591389255
144970118039760306451324806144317638145746824355456791334057034697488
654078315886853337704028258675039463247956822844785862357068257047383
633744632699194702139922327829643724759019085473876027801131967555717
061218656131049785658576967324395463442022391003737675275140576680067
834508908346979314466834007828612959027177628665286628344391465410397
622138898402368985381800227268972258750172881379286624199286955220020
647713680765590431487888531337197370734903675770882795002769770769209
840637069849656736725319803245194988409520427698510697576793364535749
051554557218295940200308085516549905424253792425153557612244910676589
362101854612914846665192106472898393867323249769516930159503016958708
224349368238662861783264020752817220052164790675399802546545957365659
555204780523507256350671224911660811720347424249306822892515027205504
007685228931707257319119007589664646591651194170088978606571409154213
120901489341648477704808754250613608835746950196447409351151344846173
913578634053244843085914123978939630949089081904126429610025392767016
271242978963192990915014533779746848228179769047448998454439945949527
356

369269458657793964817384852646693542716405294295516528840682921766513
923560044802802889986854077278193256331825168210199690602890171598168
912966605504874214496524987890365347932107838388254587351082460599112
520149581557286354040712877329589559044687348741275480931718586629252
255868171401953096011948393505426849179362324685839566288458779833308
927478253900774547063094008720771227883486487069806242243363882342196
786602434647725233981834430417711811057830008600504375379732963493102
342143834836314605984830258673317950040289559571814921443694571109971
197483214849002585917647202201132511447718226025464017441550379721383
245601888454321716371918997282829215138067603427815322896896553155088
161445666842808491942203789955218400587015056618595057011664962687795
431589798948294411414185241918185416721884687590487914389824308870511
790409069902226213351049057645228944883863918616889453534065761017410
988505923839627794040986400107672417476509061184237777845153426142809
895298998417868864400417550798036740338861071759602185438870609152310
216526477058573472533263886621029427947862983087625553208307525957405
782353110462175627204722884312406095392503306776804622195982627912679
359093000879332999511856027041202855763442886667829539173005600825267
607091888043033998804756225181590427408190058241433113179373179692698
460786530115748179250564798367547621564984646035217519797602509012402
811092445930026448352947587295336841853039721750806974497866422738113
760610903685668236698364904835128723625866357230810356752109716464939
379545117796244642790633923572784859120578797844587468914433992612542
305265343703525295298086646561421875572421074236607055206804339214820
565396793842185013267562495850969004688755874715324950241465677606726
844909283713619325982735376648452708276433141637566952239069213273442
083437827149717911715309992836654655557093767183150843787344316116966
619543689442993305410104009049875765280723317894007079427315662952538
828468848073441161991878901782850267571007105549599801519142776522456
983942653744008956326723057090530626883112384111048187872115741356224
336216114667509986635593335378112070871902184231416891956361978617287
822664916218978032087504863388591756957277541033871917690673013376652
262925317214860852224709194709143122837816021719193616538150797850478
689879406069087571507555528591654815782893132901617953638509830646155
559753742805628280781316105327375946037682084996543465814726988163890
031313230034523444424679358501926124518893507818090333097379498613170
196331671950440250698469098368570720253257095218777730258484125268337
361509148028795150267701132832031687114176418875194564258258941791647
372878117230375813960937747271253009410909654379484449073565548009479
420705304098678101145002101524428174546335139582385868391436109684643
515586863472567409212546652973691912541505369212842040464539398192363
645450588811120328535578523753049914137553247384349618277976287816891
775729879287145088338890908935004219815263852657300741673157830796798
639228401117431924105816455994708582486229965612196571164705363348471
530638757748922509698058605090690776641475396430424333020973984341624
083956220873859970729261038186540899065402517347421159631479958806149
669738596712483087163177110864689124123716316552702162579226305666192
279226655753186355736269410555670817174103088114076581840005396269124
872213392921528198491226227315329162182684261903476317514445382297894
905975396386995149179922959510044045123980204515718746018820902934357
527448072977246931336349951408815194577065928809097837902654903930957

5355930120273071015403714855858382384333285480519468089049769784502 54
3873355507818257790195130669622779401830774734841002270152209568425 22
3488243383236778805332716474601870644892328928271931044917893388539 11
6530832559715907986633991942981059032948237758933763684606563851208 01
9825846209596755771019984596197487180907129349854520480584795724133 57
6050799604365984050251337432933793908787122429937410659754515811130 15
6616620661246904732796084041519311825142618372257455428409110807895 75
4751957814701917470256906212759145220138821525706780380791109187893 02
2788288844167271821675607685424312101265260621768174809829259470093 63
2661020200133932309866581966375673337229805701016894330064376803231 32
0972796559423772072460947270553070685253819219119381918434111854359 93
0883330608256562927683713796799693412103083023578337150028563531984 02
9089315787085704790335499557081884097019991971574939482127408835187 24
2903505857800040197388615569065104514895573048676757979377204346045 63
0225794116669596960442808354303258291775963517710472651288986337458 81
6195623804336986099823623265652262620761879596476928848320329977662 82
3707683928562792203839657906291890566321166060907924262443243867132 91
9803036658550199499773369563319559433335689878253168684201977201323 31
9781687844561818398887926131530736010513150879648154270368378981773 26
9139523501988209402338347302754154099441305790292993109590334051054 42
0254281406889494857624333771716169726779441067732356144773273330051 38
7875662479481141577442353447352712279023591992568065947880464771134 29
1620364314723372780554484916665274968918197865208394985782317012443 13
8853208666323178276586298476304109890450581231080518769434164644928 66
4139418930897787294797684581601804610086464965097302755570456480493 42
6301825868894673017460616998243099765941268399938300032548794465265 29
5042256246863854001365681385988955876828316882382486447596025078634 45
2200362897693227778792679347416441729146402328405415201078506421033 54
9782074326895826788007683600959433422127933609290596416504386326669 09
4608150118121504426733526061845815936258706216102746322237484290029 62
2499612600773892445860698310138058758849120104479428369669094668807 29
4612518823889554901817421462355876775596414969089202241468293397228 70
2276508908285880604583099472164249387554807256293607185264224938611 00
5082745291583122444500101129021710214890966970608913857299500788738 02
5945496834638196335633591993190684266827272728823854259533874745716 23
7428119092911645989109713693430562010577787963079087360119898566117 66
3052865146688628296322124577839811417681685707996493680629755515441 42
9793529829226818628954975942352007991296600502946549990704166067207 49
4924596778076757290022664771803438415616530451746166180828953008192 98
2623415531254780558762399609576208429830723499311682499444589066374 01
1331199308827711123441883738992652786033280413399785168489435686703 64
1480310082365399653740469814564256758150660959476325128991606995893 64
3814030589711420800923472687368643454097365390265898922737885474062 30
4858359458490108781580552837493949707936532039080029785824375052091 71
7814575539602201122841216584133083951835066340318281171272215185212 68
0033279623519471924893629607931251265100862616126526820065990927437 16
6000938208479856504682587642883862416991943708373697066897613284670 21
8998014674407205790693404118035899559553864582871393743526493431083 62
8619847373705895808849055145414376236750292237243040475002057403914 04
9046505415024766934400941091701329145982644156448841323738160162339 42
7960035495800728834417614897884273465161496652409291443067904699449 46

5367728913850370286512243881973414578501802717365910409544418927085643
3518661062188418459384040753656272163002131635329172144475604735454950
4931298064707391414109396337714673310000124575661480541158524644789350
6284644439290010978172485459379860425289760638542428962952690356095370
1038644004529783799804622613672611091870108601315552463732227025021310
7274060889085017880458569812912097531203192491383951763087494501139100
2297855913680941239287401311124920534852125928183532339609834750906320
9598204634865350738213032564874433201710972902627422132645187125455330
9326647744266990083194556567821646141462516771487446690831640371564740
6464197237190793774091777175310250874085267347552376021372913980940710
8854240658107212189804146343950734175960943023130891707917173884215290
8275245610849824784479408970737289685203402465928346434357842730619390
4261208063495191697633600963536012221454289216927268760680351594231310
9129559159988147339640185255654841674168271318174225622814779718364630
6207590939160732491519967400104752093987408277963994760158142530199740
5105728261854137114398834769917301164828309634041959580197451055473330
5818910887221020145779472594745342406482018897410058451044273849888420
4284341076202589607239056795656777424686465227781571752558832410073220
8644193642595313369866170676022005990075660202533620936730866884307240
1710024964664034477830126156281762934561199369029666222387217255623550
1775507411228037502912154977214543517256334263578600215358717314544980
5754547774351822926396875854808801946266962691815375460279473639286850
1104411125884678272409488493242512021680057833460079137115542266589600
0266465797227690253871724365312329338296826225582398111475963991610600
4114160634649872528261843279236850238436001622294435603272232179051910
7793353065835781507960611254458973301685577414142953234218373079707380
7526708556060952325818800469174055796207236139047943769380300261971910
3400355707576195715805401507506235805674633193045217261151928872394120
9645494820007415839804987989290861242052238138561696008370011793003820
9524902903680698065223067701918706132551656241720418941857844509867170
6929023516567117731863652632443497582773314945248001738109737948870550
6926252798832428262000851815715989713731870126838361371755180449350590
5001268673749357842970871321941540706916936143654187465848047311823470
0814041928442778548780624856171806051398799711620441161425837579625970
1997950485043940851236924286319076391295316843355472885468682271243930
1072657955407984872167232949004736075908160326252451200231353026037180
4660347990242781872573708772786464894405389078628843384652834579643290
9087166835136620086909453273620187160208592770067053534962792907480280
1089701907407704092698134286507990156237384313738224210856096085646330
7936466652380303471909566954561498731134061881904171050642493831410090
3529313359968881662510099828935010039541766911269840272766622569021150
1487574416451375543209405613563082665514782381084962842960935973567070
6197650189800807902553322996258679703032180344032026779387749659337400
4602927724309414252990896079134825203775107405765730017214058971466360
8368994195318152091276619729227884545110683347640159170135641746862180
9906252563683985252605316624810416988154173058454836480165703658108770
9892858852645004521612826162942489513172204166102494723559188489162400
5521311545075289311351477977063556699807337995967800839277424336042100
0760018391774517761768625919832144928271192121230322857301896735354920
1895370076083700884206358765911448684287489494951711918850516242262910
8021744515780725234144691163303307958014280655151849553204548593837630

418954170059605835820965291401031366614708391747611755671362669643376
802722485489082030241133088432772128371301016209008677982390566175138
531973151986585691562732182278298966212428922067515012927148155778777
178107621493947821871034892757243169093218197492939194147883210091389
806831374607814535304797066502744507843062141898291901172649993996006
136784393297423667231002929362736741318912458262171542839106512160590
070740156103878859620045144438540199712777965333725923000602797434807
800364465395422836231466974419998770071746552884341337566235348350729
464547345921823640764314187282497384749728453752673092138960112003226
904891772648336162513424929548085125323302335537443259968557352508089
536010199850378227117105846354058376769489316170531120699133767755290
142522583135796763800179501829939320946868775756627562221657294686434
284651684618617096795201883001137624881922423130008444445970464256399
971725652833590137413849946967933747307113941096562844999194447018262
809625078999633867331538117902946478327383255553034187156856972489106
645404855485492296843422801033097504278863283019597915619540880596148
764595959215026562149139962473142152502177359348454681929522533347228
427317664800038030682848228934157319328122010046077306382084320952273
442466691218223427573818282208552825265862829525597948107731388311416
251939632136778673791687821109545779102466066200774655553029351679334
516975184783962212400101947404539575537241981408583947752750686026561
772217259752352021585513843593282446984046677870919419920548730010484
911904910476662876247251653188634132817038771365509420034088754110712
230100345536423119140348907952996710060260812365671942413972329483025
229891364083964938146608647596279690308506775950427902086276514242162
874932834317354930364378738320562388952375012123139911397383699504614
297112921130334702464412019917601251880802079984099376834741676398121
743167801928275505952904570839484615443743862891849328383291652923920
739586791096089430788157303414105043772787665400397844270645023323039
654350193988953598568302647994898087167005271299619150861107809949741
176953966286737478918256910098273424134723559099534423447463399657831
066060323755846733548616803111412308776687410419951714198315561831932
401157620029216534543762028002221109698534489395515177328916807480693
645363150601426609209858745670427110321988790780872435093434967325704
811156839750097855736197112910609186854105839081658707506067547779763
689925989260435914918258994958242552964812373428786925213174710644254
513433665720726419385063995291142396277534941085493911921685693796141
601378314955352934159558466651128158410163608674763754145368582910399
855249052654955342104543621740345528724055393135723046496433654765929
719296337567016964586219644385676769990068306223890183703673668611509
383646084192987972319798620099793033471807786377145197500290738775401
951225403028235269937757564583313348161203347370176280196521419749584
447004426118673642709646868682912820848470271519284228534082154700679
559873705633584308914673873328297667594483935343139229710901960102304
715318561379986232666440474211772062848406878781818145487237035587088
412416959234809283632806852685671371185150008967992903157919436054009
390246999473320552804124727732589717079544466838458230001616800371914
832731858884168595049537302286863509842718935677882918055951645545473
926891211607201220545007098242869851913365799338677228841261657690507
596848384602935564743585199866960323507744313001998438337307593883519
496958871974549304928280651855044345216411237524735846996069829310855

4141361202837982120125159476370118474907277551931385194202167425560481474597672549166874091195273659254782473115965327774744855678061284667735218678548003786164574400251166068417209499447440332471410215497949264964499253465995461669791047420336547874389315747444239872827391414340522691022268143241589994908077787238368981431281394048792556033085402892990705011437729301632207001863125931369797666919753714790728175038801239515150449976903444166141339868072931005446613326610001395872033558756307881387664059543176919847986012005357086446454620355179439630513074902036748242283919720783863989997900690145071399871710009544618294810726921815539928849767425989673888114527240062605429691930196248334731459515649339706151973462297054477791086438632483766757924018356503546843168748116564559460144008107307036907185080024799256107422730992137105890088454424670596809179301288079338999920919510968055701482442501259973601478942828297337925846899834978616297024178309889183954202012733530485369777037607154576634633532919323159826565744305438834950671917537304485276178176602580009278384895651625180011219413440213469355385582746251219151808883851694632858777721224475723181782434445228301240662153435161171152126135913162091562646440901991890891873398407698154320008030791780625686940189235552356063402388472454897697997966612531649207086352583908908985258153775346020155747488114564986741420362358918293191975253238459812519747995427912170381231012418835868198316220314076754686488917181355374221123392873379423803302373469532195402235037770247963823806293396501759466774165037672641372206217383450842880710606768517844027544768764134064983648180744985305748238637052885346665769571033454191596922891126222220157992448744257108545226031455504887635779092246915523087954830725351915985960803709723789730512455622340260530387858017707315060337467005192913349047291513683009688754320342681144136425007867135309463821355177046011904537725467780945692094212108655076206527242553675271748206245400414710112399182768140151926846044414173010364827134535830076455259447001460413833947716379764190374049137686769962897009324956518789567477989636554222741185917111473490747014460476561905423639031598668994909758009756085243463625041444716209201418670068950812968715983479110889006847969224842679298272504529382633547698020153120848794593644712957723266386335273887089776022685153934084146214511292689298727229830310892729524743678098607332966486271176657944603779812479755151793933077619170815877532095674164495094025380944039679276254049743250418336927703753437569519804515928232201764869192241528875668425879787707061626230802437948360415011336836649271398628549006879305999524719596911835413885281420184215820122752343943989341950219126811856786791605862095030040142441884743260180644505773959420450831004918697364190966111392292362000321218003312277774491764969541974344584295343560896285632244766373382377088631301062822557739645584235593123926987691930870780019902401534040059853353292162443144576141679535424971769006634784615889181913026629073758004590813390790981031396978855898606303175924897098087038341910609860511701694966400186998173384184739536262499204656198327056403941042244167175948424691990785166950724266830818495022275821346313699197910918887666893213112382925694439983778225597716895641432908769529584431895657117571940375046012593536581741610127830983314507130185934409901915844124863638302003951002626587733397809348164478996407101901235563164651618138613811191559952119739312470254985016543148558940900868488

2287595810912268011841189143008203306861177972333355085641384994210431
1721436744173329812629473011323634271256134285692552758947710481425522
5691217487846600885885975391410372227651811557335416493094518346553544
4631929563147451738670396359456351469494820305892685807762965846505899
8716099876512902913799927601197623324787897812969524949080957903106533
5200808407120556731249661832400182487324953877748668579706086757222111
0238026398343699663838673611712854465386371526624803855167927271263500
9668230250117268706454364989624739021301973409885432002205514487545333
7451845532620756201796383058252950237369022871639310932582968085779066
4594905224719610323811956940612950612833351142358607383461206466195488
2103718123782724785947758103988394367285530545039639997649667706534155
1288030455934577521584944837318670994550865518437149875366805562925055
0174205207413502955379323714675653251513283161498799962741897917276755
5180159691960161569370372919803026223447572728763687525808379043415333
5538621257622144095575863444112773139985562187879351778904393899232355
4221174081233050543827836506502009954878529808964878814638268976042599
0157992642480031068933939309159622984469894654178239653695480451252577
6608975147391527376700566560845566334073787023911159075538653287464377
1804459209911460815090751628296327873703437912073694123751507535563355
1123227072759473954287495211774732004083414234801384768446370041373399
4201911564081384875905990165659839285401493633651901721219612749916288
6070549115589174198926972459332651180400673135806058313578336341682611
4569418830315346058096409764934825603633683559594295642252354649919299
4328569104839412222495834522820029956333646864421226763881789053451377
3066902894503327791947044611395157056139753832077808801504473936707644
8244310202647652980293513364715282210763033399285542260645835307706777
2785700149106138895835944238224332299313926222904699388143763025142138
0672652322483798532499304176391406149977346417058383843310780510856577
1316233857099464736928276556055710064830549303503763204782908640507199
2533922013988314638045659318198656489425084448669161183507873109924177
2809923030140498278378318421846157056134465725707334825083040055087944
9448384821625343222339506628883772681241149977458980726245603887143300
9723501689542870897808475327525585437402938014849813863865811697663511
0578094410267605022724451579046518174955196747274135484206661023204455
6715157778705422132785906975531284044302839799737233593476847534523811
8970200287188255618569066817479793512786839356828753030039835360255399
5655375475231394317920717798104299726227980132444943647733072141548088
3428171485907158640817733171196600194304852456364651405635101873994977
6273249883410328142076441329341767753939617093309620794359059511852266
2232087399969747562461516639373784229961454060037968492442378471896299
4000063157183852838843830117214228796731495669237010515749983746449144
8211700909454492974308524851649960222473035524562617435946459837446000
0682656562303691168288552471512926840528409552037763402949429130696144
9062926057010629460165104667929973399096546334266399496162579615652177
1129468326439105665151567155243885139533926142324019606346369867664833
0204532925753351895842445240960216614656886349186828576073019460085199
6292648327705405581107686137215869009159930547305739128221112513666388
6426131327810995513692012096829094381858629691440349033323465975278955
8065805760876481294180304170803268565073225629123896342042816413996099
4834064083737695440801124381762649455812880774094814044267177126253455
1373305375050212171041999244655272465844872204062493767198402004151333

2945402139441706593871797682853108625994568798252373822528224400736653240218914712527963941672771635159588008708760201791850377661462987065850949967536143033054000032147683839435004435950886871314551826409862764461260755118068147639025998760551927052309705720007299615123033766171046995008380401050757034962692462916005631038597883804643925154950671539054940928789564583268830789522322660035299998531334059189101302470957376187020779096166713360548550671064061266088964452160095757275853085176207643581069500379335854299380501967828935344756161260455245148438008941723640929799809485654746935659114675783302297083069292069092683699002927982402484430727730460663686580594867713358262533873452170717448819256211865588455485555955201913984910251149224060067113099540366992077813462777332010049571184425087243251915232584050669223867344860564983231843497096528760292835300245930560710825070960688275531054041930288777147823990261277458128392789820131277698733282100760703264853099345282207946095971518326966180014772697155890133088900160750616670750534920397250758248308926244618253792052047251053472617644060713501640368774944651998773310778603257613773915278478796977869211617716169260993986469956453927943218841649549846042993462595557796708071716903922445763296412146161542095753212558854433880568833288688083502953799090583063160545693536561887537742614995572158353612241009046517320153400226377035964817079161466439341603206337449773183451286977707941708447427248409410967496381783148748030230167927028273602625463813038016928525290361168356799348483515656953524120963672858306453860344500554669662714887447879082147577345478705889894381855785379818919557346932044116413104612842956345687493833801816301196442665937178700310663678087182885325316230744609127052351843774312512532193885112419364739985957405819448325450373856774618886516206557476546220401695483669820637832597972903231444321908479438637776431044599617287233118617391552662450155102253673919149469682186683754449437127105916360659191643600163631830388180744066167633740789251410584001659215444213331697706737056143586210289641976317216556395947454540640523331373374551240048695998806671782917135903251023009486453108289196614253141939644674109948579781877648794857408185341357694862148447552981926314967510297913809491432419630230390691437640366834729676762510878536663603422354106290769921702185872745568034241626124811888635428816362794164147976916407845271082548351335355234644542552437471269045331414756037458621234870114560629761728943791619520950182195508685979767814896130509603534886173520857471688684907562296351398390244353440929159037282259070363080921488751621798306718861379937008262372972861370088290826571535062474814275163636704406428924801188973150227764732431206197523208472365941845232689364253544360887799761741758686607264279654261858024133112395462383316541189798462585238426190840847749204606860624780065176031013950527701490244948609328983661101949442603720321622902167156605558738848496080295218821944211686380403771731416050773818333870246711915209421693491832639467611292516296118883685301201014843287395386966064362351602579144568618316406833904697671500676068585162235956215287101073922225593071139573620331532040176976718743234352153943378055059307955955645687310355053670771436020642865109291456054435297471771521656145889229189497949004186496243049921781408171387671212437489160929459344415085489993974293856709695049638102232373117361567275029418041061432271825447035854650611767880399803136547388519406803601512324024796

3887425359380958002244977314900795213441398922838327051820799768940399
9533720045238155582084218506577794924385375908849278335844648268277790
0256330274996851990126153274948453240475631559377936752964023197833335
5385385084482359282657414084088570293149615095599982544822624592295655
4733402426103190997914529781348935650627852756037533352919381570781877
1994490598768856031750107778880591174500319772432280204160698799026955
7532429432113715307791887762688387801000315314953040268616991530454155
2989757565962686905645574266532580663342506691294829145301960746400900
1443427461151110229836975051917450842027665963314750092703358490340099
1683736637209982776916123097176059249871716883164321551500016583731000
2110019316303589363088758028916400757749208254357049673897571309294922
3440239615570146268503065025360909304248953503238175960878087738689366
1023105495744234118358102512217887998642761920148059176404775726517611
9546423355890099614694757104987911095837161107930867850161338117519300
2355009498968531291502991761572073743190017946331241045613936452041433
3751020540443768030739855343345216215046970768093472648134262083529088
4639720853206661864431331136322341164812865960511458666769277448799522
4067400148632258239874985183589144824689714643315964500575046968288722
6293416894778804512015408493192761800468418042973947742028914878746288
8702489550208197823644092765803087654885520574400557446741096384998755
8085634050000615021873865486689588873099536593820445638185268492567616
6277252259673791249691216592599552422384091456664190113845224894768500
7537763590007679846803194350050502798881267099675449423038096985288922
7209831063538458192719567612735117661343620568271399347684954490406599
4999616665266764012921102712664310776205267738214105108357687084025911
8467256329713425878918801087030725490894056366752226700210540251836900
4106884707722597559695933580661372793655732886134620420432245207958688
5531043412870650781740703317565881885554749384736252595162824884483877
2069480718986329084027675633085309475853527018708224699537025407169511
2115560529896996500194412725148975238330464722672816850641161632595855
6410515381709291492822386675424975748835007186318430927443769282093566
3209161332049505973109400490940748710871569946215067081999816851870066
9754747533655716203333624673212216084623851545099445761662498005812399
0937127479855794493705981595553693750496728737351423722958811375942744
5229105034304858320039835337873121133774140468469965315790453068694699
2018733801148698556302262934870369345086336149635540449845898135971188
0597441166945802637136600139892864849660450173914194247896581760326844
1476831852377570424692857145621320454740916975843670180134053634243100
8709366470470720587024196180076150810641221223155919163175267939644777
4886038724648877230326563638798969822957833896912845344448203840315811
5888438179602289313826616854206708420853239556876481069370408244497033
5298413464837191811771257955318663188208792070348310972764713584357399
2251663736262604625509049809717850386214318672280011659544742009076477
2915638164205901936635053464332633244806085362246468072569404739417022
7773547917736885111090299571251892960745171835387833564407231962812188
9529383667105006224706388042879350402915049471603572976371787497452100
8418376816528707880731979618804806304160315351702316098517811467124311
3470843034568162063012585833576975445332007899119865745930051584087611
0962117494335479280148378880702722256197415554917738425716747689749233
2328227186851660403700728196255532078393297961598502629522975619421722
6970079916625847030096676528128058587072007631370630737304807789315655

625703030550486756988382453959299737937090860082782840919943916777483
676356506520214559011354275109309679527793073767384193783315772845990
906690060070312413775819117051879469055057511161093094156023013219820
685905886528027756159948163419117314696199727561920555072462336932620
698684102976358644293911030879996966816504534523484065503970937651817
059923218426930781443028415637408316335569158210895304230808688094038
346526238117412979314729841296855126979773507323865048733098353880690
489906558267025925760801557683234771577164339156627414656691017591469
039902753811756664104254626667447696230953420148624542161780569990672
681156780221583681241126299282278205623133586234636034829973116322884
258729010848977224487791888969326906281797348823816020857714149367535
855337403418717047810166680095762488032635094525943097917836862902436
574709677821402968097478328945683890666166119005937026000926798517425
142885386311904673804672236704620318014427584095283282326057193158965
709595253763566038229138328660327044771797215794966048923252297901305
976023032101001496764609765116739644433061010200407124958350045153644
768053917856051237663587341343307699620126603962380428724687357977340
768767748234790893223716260354228347544843922602076013194812622878195
576675349972567768798459692666133337108133083363746749029400116852771
679182865220407947427748681609646950645886517715686927106780693277786
773751076761982169699301754842234122271789115731575936120583842482904
660015164172804630189856355663408019790611178594629395919517640274565
894936523423927114148171221685420430709087012572802449823978305938935
621900786566506565248494168968629944151182248587042377531997299812088
334217059472408672193356842573524420241895039891196724105400127253773
307055422392242939771239646659461295705318691463343001546359579420202
473395593261248783293737292595357646853152377892728467562968441776188
722839165735372026828547930053167841360576523729021484790241109095765
805783062939464558334331490207832794763074806562582615586187995056381
857896340804201934113485609311875351977982372358425553247519799654744
068880745123519442671324678172588038864338761204129170020311629550948
578941300818380060085869165184160066286750230597320162585518866910838
089185912238018660435561580791247286201916740343342889014010293941110
903650039612847523486053337641955640270618740707802718972609176675494
823572039627494880278842788262240849911200708170971707378103579635202
858073454988688529297435247747682730424506752561038462870155550386380
162982118894225614610726974523210231607163837138347657069545303306604
707259560189314368958486364594656381119179683994282796505943999340589
553640977257042533089652308088513156953081355077291801914596753141313
682085628957469226262394365052001794499147588408472610989346392353005
589498435845614109947409965317777706173178930931701248035429051342849
015577097087856946382375494499700885391425681554455961115223402903401
393182291451757279615411928291227167926542440753639724502230741677353
773628626381964947270683823496376113928152264587320134971866734546569
015167729556302650391290687687564777316309313228656103397680998875371
450924577859240312843906442615760916829977536076525684571870646674095
043918502097751354522316313973920823061876863271119957104386432021015
000044430761091864557283169169579194091615958133172054238146167432111
219328257036539625399386969292607641167199900135691739401827206890895
584809502468915718355630179818314282044391514406381950254147377686955
119298013789462009036040461436522209284502861139223981753167143477873

077231076799717068965104689496607038470314672116753746227072391274596
882479858330714837856418874351371985788355940818248858885980454256957
111717596582075030915165637011894781030444474883641773852283982064639
804643773494930179419904921450419519400352227258825794761448671917203
330384284679107172644653706434685372330383768485334071353266450604416
268546461838944794230073998041467746510180507449652710913726951146252
980942912009484945647394562645629889664907943683317444938175920124329
277430585108314600828576332600149564444503411669991258670988173755596
455776591511093727794532371902828313465253821098227059711650500953773
667085090830632698046044661584967356286300881552874093274261588789211
775239158395648507934291694070704121555249422446504560151111835822811
147292143173840610396782884727081647831176539919284314070218718632061
513256074770267567006592280658262330914154927177928572841291473760633
075888016737882130022372432412845950648670836802315138354614741177532
857175843172381136320316646898153995028077826646718141286567620634211
936651506184968560299551050663032158770199672655184506455541987284028
572615881056737105495580179930964391867769969014330981153681993800064
450946551156543937787357326725456885409954199168752105085462279350382
526957629617816343063628533858443266197997811523224758022938813319764
412198698229810934690841791437119813499502491721778120113623683869746
564484640102842748442987634880716600200817063960212882697099376685239
936123797205000709843165130154290180700828484164574582079253137343841
119111473196535222675906505245992637345058770914781605633172515447361
418312611431513813556680228081788149237523576244057316680467681216167
503280728827977506225622845816253201099766212731776476706754967054913
884480934843872836968837051992443992863191394667643943463786922956096
717843866423515227329829278956341923472114272018692595787028074086323
907770681880679582480908134739520205405758452175400364032245747639768
611239668301745364870662071531972783634405656311134855738268741238911
217043784709565052435458773871344441092962412089266988297508965428991
858048555685492400289399075107623035915622805985679514224129229055033
008968412975896313047497491026339682700875908447114257717237293663787
020773763082737227725344283652259804270057731899350803252089054514144
761013843089112093118776877880811785819561427380715020417725756537264
043054423634506175235892998821413912885884028703067540078004009467057
127370864021512023634315290029114954577750215206603228925944005729124
948002148862774879208212543597886582789237156264105147233015025377428
180634441248790408773733878905297207740141653224102941480211412100959
908593782422700411881467010569400666440348621098950016929676224305208
959769953302971928867264547515251739420670087780280797798266003970968
168693646208177054162137803433443858331513337079974152999569269154450
983157862914601202427136944218985420665819886083968818431664624865551
129404716129936757296158284018022258392223252746313184100092284616061
533934663898508485352268897715520855160822808814618131908242375778158
837832698194008834141053969562868822660828961439856533479918156426719
516701746967953039070848986311977597203194910457154645150223727056603
784212756241584048123222486479832872316653664423191894538586956024450
600806241798276948958692689469513238881787146747900718754962607061537
721907311982075993529355817327791802150084476567237642295905516402492
794458462507670153674028941546026829413520439187936598181817000532197
023129265028791548912339419165499566153536146225139949927471586902987

7465751124199825010068763646144434267402317081359989435910952591091 72
8549298612382893291818845629324862053643575130966620928394390401 23334
7613103593430300400363136666778566896418390833503379939312012020 72318
0759688107246485756041889808239867939289497569888537941917794600 70047
7215181953993550160344607941528263692605743326958252622428234204 23023
9656249799317922859034267919688473182521606731125519264664857824 11169
5380465230640953926646129442073329441879536130968277481498491129 48257
3325537015538144349747167146695354830426422359794624979172326309 99128
4655519084511749393880245793069992725273282937962228517465148995 80963
8697875387711028369590252102227731850649094635365090104862561751 05758
7754191496376796134455575592747612661133368356733676421490373265 79482
7829449448314768691268212816020769583639095256413420617247438339 95917
5235606285310972920533978353513109741603055392199939149238579042 07196
9705916099941538430990098268211380314267251539623085821735922456 22956
3959632767931359927277580319373431692813176791514589738663610165 73010
3603740975489037291234539361495937729780026023492292159080276781 78616
4336425037035347252398172799142366708553160404049214318766433949 86434
2539525606426925996707514299998919967745359149086402451247302382 02888
3903152035383313486041660819140647203910360768111003353498831071 73037
4612155399781627221116514342617364164773855375534933012000650313 61501
2877424725350730036062968286508958700919503371182617489079767038 80124
3920039765852112831697027577920653992305930581237199630308770827 92243
7625301054870949350945201933809379471690096896857050032517457670 24819
7480163387226676651470726286271054106596888083086741149689059185 17934
3877215420824570823008918115890060155138620777179023011646076518 19292
6747224083110562777499602806480231433684288685628113275890462526 67410
7747588631126033969491520474926607839498810769113166143739388587 87544
7653230719518851305503552939716093471811138292199966783941176226 02357
7184762895448624652174158151578558477908941042807757153713986217 55273
9210908323096711639523080833967732993830374369094652428028232254 43165
7007850659072293856856289704298977484642715575453337400756098940 18383
0220906628209459292786202554621406819061690454841264921837634498 65997
4915763947312191264967526788222742303554979965648244305891406440 13064
4655503069000840072269534041825409668624327310772392315257423679 49544
1279968056169510356413623538160529094768922067051735444028698923 94571
5371875445416064519665588096747996697242309294187187215293089506 25476
6235929474111551722546590448036564120447653446662353703135142714 15979
7281871893612943230761290743646243940568547011234640609047273392 13966
6503736962451321166682399698452851487266454808609934577328489714 50624
7878743293620930539649791623578771098977263268156744489850370624 56586
3366900714766785409323551047300542149925555956864471234523929272 18814
7875221276605223147576539461682113014829265486912371235790500298 57977
9878580660824327566580256102537464883830315724595362284278130450 39549
7583702786680427035430401432904855693787015202372970879124421911 11095
2269452406854848008168999811227443131001326803342779290180677578 44257
2354147115271959109899940231314316157487693284647732304972145218 76048
8857116194100412714383727720848406145465821542636446458634591111 34620
9376782646808779903109949830531805653562449050662301144461765300 53925
8602224528643902856350712420067346159046317444987546384506253600 60053
9989455380042049633123766612240512243985211434083507016296267970 61682
3740031813769239241434037592720326930595693916973401185850340297 03895

477193087947066008029258196152783950612310954411387761428952105075265
163571168982429095138983787983596558194887654695062151654348226738475
778699548946295776175972620276396253366543695516966717939403922859311
279609302699503546443924637969184460098936624323824670025863426386936
531911785168591494164410164601369940557502206094891051111781753129433
505960188353165203695682215591773188284752035147843247665902059851753
838855298559578617468050302298291028097687027448992014196936060629104
094258843158935140155013848304679949819719924346191163897846473517439
363353576000608913322580734050856488075058894139587502834539473804652
248296628171083630082469468844455515607075968374730063836305238979110
017244472241332166380016338588780077015333711586459812372893335975650
424010872962891881864757075956718553454222628688919134163692021382168
315393148788732255308171876337868166761525760827037984865632548467045
412213867757015287688856900480702997043267461620571734422382721291118
508071354181457752531888877551337755781846449387433283385501716757144
058663369520307323060929469391217797132266430824360692693498864848239
365804716996049343792841034659175199401365971488071245003079606912514
825211473467008751547178688722318161197879259654386309629549047893697
961064177876543702867543600639775333967309732312080915674787815480375
020982359016773827861399861660828324308087838239712462525531699898906
587875035645533773446644500207207572411035026878038312652370674030408
345097997448898027027098703187535145178989143407338776817086034394611
965564284283875572287151852368449265381169688627580955493556511769144
441139252254874328574734368291092805807880197922146738202823733133740
968638177200934351822466231050276935078024010869978972529978812567662
474693891047304235839763058907942933760211776904811902819110916509138
314571098240695554842495903059588520297774981732867836024389406863357
862181669594592626252947066644300454635013536275629557487359687785471
228199630061492180404539917490862170918247233119786582943754449948621
866133755057977137950973137093685571104027308428234459821207700074401
760049207534170166780012275284901958736226101622849120444702321030340
568275950003274851433693566214045148125563582067733427525208599779362
653351359305878918418920190105312607333802601182826944696344071851048
022253280929657006758936870284155688031946001776715715506386175914182
684403556099995361514970035099060146393938382625767138949173852364218
245076125394541996447068676168307707636602524535041954229281466967787
146152065242016085676794773916263203335311318661076200051744470986721
248476305837176875523026162995736140631227391204099635423595336788520
739740224559443570425901537949639028108254202635420276004057501357805
578090359032179984108319408834091321790044893812258094746289342024715
464712916702342336127186782201832758985509581955487833467522246287175
316617458907848066151051803903432742465938272050230313186046671938405
025523714606214117236298038200515589671207031695142364358471786332959
452718134190857049434056363894446174525564577579378751130114588740805
077978772105851336210468335976791756830777868332000954748957663703498
561358839693470319686079572690375689454277349490759195082470814183149
452200809573860261168105779127944892039790410826027291842160985746280
640872242499834656691379335059845423159408801418952424020991527856672
254165509738635538367611400914859033866022228996767562493417854972233
379465280949850254709902600209171402856397358717303753140257005699826
201315547387427451641444089183890864445230660796949244306242506139529

1741058684156945523754701743225776983593790026974207225523443804563837863758009211684560999827623107449302266705155942653186232319536491548587066573279492693735715360876483204245146181965696408871970494453613638298206112098987298621588499686663221374011059460836459841833216707160784802639717824375103962182423417327481812866617639642146610505127119084873358998883154944006038125963016008620928437817588947795105664311992920045572561775233283285225255414875720653019789921449349456944631523526387833680540765544888612285638348211234876243396535825617376270285995463722244728208728242436824170253045621640005717612227267448703742820167920281289314170695356526868991220239698852118036060528070565858948040833695136461220050408601751023429206201156960467426265971676838236777080011688127083799540700167826109240169999949550008480102897212677344585976937244437701114268096070524899277545683057149706974039315691320648110965705934354854288351163868287012971793038548750246797025924368411709019755840450855969619706774087839604825184141708735477717994502597532347897344868583808002838697268836309894006814211038124198692304717466704059896980903480997856998527027618649567046893528180335568339764898843804991062924505609853950131677339907736819324415149779348236554782816563446637116369437250818723099972727849546835833881500461314206234846759697175818106749106807034740897141613086748621622965827993464481579209306844571649151372784941375062707300966810697421870196030498054169247289174529802532673113265977597197070649381641919394620369478412905530078804165038087696710414059073941815933639250983504774678248090661459668183710764942235601690286032379915635921523427369023705896939599159040112261416558671419618149936802191317475469846959379227569975203275832592438999513408192210363399045469003322034548637294086662201087333636317779455964821891674870430841096332427131431904641903842320053359978279202193115944084239488272517622383151405595123623149595436295368725504301758068335930266613892308012387108979081266611259737163631772051659108075275381783703296674865964762478970603765085632060232780617057715983658267141110152970788706491896645295720129140720773872153172214524113298833742500767277661539951158240112271492707567445156373441038379980916720140709537680637221918646991484536664154577898015794236830602820999641639626471973688432669210472897443595616852186889086176349461504324375772757889258154427109374859467324305638021692794300911597107054489258303489554439097995099064598486428207973493450529248317864473880064196508332037957629758426990980981586960479546967790073979398057466159701047369444208812625211483040612124389097347068312169248981069548197887656700131907705783276289372930335460384909159291044515966954096461406673077323642619285861416644219442681934582505755285751437982599490727741177486304141981564325289862797930642229094461459821466382998659447062177231085934007763236801645735925452109109356836620840743702500037861605254921317824135361386683726516543887458646196683608438843312312888166357365757663293016340221437925523023801944326720609157108662544822707555682847731130374636947929008942223327607227373195929640217739749855336131139828762803297598857267241076282073612321329806404504486413110191733430167000802522654265206335579415143562984963232548626880456737173739505303916118343152976400302949398545844779852416533391164841057740070208163924636936094851301165514030776485150280240094560653506693919228613254646468834100097711650158832551645961094934573838487052891268068688167300946031381

898919158458002206735250850475142208785373113021242303355356933671491
9350718924215635400115622445265896601362258222710038119413304888489 36
1906426488785561405991126200610188601361824314143676019296848598833 50
0990092859801460545117914164951929704166069442766370272595919170481 46
5719805565741291295931422190610164377641352118164519162582746962867 73
6841551954125866719016437536521455717691824761021559290567148248057 02
6386529913472730482239377067388549896209315229461615710284584502401 42
8285017495521830054101375850534057931051594584274569796112771570607 67
2079517626095567878409721446148205089309246874665183954161597626444 37
5160779601170350908104359196499155922215582000245791551316028051874 72
3323089137099370564095467865531575268213226456048474307482040519266 04
4218793055208756998372587925138670272094060997727190622861106627633 52
4743955211210344244812049590648776699681212408115525950014176004539 24
3373131252523223109976085246703202998999606703767112284487304178571 89
1485281017869031873498936820286573673733888537024018590843853653004 98
6446352553168502998844489204350873563685367145867019368688427385923 87
4776882286128086645163588957264642691054415690790162985787007548371 92
2573387707719304299048851968570490783926109691251947481353461395564 04
4537730899938701573465363498162887560491086953477254687640055273460 27
8833973089267238923734701481831574875175933607232047566969548335084 82
2466131836600029459577251431596764990061189191670128967016818554977 99
8018833334123851945165768131988431019457082468401717477153084058303 84
1692921574282506667066111156790364308020358066593162230733219986003 26
1808005698658221855179970121224296227927963161394671980934956792380 75
7112027931595880619899247748444631997064416943073990498264017925559 07
7410411433065600364834723547510021891325887022976413861843863072392 11
3300427273435239959297203464131368229793231799826002365834618242161 37
2504840574420914950008977031679111880828117198310254115287572221354 38
6952174578393409460136586359340970079705119370690767561266606735226 59
5071039749895426203286707888931718542537047877317670745284364947219 93
5960734704780503797625230268672937205362076590942458843256821059321 68
7265819943066609826022431832534791507411180996017534120421545001535 08
7767645792469031823510894328445843459313731794682332260349386040271 90
5193785658648575696433025330530350311616860940200571258630423253839 70
5216760905580227295808363511163600950116007372568169116186269462586 32
2016791144012352987469477901284884848910996021309883257789896936894 59
8058573806918334494032653706849612657050508278054266765824738766311 82
9383886402831617013480073208230666885306647574049638811057103632579 22
1945981727267826106344674419050955046814374467004558307077543251962 84
5128406252548801457273286550590809422793244627634621475369124080524 76
5478035728081583864851986448987864568853204866990809690986974114829 47
6036052048799640355785584750642266757904680486019728219082368946935 60
3155223330453867257112658059691069737129525720317401664060424183108 03
2512675749549922692047126027743530113486783256242892988120639531751 54
7117081292013422650970712894256473715694487323589315648324910006903 94
5750987822917661447114912761310492461472328733239774187013246626854 48
2483431655953430763653878042262779865269955030075727744665439876882 84
6558490365978009235025133476316365610351013380465836267494684922610 50
2424681236739581068665387187406522788832419065451131517136911627438 78
3913304533849923866747341551119797559393503090138463422292187372893 65
9921941032386440620377608383974708587559161412253147174198206379984 92

457612697293121132073597765289247092125283418474585100520542041149238
648273989476878286317697636909273729797469642273463940618720622237355
366527243293846184346032815281358379445808620406962635045413984932004
845772551478317482106036418256113939235351487187414143868830713140256
426739676272990064491279519497026379192133171699922748900376095055204
677855033459612126549699794878270178798464274782254749363959962961439
159643765987571157531371514031113713809030558460768403815855397952720
671933710193202824615577920188334412115812439370696923655362166816715
309006571337933499671423754270175014197206133956355723322085729807186
086314116663800693516581373146298196861168474475007775957698829708103
069288785514452336982465634832257445604190044318661732258332927399576
444033511367757194399163576102765693311274145061680042215605723290632
886239073476678794956770887305693116109028033717788009892134315259194
704341688139951372746512760843269343139274661711020352281386428840849
540397918234064038604376856726292820901515320961834492770194702504098
640996748092814292963446082971812000125821850679721991862431243270978
852909615030484396213838937204435578649772524912375680102663581391645
731927457056931806110334498132054274961601455198679893691420111737277
578701764675462207391530344489239682187054497898411284283274745149262
045960107490359641302326205268654524015056476399470180110531946203895
325158859956161093723469496418214517793931299178142665305696792607061
577712599842137648401451860822692334235363309416519424016983438167664
077183098118469673184763070762757117755730599246956600570858450479911
934968321638365945514884477829927064306898160132900455823467514376010
019028151489505376551716797978809572090403154642702577399879433583910
355968079940739077308699545343643936257582992191731090589638461837192
153023280235375315563284939147926946815951049067667586565470306702025
797877752185952786576586443473315903313022720352341916079255629793418
488960454231904088277807066428122334495798832121499697894928068179891
974078133160828677559433009420824741548352232601858834034982048649749
370661930868663508159934887012812871560750631545465035965502604390818
206175496202673589366474391535691407844257619991275115744185137016652
914512971092023537223510512265914486287236928229924560231006328922795
802641695244022744463796328184240881819385257226678176330775510455182
920393915014880849332688422434741713275905971694517463596452351555866
917030979890290480102691291647454105128208443316968447585234201379975
867866394413530561053756196754327950087586855695299362001676341576772
908860418387532995188681919295856775615103529886248113814959709556064
045690128391318542118394205644667851816536878111812997686757467682406
578006464182350030175836287898024112517610244883980868414194443161957
496715000198756230947975748226477839718022285299711102951572021844553
186941692936227598338122372144737910157035070195021796179687124253056
683886869223762409483192962142033337644788161064670036146907969123899
101668477667741677418162965364879656152800450297941389460739416210862
311212448518793458406963000134322838088806620439562304298253902387793
786687066181191088888863440276009755508276487667222067009357073286030
903355418537838146314754987159189662118054765798949761636387574261357
821369867983935580564661888786133515908614177927365198785447324065210
143666767581626190543346470934660926899333297722797502923233160265427
788683135394803955374346313805179509399525425738969746355172276212274
379030298323634490750970463984861671741797945947524467686702880784907

4281463917190396405991199209895277037389287649994802665443036410862161455616535387485703326203793515438242085827729218067063195252878528356877549153267659568943103314311374179704567751903701598676347437965990773019688273293153818561999215183721438252297208633168955903812284810690088387711694877993070387128103296094560302193692279537554201804529040837600252840235618103086473865785378794040341103565642245227680029008204312937274919562658535394060521628878344333472638170230293690551528541647613072925117446722408447605987208187460819063079518457497338373104279324467986020020126001398646291956724563926052198316693768983620021250471245695168710929054583670094370097861519221424943089466328967184401745886842124002829247676167940603857612704097554012252809324533272716291077519911683676360119241190595144800447023083428736404513055119680326446827627873289274817403789844542216824333164819340676269156233606291867403415192295511351506536256229963985504583781931464447041864508036516928639319179100123140794943078585001649842997377131864439744131358908103099286027479473881163430081855986150215453818618412842452254507931390006488938484682611794101874642741394653617131777899999037553639730357430533324775454538910831793904319771022376735103031744814553274143702099977703214902462417402918122791036907253157538219535187427550380940176476287431616385923025261492146105810662922670752907527560365310715221876837380138913517046266074818571856144791236453415693464700973853264435653364100279459398602383699681429890786175283229825378181834900817140603015150863573713894423204010403379567097060013129559680416385876158017082739758084720362538791024981188229943854174331858402270501080425418764651819073289615130159416434713553700314794595202065984330391206069856103622916004553468909914541234530034225985840055754004457676075842417049147972512949639903230455989936334914428953641591040731626519932635549969732594349551495368773511474061204259333137516911089476158113963931560117375085088561661035854596129676737896901144444008770108291387625103052203503141421102088282850550271371186681735285919598947058615165490306172334971432521109710793388266936231751042110089975878341951469254850170327259569802895346100105552671319797311562612690955338828404310994982292866554883641102344675010996935942011943695152265252011462097105811760826855121342575663307882042557047615492770606709184604028872615140335466202087955736267061701761861899129285530439677864542576801800158436189537385542033354608027529836488925471317099770666595861913582261489140780975659430961211546480927021005024815200557992024318396683576936014096862123913590474752802241667568933873542352134341860712150596098336494486996491694659485301058417438728577680681417688519862445616956391843791722804750217216784779517744569619225189913318987939112592961318229892058114184872975821160134324618544384174389865803800693570190397553845114573219799818949616455971760042018479004740093537339950639157223472397131749288545977518810643967380121827268675900965680294502309804607989190843598622450269125300816443609661929732735946143323836977569056086586811443985426180603369215833423520971141147122014511406038309001700167564168248333194670282592602578331458414170242435451187484810881333491963717253106918589417608453566681250639027270342752070894125952988440749874747729886976145176735436794010569836141301574803809164535529256358087166494132639012762621413991289603609395811644262184240182970818820824733777587437319215387754968828738346662521691289212075699106940969255 17

9537817432370799867633200997408436095892301909744883026188034911335437
7630157234808642571929238355552146695629159374709304983774195569330007
9774191285182304286523337483505653377962393024669070205417871285791383
3415256783782809544398850660651517556483251645795000424360767947733034
4179058408502640862903847826716779159779100052839319552121900306004471
1334614112748915331422203930649758104311505951370852134590139892295325
5794708512767330151566910856047241375828854903916519602066334171569865
5516471423895669000709827924799593869263984698540041738258800849872897
7293802374537736523304719934359398924218767538595364729349985875851873
3567193987673978546566741344570202524451954008998002665896497067227277
7009409787562527180325405596166423259577471871497704216703476913104262
2096863044299008245727960861302816940877707919157351500406948362133429
9143668419500619200464118452599760113311808938891123024979147263520926
6188732981712719509507999122843410054557415998240868474132326850407645
5684597178689913872985277852660115046614982830852563504463819641607185
5229776182690749577350561058827564548787285410634735018290083635805488
8292394957480083352164918067910058574700385199978163197177143138134442
2089708035659158040066790627207076325796204125563381614559670956172106
6456388899869860112048739954693109973739821462869273564495726445907717
7103000688043772868961547721081582330591482152827477356299867039292428
8011794841917206449634791967605693580377227358537909272274945437767234
4503809450015408529011669534361187446014375484922989373914537816357927
7756864414170907181921183125740598746377498235771707399755849307804990
0436869505489680829512681679690920737117516070608388912518165222587003
3842895697030637373565022285288929073060238829265693770127175669690795
5181220923277460050502579171991293919685758180408882077338841068903439
9141273086105162662782424083816877545331639406114137283827736330614524
4551214743888776344356891759762690277907760883239776304941460186437275
5566587967453369818469076155404140219277072104334827190475675625361607
7849965824995129018352441528649795508580929638628312016028703198999242
2652678953604223151212260121811594454264122195497983823703413572985661
1066451747919184050368888117797019198326416536525255903948767115980970
0918988990261467061211184741443832502189017700522504308502837947282670
0232288620893100521258843350380464118841701609069383240231050983469488
8600970748231569363893345544931894479464634653610180463208247822843790
0135875671751353472557978219036352459937055521704341350715798085783247
7963299391202988464489537036764451607946875024039095609859217960157310
0605742335685910453841479728537308851209900881376582353222154909676165
5651064938209413274174289215612978715660125016436716757184909836577643
3531597023992174044694738291398629883582637616986562151925518522787363
3606412415027908603448175993150950062377780843761557490862222225327851
1728063609983626182740322875507690902265571975815290138423637107130243
3578919861916283224833516681647144065081573083657935832074266557775856
6453228795816226424804377846568511604812579621673962953169666260067916
6427882451164551992365822635083758088885070596986267622820881642026044
4811685112713923294947999238914610144402298815795276584632134524296966
6925177715309174047344603321056995612824438363901860003330393125957199
9104057370413101561282624905904966553136147745756490537260072978833143
3950044524681128341761050050938654911054767303165568860149068129447050
0963783919529327205074670378523074665938958126065284389554674642999641
1571162857954583043610281639063054657855816139126436826872287834862766

9379930379875550965624845382132729566376453133786516209182210299411141
4347023210684149186424663298044954929093222243814920496515009915819 04
9548030225713248199361925659711066035849250803606379465511439543579 15
1151614879048612199662623651768701904133846570128697366265307193534 98
7072611666275963888894167973232777898453665880686845902891756425166 61
4896710196004901267429494811825751350059196698234865503013591286669 33
0591193004065626065678444617145671317187049580680615353277523395026 28
4201222588660364092606507337197702405667408687395762787728285552768 84
7992254023907841315276364687281805865664308833873266446862657297146 86
8581127936617379514557516224094058373793310561297132279534043287026 74
9940743719814646835811053822916294519758802582907011883839056648703 78
8960855913636603199966329016336093706136390132259390368951573196155 59
2310739413452080810505064007349250355736967692687044263206094870922 29
4470301040025901506306883029381254179172777103317884106765411605272 53
5120211094696458225844907548628386680900544064925371428462580596786 48
6750673947513345207516816944100219179998326194300339282220597283216 46
6268608613307122503566061573640287078323387722089891346487968701238 79
9144571429936479406006493777403500073350831010785566546742483292208 66
4551769806658550666680094612664620928581840241532787340175291749784 02
4456204187559162615399716808380498286660662669357542616929704122402 86
9826257409965389496126930797739510117925831153772326045091555914396 88
9115144345400859195968628588281370197025972166000164798073435239664 45
5767976559011933008092139555251365848958327318181020661467737408478 94
9592096769281030917274135742976170939865608279852514517505170003303 04
8284441254765806369694968788867770786103239939142906604643040225280 43
7154893210512021897983995512856979749203627571250791482501368816729 08
7221391800522380532141839197294041795270618290547991620112651053769 37
6597781423723418734639031261374321961320305925741045914963237358792 46
7765590782021864662979614232812060640506736221201727010754865632452 64
4737396588986972186383352291211094230611700928111097913415015306593 37
7284419457034312507111456108535124538067544889437161909755669838296 95
2410891688399846527477854027652451774231755023541371937584226239287 85
4392246512727831125541821256262630840433653691078761337057060316704 39
5243906984227361724196005688270271992184257250185100893940296517883 06
3229180546186329705973135328819809926840322436125767217053155791197 23
1337284122685300124852774558538358428885439338934992790717110464131 74
4855619374261645514854781854714392162409860970727556431720732821959 15
8650351520257749924830429050400923349968743197823805128514409144465 08
9565684707807519432364615472185821277674835550257270162711308394865 60
0170173976826824602828788592595996903399473445983627208941582214748 53
4735743053354027715666934950302602253555102926712479290312788584474 78
5252252321562269505627963881703387133817379496312883068018471540179 20
2069004525657245654293952698479156413021646947048467367252876769742 18
2697214820649517232239959411869616713699234982548189557899694617000 35
4660061942210989894937401184387935462259449050019556187140390515344 20
6204837154465626537007930279053594897383057555891360075596654909350 98
1544919137387553086357639935758030573764723715971661343979532238887 28
6331894904324313486706822841016805335921990857131678984866548338170 27
0664756098846346523773926866851370922580635087143338796158551791103 39
9329816602638902004968330635686128111034613046588334304145978970023 16
5041470382570914593066408060242561193602283748393039365247780063926 21

312046284352337179641664171955594061174346282949533876701410746487026
1110614130588081166988761061783787475422234156241673729752498041533366
606865571537117441395344036627232659702206044972536626101722200230862
338705436046300673392221721834729050288897596903899768299447652520833
101692583540995199345833721919662442785126198115821817330188440881626
284294612027887470707394821258189864136028344193840427399013334001359
527650268759827308913628889682341475309766550846226207218280595947036
131335123798932981157849860637665917807182591056147817211004025595160
253501209797508550369296382799429413386001191391394581512644062575866
682284867914214696864730153623133793360121936020254463804938070543471
598375565561060207750259812959351882819758428158214190005061635356372
214034425304685818907871032634426925519401824025366439514350718979350
171655422661538716315901845038576637085378825154979854953389910877319
145636014978778241846712014591139259171891071219008387551961842733809
524378902231335899935179780537139431682187179792854895462814763440270
367572502006234643066478966109362782682330738861361308444786127518454
280394959056516486344287572038631807067922525926468744829807239455220
528189446458990217003662985269244701767815929313276061436911843168865
258805747422618149518548439016222148419151625663980439554012653708140
468113059220482717954508895089495524942309622220717800792600654468506
996785696788818731437379158878927546808730424656366308911180602912226
201819034299348995552142301748955940725350970689131902453822808408920
224066138881116250715606281978281684412981356624306046729611571417899
245763805288470760647845035323890319015591326946643403932300162231613
423260012775819552293960798331973257956204981990881137636695338450969
013293158987805294464600430045431612954255170595424746752516055773202
590536077851821539089417229236683281994954085649051511573884303564147
623129269768146259095343247457260195112647265032869548050557328549193
237665402278253785017764602744433430502946456757778755070148229613595
782669886124545541321443735883351542488625150247200046673091939421547
768773491375732909953468667684691041090442442019403881396447522464120
383718470812522093320060858094598853386611097606288010141087434875201
294480880104556447778829323255631265634781304749568769382367652519361
790570903950650790854958586485444994759369669720336498766732529817882
970097241795852204092549835895411799417369793880344581208652372538103
884784656308859121432329937617283916480623809598474805342185694194283
884535211970316647591333983716538734051604366951648015573561192372268
361233768402861179874594806641440441604892491229899713432160296603293
724970330067783080594911161218461463325385872879589455799630931708446
579319471321864324869184648155730375930624627976011795477600367239663
216657137575425801982442739808905311768167199363803614834044172289892
773800485283215929792840441079552805698274713270727231538591876797067
242124354377459352950103449036682864895488825976574349588540780588161
173242957068592349392754392916832329213078944041418687700995359592708
191745634952452830265995679672866964780734654797235688739061357130351
606932531496956524815716493042274287656911202787705280975935475984515
991999643769800082989232722129962231019468605117177208324157283413550
946446542270021080091519999922355006484107891455998166949942588796430
496840650431273972103573501434599933067106690078757544477757620242499
153680279582755557328091164641062281972762539928357826891724626843095
665327941925509026302461926153361391049917130400789218885043250205921

847685890457370574321849587118111788164056914729420605218670752483464
424167705371107625960599027209762169365924678002244864714676054888230
690380547790896611693190892322393408572505646141138771974395575751835
425445025989768143103705788304853392667808937352183489351160800250348
195377564364636270174007193059212941583658539668630758295134713311972
257492986574041074564905989597060726271738352749713709651127620426460
957390594786311885015291122079055101513381203468803186538346142853073
345547305393303330777336223962451031516171496859840884432577988435267
692931302279607253081083984703764355932021505666647330431594792938458
145325647851833203944667270092485041208447853400742636143170987558116
210955235432970062608621195387097573711029009794306324514482470864016
275762670818179159585604628027892587151018697944705885523176424599904
568292528180290294726979473679803501746562625935853008496014721610933
721446520865836302811011875485325816637867211525134414276779051268452
637622275620339420107788191243799435631772797546790199399001397588342
392260555711888096173633314240678084243304546315775519222488595052449
318847575843758718827020990256497495729181724138839704806998135328770
648730010659743611779427620272682487418289043276869731407021543267886
204205732409000106110016947160362731141219285510977145953525099492391
040887169998916427827953110197196383897787538435932328600546663474387
365490119228899660978849476153412022216986134669903050800329316466791
166479752437633700644495207331078192841605655882152458133640681667240
181957428666159900033151307170660880624757744922549200499095499226189
337860953078186041835791359674184739232385902908029237373951241549880
934704545774723779160062854544770871466032055726433261352617461632413
677543780157726735327191541206480364777514288866281778877129546349240
126063069128056089875384425149391695124140194965663109436265068255317
584723984906379554684200245718085513908452971471460374387361292881844
532099893927276009611720995132772452417643987432965572539545506627892
169917567328290325424878016393848099315251942098926839823807659940364
505384769141045477823418315375858131337723364964993130495013020238799
146145318605538134046678993357834103759811513617597896196870122113644
722870120620586046679387875156966049944675100627246801920999952405204
616216576198747835583821682130588168878922574395665819637637683060830
894555626657420452443670089040310921624113430177699657434379672067090
013041544522319147316422488331061539820611223376621901218121973673789
493454698355537455935078344841939879907529102290792227287604117870998
133752917820391390066106004032763799962247455440159930258902080301242
528776899397258100916467408407190431087947650429485481312328671029532
657647730643596180568324942375249099413191145295679692271485500940599
444539472201669310203228564406917368671322154125083546353174871934285
203298304804433567740406481232976638325705813057603213346150457678748
003178027369586419035910508873404552316173313034405735694182993082244
235667171293650630472289017957967729996205082719011200462668593710990
986244832222400306680928599263103694482598963869993816245279661885642
922201612255586310673993489596758734705555224489075485573127726078911
598115071909736084302113093769883521491809918599230432435126458709784
202541940921744456757060362425205982605828962724275523217763687893805
493032748726235981457960732264904398764167843661844747778755737955581
719604780906100337488568476859257208940471864315879749023436481268890
558720835299967518685206181180553404315235554021173978518807848653092

4742478163409217691044855749411268382621685934692900072489052631818100
8750730474178292182260160729694579827520132573778834605158751804252350
4416994980288667876069702389210583936010197252568904823740902523415090
5076794782627783396953550938551955525588097938519177230963210014402320
6968384595942660334887416129311306617341127216802591149159070601983850
4737546567493931257224741764134679247759006462708887890303474885556410
9958122054705106158516432665955591507954732764004449764602392723367810
0143046596185905481378678496754401921909187393964358300794111576263300
3696285747165533460280254261053885976822679145673696204857609844758350
6056782701701414161432056494803903800471726072248139251584061256473860
9104403757882855367632027540294960880008091088525132241802223599360490
0545123244028619266918362422037143390194840407300711772369023593240340
6200694855554624964729781035605501886157752969922317985919665103211850
4976567481101776390353267481925524426332112230642402855603204870326570
7173543913786131359580241068581661166934280937424590080406502907486420
0817010934241443366078448628142895743524447912808140493585988619653940
2441996787769991505766943270640319125747184807081074408174116311981050
0724894878259362267684900045665771868606909873721682146168738520077980
9065523219436359192068695037867010039407535601633118283598347433089130
9570188230663592062185932430347604289521747984772857904186127929783930
7340734059397763050738202033468197816755144740779544466871222908807440
0800036369763301420156881726274495941883998126465641526004736271569030
8407702586038674935378458025846807902206955374725322791721292754871270
0223261610732357087790843110354812878578165695412959375268750245867870
8554092667570746080237452806164293147300079071516081338947182375680990
9626444248829956425115031962503750951598240645511650480630242323442000
4118922257530350076648255798442494688847075294891909379817443635573940
4968664118028290643562206893037444989358137662709616315656159514654840
5258118052798883798020351012797849918031025436133164244063392213683770
9882238722375621946889007763054518266493073494593441619664495912740410
1902280677094575106891794182948671370537423874347397005017569395395540
0305375870636800346970317702743520701772922510185950471568187675269320
7762189669557648833628818658569423141905068286694023666697810434490510
3663238922897648412563207934434265607636263309770305597623636327922260
6549738968942600162484057185061742890273300735092258762364242274570880
6198862962850077805797871864953335880781365265852193338045098848297800
9324045574678136255359088605994562793566908145836422802950448463793280
3805016302028973765201350262429756244684729408579866999268473237507250
1550804280019356826281468581834699391888983858692433173050928716759160
8439804580301296603489499072184755495642369680536725705873704833285520
5539164083411102665078898554374620371394595435995648568975309352518510
0720841838230999183918450516054999983206385300742761848241600643402290
1021367674803285497846515682630059573496568891882641884154314470116250
3978451728297133040037971640847108275573573175774195800826984037546160
9415795383306458426856607746132806427467652775762649523841435929701230
2363628872679758977447569154405351850366678542864708304395000014056200
2516621098756972001292192183002667193173730447479910309922921026290360
9105392089463480325966260741860459451790341175777588538174536303083030
9614579062631727393060330082653609570842866880598891519792420613067230
7704686208311263541097926466302950715745926291809838551213067824413410
0313568694267539112735629272524931397794933306999251265354192816449810

8605133288478624140598196479945591469329786318536406449512428475571652
3970804286619112500514485955372540583101297109553136147201718718792508
4956854171918855792163982157344394170596533711147558184594176266985
8596277845055127091904655658538745236706036576410043353266015399104972
6345017603690947081570481583412831722219519248606610336175285652465557
2576431231448061868786577768626330539929422257396059581002777286916
2858561662881476123495982946469503958029709362869933848690273593459054
9648647785913616473855639782932985147427128600178246209625696567090046
5186761075729823486117135901200536226292923802069177336856018322542
53322520717247035849650553247962934234099637590634549993522409870412457
1943508063691570528841752120101816620479555507796605281485122747317827
4995262921442292254804628427348834232170180775294848893034333272968846
88448003014687969381961807383677876172083426193054694826427628149
0389696835239016183954506365409287702839622758329763566157362455344424
4092657505697922556864408864192451283003440869227843677340033392043953
8873255604796265417686129881318338477844620575205167663071014810057546
756052808837976277809329459504842526841592291729723196667421189087
378588847975196531777169669740704824937057607700971674591290596824086
530640061726074703133069793244311627949609624326660626883966267868034
865005804007637689003036230689245445743752436685279635905765842273539
593023518724981583823309058879918303307333418714196114017036339523949
355737788305368537625705792245381124852358696152483292182864630633136
102982422692442093617031322269484896237847018638509110594042466040249
844654014623609624256844656739402234850424271903499185016593661885106
155941641567302756987155384034611040417303614292378468003994062439121
687429408619320189789497546392470248887855167086045853813453938418337
206882615106671096365106340718771006964239769831658448736493464421314
169418210603138661430607613983455634072015888714421402691866127622432
391096687010702745870143756375068568022971058211043837674736660334646
800765327709873987018257117555232223195788513504315860832464985065888513
9755262141371975674805817958844924209392500512962589130622549124406
522339984036580004323007983508848909806592390046686394426404958795352
404607701271517052704726386429899109181426649953857545916619101034149
972882310666716586496396034054312831812334902888679713385742199450740
654589264200414043432141976988337162827017585554213463977550871694940
172072812730861309503914993320047873619268930381267166780748389918227
442072480318793914585791320520439474802287910316401288545185700916593
656241999959019697796437308099500242749162868193374470427541885315350
006016453379927838158415032576812123184007307341814860149746826852776
700158874438523740146878625356718963444017177128118899179496372911009
429284653297437514269957128297021279216127068977326566233709625832356
726838643928741455942806250613103403593775731779331898352917598076384
600331304576833344309532220013047014398943459330125727375278423829939
766303539769548776366092520674547605279171840961657881751297896417085
531441176280889375746971162290613232513492250861045910676694095562011
674650432392409155860291390446825862937393341893525487382564358997892
868835756714266513593080169495370268663816489148483582546394884379044
103365047970429572402304344932066827800108864776445619437298738253918
698388708637395605051827351962968040611441597745572305357839676519169
329374380721008566973463189384280215053047182676647238256905674756929
677727409658660247985714005096795167811096871161604975731613414975900

912757388792564149409917986197468094654001221683351130079441985334562
919340864465867727116206491791000787833040626078725987882905899469307
524665469414574408420964912442345458477418841906653289632134390576163
748719721886897358937349327128438961823181061379027945470796689241738
921207865695384537915608340177893315540360822883155299975623409535971
522443690709786696392878981742279935287793538603186595027024979342208
271829941470364618328969818705694128417052055188005540783203033798816
242288892425826918216975838194177178953514169671421474848011289059713
732535869228995737604190881876358428018289483307083651725582414495467
425451799073752331002414116974015947272366688179793129283594774467128
754746843934438474436082775883754867492130407221053647702768399647205
793103674252876090434707724303402407878577939761082796300447312339980
618280596103043615886246092158771153439365960481512403305594785442410
844321094135208416993214906460660269964799930692980969943780146527719
536976754636206240877354293202169835711489445370398054617291029819410
011123371791862276921263544796909290247792078014269468402638315929017
558797974882849965872207693842674983526282446911250211081067246726528
617117357106165542134937892661961608351071297801734297246404473096566
733662256956147880511126847821863469086813046334924639090012346085552
593875935814662556236707586867434451948495730938246981579772068730881
704077162508185105980731189961597343395784971594079753301674115458540
932257478634738344090974572715052078903015309734594443104484374239619
999100422370353970170403914624198850992484032485431454541065238913471
646205107953074054343692022492109289662151819914896169350144986924219
811838693325867636241967281568036023429263371111472527203555720193328
159327329337850405879120469690774544524538212355138435895352645746643
022432731484892771251278897986925463261755159481533971313936534576271
337990330809956043114307756425058730295999359515597896198437981987020
149437389366191637818984470937197162006837311832213682885112135572397
847968553025479509531526832487329056401771739347418912725949605384523
076456117188425827466167371389115852550132677956283770091680570631498
988721415617909374906520945870183007149319509160798270156851597250924
116836645617845436932478973598430529731058962352890772230108325522699
543079087293629867502855112257896865955059512180065585800018161110759
031934677553639213092139149213791208723995028283213717247777234062772
220953214880223948537143899943686730037951706087813043922358447110755
449069916507414232572974656453737190120517539526366345500215762065505
757761533900286524379320183169229961333145563532971464007205504430483
862215652350588592224372163000027936337148810982250774411957356705068
207559284681363814187273389134775930211568951208553285240312807774212
955954694408614587506009713250228283017676214682252205130562040973597
797335762779885917460917068532702918207035063480998359328826712133408
989897018896395242121548158587820777495590748803679959983983103664546
825375984995756532890871634875479693157260456289405172124794430401630
085498184773535610973499310189743996671940103249330756847259578281702
124502010134764649919548128868929506054737818702766785239350950179930
503344606762910916027554497102711499976978784539539636803016450813820
767517619240554399498473912480313466556981819172500750870857938109339
052203350465732871248373917818536872438670215556595594909481074710233
429809399503769243420518801781840526101625986321521919985454318200905
957932370546013839104415976480912011236400433020596640370292660837375

896581326013799743685661515665689509620677425240361655827606063060687
879755754961151003323089348026007915950132853757869968157806615371543
957931690342997145908986894597685648271454384144124835860203712635050
812334959879873872648110581052526366987471716543991302406307032619987
494782061834036165934087444841610353517950806668450377887671915483289
375422800333115263886174538110573152325546256736393845136854160910119
200119302826323459436352200951054275904835597997580795548399610749757
258971314245202818429803729001968945892880241475813640327273581011065
046209743544562645778392763756779562060532568590316967295584816877254
032195446373451450956621751816602873027615363006090419098782952140845
831082078368768543306288023423445842022848210259691745684260908479233
544387640699029778107110306962510299164298500753133883850415917699048
597716721524292632321651173384220292748402266265271703745002100891774
670599123693060085913604280052182106582202766232560023113309239725889
072532905022863153589157356903462716970470662565274701601180672219499
626626158155760481473045765109421305144394860158945672177244921287787
385319632347366008361200928217894274202299798091206139058227884936977
385127408576327070117814555120091446280386389250909804818892291394991
166720715417796885393248587295120029041773209685461516849933503751394
337974980128067417517184802990373501307424274861817239326125573034159
817576058575724659592998166437117614384930637097730447276666844406561
417687863001523252732160670598043087105539975682252338312218115308609
151599604993448844853614902499354468309414092957191691320429733953945
047332425244274870122418101853959291282692893776645045890251566846937
891815301106301475766594204775378122068740057755375649439473591605655
639457669220544520891049215907214800099738211547403544441110750132042
670787424947141574402029980828276268634889803255987843058873113442808
089099211256671831457981203645283218877412743483564399921116486948705
063500232192370580258728383483379989744874452530125445881737385810400
958511946753003726476420260673084901156739934250975291684177603732641
203018068694283461297865138691074458400796621079672994641211500636862
415414625851864699564297661454041461914186363037128029968383414482098
228142549340394185295104170431321299480293917003449380071814493919914
758595310342038547561117911586336833410204251741502423368205526270522
618324619144410757470048256624036333314346966509166025687153016722156
294859371615464905090954604425011417039841701195995346034032896188024
269288458587144410838027825089205643084504927466453931346196278307475
518750576031806089442205130664821865881813177640667708491770277629712
938569755039407128560826142288497562780966880394547307928173409721764
667025546798047354253301878936682600975163724625695404404175566331182
127106770480389285684736661823721434902633385891356246588098215453064
368339447006609527676876292941228421884803072068670111841724560606518
581601329801036075657967687875039015667267871673824776858883701680940
682250989449971804130778538057957940278011255197697737790944481112373
725973746826504657581180334298427421876918838777252977325757868351122
380397671113454464680065631794737622256560589973763160795241944677327
539532758791895769924069928893706433241831708914308925211518587416465
946432888473645597411036127625516551838964548768676324519633335138900
618318613954653466795163568577430723859027713657018515533919374089340
327220293646467212305716800702073494075541841830775306351902214419384
121125810674219010708192998533200276286300063575233162677606112927815

372274032598030388711389716532321554103778318475162375908268704404423
506578076116683084597499038589812466450132855738862001271489255396515
009107528998815797040637730078086662822662620474569081183793732291500
415397198244819735482919957993296675099463951714543667448522820100123
134107133733975152256008010602510544429442170040557626288993189838343
554001613732991418113143861785951994869574440114555661230820910592113
005971869384928408701651403976488054920465611634201882837146663619935
492684625708330143549377060206835940849338894478829253563153377985604
182386163975084867046161297657057930500576321540222797792401915868025
706535162421867756317442145541517456843325720935242479710641577320696
729609894153867274395615932383691585586416229287269697197523457347181
590999125852958006813685557495496168632046774370590642801796395301604
2833811860748260013202601176917381154262224975347850905588756872984428
454174294306661363603450171805078853829336086032781258240009148488407
673337083801845635800079469109621423738037887390947954610922196503550
839215861120501069435536767315056007106399463845611843175266383303936
645801294162847719018447711674773229584756608538951312785089874679494
969622987847950703474233110056933573345480363196812699892703621620965
718375196035540510629462140599021270838839270933120865059103933109357
817849060004632139489369047113805875983664752797444200620965208060469
748341676643785854741510888703815700116571934806165691529583667210609
723081742052562884183797790180720337571554717833955177805197291507970
700695729752102102145204832130890877093544268034674520384541430126506
431558731690931615600565139573209468625591638951871241931529007656217
278324667245229722473072841490560233408163445147371463253296271502681
289615896896762774665469315444677218510151714146780218439114823450463
950702238530213328843903297597008216312923700933561641041069062629788
643782470556737659109366131325414538028718719967836445083174706992647
709232012960824528175178805032789827522570489037231355338127677479205
310146972879244458232443755574991620401211638612825376471455231614517
639267465918343896905063498387407650265370063614032236326515211715340
414535867661144300359116503652739071440481425515288745881598768232801
079426060506243078667273601210854391100332547583302256132403336686205
812788844108888486283973854569995227101037316090844493227080224912466
753664940618794336013467478327365973781078807337055830066528491970597
148243972106426978549173939899377220341293381135547428683074853844777
165143161605351672561009148529651152375626403168060680739849999392538
540996876335763247721919725097535334512680681887594865475826644800338
688894765837823019885508028874213882884501323644197385928862672598533
268380096235148049179743188908287593131599620295346966631693341284470
944726692037912529114788468720254898856033728994335998877953362280266
479138077344610231113458362254094092706542638180982824573491953385984
025743925166651736403045150091796444509333476155844111996637636916274
992088695605430603974914268364010161656427996768027422613094083765934
990897714001330430381604266636939975972637769209519659959823824969235
284755912642273324904634841056185150676352386833534447536387015718593
171388958564112694552730578458911622568465457289923511612491898140741
256621893741794609374972406239062350394426868030041762320259126410627
311369783118775167956233531305865974135710339890030714113788323749226
040886234497589565004596407878084117671372937322365340239228376697817
738246800926780699049449450032002104839239904260703838334412368093933

620664148862732811243932697781116536904058748456433766771614541778708
190192617645244269060723796432036326406096143557150182634288876162238
331797223176283981345389621795008847397319660802998916135140837902574
934996696095535187701740851077240580683796768740023980731132560426711
114869717769409721417469778398788980535175551703166728807027759922686
879742283405717910283582411400055148315590745695227211690492034485530
762531406706533781339714950986523932122234048372422170615562912408053
399555397164353370402113480425287879132394220309120541800479832602537
413129012009772242181480134898000096176976810812165816680240683886767
210530387543859228588258754618799653897751759881756232703073840195793
661928798659739540833617905728390769255573396950926983406294095326906
011965237968018097945083918651397858601794323354788427183019968655586
564415000359697495886938754111950353831057517162361174989065979609568
534084905547724307946320341778149262490619699826059083439410906228226
971879915778756836177565773678590505406284923601747846297184633030197
636089155788364126579666075589257762889443521583499930667463294758030
865533299936357028241842697526772970834877089691870047233701023498476
032378140631929169175625451780416705753381520071399780762642626916746
681657732210091014433494118274989436313849467741959065420971289741653
502990176433794814201099113259266897966997530444092328980821098995981
177051900328625457718032610536043301875682585724295217907238106441523
244458534229088915185706247168457804645587711043425449775893175925675
224790282455622750681756179762047147927119851320422235821241539973574
740745109896392057764897709381132191430081671848838206817796593106402
437936403630412576368338343037167671563767003763514053119895142889440
357294854800120893878669717147585562327406729962857939620335497658382
041596290269863599779123300265743584954728925949290124924884871190480
057544899366013620570758873363605100508029763234832966287015333800709
417941863323453974780557045175364728648425593715450194618128992397534
006812156700797309996742378086867203949848836732306034598199289049997
762784199971890938228090168832031265102307962196380206694874337419259
485473347325912253798184983594795474532704328677106760205112326362648
976282760818573317368409525352455213536609244908808440134766734696332
730490611812971377920689321769567225853709887441532455535995373627280
623184052400557489737791698516096298416383381862742065915406493139936
141805232218532281471353888596385411040892097329490803621928610563814
268562504961938737201071339461247156421193554937948558151914949371701
551295779673644777471297971074017940480141630242836300148941176504206
828859170260554677139349733568611242020025881679610115825877861907134
369732108485766874454446838975318354519254282729445592423770362391490
316551458350417808799949010844148799760885713731308048600300836703459
810991038964191645632914520098847858575266329043319646476774459296414
2422280704957247802014814169787869085286098647859145356273304499990262
642661854996939822187948322026431728874294538346860609744759901302149
985602784327161196622928241478606162240313199175777113089576404485805
975632452946225302179406118524050185589917449811645789537213811290696
121666101823087583674571941038094334789448938130777178269873186473073
374187896281402097165875671504193710052679598323267988740263608455367
969899881248478714734648081585015621399930649310658745610364347363247
254429670019611808511086114739546503316613864358872516059484478462254
671855226553834108360347067819272627969483113656822603135339016276356

8802672314568702147240568693096308963068918294477530730734000941620564574589095504827447683803652295312415407872774228681711384132687021444416799773539381251789928086201453426642394559107900129188807981835894609741388770540965473213966178238640459587915874683661699670162992197947678885777830885315309633786528443738411230517903489574378607207920755883594832821823952612501820453614664299794334991028783905912217472261930506898333617924230248304588909857443740460529637280312981710234568593209372530644386754868670768983340663406799100630328286787207340277456055857081133680898977266878661165200806556046780065852405721123708067211072890375438189433313133753831507113237089211667847968281835840082745806185278833456127644022810253905845431139132496581736787091645408627673173244218529673984344328052789262165812273222420618710139584240605061567555854475375014675200076766044584984049934734089062990696826985202119901750751356419528487058563555078460703602874914334751990148192563488277246478759498215339987782730198018961902465371296404149242667095540358216913172217200956108063880180817415900683421329443258221995169134414127153041879533053338561855358510226542796467601126638347125116619592763807756157256528671737750676708256068579508060334878088919864928619919911355142088992439596806538331686644777499618579273288159268654975372163092374615886826336192013056577669826985908674965253685632812863070870380085437813991563786508066619924731010745898340418044836746221348910801885741111376462471867898734709584804426903338778949847921265340293360183572197022807713928219192621277929480538006620611901863226808432340902963948061692762370305731599974684850992635180683489881504957907485968525502807390267458223430000056860144934245527110534013313913476717237553951649328644301885757410951833655306957524262282960578018719899966708840487962139568402158396828841838114521713750636863058645256855970851922031677419661652571068355520894478992041296702368739747245004915824538676378940739646978873484018780036065153662972886697462216080559907795785930336326552608222805533483479310373256175218751837409834635952026988517751147443435010965539348694263492320771765050909292241661191769326782847606319011382962236198603145856280794946307407755733105313735851681757320354536488268549384409976253959895289806444329384182411753438104522516097688080826668731011505279131046688101827081107514133001943235471457574395924120958468277717915515870987390965200379177979011128156038433842279069048996480491368292893269927438943765868047818822359722756353265807899033592948033905405441465089552773424185229700153036708363495846487170220219828207790923816860882442778765360056158246552913211062636009678665487806768248434733253413525070477293809947858715605630893343479128403092859581886504922849360024765521969916357739796315072878222288172086879463709706842536737535973860748849687220855749660401528137694888855435899145057350035935520906993025303619664612317848291336374946434170910175080075147040707977978469495752929154544073802587302588373443293719862677316658439456354836589146557930377277790954389699977897173620725302087075413239236166564960879169957351160310103559606843181969515918112666956951755556103466464543600864472477083705570375225960895236452725971506871274406276617664872851112148330565984661467250226202260219326018890284928192099643564661756982199045460898390705509207956746524727312157772640732249085786762512468032787265859951149717275486166317412213512738941796261264215698836055964680739900853148812451985142772279311

5432027222369258422683775004774592379476290640904895188334100127167266
6166597349522633941700096314200257463579193822252862885808179271017400
3347055567204244732111257057303392847809041229155924693214070370432451
1409849493389728371149492104865322633922517726240191785208643151675676
6402862583035199513663187003811405730597095483181946505246585682688105
5621132237857237975900962505234207743339427907263484887662260418047707
7681926979889466403226109336521498899702606019023725430657973490116784
4258188278079092329996081956302857049479370130912366979102618388188713
3967560172217328351826226751174053957808075411179666046580013523459558
8390906076069644568191974171731169677847472804254071281355801653269431
1473633423811854948184198323003892840192830303652732296011523896265165
5936105812378938782402577146403763340025467281875347276373453125627042
2871077491257644208079943954577031044063135853397809724285634238667371
1601262418868926182460662481288206542777111080669916301335195501473591
1047099083641878684671081858840824996761274486741376973903919439395590
0263220452130214008946711878028133770704907535505098888108874270560155
5919616070816482237172552762447834702823670406991124319115959533374104
4813949535980930726376969760511315078737021059152409846442293598048444
4964110520272479518299653603670008567848402675290914894101570669894662
2056798407405383846031523128972215770580257876397958718736364034261761
1164436525038726547842654048754486758848115703034266222977004876782597
7432944452942502941921172450358267842152335014764909708155496989382254
4833461210987767764677497041076656773875117786074069079152159393060520
0634885434560967985138687733876456387353378798546899962928173326028900
0769447444735900695449033675997697782795508572264967396939809304090711
1064272479966578295245756642571238491687698519972646418283248479269798
8654706177666330919854473783811549798886062814974512866106756849919920
0084886187355638431143481357885437791618965744081657123722205618237463
3543830088822476731385439488347362341869273811984960772155424088461969
9615967498788253293341978475573824468400808872048526880438857275815293
3653104144272833911606247319912497841792664049579427366500354757309778
8563244025372583548998229811291655677509307414265646271691745210656673
3903443525956087619872644334580395596297848076647878234554346375547664
4847380090338285765862073250566848432712453117927977613236431954187473
3993606420903371259832901975128531203592925181085830719061452807457702
2061062925445453288091654685340743822365785072330488093820004373895073
3353646401362944486295969795511660097497677510074912566011669774358362
2655338197913112722570210768561365142062609511923304761619662876239468
8829062529631806840959847678974557471335850875170733299713119969826995
5048817851048593027456380510701553560318654466140117797663985075596084
4828456696074611424561699121453682983101884636757645007220130895681673
3731166267955498987021291902655547638106594416878861637842819955570104
4472913659000674933532131875140326766419921972812363920512396226838290
0753831593459981714554389141843097745481245585642591184256049514169462
2731640061213913036476080476081969715560541733745485308031052932755014
4099543271335921142870370443247313980560413894246619899827398448517348
8460567044881866703578073437109486230251858224726886350510666693815439
9716497918258582007878273803467797835748360661047225444890746106321732
2506911701026810230324405824385582791468259827885182570542910805950128
8108631649661086349350546975611040571539048940549679852821034223636117
7316323262853961276743567420060272621527409151649449371242089074664977

837932193370950313595908504267947189529189276574168833059761242786410
575007575172757539179871799875199890387668136326992741930069449298565
749369301846658177390770159946160749457329781933832474979352810241553
708052773611415979667807546734589544412124958939679085276978387255957
086341374338259979958988494725641907071677056025544102011431728524260
526131763554157286107544654209816784084554417495591973897850572386679
054460846148108404155434949082203371886608306918765513731610406665664
719153947907659841392475620063716121082157805255281638830185631910198
716919720187819639163354075417708514177647945720839917208862324795645
722234982693327925616445133761652917189319394433186641699686448436504
901488874209579729723345256936989179754899442790985245741064135132100
743017107444075717268984456175754233090688416707609040742894300248738
070159453975047798881304519930340747110702397289949573495240931272891
259595147019303405430348126434183344662874073557402636852709050487631
455826299292889992636429958766062624313635831894998954859314583343939
644153147239323441049719558136692915055520953160341199363755208021411
281515636195035740401678065140897181402179693397053772492078819574793
376418773133910293805285806896782707538280170235662238698726029259215
321710125876752024469837951291187660775743485652053458645657957761998
503575184695436900980285752219416254730496285916830850783755166302799
259487956002651884577578278445259382747264782810881392074882330029390
782786134542721605614878870628110886557511036436355986440206156086109
425568438398473362926844347060187347473821521312951388048069157924188
536263948826292451686587345697207724535655602958509297989747499590635
759282328985906671581943108738304647090159700502871682043284832967593
576255891931392801408851400364316477193610036173237059285329044190782
616086226459780175088577469578699353014580487375472188170304810953338
952595708779978219383652871316347160269731445369409172361707163261682
868661952723711785411318063705521859399865620802990713929550609847538
982191923715094219816728971592141419870848163776620873270853930768373
554409553505506582554452949618780800664471562479657859072291493793636
013348883049995133970778918315067702718817209490470823506443651793399
997536018111997738246611610837654734159073151244929850505732448167513
361644610161761439165467772051285490284131451112916616763504851389999
791138494930794873589826687880026629859263502127209336374148927963535
853332423959522016492448288838280117749335331114062549814178596156132
251665878397637377312786131721951839224353536236508242389205062209735
978434686775050110634062919928880817260083355160817325936591782258661
200102126611335156730729873296636091227637628398314279324364026283055
834455371719099345839678821647206387000578394980159227768849575671915
159630531018243207106797051616176175061429656002756855081751486169667
485410153655624201982165183261121352444889681953896023476188535729053
119112682045954661218302701969195745517703498850142381369390682171587
611239673724714225581287166698878521542923041085135033423773436645694
158049513586831783582072584523406865522602162422885096531261796259371
318364282403325734119959033893447934449827060772826108200299442990819
438142644190750077593148027718246690377050545740907832486287703444938
785363070666227319279750359393815931493001645416638672597717379125023
093546023579102460784193931207554501783932197183350970141916781652855
373675519047300940343919252133362604414404731681243064162960806487875
142506709332311611099460118216936885958409464470464100826493844017185

084660843836007175113934939195198436970824345787434239475849367450597
532227544123364157552107782227615913961041962746402146960073792247239
503005386367321692783915870766211261135980559477894915082565187322639
744116262576828007870256965418083782472256840217489521758399834554428
573167492297084938244213514930047095813094433264681278796589492119271
456628333366382739129096805600332601741780442065742135729300111433474
421451525220496298500486799145472494328966655726167059907918268848553
822944864617235196134720108632446208243979620666547082653465347458776
178589291363828717436052941581885689897433540736051569838686866824434
168779634956877312464117725564449805937723825505718631901135917049297
555216829039642985840266695770881972518434911122014340228641668627167
432748629918905084193201051976296953561773369758533102047747032457069
344481173797848381761788809768257262306399324713907386391738334454415
148141714433178379582868806983739985359740811205694600818675387197845
997539445087290664924772198942139504500251160812796564964699784698461
160342654329106343871314269275956141894587935349439765206092790395915
655273940451088862556254277673227765347800574908492550748289016795494
688515064798593310042659057900140416625029835620939931371067062867905
984072008657906155224998876252433799261994108358272052497199237023555
309481630904539385781210929732882899362987062020119307128912324543678
329417113238001573749797979190234690390918193479024006805520440180694
691063956760566730038038896482854824229611042084003824484081458808742
291461328257899744038543996230929863041479676277550575692869344389806
866881585666747755123249586406961855697541157780385984077756098956510
001536486186559620036312685008835282913856181181038803760347897159482
284137561269682890020704154084537679343902235216187431619509808799257
262534205475330992142102027185145830391159448489876504604470213414774
263824337146067780757632775173069412682907885267988838352330527262568
159555876062257247098804903662416816950474307677872950776509629181324
064119977005532532694405231262840772446527219677731166054178356934287
691863880833421155753263035820816175856621277446340770327389538121126
239170475756326587831415636788375593934502152931064505857586621081233
083624728789682411822296875556366073612391606793049815433340630779496
086295373124052327671642036887287776541568133152965652404581676811966
076480017838144616870231340872806872092430472059413415724736721288814
550693536087888959949130407275904829342291268093950879769870447193806
389031411192751688451904287937263427611833725429926533946964031214838
948368457851940603367318975150421806160052595892059111950487431266433
444651493441032025217450387917068754879633272015827542038322192361661
030923783726223769935605806301866001270973890120289488605752563013328
164980414279842706186210505869877541762487095932232730054314057678373
391570745551276683993508158521224664944384612204284655585182443150799
861141826624269576244690807579725864005428642601739348896660083332131
704991956378072032612659018605592966954139777541268326748856375717531
912778924966986597895980816005786464263121697185880421769802614123398
041723952678533611989025023392722859902694053966598663694468053132051
504405275131011256179720235058634736632052092491796659896133340290549
413635095884659906941654830278167574764550149681952728054690403291319
712630288074324539387110701715614625831029172541766644804693753156051
425015563484095795469199063820633693922821679994709214616979531004394
723884782130959114971495664998774452102399710163372516511535408603897

693525309815490436099229421230454168895521690893746731841168082735978
696525446629185211765221416532062420983230145437383887966885157043845
210746226754805934377316403385301512924059232999966614866604959443385
654333379093821524907975544525530545483856683784740152852493308693004
872412714976621625387320066066981877504645640541990465801268724657396
743588046278957300833186021181626899567256930879272541029031968906050
744412250797233722044174336940725824872001229537550885003955677627541
190502924809604813327495857584289974712915160533797770828049813212521
370192082756184934689690882291811259492026483830262355281446807601743
701637276049447672384236258309104468452576955589929353400980127993116
056476684891734195428027018910059078945599766127568893588195573062971
616891335550572341429184026535426070419165213307351883539202622636153
968793803393456378537523233773883628030745710940480898526057987054664
153146323430033487307168195524450612444107842988981000735988857781439
645180639164979217403483868166634099466653190162508448074834474412678
340562859575697823041885816170135481138711381644177491943426142527202
443241591518705864607835037268500147272012204368857113772137175487667
734449508811086094740128777591533658318762534621318665307771154467323
040320702128017935652717677849512265097401690408252801913974877381288
385540544879883103071998960838460327003087451496111397159235656840750
96926876600111726809288822233084802372715113282389567454928813663223
831791522944929507922141601836785251181874011451504450634098508424679
226527100511592480334896485530906027126759336044475415962675752882884
563805652621990820391959904899964725019198574155312057010729322925437
117768186212179601619693591030538973935106275606729639832818097225398
420919798304545198454234714337653624374969989954075843184690186465358
984972309181207388564889237713133983969317325013396491852401046406516
007788803576849496540905634193628222692134566785642486784869859191950
564003162707913244577343266906956858532395476576477654107062773549430
825908279268168256377521031220737925185412627628623441719313818475810
985892944319467830679423943990572418702520906871777138527679700448181
458467018825989697037736481702017378538568460980756770508983006484500
510843937038888994799016715681726386432619715953117751463862319282941
380058585184838470470830773106999203879218290293483325818539879870183
541055203181588608318694573586821407783740432147515127091364067067021
523433287068348142013960235817228410522671924014570885174505739585321
092318214930510977464970855621337125598411107941865277147635868523811
528588677293757434396732204446964739892302277009958582884369117186946
963646194533556754706366907138846250165409749110708480940148388293739
036718458893201588312655206865671706864905501224938359679438003347313
658391820620474579736268167758605450450264615909651045490040482798538
443593199719340703249274507365473984991982529470221777941131009317115
284392889114349046339420994497964245249739533344991020217784662526245
354607867077641104763329628385939500180398756428810205776339965342853
605706238819919140171447123098796765098599464257042925951443702862452
968193981235616607901164714319658564377505265131145359126928110511216
220480303573834894814495878770141321630778444906636561410843482494900
190990407596690904600529649075501195543408410437899516106231754030742
447304813300124108110501027926335090543053226622495180970192539382370
166275668607886063022357939314057533584275478043282242142315725276437
047809633951073240279803888740860977562164490698072889551087379854908

8500851065784206815902667985010183749181342568398065689478850653436207736134032353529916854669244840977301156344759033191547793808505510882611570087451320985703191381230735993060302795703678105172624710782512996856607435893747839612908449561000198625247649709003433916806016219691874914862831492969064010439256691050951643676595658334481690082196291284441015804449991735987709333402752680886616816359568033659526924663025788105163288289257799897663534435355464549660312961114514402224709113341998449339238336755951556379435969747812344640351105656647090855387507710394163825348567841176415981240132373787860953584399702285412259924931821255258551782739722989411567423409179326129488063157730130068657115434282601938618257170343942110520790371493341894749327917217859098440756667956534325419732029950814455345725876125659912541211692881257690394609176983017796925639854638244854322015434407592903926288136712068437045238226741097964006435542371126880535079764758109823117627732778403317099900489043019983622875009540789594358686724456614141621022465786514658218547182979026178769632343175805355071050536965976284581884460080059378736759419692036346884140357594500978062987870760282892659983465148908912790232505532843458987775578805885049305085918911783541771391098925927592668636005634582226404400607806357266299690491145743824543921650125852762401880507551269442226152793733582331259458285421980008133669085377321935160509991646941223178123126246436074739110385384221355892534729214578102586582615654306243562116182056407138317687989202054283566261304715567542850994786980784012672519384946749577361427946676467382162642076504589457042938236471366414215546411771637848145344886189721924788606018081440174382121922961406603738053000053706276527142198158917738089847492913234401852818503688983177003134507652489347008873052835039621926572078541286017329642938664721689932221698854256412096190409781988002945609775585682423426385877653923187415268284590833243478998435126099657640739428643558013206055788768512417862875291406615443275799161232657961149625465446583598808852346078662355535792322140153321684699528132015897008620422952598034388958178406991455837414742209328518754484380335589538737559769251777583619870183935670105677917299797891382771798602461873347838911860790606940657940250253405403968344389189985634446873061392307729412139748744952948314671131943855950488003851001573788641834187741914453485308301165831513111866148759225583860725795187661392273396170228077097398336422202441143217392051052016861234338470056759301846749370517373279290815298929017095458041376283913205707133294073944839334789531147350181744848828148861199034248376579011122273050523600446534919802411920643704332722158301307696235639570711772790078737063557304448706006975854435449607944428108663773943351844584425115447854275157894579300724050583749013101032475209409795666672638232367792010034870338205155256422705017635953820639424592869221003950647663238757925142373414421878527467157114399558838617944384196973471158162577581575265705487092470552705142687197719639500523348097717182528401657930515428865455719384730324824039857389286733462088642527572974439670067266079084366449416301916495322276567948805555849281806257905661324206684673755658291905647051554832208128300091706531069527176857414595928399599277824143087123630044222720478474993744122364312439479430613821914466757631652500504991949252701577733434602572149295187742424940156313839403653830804067646812267380852046478232222440541239208651334077445175030289342581 98

1573940282613123894044153689108169147509328160736912469961935215806325368755600210965259718967316190289778433909919987236837583714990770529018017753986249938617417087214188133303320387129030615641809311529663369592226721674988955084299623090484960353455074527584538427233513996286883847848673563145402707731392900119076054175371322080527377653566514716471545645177065647589664974497631215906925344810635833916822186767435122565104778895458601751541419451027636916681123180989380948289493476529045564506617953312416197128649661971143905690903675663915672808807218115878725502091620717566622240298204974837345220451440273319228617359646957522422407839473872613621607523210740994017660571294645976944584415148714927972343769779831781654348028707325906671864316102652762805616735659649838715068570231535979466500838613042385648765725155364650015334840599200098133613351619589454558893595111170807019650751673114035979232295057692259552312965904123270116675895644927488451135004026715971451347673325282417933171934604710272734320049629705534126520920644242981369479018533798598317765777125980613366499779391079254997547698525912849359850000928735473048780546169889232875863017131968958330354900246701196836362028737545445350312351392603499735327220338047640267717028089574358467126092750955354000620137766577169577732795021238462531984098821476255427833092875542940717680412014253903469949776427469399585258221405312997285049298645015890905555900510674022820338103915726946141377447106712308483438161567276876101552615091259156105105297901479577687254847881522804244223851483553322377569878513705587229238857290937928393429941664614438339695527861838502815672810985643124733813443745108972981112706695812039548475238460920797742038317630318496430481834660649768790163165633780508414931328152359840877129314917223606191098619952904339910282642003633480020673607721782927848115974907956063132411232503521599458299271244039010225729301904106940273614899662734855738964256759382471718705598346795961681260888051808765203469429870115591490842680237884538895086739652399439889617892687892671096796848387998433242360261686854805626270669871510567884376830431475783944382297316452570629981730107638238346479381851493227634169932255516545138793207660257265762348290955344074492429102869492550206702125768977228322962340356877675423764145692915888243247100022357156404450483361936394320850924283464024677135411487084911869263854649777588277466417529389123739959395593170356813416034283963503154565679610991572316570244506152769149412907126183380944982785507447203664792294338609271186839387546025886001338247927698213861915658626458425639521599882009369176478003539636093242887129491724043343118639537179992903743106570487864350329383819020522321921061856806513207056696962622096210685851990938633718191831152249106936813152529444142589989992871199526009003179506938994038314239882230323457988069930518957524728006179143057705166129665700610254978289906686595248331909348123400270971631316576266747481202615458385439876129038973148250476815248801255701922418573198947988007483023283061048891605842118137409510122624988725231023329034157593368148540064351227413803268139475372006094988439695936707875652897741031306607007109018751511441343836962729586221479029486552543643024739589292529485887265379594017133082170208267456699422302934191938117153508694102957392062686559359236131754221273475236324686094652125480340634702673914014281542574263566094911369936594022081531467959615021127930436760324251646708055012674546798662120112249755

7533542143956658627474531978096110693904018382305623731520296479300016
0546623430857742562407283685723384259919779470459105751557268252318226
6202927793636541392300365036482699625046666023475932300863869868822220
5133327847359639139254817864241590097420674102547978316412025702302246
4133255956703667140130023244810343113138867071810141490046460656067221
5596930319996557438227151386591036451392882948838778377005598952944412
4445486338361622042097477801174478584567990155981121587282624149516222
2868039790976697418919996741116003992838233406632498238838102779787994
2252135342057106338665555688491204089655032173743118011926792355901173
6912387775669287015445116620660237306783864971453921111493686117072240
3850327465707522408315605146723811747041342777820800845285349345264229
9925014898060381080470595566646144122121120203260100506553315663695663
7185983090982023000627329807341118440799804360950969020478806812111115
8649737465434451064897639100744906124039762775079829673211938237820443
0779940578640029046398772445375518552285155693195774768431053864501778
3831484458735207106794451674354122840335129051317492226716216249421006
1567685704705871548607436136322948511975712376634637301852225837654663
8242726121624278839860231341219514871179707112739500779330559372502663
2129948432426953029112657627024515181763768420774778577515111073302225
8601924731758163520521725730370639260476974947718944728281580334034774
3522365297302905811228987064709686908613225278745903357969297522310772
0963835283842708434238376439817375621855742047181789184756313249169885
3408130830255488016507143710142694858728168453453909217832003995726446
6055522395663247964848508882730634312677650657999394831141803454703111
8326640835542631069850492702514102183251577413922378826938964212833229
0745138589226341209596338052107520300747879248511917755632318853701225
1295536912818963360505608089581627217977633110119692132673820741939223
9579917598861462609696459174256723969996948967850099198562046755224221
7043056452900989946792775485335016535293882481902211409827022951632447
7266806386857383005306882135114359231675341535674669990207954880766603
7911176477822734745622174035787398267402934818114492123197131535016603
8542460249319645255314044944241739716243909455447254387710328509057336
4784177512526970902685886701811874957575589879562665350205144396486661
6982095993517405393635882039341413836866750698480600563050108314984434
6134678039448504018601312078208032689693485516676584884731927928248994
0059757079450952394238300081179105697261043117072379909991748561010331
3896537543289369650970386908969615710210498644925099027220979759184668
4113741998553200764334578402320528833660949807720784294577901489398998
3261456967842184452363745109246946969169913788686980951757760707942007
8021441107073649459969091906322197827533076146499516839514047792689887
1090671226653215275575302370861682419530188565699888076250117659932556
8336542167421259563781484240954153861591144316313081482390723352619557
5793547502392501448665609783180568296497996126772394643969066951439007
2243528036768672727702979442369518972389107537506491126704866551855999
7624948079254538954544072446464600172693271934376075143766199592736888
9784730723369254167859154175750743308283050869386777315474398298449006
6020419933406212695246673063873791908873328519694217065304659053468995
7986425816871565132587657725084271928056375731707931275053178879674999
6055695763603349306235194426956837885742579396495578784576482997880002
2197800523156052075320139968794062211951668544902461115165027984290440
2919374592155829990762978429640866001561066893550644622238938304723885

7757601459841899464170706667779122462097041295206759740519151181626511
1318832012948431926517929885446034044223042081056755940115263775056861
7608307120172043705764173589510538377763845238683248019485826775985431
8183614842735156015474602957324593434101229518627206357067179890717581
1857101468608342836729408341325845001398346493299103301213305670808891
9370871190955467270183894871390406364308578954641363330598985100046941
2329891743271005735573636360627238841626361885981888836074340573916291
6892175239272486388585074356688124272721984967823102985206446138151531
5221161968740227859426586017601192844349146541328921293421373196027851
6270618493044513341182057782730516616962978073849765234935889554741781
4697549765213921658453646635044153694523349656075853358224949439820061
7702509237351105701393573831556504687891612158765772135919076283656261
6236302566932401293152076722100512384784250327978463650356700410532571
9888722809860153867244262966785919174667811794593262905588351027849761
6128539094320228404720137554143451157464768039667922325893092044089971
6949146897178359272614382123938850983490333989736124395148462953966541
4355792849437865302469342701121896678038336126013395433480174578006421
5796149074047372180429339948410007613061150527277276260077042671024991
4301573001846089401849571715132693233267465238787798737603629329364971
0431287637651271560362414822005425442776989361629188105632609081903871
9629735537828762171716026075063564886308406525051301129646346141532111
7289283858216724220338140745494460166633580209450995663776263254205971
7806465650719566776604917424110283512135993050104332716485759955372151
0003040091786428991240101667549508972322116114122412937019461794818951
8322000425320897803354514827762385608853671312024912596541607668192381
5244855351566938422263346010647838779792428770818334419631226766464571
1448051808689576222871786768675289999268491061893453052914524434304601
0087772118889627949691243506083381504954661966774521576484166257494881
1712504403101524509853264652303500203756316012910659568306499124403061
0221698231792511514128276487582577036895610334306050261588676763596261
7490310463636400099305767724608870469022034225429334551843378358649121
0732315296831861247267875699841190820102907192254547325276839927631011
1859137865582728875309298245404643573796824657607361660072751060678361
1968758803038212919068182415383038737499840472037390232926414374023671
3152949543184027796835558643005680464789774462996229869941364046721941
5161911587855571389583144093060123161725023991395793625139221440127021
9242899227114526156590023021213564393793153017440224565778634272647991
0308044234082246140644853804404860259188962308708241644844085799032641
0194868882529802597775141950470510776307674919970994944076195072050221
5167809271771806273361729672121765495818043461002242272091281965003741
9839881683522586125215494468873547029422891467998004841202456378788211
5093163734436547768017538647958655999183137079297546351929250337350331
8333290112798530004501904307996827008846190350760530636802210768757701
3822266822626761734751290836125012702228966608260902156255507946799851
6158888695956742526777725843275891033808900576309917166096578144301131
8614173885251320615219452892938692346229348428190601781720866304616111
8085898343318993093610855328498943598707439410576108468959412315983321
6239495280635878149797996299700108126887548523023919402255454624451611
9597614664118201813501114785651037882098191141023827098496345205813851
2548679096481321458019450596947787333088896160615375234752295618748191
8572327232298409349735563920405167069845086144215225500931175890501371

112647197690256369332259235712938425925869786003560711266598384170612
808454323286330996763318383641175429403699740413207623091886849916551
126717681340917527645742465038356239497220189224796199256573572361443
561873927514701596581461724612421772634111157873474903576700168934376
247336574747247550576563220877406417533949323566874016744198649649041
957804044695038373619705357842258146383815430376050366716618942653925
835983366296734056007250514356864544739056189268457645245574206345945
369133867110027354808230862881634434668128116617175929367778210639350
019672194928789920556550991263179241418236729796797176782910537737244
261359041008627830128697286881698603552051561398202695929871225004305
345226594106276804669778360349575912285861715693629995946269140056286
504931411113190987261769833109491888339741520226627527484545487476771
305104174283325343649254800471223150898933034144953782455169505214029
544533877141080927626513190636696633696010417988091933619770061907159
148792262836877953113311699688827310339054951258792917958383463365521
817336219639695614754597487872203290830169462098821506180127296060835
412069287143729862792819380934139803364782907892335737495514804680681
300555949726285546936629457814047169735105082931462680255297630681158
061511236326484324337061002468914479120177736965532090138453436506569
120273744733675880543812025361710288319767565139845144173074884876586
058970945470933922421947285503439273441436755304073226427561581002483
381726570238896487782056295417798437940263401609438152528170359492053
394192944786167017973524553407175599722981120578736312707319863140189
353849054473547941582570652380033280277380359881985189032396384604575
162686384050529740340843025581959930623560032268198080565443205493735
866471361209987209614783416439772007623525165435496711526873887293904
072037581298476820622062270403820121130031628237004959955807155229519
413924992314536528498180888027860083061834252733023219079679272827398
670131420977179342711997753272422709292384905991727567604708669875794
004454521129957006726586781066986423234041868998463300852005277568645
864453004292230691082255764354266880134655339005280255255034666740950
052968302259047338888438851946065116968449145277386696056000264047550
547598219891717074241357877974356747782397926170951775223523878549404
241981321577321885809490981739510408633571017460933397399482341490557
136805653922440545236898174258591101625813683203854357629485893175507
169339684594585246521548181268294580554347120451675782292165655765323
755269979491907790290721470028945910906810168547196009896631552040764
770498663011626777043697576209387962244149555647081533675465171124525
494988448385400372995438064710806665801009423348619287162930431656995
466046417008568005039796105165429178734958555888180100165768519227806
762555798947334820995682200985243031227350395710466557840236578258247
950960305896426670517862946039737782219087772850409128779516423149224
122765967215463169374421902685083707923175763813667543568478905855092
625087953948288887391460396564827156260615120481975442813478909694577
057740853078759173978907039057053839987333681580039328169198023591073
982693187057179974660632782058576913020768710175899485644217763147436
650422599326198878686457516215193023912546227154248929699151705433554
294914156452671016737522051274411770031093504710379313916560998319852
066708596947123761599780972443410475283555559106086053578620243535439
119805352324623001328120051279990022512338672726675167187182943417110
817204186923827874593825612182587761590148167549061036124066447016385

9376689472847368892535098471159976471961021572164454457342261964339580
8076772266038682344243282011856105107680334001384900405326094127419290
2033303736319391939408304003656819465678600633663252677967722740064100
1203738852504621799408238963759429792484003406600991790741983834092630
5526391983286069427176848908961157470688961029818176382115549668222380
7865271835928553075213740100808590292459126960767750639071255511493970
9552151826047018216933995515829628114284637485900433178597092817422430
3380500167202963554073995237759140685644128647693830821263946153923880
6134894096798974026348389589478589904963242433132379247452604635008860
3855963076485237334038866866916711762083479298086281583514230590031390
6292534138395796684306500796705601484423588083532560011477213818369350
9063746260740642228875995293947915395722849798140038426905456069865530
7968800452625980184105878317157518763594568818798516358568202497224910
8820641305579166094080182306527000305699375842348518080967935125872920
6524466220284341515763082453664005759839833590228061035717289294710370
2411281332303241340417214136452313890650715963680858864211706288803600
3882818397707360398852226053892954501624276327130821017398310448543880
7959495957897911440667011153492213688772435256037401747112338565714720
7169746408695295078328219145738909507603858798317146174989531471481320
9588755449164038816420560474815907258767415324713690995589031878027660
6494194125582245283618850245620973779633827359449350346065170123136600
7400219151780425758788458870293714784644952643326211927096097520878830
1727057430556560695680105838386128228870391631724423661416187833011350
8143894193619419571459311873232819797302646871212123032935596150928750
1246135654406776211209558587284007204317682094334016121144201091468120
0378227031423600909964037809786556116283337072499377853285832911599440
2391903450807400020695685319403134126377709420592752970307750100304160
8212753902445791519275222260740791628575952262435626301185010585512450
0064583175924691122451976165210456766254531781317682997791278215127430
9431444318834319485587021721280218813861319504551153713507087596185250
2618550788306293890773475017590806945147386611851991284880978723711060
7987196546896617426594850537847670992696025836325460696126115998673630
4568564349820041994965283685736393795153978010211268893073992733552800
7095339041949661520569018885281269326571013463605012980863594595538130
7391748047103691475113501131003426711736498334609243209790113672060170
6512121791601866408925886550954573597123557743085720488933721435447650
6181035196494252795276418717381362211259542301277091816589805107967140
3700493186890919540913541292637073067828212239525120849703212819489670
7867506106316916833280602684806631412512377282636990579972240196672170
4684552647852730524985684203788386214646372389850609217267805303163250
6552839983504759329726493780406678513661413446238247929312692449591400
7056640039485453286493702158332492550070878802499278193269040450001280
7683317430543255569996247774085769218103063111589380106834952863411060
5766019944389770645995292653644792743973116211189706675240153835057010
8063153851996765452677154556361072793676315375919345045834730247430660
8845594314367273976630855010815234060117627765570764856218805419665680
5013073729912316168822925683645907675211770440725211861081074376091550
4504538638107318808744543338438891640410475532573949368990955088739900
5363817570138198783462229936921677100742715748014501159744381483562530
7392380733104452711742097120296843047736024164844956034712495583117660
9944338666219511986716749719077291615102090882879381187888666825001798

8061943167667440895739665560558834028274507858231746222892994472547269360424385003463141950680710935733072455079291126859242773498459184305082161254579008035666603594944470452150590859828988232711406948310152909784199010477802406637338892463926963042112025283871094776824494723369728023532342290349261450174434014895932236466474879000571728702855428884346189834213627617273038358261073083053960677066788055439432618703000273061569773998966957314096007681277826722399382555751375005040519181861293402609850432051139774228543052766804711353174595874382258002696755873686525552508755706740225846343347643414589916113357847654221490272852038536704036982123896992401722872219757765084248042841005150820970129672304674455867062352408702840717129277666951976138428280063858469754612397791596252401046797327462367406850804330746489479877923398796935120061284320137290708416781208553559310499112617422886036942170690778250841962974961066867832641878985807843892374517397026959255366643017316086084791817723383850420092572477092299562855877125271294027345986842866231939629114234367577740193429675837002738709797111215890775347396577461037797649164370697489008628955707220537100022962686629977701491653291954198193737399855630145900684836566136367288783997134698562164715343077832265123919351733326629169224629774237416545350067964600248069849814710974694768343125416780157347683641178717918505076294925372866835032859919062681981600313342303003955051221021425670699111214939896305082786071562780050209928522962054958340222733535857109638695842674958822131709836394659456738462031887859786137897169746894946102123876846911602277214760664504342004569008457369382702818881992499153256674986863549656093978585499907025442922961777625740977949953863150898311614908649839033901986909947984211718661028377570631097662770002953773028044035587366012346541104068360920951617574826318582188111058345550761284538171845618514212909548468913773548462429659224838450930692743351074593363690565121204338760071170154141326101481012796248002546441273180705560516265145275187771718319173786042749485908014177104361663839607950665895920240197831360675863997803737632594608651248935092888712535990401359329083183472908013345377371845613939550227154434568067867784062364089374703056022144091069929045942470194207760476502106483772340019561049849122697203370453513424660904316998366842961526646341339189092174735111452357634105441360074514243729382084360696001964397655056018524997002594150199327006784737144383644593922052320387751667029864051903820170196388993993886984465622219562460323464549027280510088251274918627965577223388910218336034283547315653848038853014832430080678019414096494402045465696517345803017870991074416719910411033051422110798016528995661557499140204010267260482205186778511021969724170978728029281554505813001381528598958207550306290149911399305343114672309435529155904017353777046862649704891887448078276710369638527961890616361027546798854618357046125401120262166261826447581005216331863574429442530220248513339417056948838885357282932275070612016511197891599805904596802185517200515086019027909455268544582053650145703323444347389244777894486569551663151616543581309634360910492035616244888291177820255581458589777830471558483774659000760395380516807876086351980052169613512755268831437404898288498525747999781223864963091625318877607917623973536312803652374086958464292516537137609435183878861494361228371721697166078347951586690608223651276108508380296925894926883544783997491635335786679490961925983911547269611249279489

7400963393497002976385102202555251800836023404026125200779836542514377
1458276782331874537260637755692970006935527931045023701271858879092711
3219688613677635644827992540081199889155448673003875551710981309345150
0703863298595528236654761114053205396959474854830789861968062953190410
6284215974627897005429763886633067141103302309084960432039044720090870
6776315583924938690494730181543279882731956713365446908694471402804470
0482837637406037521139894872535479828910988984483775731331531669018050
8055444168586996480655561333710302512555640640743413255952143802105050
7096315393205642466956694598012252994563657788492771060445404655002510
0644599106474621101013000932580330700720946515593051002920069821686020
8354147014994283334180716413460149612662720394073625745788437611445990
0686947257795378006749382869913536039176586223503158211296132006709870
4775192197521974791392148055139484112441953651140014472405095519467400
6862590003686408369498957195696561937943224155573687747246553941029760
6515538528374503348276617577778956228340328882125297568534157984758020
0340493357482075940196361018767002539968752089569518337162800213074790
0896630405873053531323653057968531268966715099013216217662779607400670
6182463496017365286430650041407013228670766279683318320599903979200880
8948727162047296051170677426938912351410212605575604025162400887178090
5851882602120386456000244623453544041951647194287967755356533628714410
1058157843505086621722886901548530033583595422134672267290006423903300
4143654318247106937868889822947103118133448229562698203466224831965230
1065939841541566996370984807329245230649228590415919569248648324974770
8372266367541660346230037863769620824461332182456586368784107596055420
6433444570459907619532634972421132651974749488308340360038925503681600
2860547971879202329647284915636837660446547588031568451562133615912710
9862288936719761797629108247079397046201777251738170158714521261409000
2931493025112686603219432986867942993566728384217296392118039728027760
1629637968826077575146506413451987733103433442336123561345522515703720
5645149560791495759719927444618163693796663423302689226599073079829550
9405185679619751511948326155964777103930097506603090949688117391055100
0481124056921584291819298999325658849993428549620490742350909532638870
4912679933079785427623584866823296927321687001547180199527309850732930
9293649657314434134639872565707328532828657134854757286609801629997350
6284484334245256661897763330550472029318156255179193637533492426764880
0814004099665476238939864046535121369061063081371196642477312480818550
1232842683458430081172045985565248366008227888768830243544303891754820
2586440309555392845278036161616589764816513353589325057570145959564550
7112672572957312099080021652560041743724039856334321331712973947149700
2160050810057185445717305094214824623419309444924909176361562142339620
9189145587239605447026119191644944647402144023618133073887084775709720
0776930574761355036425583071392813166491454678497523249899463810025870
2114184164036389462152664534336106661988654347581753632380970714754090
5549069506200064977298763382523084311292658151058607938063839664883330
4290835033980345768135545692430547448025822585935784680581378302455710
9279076185295424993772661419563671258223237078315702164655342919812150
2225584054872771802941517227031756234973583793943386697399131919795760
6459190664742773889380853638325487486748781636777781333504658620022930
6163162719401030312645675875061677853028956507113104938004750590386140
7323635369728172788365379087296791954963796663870413500996701738275630
8883752572423331143836329238858297937739967549422963144846827079414390

8078902841336348249771054015121609647977937189081684123208624554195624
0635296226475288564934189259634485345345694860325093797792965434756896
2592797357145974790304179903002117897526652173446707367613380764150014
4936932502967418661366076697507625601252007464376666305252500083117534
8178037551336797722264061802837844984345701845616039508881703987658700
8150422324118997767616509170700256664734296832923530071985523259736059
0458248576587355098029567736306325597651271803973089354698625365489856
7973479663641669220476061037392592484342719280443524938897867696756286
9970355306368760297121766503534982957806628011536217394896366610496416
3613415763491082095220209615627429020559158347866254632158378343945568
8469427292958400362918861503567919121616581517320190719984346142408977
8148933020940862183538025385645308278550356206372120514365837873580202
7693319181849954842948769080390931237743591588948014224464580629783353
3936421638440520669112664506159871412981588364020021524584949007412458
7411138982049632473067644804579006645937221933590974597021434286230718
3912194749402992265753058603879618847858898674045373604852557506811324
9331228485486407361398632276711019862172215091969480440244218562643676
3866383561006896159647420619605370900578560211535048156216522511925727
0481715513711158518680084819085139656350698752611258700940823398325414
1185000734816581597488499445142548472214259784901208743242567671722102
5790122596787934957264781555700642374527315868247615025345075951235334
4034852627361449389534401222304658606214978293053897157647489521055782
3212789367075288181682669914227844730300370285596942924746501281443933
8005341194366060948330570601338417184260231988095873721002144720629926
2792754333673615700529252657463125027008700368979848358849538521071760
5114420539014868991977071576677924605866781179298159373490313433164907
8163200526982354704693325986603711356287371234443870951236479940659427
0856748825033414118570296397702150849255764121080500264994249578124821
2711422686711038833674038208545180587514799733417864345864653851083280
9077963297257396277051611432132972773774157302313429978082173351009280
5966763603091110797086536074360027332869801792501106762864644620004602
8388494473043563471585055087599888141505484986628485092447571060783997
6058632045655173402859439987874577083280526264593781585288618904334523
5196958386820780130423836061743316831514169852358997509039133922492043
8303118635475876378017153754237728146410463114710490528165047136967756
1380554253557063882272823091760155233541837363101833800830498501917796
1674347948982550918330114494264451755496834166419822597501906051678267
9457343485120718178378524658443656574078677045310036874646485893500116
5338781103883419572778527397450840373440335090353313868557725421936836
5488730750635530394402291185974734904135121185608309825790287063245892
7116200884278902974598262925206807867910790019505597595681906237284078
2559836768834544238011604901366902447357530839097237617260859327795228
7503246370597820956555480116296124847380018030002011105420960213958524
4579906055497416863252956611420580486896122010764468199543174527054844
5513878111525032435072566042166338045456762578976969663991048364544239
1496572532361915141130610358487057769922156643631949426400738617915927
5512925956591735027034946824722026741838655140357450541892729642841768
4239256793436180067951997654986725496193643631608175187468840616476877
5401603849868373354907322022775706774219197142086797400570336818645659
6588590441570940145265943175722489871009226826720784208682328243108907
0568722471200849465

94131382121144472869022220521293048092965109074959058897127894461957
74999011596532470432211188961646079798660746583496677309267687192058
05188158337615388773012629597674284502883945673437000362750315784280
93469214153449208233460301412635888690651451623397557751624825305922
73930982987195049722739212787767958068986861345834938004260504131856
77656344012367432310983155111910121865427444571526972235630054900818
90894976734336852727256779086886182005606314093539057941023836242980
57697316338596013446492222727819856235850002866126883899121148063071
76350612919491725213507621702617358919052142337467304278169604520244
05941719535054120860068056719689469023907316630279433911998521337120
06701415747576621416577065158426164845587388064254452178341525625990
87551701845097446378466910097825847592581513399451340208941638464297
00357662360748860555652208716416703044948239969521277032866689077147
43268850667470646132241077891751364935389075178226207989911832129139
67015967836643289534545247093082304912985530070463494133634117234449
74279471789801307965083721061869889239961959129443401445107315825258
27207362423460659182649043147909965732944360039406365404235811394539
02989939722698797991409398921313426898591161957050936793583800026738
91046024855322633059736692100139439562598194871175993349560457017306
38171948452926674417086676340733340519319868288660374898913717371390
24426415482592372483791599880165843080166465071044957083331382413320
66099232192317791549191279109690905269000951317065858961005311225683
24430534587243470407995744389356549074430256303825769641038654877621
32585410726160096174047843440084932386151591137331307278609743344446
75031619422243155487682998499794895697641005983326622813390600291556
52003116871720738556994630832159629867101748667085457802025992752976
41824559946302623984705900674330186839486766342836785504281607851313
49924966462127311873333192926075734775700865364221289208543620490747
47680808750945247443484383229221737102801165211766771216532556453078
00870570882792201832876697011750397490401381536798277519226474120725
47656928924743727353847921348558773876520443087353125642471455626681
39491907825540476832956436926766498750853691763261207210863976144970
49714125290315521491855004199615764988234896241693923253389850119307
84121914114547580685987516396251087625399835731053417175227924303286
30817267813954265179626439698906214102788170974196913849282778105220
41514615742894413869695386720871536369899424558795255665560886386141
93261122459883449887407184583247547248032547576546147680567056467315
03280130573623761210292813491117576958437852124863229203714364570648
42120099885526722357268300936914515930410701163906544328401245020221
82455761769000930882321428686625478294418772433066166827879607722950
30144497314617693106488022900740170673870622992566513468160876291355
77841815942520892392091347869854065451732643769589606458121789778140
78339934964631086065263415839360721471778699536012465231091929607617
73277289733819322096304172389449878464628421672684649334191145561542
43751841397365698229824198535263723339644939286947247229393618498276
59184185547943196311929981728222647142435852916593835753336031325746
73872801195285046448804135259043840009805005581130537528980625127128
72851816669341801537590632538670742740743613436459400108468110729944
23263533426068983662537840012252401538254970809454324727729673287808
85738444146978361184275144644110865094261709198948565825390403698118
51698471643219456831211648691033600815729849998273075019382401257697
37015013267379836238066457447921184884314235343676

6484632855367397489717817412136595833269198494398957251046378385191786
6182936519988916185518254845447640225797219760476879065027405147884 23
9826594829405624958054723009501588976008165093899317153239600310297 78
9210098995458027640560528384331171223522379136335722717184891647372 21
4253150646111754996083374971608821175366608373214584640358628870358 43
1331463319031260347863671468733508572896413070670712834019917520308 88
0756258518541124649305110207787763466454141401322728369607141381674 95
0599866189656086924533724818215999177900536521811828250504132089374 94
1894665885924740532522015399927122324021094835237818161750009886206 54
2974170302995951395159068506255766628685981004212783617253959268040 72
7194176838793804754202343356850786412370415531866328320605665762942 64
7128454940303435145216359575817746968511543182393794272274233646361 52
1911217337867326014341204196782141783716691221556650304712479558854 66
8689966335851853781864589320634215912445268536237474766219144561724 58
0976172661210070932745001328135936769002208332620352019947776189446 24
9997441881154857794337642389854255442413592807529488193448060624408 09
5280275051661500295902430357492550319121565750736205954640970745002 45
3470414652391627417015668497282143224319604814934323219066335147385 15
8169800997834040876841121973680493883565727147580146859485997843243 52
3065135572312259078130893678760968486239523970221125678893418931071 84
8323477211137164255828023154292256203029135259743240442152225177684 58
4610092512011488074659333394575254602757896058887357392729557878275 01
5405844673150442697418695364711202153618201448169654084034828805817 49
5410022403529330574824488047277394217303285337435001265122698451405 81
6422026687524584975197495876984840409130677738086125655781515434068 09
8422670888301725205639516262494059826271700770803883112263397223103 65
4338537801131075858208739643899491816380082981309442476634589856336 20
0885471215911766439557548761728921718727331617422586352656205315952 66
2546599877118579904939142409201388726655174035104528812471332357075 65
3136582682397105548243200171958640030343639417477799672462800783348 51
1155730278791707118190433521397366070450438035498190721666496009096 24
6990667050855407993751740555157241298385852820326880980968467189831 01
3976712425553689016612545797715529364446937853491261316492295230177 66
9658004457021609292374421295361425940059265537495440677012544195341 40
7219887233511844176543787707051706361520681457023164142700660362380 15
0295541216531910548950821832619950205401704884558039926994885455929 48
5095759075407515713924582565830638472620162382607371303396768324631 97
0738924019136665567930483427988104860734721818690813648879397734361 64
7254983154715309022991599745572828229399158924965164703397791940849 51
4534522252919176551305430799217282616736646624295707154517288871141 89
8140549583990528845374039814900061165158120765063306118459631941019 46
3778765840061667084697113915286988878069924818029519731087470221636 60
3918611274884886755243915827130110905014036519388354662172785405466 24
5631254700575389130145256423201607378286768194587838531401316850648 09
6652842106422392854527745560487159233005592849182646817752630367319 04
8170719490628288430869454265899361998491916474905471198361407948811 73
4157655148097153301200902180408033635991019485051502764082864809457 91
7041351126908387135631519869455541946235352847219729153306854879867 74
2233308151961370689044183967426067843621088722240620824949803938459 31
4458425971566614745124668903199086118250320451323094815648515829725 04
2120797769446202314153453825921362248113506870458036633769374310223 99

841655496561698790476375219234055350905061893483430783671657587603243
509775246788427994697206652055968627304622275602543093470366159870301
113336056016363503025286660462623797887249329887485297617727709408847
896812545525591982970126476641726323440452896674647179803502726933941
340710044387066998617745942300461726867830643220566109820409411776726
335937472749584943205908804904106550905686123400536897753056700058122
415230934708184771283548995752724970996838009130508286630921459339294
516104701864265740438826482456831037634820010395137879763589536695712
005105088250608108838624530200870756934438385404336267357126906431593
575863764775590137192918634093659587572897337536674355433816940481058
963450587542336855138342574120881531263405496256132762870945485228844
149341717341455492295464902892979008637750802175448329877299129447919
648611512910563259128503323525592836976801451925125613209956836971329
930585306342866339035143958988500078778138288210408975570179283291407
681868879075094924186331374806262377150829119692377905354476766584711
603587502863329737422668693857678508973781193925497714609039154421820
221362469485936774147396670591221178865305535043442510429943186390155
353610407894348742708542106890450279950652906169792089075402022126047
071386155326372140836672460668502470501054690989033291102461719601644
419621343631678329713670222925053108425902660205409351936418138142134
090981493298986932109834165181829544391990797857919560831255390876420
881385744705864364314527978248176607437668946712682556696646212716538
241420423668066237565687012303589840497463526873443165834748234580151
639472903626569860478202859597721205983365639801099039465929091347882
137387061373244209341586246682527826562180922377143593299846859360709
582818669817628664096253073103901729795650808374612853347127912856864
312195553693799928712804748638414558960742765051730109149177204882309
759776716909909379107543907258415563229686955999364539321007244771023
980376907470292667504863507424968547751173803898000548179336232114161
396412284780762056879867003891069678620098622657084945707392353087657
421916986433202191450999096495497220927407994271446086779783567593331
079329115163299444402168470923594907706556521864622837973806061102787
150627386041993924281877020852297063699411601746834862010247561551433
110629196054943381022156072361029226798983070174811498471749040487754
396772248853454634510472164409874932165850214020855667376398251136148
122026645922189292943463676325814490015951882549794174331456110115827
119760056989315901445457509326495209914457347831167352194122772199298
898140817745738632043757494938494511770234982739464291028040313811288
390442196947884141577684663086602812856264986130825362062464357000618
326996456793757078808334208477109683495071132666372740068206411559789
818328537699089985398975486576408697934830204699919401893705128418498
071946223860688512838969975201945580813402228552115720669692503948379
520394895990436666243080548779827061245622221626027071102249873543774
962974589312295633259324089776116082947305653467016655961910865336813
309137464663909845445301572690395660159472219805922360413906267181118
944866071498109156213155715967649443046784393844381151737427481024571
949517674064105756352923635818080569981950909873128882913974598672639
422465652253991432360908875712116061128920546843426195087204897831473
928387524922969047498749420997853504057446418325292511050814714531266
638488486527787611095425989471533658070328587345048611967375395344648
219701916451595699851224803753308807211041984262237985778391805762041

5006256059059143284490905417866242183486244480711788140456584284400082
5285119387394163434558785922786463864239130310356075811836601295858872
5389362217013354786717236663065701832701991925217815427326035907652888
7549018626110630665469347532102771481546241483352693098651062219911159
8220388148256521592210963451766379013401649550829250678740632174186612
3854756365946202246967967550968886673575975449490733847983286308618809
9039394908138417758161105820110604876305669520922140768168115026421165
5257766952860340423025858103403292979750322019892036640128408772206649
5713128593074587143664223905115640326967972674212703605699066621864666
5064419862498772078027362104987127788364088872973657205830556734586675
6716342319188174458866515543806389214482900000814857840777419192609001
7596553059528549210227980883999243622846873147762906786036946922084775
9904101187121014765912069910546277935096687136962038384574708630333336
3502223401307926444574511249249250196384417387054383990772234732097750
3023190762090993933604387923836918388214071094392595018373180350284404
6907586782304150075093362882173993244001606629574662647315183025199998
7060647637177898412203560726188384034540445573701464752039752560010554
6097194457023934238138233744088954593388351196483857924137110695556624
7768749145627290229885924879705596357287299597821605363640336475848837
7964690927246999473413110955389828477924150915727555765318478341976684
1038555142667118426273200352936690053530777972491014165907138215619960
2251412921553529769150171166633888776422375869135939198073930639773366
3862339438199576331231553209183243864040776624472297003995597830620885
2357222761845663208431874942366932050410656127488361020427324926822263
7293666405221064649659194893914450497247882842376529723107825727854405
0580380785205146278260435943720788733970986841006201065923282667778895
6127055343817242474125327012993610355896023583655204598452843599210775
8230633087377587038217082735707904069136806578658915178832313531078844
5870356415775134873209664142352576784073735992942996393775032739723350
5198186746447869851768432050195297431278770876062198167794304820712218
3635064030885745639741337651797129386425192048913090072791585816644479
8361090799803034201833219007702023165891225879003038779226352596813341
5538600184223539164329353454446437396620585505974490555846461437172229
2069979639071660955855777986325545457893084622693228214418771299806602
3111798670884566665197201497490787168892576534681497035500980981551136
7739730391138061100822839644889181652912920456433894398946408949278889
0638220759796726157541778537115651698842921091819954309854750395620887
9092228346015487643771977668643381944100055953124859555395571199098855
9855300025124137876335843832533269375958449526378611241752590014521169
7095168780013522362852277191428063415458681067834576194602013070501222
6228015006922661613601846388307213935950575968731515826091009901352292
2923775276387006201338826511354533905295967859141931023178057011205517
9297902974918290039984051598258517898617347458707456204597029867206616
7715997321366396809269622967771563327952489188851987920044886604686622
7264666548961476444352797036039245591783933171839279283263424755973392
5180024781711444667639726963138316952324885425602860183605791265101665
6544314670288316434421504116919053094206814782276239017051152319787711
9791692065148250261981612672890720330241785081460207294478196816828876
2559150223182970202258119859564086596464031515094794541098766717839779
8274466707902564269673052390039823906195186758305694275217455607163885
9599116013521092610298394766466605685760220380263293125267457097291772

815021170881521727501172971476561504432840105693607548546210427190193
990583876611859407470612449425305402589211078563540520133217628889197
709216725578968528914392069983421982770281457893339443256931456517168
910203358133358741232645460012745430676600679195732759289393604041783
280426830425081993188753177433455528423630271520844286520711718870355
152460361300095825908357447343434707693529057665798780013728380987480
911089055236449097221390122879103174959342946496638425321878938194913
504583756514894328124750072909268119946703925531089492029263711241346
570645704052277022085224401236418701398895718658251958513720696475373
298187269097596268917490155072865168773596850425091612968660398035924
768003458620076587093643906577406409592067750218746879634520351370290
853138199496415090491781540712043080346835486193424274650326958964050
851247259584050352726084725040891533915539743973427868586769102147836
759497246761324794320890536022385418607277664503362058816440664166756
065956812872353772434423790982704910151590958195697101345910139282810
525026115665961554899736079198932578724988767703789807354347738796534
520402014690560293640324280989956900622514592190705949091636563975007
038075621549429438586515207946979735275603744371154907168938838287062
487006396041686554311084306475852488902435314913529566716127083090302
310516390987040310914614571317814739257725808538077768416584614381102
388604645833739896495617421811448239392154837000445440805508608697917
585690894121451875441569672428338647890367749629348503428579952560099
172203788440519836795534523451717280594471735804532824035500645817756
241344108330357366874605550390306520057521844618419523621938102619285
240259644673650945887714745041960057980757566262368104546683675349772
172429020810584173506934407470718453718324045388859588514005470637925
527617604023797675498619600973387352693681175885403739810916563621035
609798821561747729062320664721632543455473299015826080501325176413241
703788233869403961545625401696378812016678780966582994832394966584816
117478921450591923518045058049364479437753115801836108314348651930721
533426911366288393183181522015607675763309308024228533447632667902720
857095835962226796705355705552543854340378148748179618326980973572209
936940398242119584549275364262145171688213163791306431191026442263552
170607883637195499613950983715134784022865574541249639965119529477106
256572780268841758444074615644648482230575189771363635043424724677020
246226329774562233517584684936133772532980323061685894472998669401613
985092337792193701268412760804773922792409432895613926284658928374464
055517852945410193914799311477877400295151372470149105148272222556040
920610826757114408709535595821327048384126607422808146478946347612186
989261234550613717907293193731057911536282063201726116958003345063045
418514254955536658375799468946291460598466368726572144844336229902854
564788700525222573355990554072653629028177517647999277294432485062333
184998969748056477864950119294221247574619179412550932016932770779584
884629697125670428579416550288829170858248372966224661449596893563525
459860514974935038150254430551654630322768815287685238435702638743290
249908685744744892585476829626965369773218726689006698500790352004039
645226067606059856570379217719880291050536649231467948714379604361892
652025560353845996052867753926925991481139395313266535258483897842891
368624905119117499192507220624387208661519239298579246045332102912467
705306232889812450042648979418712038248552778801700170634600351413467
165712393348180809934475155040749023486833248051225646870878898403110

997229015778891241987663858983216831849537757047186317032530531446222
087489050100954696471056894265429058591049680625003862201676672726653
743999560103936681569203794514363467012151779483063420627821632609534
511259451913844132655518773193975506220824432487944149530508215213808
128045349850355400584014397416950721197366158812399810155443038598281
233036793787711505742620861441744664484529805665601011700649538436545
109964278614078840129964152796836702694568955176331137283887798799933
559765863460870467134927836660251182831432349925487656874099652988648
219845371533390138129801949934055625224270964258026954695933058176642
201405394724675699156010132026406032157355974704722374600724573895410
725380297639585193750391758575636766102283528363582650952646014311146
422311752809748966690586693189110774983575551397762465748907297084540
853792940020886052304824862680711996447584081581348653579932234846804
381789461994344191171682453186848207632310223324485573016652838319270
492523248369169742190678841612304260229455180804350024120684957467661
789972811825465266713400621962336564240199965766150229330011592904546
476632710598722760056798838846049268637721036356351163009624305765436
630107049594492170411587255292338026690885767617965027301807720041035
512696427670224346224395320080772647005145486563363167453179939198322
896194537656290014386397776203900611135410114423348449867437876532451
235669570674323001749366668349451350561375760150596460993281156733740
069054335555132499901050945085818088795054240140262656138653511022037
424321787690526554235094728608771295263990764870096191146904420669356
262457179364752218678344712214129794269541808327547794076189973291074
124560127071167349244178269655835546523945094319433208193593705786029
702046058854501823495855750038942368295518508069839284941776975677000
767811343202823019705883993442289193888984614523159550830587864017270
378713700566856009950594029820162110652913921427450096818748166382784
268286828734920456366757350452890742568156726203938682391746126332822
855604289076373334329612437371883850591928971082153393718453276691551
029215465929419377179077372928434501356314626672654197169408210213160
722701236323195256969066621890205210715540717905199480638623561696976
927957779412927368204573327660629444128189640994608382061984659965348
181710132777682127877662741866977472476076928160375603052789738791612
116928188123809549354555494556606523982362633007166492609465147172642
354202096061510234158623983714265162998661543433086511027864712007913
758185343861454404466171830161505135081602974338829882561975799788023
171992665675138574414674936425117668424790278974053831770720927593163
168941935849313400365617416516576731440434689021250909353582934226408
639652143614936176744648941460536519283019839103604191687587681877847
583109868027600984361780937130099388421717994234274649930067019370175
967528100195582478712817738476195373328353513068525928715272937879293
285006512655815782805038288798131089237722935887322649341739166198462
169043684377174228460267138529271475081879385624209614939309232341339
499291748810612173613168907650621933850944374358229498248327818962804
959020974481800467451332868126904735156051476662971777733289690325952
325883084453271430767683398641282657680858359758484634667426477638190
185436727186983990779074139954915789458775277767341720704468283951555
539606029698953752250109110035423213816919519309984477496147086164876
753052536355335942038759173445735624978011941878424782260392246796430
480877261791261014883919464815048227234590992074114400805596436063759

088860014903347945201000343240571260536710255043274026392628807422807
489583499342822602111181700572801896197379394106993670191088772225152
334263983785840279995099718755666350576382295188860747114616367510437
109345039994810670440880601325516318638011834934029675251904462834941
855137440196476106460194462344244340319948558522036206650025125931197
476633809986715079911378182774135412812437687818658005361952079910390
849109286172320457864210263357092446750390454404784549520890007634227
475155717203361496027354184479620106463911674830466340600712617563912
094501252233024245371128574695261453503734364287198565188106948546220
448621830841384061367429979067373514968540195813979111854999962649866
282284794074337825872252689293405106092267536142113033987845000984536
334691924103831914507473493293820582988889034754707606754931662972878
062265086707038113875792899285269431332213400311783246791258333867877
036976003100971101989536024051187640554060708110712680164178521014547
336947548526225680017693066322445708485915767270333723416401617955683
675921599192098838384081523204470749818410331649088339692047354163445
794941033422678233513618295824893279318409350750654969107918301321634
710667083090488992748346395247615853222374940400386762034935347018318
066453603726442697690609507767879544240841258582186866626726396756113
600495035889348678211874077691081793827081552115016961763032114335876
144902332105712451602559820848612159327612840839911800450152819809799
459013160307428558109501855895009515859250890901442389550505574929964
907679257987502359200760640884595610017002885798508717275098197668151
659712464983244736873226466563306737239074278125641033879853169116975
800656305019348496617943391330989638740732976023858120978174036318638
549044907527234622698777831077226055903958991137076766486110640655173
264015400102610734487747083191523244717500644497786890798028080946783
932195633738690869922912339294639164343355158789415044401823937551709
031301222749877506951352286899261496113909605656736995591682179892413
959944189962862091350724090779352106982365050789656894768450810906682
902161254141390816878082837176386335869895858972670784498705531180235
978159749323831849398203069651467250470638535567227314171787061988836
998217122060681510893329159716122227695475593163418713502594810584425
828676218408796443061422095379726692023710923999839226729490013077382
498425098475934185550939047754915916588554261957535452035151920341913
239312291098310498270509822329632621138910363768679775742815781953601
306599754819212507126844052643197593756823521171427974072726679012586
909312817100575821892632613940796028280055356307838846179263266186439
157474622668502090839876465851576842111952968450338908766182320376028
728053574775770343840724248036402288546085203793097548439893860710016
268212025581337607859206386167160532906570215700908272833844982630710
502585839068616200349516443235093388242848526336669119610874284626130
578173571031643791090298024716168764788215067849061626350192259490480
398604596352552958055826834603662719132036793426675665008438762142306
994450374033182329210933289239737224196911943543282567219285600545420
479460810964297803192471131349802811618353292576759630689717450705895
352685554142677745482274065542059404842379032748258237121958813804521
314328745323231336725709408560926735377031453584609323549345174611945
920741781107703917663556689328610424701738767422199519585600631163951
848111793449009718501243086705481957357347196233924641068634590088450
843175174087313464025782499801671889381548348016960954280039192105758

2575511948929734096213525366521395581704711233014795841497192117122132
2980470550129543349178713352621103848210560260683858067323228462852952
480452021194745688122387162695628213205531645213893459905017723108349
523082975068478051374447019830795079216224397753718965369453696015907
889945479215890830237750720696720500440693808404158710133555339267196
539247046700851628630632871842461865273566401590317044332736794643072
728463396526629738649968043955160288062628369874090242459101396609966
828693976192707009719419319675230015737488619383656796658387882677653
112954268314328328270501528634375791471334067103329495645198208175642
587204098252303824121328415492041200598425588168252448831212030864607
591679785745072608943127741670950961171304907015165555103624818334372
270086382474897281691046266297017114672658502592553921061366319352989
112447972089288444198069331489331746920939530067215019110551393831089
943144436736273901744662581809950852269336009433169305552014919302367
227367335689078854521509204620804169151821643915924144604656368769200
399821861001396529134165218256696522717987230712502901877080011685728
943292891766435965110451745773089354530027560378753989277995712596468
224044851165914162534149548071673740175408795307134183763129994284380
199728871281260682279775462173607918423287308451647247626527057196490
501629496200018178914193665068209636133102835698537463191136341228549
978013263271801374437573920614033668273607147618606428994279734251683
026229825694086321899531611972778703983499432737847459881811229417657
469093318725677866293481323453666924754832551132182829189450656730443
339319905378530260807863378533714416214626745764813471159924615543654
169810807748320223798213418604222152971842005189562171103780057083870
636188134638108013318478936435270505910740461952209032990564283220305
703613620370853151700066690044292869216912104227559221407932974746007
325633501743500241757794885914990289948600106114192028577123721402671
004999506875156980172919733697981180419239848872950478495965821614812
671577903144406319016764960565819626764092918954232173376488275651281
348018866313973334053968579193946079114679425343866806923489048599055
354082639809195253218725570789033301763148412431470049941257284877892
946286442456166455284888613062686867718683392832232208987230642814047
660692651404973049028437027558438412793442813096803025593307080179429
197262874659481892338660743673273296981159468364076925622405970876885
564288447944721296398032389553196184395433162898580749913798903968855
513989174416251923082656167920281810898260895968337873875997581960902
280786279041435178715997378848535838859941629721610091961783913979567
922085352645203137501789721900690304661918517650173731580690480550685
299455956702736422311131462065402169247419185185101489470897570001462
988401598546520829533715111819639965881993831722445208203071800885951
167543844124477485800944806325516527655430681401701652224098437480929
610227739441613571541782147014687832970692126648327037988657196688697
759429449722295534780808080214236658340017607211322325112315002801544
732448139954864926748783781318121854042430558513060947297743161787364
139515465251871367231767316201547973410425658528321585082649862642309
359735788161817290705021383028835759995592447031207050085596966469258
396112764446884163134461521513550679808577819528613422711024513834697
717430026220118162853695068412701639946361875159021655892953363464240
964360040773150257925771127587490725742626268386584081044971365617127
636093725353462046208001994205204181611261526141085743675294926423282

5455797732179676872916699752477004791333156771180388207372973283955530
785255940622872915687773315590203513845944120637812081705407252467916
568000153402171632261241171063133788689004311680210681808994501474203
711814415399493727931571411190711609403798382945326823974232613869386
554091283884272210156404015213820900802679017261341266327213979046791
894083779867678049938732470247306875034151943075988861444741977731301
149391708315133872349429950123929139909426392030014579119899028379584
519894511644971338097986052275334607233701477498239103842574269980085
742801946856401187008273991892068214201050012115967228527273586570132
233533028552430298076728091553855478679097144337141484771528055571243
107068399393209358533172773791167850342711609788293748746976446223012
413885526296613356692661267547780642747051186236800884699820967084317
548369812306113327334766952879402001276296049679143498614402184707401
187095955058571705207118455822029537062113985952706356954896981635652
016288757271399812536631937633897982065837313722335014902996858215930
217112030188138904585892322136678640901469633663108556038659915073065
600576526258258557886740096220088043717649597657686647224749371583270
452744380415532720191283375046870548798333809795434767757480701101808
593781337907275062785990827934357516117584397964118866608203139105471
007320741682297985058484583471502566128794749600483470801872673506277
908351252332956449648134753236636968194744152268869682406518697238096
827363890561807793017254783215805392320206829389192128052915864930115
936402184059115961001338472457648865565731722747424968726376310009260
951883072212277053849968298476213791230756547291148178265528662859183
663551907804571159582560641147059625095011884338584085992799336489632
600645480302537455512740693591737993558237718302888221166126761578767
235430321107459071213391579337796681488958705981709803854181173628730
602385453585061781141813268035204848701017480145169877144410828027502
691314851410667454960227306231272572005976021780483254676917467744989
684528322182054921838357270482583455687841661908153470113554748088347
055182241008375030168079194424052897350740019440631136444979439742454
161205810915234125309311991573645162280681329342843505244084617700350
657042654026320972304450734017620295058036337936803940642771901790550
623803566638645570723493291445186121239312558354374627328295505268333
945737376961944454706936915951877674834176563408426050381067560269599
654948618603319447467826820623058593859974849672055594555886499133357
299209660041807354401355983596291728311696768252565317778385590782303
466028714483973963799215748151935419490342664630652001873667391436413
566664333364614823742007720694395352101455316451905864397660014555422
926694545318157416566581149556461930399858260976695381481114256556828
338519151953478949721170802455761029776382502611375278571344385038841
874101731723379087828034910053308866419754583867859287926758823687693
384434414156752922751388069320480722499979286300262782056914088902529
490904296790172745837671928216305466464333239103642743554079465286299
548980849911620981804306142728777432270760404716818936004468380126505
570775496481280518217600470086697494913178425589939905453194500705628
215220371519254569396907346759778513247048424481927056914136660182541
800754175084374679354655008771805404488312880893542691466699141238143
876004063048854882765278988671373786383817473031651450648437402986976
212267932901398376696737929715222135307269772216922974660156183037294
162150663106752770707147878255564329444925376413432538263612076597832

1939472980923430191705987982110681371546512126313158858709748774536533
8129392033382657664529664102905734782383453930669159363851057048389811
4975036830640888761464866399838242383306194093520749961837643762905730
0470881608676849701263006656093608559493274978880695749215170840547838
8266603425182796717518328736543686167530201603816887605865961061349633
1757591498255562249570219284022980945371653239408663976153231487083111
9027088409602349766004623963644024534789161343815616015956086600409200
0084771899345661161271317757593262061460377436227241378239453731821944
2209492289307909159022915539063912287697584845840589517067689969407315
4503493373504986893080485767401677246009813708861423948805500091453823
5733878496816209504898133796090536069157406468595912977970295349221526
2583380017510798324159807810765722428086773687578161146591174053966425
1369880313066996497907921690067618237358382577830856507256301376517157
1509153247758475478218224863430684086476582036014483408429494126968069
1084358159819062964858301985254384916270458708898435586064633058064591
4177004308903530283588534160087945663686104930700635392636566961255028
8830407704661011828195466789795745488603109553295667361468192360236928
9546955902348847873392330204070999465741412086891764682318890588068455
9202396718313998353365176588337250670658490753613434571509611732259121
8768703454615077253771235968812870545327426780124249116385997607366761
9286852514098945557824424052311005385650791445697158681875710554068770
6992808867847636816175809987454884229951613199431952375650955602462554
8562181301158500991088424192945881715781643105171228044352544713763412
8266780649054829241565499767682185036966642462691166417799502927578124
2224762180291828343508028279264118532670138591134006272381239581733142
7032055194517540959747956893970386083230352803318510371062712664000785
1062684810653047869968714113607839219182789770268619516907103183279966
7168629657237938082714331971430178567046513759977121986773519679277360
0379822659222510669120038403621901805144252885535598592981302591873926
4589396523766690706513715324067648698891054268267143002281838282385855
9041656080872355682488681345671416617354949325109322766955401043302428
6401893862985967517845983835744571656553907467453980282312555254617718
8926114775537281456337942985752519905032447400354363372007805038419915
2292112225574616650739744845136940447422711413642338929932010317995023
7174387806836149139293335673277605436338769466450934589321470757826851
0545931964072907142992123315814896119921160696654556897651531355736405
7325374110695235022141215907458951818201771080912112207831578621369364
2464980714900796222034870128203052532884590996494278732269439910751936
1713141727548263355785956210521613977473195767370126206962247921070873
3136415419052628568713002559325258426296168190130174372685647533206576
3253266159357889251018752508526150922886453472758443164125849766234660
3701560342066977886768070689883249182624055145325250018119783297126559
8120640686196276722259120792231636530128928547361259720732076006583942
9546292951727812020693180309347940032371226323939749173195799408349209
2181786615737748346057100003069215840661839096872291686715141455788064
1736676288166283350507532092942453823089196749052099267428823495034690
7145740329475118221858368677466738417619691848425504030464056654866622
2311693134398806993134059977513473900496729382808469112409735823034012
7456203054019734719368806821706629428525013385842320603897086805779367
5326014856748092604191837236244334482031357296075622280831571058601128
529203994585464164798402607

626595566255686785230806876932559865362050293480565687631774835798894
770584562933207912441596005420817518593966294081862374655322614738435
164785453968537090180762511578410160818692381185853314735394220918803
732514292816230577791337824804247065240299736677421860663755513334151
136999105501812791368693426009202875984182141299127949611208021761704
024439633795064354579396973131269834257824649563108252434091065118848
059615740261485378833158537809635996441480103272516902269759432659120
044005138488915843399764454942499401025795727522354152281030720624407
026867382072007679894986183470602580576197649623228297053969827126626
496818142469027674882454755098411607448765699269009603032627241626551
166030451158338898392536087369798239463399372301190770326678046719115
487353144083731780151243874209464056128726991992621719595410286397760
375804313504622254964552648415747708520243056008050649812742066905647
775554765029516604435748924108779105307176765335376041498237063773068
104872914896281671934881633252808627857014355815775204915009112623866
672722354570654456544084871648020150271168848371069933226502196311542
385913273189489163797441004214708874573192887173732035019996323503769
734338173883458568734253108690399213824402352928174015813984651317637
977199505976297445027921722208171842886084002229109585927026289991787
639456322307118364807150274174822424175398084261474189326928960494639
380287856934070472138178613347514463049274850169126324838467051212374
205311350109184151964667036328864470115641547359765250010257101413433
178019042363512116665241225172294858924117398757247046575086191087860
491504372569797324957195885355162848785373137480227119947513828191905
886158354555726157201956467524251828485621992649422877632596493001616
963211664511853897771569375209455618650062591596994118645494968349555
439392128641567774998929036692170390220514049418232218102814313767183
606393287576671463918548466638628682828293524319703447449973370297649
658043330310912026447989742508496423760746373272807391936808657390979
100670745747153616498055456871460196594814882471264901468094398465447
639241478317700858969594598345667490367456554596118800216645896359819
222444671291760208974245279219187125128865584579016843252451530850968
825063333523765041036047065919850120139360725672925575071377756884036
477183308202083783342955650325897108259461538103843642985056760996353
321773888078374717004194220629398331114918578524402870758312363213546
476869678534409151573812391646075210027819423884091058183051802564476
440369455889937395646880485487856306531005618471599106648801502483460
558815079543648715282310785854774431583067818247140155587308304269540
039598558342784994728693064778609848562381848976642928069281295148967
892131946406203756766468322138858356623320463145775657032230789746439
769334885636835852260349312679273475932917794032379509400881158160364
720625160558690071249744927073833762452338842976957954612574422262155
422503014524436265646246876854931956238705392669543073360831534573122
284289080846262304192171903897450426764644834467249798313259962520614
475801521030718738584015699256716062051692826203134197695130320673858
723680056999989120335818707493473438532700006558545030716167721106647
310541321413400887712212759839069904858455045619358860288243025552494
992258021846440657767058441325857650889702277738304799022659840000402
276539700947928041145834826241449358531403276984672427130120786567050
660340401918829404947570194278299298648132976611357094943586832350908
905268926028692501706968953340334983191000873007033538328913125276218

211460955314875437052120457118227059755048534930838543562515077802668
710840437417616626017984845264720255502669566468078600794112692220912
892700739158573311071427489338096366554485103093537610508374199698082
742947163471891234725430172357528407342143153952657267868801126384805
830811438212895479820805500343106393958489189614340138157474662292176
969759355089690599580673556321410703925352914454483178717957528591518
033130350506153932237718901831212328432165072542185121245988740631213
139998853438169105936925305212151645805885139893868607342081222642576
956864024754541328690994061230298676567631505935616948333636272851645
248495766271611267242168441205148031328369697005784104731598981150218
714069645809747167354789314386312256107250444327812700924191667052854
326300764968724832839807945142624296120878733174925235486687178239673
057472221084453861037780412087986869560200502962100105142581009494009
466252901717319312317253244075253161291984715553183312552656702002760
229868964271948940672040661279985809376690130455733568587286235138666
877752210110879725326099444004900570933893910105533178773989842562283
348031369165302913563760454757781558094437836018851101835439447363159
358787478648901800839390057690865620110233824722095280259902537362107
390280980040452258109282267513994185049920613473775455158494436542892
489162647920752330609471706177247422363694454836185382081157307519200
126216834137439554927822279960173294970012082550339597756738759089838
478415789515302538024261455472532362718335898087586913708462058619714
333236718176869634394083731725301907670935944206944861309948727733084
360513237524231713577667136258247679510196076480846960413715985395657
202690104756724688822394603235588159911825585085629980407970849843288
169311895693979073692649623121124883515115261070969906073590608276267
577513385691179294270011523656913236474482748211624988144516134257505
900909445587565895773664208667697614668739987304788167871485552806790
346836015220671537630304007624490513019126238430857669429101466254943
174270864971631008486387388412425984410921067912964386400475200563258
566723099951042970610511459228451042207346570106408437576186745883728
147051526608679356655491100662898471000187798671985110096227358208990
044183120358980108470280756416401711463534608867367589413283539710596
217231793215534712748870306348266115227349206803068081147730115420339
688363161869168714054431710057338188856377481830487127297286978935784
888717714765661769010930548778054922962958416574399986604330670158835
976820992914856782838842247754648652770025449279760054534810038231030
750905826585545265288624240179538914154399076285204274036942553335538
486041756610784241306712370037167946805827932452236360281512674289991
272630042645577797002738404230375258968683743779848304693106550594514
460522931266242347087897730868937334509960415292436003934708334813789
064968846780621011311065574277579688033717847808688591155024174570517
285833652054041888993523703970791958354146176400643291092674317313513
410765922469273371663243049466316126653869791462397467532076108677851
470730411337822557369800442919156619236649385883027323620124305644351
365875950304690832649568953262570360039897487393008754069013664819798
532941793978540017107372941066296244177589084063315452990138160599775
111745350941823277133398796145588091407087363596592226396793581976564
146097350531666944229484130736157305493724310138086029970741453970442
585959949692116226785659433791853383135367738088325078026518592475958
198703667179996847748159884081656836386027533123938540140772973085681

514119174916313871250016042687733648998543350513919170216764978369960
959161084463530255553812041800538131216868294102542216991448658886542
560228038230576086287046082053084563937916404240457561155288257124414
355773504262960758771539179027481774369845633529099002318602900935475
684117417154786730108453504482457812586521768660669047268602883407661
467131353818794276915709957605036736806246607701171569983419520003410
519739691173972520238049169487745902080226803604717296369515336284443
779800346549251523065416296755416080668072052334512496579742497025621
575998190375284418402851719322142953253344281774180167556470539279598
893227972400271104956141095955187162275980310777858354569387347507747
904042339118806102440275948188691833921008868269021810013000958494233
477702821816512669948638460162470051663772383362226887042818508743230
831601982041441808545838516187586696783148840959761906801436509559670
638930081662309254178965923562856751171547515905000808724731186278520
556155585940407259915063311899833379980268916815402509877789291974170
661705330803937635283263345845119142682611924736363853990701176499499
642811581420568333818397324525702421317209728161192283129481485721357
238075972100540955904808457006548376023070402201954168859245891305945
028469416437483262919064708330448849357975577992444916898638968417995
631835984274058605662402116606251133486632902953802067405047791586337
790504366352027542473403464485760209338089119855586417632729262213561
307930591058076899809918231645575553987357613017423637155159975671662
101136162926221118553316999791844168850053662809008227936208697815529
327937628796989491019102979641517290818355926358351343014267464187840
153874227551104697486279057502484989201450720424169160679970242076535
986064960328172128592542402929282950291592194733972192108348810960756
793397748025962874829334765531467553019121608975845472446198567114914
812307444623070722068340932232062595398553551967481550735710102336720
354413383417307647387233117151376187083865273530749150948300237030554
680308371960368802775515873978745364265620977179028239917083466430258
273672389583607846810890326707518884097727634101689435558379204498656
260536649977920176718493530668653725510608289463450592650350482085993
039547311515822814221643319576211543236931997781132649293539568499423
577035816933536566989041579137023232882510348564597311841070388976114
714485334278004962661462774231751135573222782689273419826559214129380
152035976749341567595928689757926091364025126072689869315241791018085
316295825082167802679366208782895495574797853601480560114551451637881
304654179244827201175285439319034041829134384277122496192216488548424
672213706120403587247755946136472155952446808321346610637914533033671
535731510804128145511257987784216405494466023031261850768538584764213
347479778690180060280197332818814395479095814667019001389212983096256
122817521939540566803781529981323002879545158131750283141796491338147
774243547304994039659934339390238272053450587278878043836676822888793
833578553453986297545502399849679159453760526229517866722278851003098
171117097750318627340670092673238018581217341182151330805208265846358 4
937050240103927215538977248229685030895100175029407699202637888124377
345375020093297817932328050547088362629300377634806577081424071755888
211129117054140101090957038200149949563772374533002812050519958860219
817372942055424402872490505586743383487834835470528631573026018277301
518320563260148691072777961900429315913252037319300554974035046382966
246061171315373895338375012632578041441568792848960259718972578728118

6891753868975221663413054597536241464970698912676463865082228963516349412520990535228926889679300460149013671584469674540534755128538175353184974071756212485116331178065138213121018119473130975095902562551345079610709222964557855221076014254892501930885832075533081406878958149486002284459094771999259583310273507055335727918692816841379372587010314966890608105910898781082488827853863223314301868086348998518346514986707055369069580358541771232105795253957406698156294029977276761539369074542120202078418435494620864204468893773457958201990783994935349649244753530028141408720300060750351956175378024471419439139429823076860074346558301812713186760112366039436168506846841331919493413565576059455230122840246532832356243712215842938202185494200334967682755512772628440661080020011732716812967970486483334579430258315641480051456575692950223637396935828389651961436462267992466734414256598760097818884481099955240549685313530067052717238212837926165341777917136408928864914365174653869691517852533104635698310028166310566100879630091594984895281709276907111517355352680786499819559619005593943095623952887247448414552394030694597159827803574772905845993937830259557987881570921484792189469240431358941839532492541052185998093108049815677736834231618887770576602733719248877037378892131551208486488134544533640088387736899120490854969620954434487380407985039345889725178503004325450762984518060790608486844751134916002860641238339089548636025203238556899360965447724440530433728978137934903591986593050891649134008486469320278698992483845815853252430500542050145618606904837394436206575111514267534340840266392375881615551428114837957179804087791655919578380747474809173006237213796360321646625405678431167317896227508615067038786193089683273341779431512666652771929106246899971709485144334078300040566917754701906685879676632088894144929670701664527449297660657060980303008298518355542170136039337426420926759102082875993669504812882161897125938839797782529809842518121263476932694421857912935553474435674665042732954468991158699053977166455372695834476342494893569637854851952261381290490404002395821835956953187123366529100635892886421471002547367321223369642157396600525983479576155132601226147653890864077325437648621602106949008397568647703946453404873056618911117872091556045999093366901732143512117342243182171947412067837105181549507420856714016303156980897810214709590867445620383750588424181452795460753793902114397881400746689285196305976676155558106658030041883015543844733277446644659517775067777397376181423442151196658061995448327283866776458154492162677197238830099068921162414484269041848386452084212836600209956932616400504026147754378201294660167311672084741213791080855775749299143539283858872041008989930802486798726082625008937658760469548546784705559277565039644229032144014842513069167549858241807476493540138232934565788561128306949379450942353024619187167152741825492267022363232489683247888865524494905184702002910646843311696799120399173384818656999634400615215545730706020696218778201647168923274401711277236231181065940810426836560455039450502842765910764268812688560300030119084301600820296117593890562454896334575800664090381376460819763294300886097165761564401280176595535020435229235519809338734582914530533944649593078059669419336296532942497663371983876927553905453182905217831299929707319799008693185200170643609034340899604351215341529867544611269941917163959533411571808074189149713663744945504346230291520916357036945888475494540847073684102789610173657673928575725876264163677715

6256430039510705127318121402313809119551927434893535649901569561O4237
5783238014524708720670383244476225275744562788137626278482588262190 25
5382555962551468924333374487336432580302828016426148084714491922744O5
4481655026185563707490814907503004251442371142959001317504251548524 81
3256127269413902621245856928263317233753096444971082220441103500290 46
228242721665616726074784641397607881903382756858764220666887870698255
782696045863279659580935646342461271912709801357332054629230343845201
265952510599280540890467016432927049161400053138408658602984443733350
043177474673127181774873911832970423261195969969667169399268154037957
047684560205519450973799368434283270541115399512367897240979392471480
729755616468819461652646101361734278739226451739399276423630361690839
283291010923296993644373365778570051439554743073110976733584969162010
261776346524603311800744657069019260819194853787986282249757668030075
178344191623119532504488737048046951392744529222975528101081831806421
621218662492333646937401772113453705065723853749728158294519788839070
172456502552534018503708802260322787110613971165231682676641154975186
820936018128469688610626808991914595256386017829378988341826902797939
842261645496832467043482913436546343143696064515235095405256616022053
722024328797946880398633770111515499046309576083889586281791232930242
706099854102441032008695267479684020434515409227470601517116269630803
754259197451213247462901688721893646524546185183168764223963801239667
062571007933481230819813638911562646205818213465970388601321239678971
728018757014891380059384584478037360184838175349382220679010299611535
210641166428248068601721011808301907167669549260434219437861478052875
312329941765050484803725664995011736710947851936927360384755356322189
033590076089460893453609507351801219583033026375742654285073248564251
605413581095649245063263828527591355263075038127949800349454101296551
506304178230105013083129162979608516031597006724478298412257599714886
798423765411557997273051768418199290939350041932746871366738349296746
072757357062085257756902214218368329921908418880263223423785879055853
029965460237278724007311189670511335116095577584413952855048809838373
376803705708750347335020171033829861333828410948302316209723337298321
985621723127256450970719610659834357008392585244301516942506650547951
316346648359041521611840965544272171337935602420054788688346995713970
257394856123132238763958925928603695186087866456017420043833571697388
178843482951263369623994922833805835927929906400920389050883179856265
486208248784394229180234100892424315111547311962378040046427326478084
557861437936924091917059346475456696203548645047596567015105948877281
499090923367416442642617829524581267760410002326993787614268028212500
203868094753528193127775498724788171306934201496674832235959177680675
907895603620359739647459935833962340081149035685533830510034128635366
290487556741591041102968310354699460504041819690314711051738812927171
510963202257738392133158660352670975641230650492859838632282679567338
620108159113474972941937837230059303249786917602813253109445499580339
659284022893950752771818862293509152616887434748771288864612980131457
418143290064001208961332702059493212069037653998017132850583834180176
759505890503640580568247021469104502367238440020363515596085139646566
018458855440749704788506884741791912959740217397170039137058655549526
890472651556180526559082980462672847854852550081694960419757180339239
700120670637455038100199466001761568070065999551262618943257286180454
865924415709142174131056848310302616402092173956090240127257353172697

7369937584254309131123537169171120420306096610647729403118371475705920
8319445606732547236158973752217820799003262802891875172586502163244590
5184564427595760449732384465075392932092680927027707036094366528266440
1313343694380864025068152660621104129883048058234272968298832276508400
3242313414848456643831999306320878204265255324923378481114959141779950
2944675057369056073999384021190422577426370521688995201357217385275220
1570577032505989480400765446081261977822221862267813548654328831173720
9116360044389034841709617228598381195198815422741277837192368009417580
0998479138766657880002146712626994637126457151999905322668777391740740
6648709713785865265624775664332260299033194793351534953709889894643220
1747829259448411448184216944105500480574958197244309080800505762688340
3515604119453449423820816900322985293530732538383918748853966287621180
6997196159723785002961517332693720121043508169053446728522699699838100
7224634194729146217109272403852549711103675731966116190065858815406040
5286188225173388508741220971744642904963231324213084010210378987310590
3704256720921242940369051522729135906492422848120458497872217729748720
7551088334228179105772965970741321048894043440299181782107355152882760
0656596632839070807641800814322204603969619137832077444064167135361450
3365779478567129708565433336443796529533443750715404826946698359916940
7945888492504321141115027085711796885011892385637303458081075327002700
7045068746697495096859457205349727387901532450224037687331034843541360
8929104939947128753789644633885580844218383477004541081605844218459000
9882312569983022349440483057232974875085698321259607795325664573706200
4948550564508632079144862946424479676729777216012199282517016277278190
5665818160516806345321262909263193088809395262157584214163827710400020
6744802903190235814863083856473400066484354018223864153325380508389200
0415412072097994677022797427621538786099842175153251988600976550088400
9770884052758617044405635666372362740062706261117831418197524161552740
1561425496407822382640532727559559500603612901175297764478102982212880
5819959954913834029829678625226395981580208510982612447752986457848110
0035729032992310776698473450518572327973644722112125487254613099742600
8489219528357892943864273295533423209665494216783868428090692152437820
0718474610553714265446300520594051461079650093213789691474525022099550
0659756273591341316581295928907435410890919659741666649782179443196820
4944307549395327731027231007973981372220762586337603043359541916388110
7167713962635251508058013237357522718342499837307538834119478639574770
5170493805129984930283245236724078442145999503078816241778586873954060
3726191338646568326694788558980727929036732778139320170584151603648050
0123560227429249516391567309525997455496154609490889385816561676758150
1137518350820311011759758184655244356699340363712815600335498368342980
1509110144427960231302994088050572493648748316988863170942807924276690
1536100027895667347674348416926656079623710860863009402619106708224610
7053337386658236023584682968384772469206766551776896555863135547799730
8842538782596003435455145200637921839311602028232310866578324018449320
1582830569859354462430467514842525511108109059751898654381585953880280
7429955238574649217971097499159409376711000602832038171378984964130320
4484065778415229279327712743153581445268926791277303934780939319596350
7828873452185692196509811585628957171345083210598770859265208635976870
0751436455794857954016194148028474644167622802531011548790918001905660
6924585603828481751655516589650784970122588343823902553117262001139150
7696170495748366991368370620672827365918043049614815506901465196510230

580428876067288485781295231183444136304999183819443909173287990306835
299926582669309198470199610253352833494139087990228177361265633189936
791755041448962373897193624024048767415740005231101485835680455231099
828796274877747049229464547310512857908313390487349678280031170035633
135627238292297669757928412674241264492840869387729498929101514890910
713537972747149899803192807416620007259098902223425949336750644669476
164480693835529762862282634748614085233054129083354572589659324382022
308029111617361365993808626444289163443860138248340419179482477064045
845094898057265690667085629952103140798192206067823555915066390506246
452512241688989808595792899127337101833629085312089833857112329121579
604486497708489162951973621384813945994588313450470744777455116033684
806025342620696288496119889290267410853492413057481695683595177103217
137276914486810482244651451932842010803402076490387537491639234686538
337119265231515235615591206922328494635091149159175903395431601522873
645424531898474014841810934822381501910122604412892580090662730711818
567475287059321856028139224594451592345466212703856584563483129619012
377171942695788744845116649274089733263792205385138746707799913724757
577095225595917242246882885562777069711920471349821461863617507712778
502816257392712723248408024567474710951105470857894694145796772349641
415456417779778280642843758311757313322360070783707050653316138400339
124869198146647145177961874391937974619878553256268638895971984159660
958374098284336004442101405183566871107056316667917657266479850507509
375327458906746827730701549662641537474809996478104746363693807136262
520077155257898338318633028731401687581237931798372928979214309154226
043209648641234194608850073001541294508802133764784112304441136781727
754969874817444470450921157259642624055026906141353350004032573100128
257209385624263506064964002983839776380042412387785340688705923690312
948639789847024639627987307133957278900883910887416120556712272108808
337355041947945901461000423185587670727377001091779675548408152215087
854066423733968478667035457171986209535596652953139352686915666945239
898907344984405373586984956606831781756393608656008783758664286887440
255246824353093361716939557692148302767065063045392378043398546646188
059642120343218946464928421868318598305205190229358201022929256377554
822620627767901160968895741533051032782987307068079221503799471709049
156431079143282605982583381153311392976825462003174593782871979883061
622696395652278622797251082248418476149320157797815253001284303491118
083955368616699350086147571566582315052721750899047984624010134034639
003261494524067109041465171121253945907101306170147008432770588896724
694065430187609151323981216241548868813807018929813565653495950589507
044100306831868175383532254760451928252658966178213653253270686658728
933011373605052009855022888816292217675147201334880383570474915609565
558486424784626651014790378243570368183387774469840639579485862142810
292551563390471025967345228058152164081851031812668864541695223325695
581035322479762689103735524678661051528540111055504782976620322706709
292344898919514916014941452278248998891619847830489547388438436657545
776065302603147988490409639884368761066335060930434874234613278685428
935034726425465474720994225858404618993917937912836076504665711437480
621394540825281735333294882388613884774756133740145686855447582734874
019602870587365764936465035684637795446793966335034422585272681151513
548507564741047379738119002586992354080152813711644247349256418239699
319448733418710534711669251179188938029294368216345717650842674797624

368589176619376402331590418310773300836240890936362150773721131019942
858904878711385619449791522240037958233628289729547728960079064925597
462563722547869216336249247604214102389103174679249148853040594544076
355615673105771590240447737556908782376029983606961676191785394717359
880368118449528090612371554406637597929902571367077406277265183067269
428042744230744992364777092557875623128799519655842206816538140902458
025448815328558753146205177240219647364058939095022993598421797624435
351417264997394502793597756973403263061223857434892934600153523821494
990197813132639413919943518670734099072055432917526031459343161326891
480956554838097469765406322938274146680808064106259421581173589019360
201843254722001778521895434526704080640970701247936031163929906512842
753211396378312788958284067044901842151239416509590159056521885751746
742243086201471321175271318994399845677103756627821494644825114136672
281668483802597679002805984119091026055849928384777499740588699684694
252981213732192703445289371586697379042519991659609583707999119573474
034478847709394141730779298515282057153044715486490626571469363358223
329008867110676365992970842033427070859869578411315004280153188537489
076195655916699362392296487644618745639389162199932416052385779786824
183701032222831263712560692849760366855215065460710331662096344689931
249649828136545205923261846219086185875414796311867971530959777684133
629499752564462716309810522474220141118815110897732057826099106793879
762867716550306430039278719664468526185193439772323601310480355752843
182582469310437602879083499158388338861952633710445413692866434335512
733752139776663313428918175809865466130837149648466307235426039890784
584540484447159590319730252680836681064614076976900314697696045747705
264151699969185257815419114200173360807061139155384392092672411469263
356033802251036460747827749620911495233496617165186671159957072743822
643613865533702592463556253625800905631124494015646145720532195501317
730554134560631068416864150430099722880446178476533363683297889308082
236914296263673136037336006931175052512172246283503500831542847199388
201374102598887792262843649385807205924846459553669235662244979440460
668396079786881799774718845379055338950304827814397421563639091210964
084233520664514776584351460276538169926203675280846462312251694059511
331506172133409364282044823003665451958310469758339693052335596105650
777481858773447937220865105011306471422979308108472542319342799746990
681976366392521201601047684877035062314145507956363953093869994327659
201407104156852719933575842390793031764627414922870477056258992736662
852477458178515533916623052549037373498878345551132110079856028105163
258986266726827045679136974650061548363303976178351586632975755575617
847401597463489974706684416410230758310313152560723506866398471764274
888973660702373024859155746274428882599728169769911997454616775377679
797322857335704244236186650949294523284085415869009255220146879087728
487301200727652160515604746133885649036050065676362552122233482773058
468808049944838118584398379057850319077735552013286235995807542085417
799659000327877088299881187090639848680922701763898458034238708309339
480712963026530593206646575197241045831702926783162513938337773014731
266362012506086608694399735712418024756599408939744196660392996396602
188452935588034008077498031703409365755659112943037279906698718488157
541137380319176229421251985080939297054727951783173946385453745232630
214461199538007774598305401547674188267083270890062521445789308264418
516477699325275885991168195002292931385939927549285928500194671613955

9694870786613087275998747623672571118408180877943788069404150972697496223629166685309311934739415574561531890601971844711845341534795413230831771679558500058736507003763805380732923068685810754729479997128065406374464049767487920927962303144138440404463610769579286988220156444872061206815390659946775971843607561499573343386575999439234050982080682631648098440651608967506623903380516047722785563633325447039510369582999218588209632421755750797545732527192914295593035571371272223441199870215001765692114608289716491421672923856457370149570605371749026617124163652459752073840657713669544920203772010812077590404452608824199961407421878666810119623293128145336630753486115298933274873948953735656906110254813421585890517231072725975419320655650851719367323560597540965073832348895260120504323700325622200280213508794202231617600197565956409540212514809322348243050293541381476706962170218974838183383899977283858860612304299020829133122737879832071508135220773539791000896005526947470413724935357730940847743084376589556321781517508427983210404310174480780269521882877262653505954106285453928264338639093283215662300312059520238969075323822529465369735901828417892894618804259880885248263182526179133143749120345554689932018877056093921260874770652775293309881746942156020369467580752451207525744654383033448862648274750498509173840623193951019606864063466024724918840702729830933053537776023850895988899910341151008268135066773149969024139551744715818398310136169013344761916567885483176933588140059751648541368882514430268447810145118289869492505453307381006819065959050310170159121835306509801640484248548398137940835705534545433636382039733560572954516400539358543716815328599446210283629982619918574323540469213323277645809434923229022776658292504065107776326187079410763858416199476915636615222727806441963474395085714873622037887169263172286804638260832433393448240991273260555608914299866232545639044582308837657357497192283817076562192356042054837872411357864228253949289575745530228897856578076242076519217336736563205867670514895804971977599333034528763672207432434906877271780785190143312353776279614514182194934114319934951256138449269505859385037452453091598956540745538390524451106290004127400915849129873579917102304869091677610932040207914363939992628883163407031416398084257256950916771951748991290345254076369640522857935937031919704530608314906732408558099630639447169051623735087317130849333337106528013330564313753533095674825335299193261608585848946146550276362992949476136739059683655625437447186822229990462140942082557330961759773688602352426158422564879678999660602828167138869129489591981154681647715183064191075795639744766766312916093953623001282558478569162633532065026858208883308270311981411080204626098609630523359783537915598264745126111196884325506516753461769776276621926253727138612931128873162197127966752323553880618565255540371909611289048024403326577126590385713966176009641412431055920892492982594757739047954939644104895234855346047746254513939101648612632002447712599217365281865490398697199637044377550805072287761721297363180734339215810480540597654031700034172857987705656818489912531997264594615133063561625526037342937541874935432187614668777097818675504924822840932386882285114989313295444042298470348994037616572821231758539262658066383012760465930459635406415957572408212066669707348590288618622121559024268165143542518484994643655263284628812900633746833524506892725539777121149738508080733424806763423607106110264537817685416843719274455798240759963827064837098406

854471060135571378734013391020143029533182320185580870118415493232677
056796414891265322071672758606506906540777221553881712828542941178031
495211520484683234848108070043912822379628423904185370634092872420698
746969939232407976709575443698149740427073260501855777428495075965165
848509296390332632787416776816470981576842737445457304126523070591019
192034620542837260960505414381292738538293111775214225333301657197061
925709407380947523874681668718714282109380163109121177206380011721934
589358177369105778508267870147944958577068964772844518684106955506098
869883630585730050513315390809991550984370145964625823457083868331731
800800851303767755771247733971551459941522505577338236974278441597005
528674606309987869117953509578577011400625028559526735152531536381476
708687546904911862813725082180231812159769483499333236886579648989428
771213947149095309457610835304155416220772471100254855168689827047006
762589715050593582437061971288143359523793636215090339392452939191514
011634060413256892033296966236499339726192526704706940041639057788639
319219656690224451473975351709878727809344307241556671888801768101113
415667923912040109394155842464292487490968714944076049089431866938655
576794849460404457050794308089850474210603575470185352465412649910499
437148587739483491146585705304181669582615857391653673970792530634714
103512596826555760311649442184016004069261278347080158927734677785976
809712726969716966958683618851863649631612168828899619362677469205063
581302574863743429364197466703051368396355321368614746996563540313609
555746665876624906689623754041399859615395270172027053622193667607872
784545294816494805205379647444388489023997170374480170888369072488126
073005196783929551115713577215138726845886276170647224224419516900990
342958243385538093017347424294901245042805604123460626965931137352745
620713015391414896650133951518614474270777206783806525575566563878781
110583613890231522840155917484100002996972821341170558728236669236625
397151004746629069743471490743723101494553645406937975604682244101591
954451896991184484562648502488735026997390764468052182966353204674563
933223606691967633889328562895636069097145346500911478155664540393757
463122608620446773137625617239688163084651619514670483618594939063257
189554634493440502064717996857161323875458368002920805361307112793433
147816960547885324764831581967261086440778580770710631155865221824051
621421569975027066914193595346378190776402819128977638998739493501746
290576318078208222444585388235508881584175642345979617269183444741302
774360128001484000300530234659754054207139113935471551371196209452274
611398504935419781744230255146566942381074967030621142132699129000694
665932019822059128847166663685813372684755999206626639863583807953916
120940474678970925959828554371170109174687789419363319377917257022393
361777846556817280142360825734000352824381477059449509604418776483712
366248838490117917557768714671998711610048441928462676098871073846213
837040448851475017483692714606606578330093464823996518217747456903471
355090927550743482775479869069393354712885578862682526843770977033667
567455168148705972558014420916982610068241565456417472025482188036663
870176926199395991056022860779511424473497696685951394988276415418149
376874213107650136697577329436734752382463644682955894510259287741504
576126533763132810466373137893381344378691878748296062981640195489395
040882188120183733981150454544110401247856545144006498160648105717444
961582502158214910333593874686771419920415066767360507919524411875379
395415864174244378193708429971988569984280174174379144563413521839941

4756012997472080785681350768181129948937780922267843759986301611120563
1497204268348855286973298663031012755454879883451254918864890506761 40
481156701790484505153085491092121299710805263419105135939247644869858
4955811164127186976819935832684552139019066841867154870631995531171 92
3408837426387813258424476424468180137542006232558449323978120145697 30
2961791577678212376048978475107237646666815153566256000457934231391 03
8486904907223192985533828672551458733081280454476257132177428805359 37
8419939003011785041185863845132561564703447276662780903783082694357 94
3642043543179285577074922374789447647770152501034265843635083280911 66
4092649808750118246865038555171492108299607107821940614329682109737 66
7804688735686288404835392733445123928617251517276454110862887172748 92
6433939816401845031030563395734647620143815390969833372619124878394 44
0733018434291213494628222046500601516397217525302776874495100310743 31
0016509561085921354799186272778675436920607772478013346770924511512 31
4063459988345984342348347601367574887221217025047465064468380059422 55
3553592232506687551629913126401540521655644245112513289169505891979 96
6587044436556728033792637867248927357469573323144078436040496011518 81
6949630024491764660006780591622599979304671998379301485811355370903 34
6870538667398392799757651895132953631609017685904512098151036348799 88
4389476448720039761826461817770104813886256734243497512533167039410 78
4508521237612556917560391623025192103073308200554554757066247381352 85
5755846715641540400708259938172632633518199111239440709573082238236 58
4143601949501249434446590146750665672011680251726570504310585911567 09
6308446691455955543962191780950545407543358496931506971397373606792 31
7293723664426701505762600315528161532842817527917270430912764358749 83
0443599256450120548030623635205467190328923857387999130546758343898 62
2778814409097601814620031562742776964412657540403961552897193085495 16
0621570903448765903559386682481945872302475847419146430697873393960 44
9973426520300226261301087784902803486697431392988161201753367563793 07
7553830723818160139892345619157513695492667024307109786503075993889 02
0868758739003698968580346378351933919267706274587180853984433918161 58
8575990024185571221195602802667310244742939281850781434848496389312 02
2941350017110799062526458772970642873924472834077890737584621021720 98
3282307719115321709740155607393874535728600766628663964667253773195 41
7504351954615388450703175763847229605531424155405264265464654426574 56
3288631539265024092248863093003408214347075649704092241561687527140 75
3902446740163824498954907674887940619157725845650448562862645919790 09
7600427588591087667769117229503189700687602329810427189113875137766 26
5283843350794543024289127744589817256924435348915113307099584567553 06
3439317547066563341720301121493121437917805124567010877568566148468 06
5149565563034593189417005111536215178269454815379050542497559813191 85
4113361850854828318226884038281685787421910616297794769228819905827 58
3032862474143879600527618934655535360049328429405247863304879389430 20
9991805182327402583491538898079179318376876255619565846072722335727 98
8788457062607297362512745449964592954087781228840138224963796807663 37
8961043003430768842936110889342080323455439412609761162798475093629 01
3885925854021202876032066335291507049785754255775924447846869337467 33
8486962516207558220228221129299828281414188046919097630096504959529 77
6254712204637700632822518578067704043617671745161123645184269985602 47
7985730885192346899826825643680880535461631924382836957570945318433 27
4858101131734619670694456569213396430610040345857598345574783050825 58

544901230358480773816736377985008513615787923296980919833903023007900
686188921432610543270258945584070239758520506540906710895965051034763
353682582786475650656577435060985573855371495102299525257667591232877
256462252672326066203674100754849080744501443904734579041059202329619
629440396704029938076833279610845183767327571134801211609234876072845
090321138231752560781840389186303471030520876437714453871321450789767
122741773570662253287462447941004156036583970534378875181584696908267
838731080103753581104608037002345895309334981854706911102614212641057
723504296529801376817527313133907801961490341969444941894191553612991
058575692642102108253245315619878509200401114258305546971392802031088
693622284627862539151110199703638429685066001132255209360522910766313
791685307782095952306777768561082601504164246742953317449166641187271
338164790952389535519789108019158567561563045117807198961184266458834
275793571302524351953493573565869252425098769452537458735525825579166
600303320459776377116455760663218286036026060993266231223282014405212
250580629707140459864999172154971488971189896860533947024576695385436
332163981409077986168488172771880437310951037487788590294967871832512
174675610319120349798406839990339997479609827932439680533331008743350
423964167821099340978967621167369787083681015133216173109242861611954
366169041330300319862216711704815047054323637531343719842591442939491
467319108267881428951620090772178927344052727934081299271542640152005
746507321286523208255760666749111010878256026954955451954311862609894
630523593678650233718472177273494038981235081021670236331378851054190
274551356799771992227948937922380154870408505805978814377862981947624
388234062101666978240756600866882676923124718986746528611332144032762
944171657339189926717126029266741922940351805694530031145910761664335
141662466882020239980159018442209908999776397868591893921833827973354
395100836861763077459884956569228612920357501057202037645665263074041
529764921712691001464486743871724199318937679162442192570270102618485
031244230027458745326082157105191695352489753626446851519202832016999
817871222983055676469279341102643505662104974606536044983411454801948
482349445312165650568435705728554535351701387482432859096858674064356
130944002906211626164533494126375770073966149630117404197391768537846
533998448144155181776880955829424255569015774690318034155030342388354
981885972081725476219760067884465902856439960046584433055926922944899
294167689496927844575919559035852831632162946160530955147887590132564
917494158053431865788656274528719810797306646941110006091237735335700
101185760077284619653680676855774142142700919263606404527146639482148
925891005273516862561587337813134298335948899095562609184810893692645
705659750894163455739536156986432958633336185957154553425929794994840
214100986291247119421677388308093636063324641088616362239273841777404
457238052141594214319337098098344305729928113476754359014106789842439
724032989122107545603453328371221569410017274660397419092111825710268
846013017345872184054469293259496366050303522760916040356540173772009
799068222201537612309288672701806004790777519579554937685425918977451
149770648497664326350826252673575121230429101567411099178026620078790
031218230333215941946492476518135029602352202815243435852738363309956
940096185047583731505441697159328352383500632738421903089727291501435
341932922946804376231263039783708672614549357918714183148362062064092
289497939336064950845153464953700113082097879396705304839672939746425
260492116337177724852233218621948734722928555570366014754400308800550

6684380455745714860834102347663640282918250194252527372124209374979521
1078097509475224607404794876148014446525751905869318793447611812974088
5375296299934485170850343644756989160662676954199184208438864784363222
9073109944086537944957478608871434976650752186857431123737490324484677
9014575552412289522041632422086696834364609793476783748605476569196899
4995694247684879623255404148114999370166174753583585948957346317875377
0908698889280761696479723140101068175386438605901198957053353483492033
6047389902174429174643249800846383700009682914827248152590688772008666
3920093161461379078334998948203334024126843856668743477582292500943944
5194202549207419985482672028418065365188118692770813977714794301065333
0460148162502823030791646846476257754822455185447603164706387716703122
7870134095237494133434040900019746587991800305121532513895979361567900
8672790443957395450458733577326653545021926655684077129775423827929999
1268695013854545599202657821325819196869577678234065252030083807047555
7080490319706010605904249421982191709563007986537151434481812490173600
3227719292874829805467615463709421987931883354866240049252974927678299
2246468614771415109771583780264416612940545935946902930845797652998411
8876411343111409608710644658011942526001055171688797208739341479873255
8830767707632205992698102206490273051868307241851105559213385063707655
4106407992920383920837164566211137525025560165412661227527487226000811
0526838401059476400566586189940272525216471639272060265776390677829122
5540300770053935979235244428449185907256007415170039500792282669354333
8305916496625012464748669512441903438912462532194233087055445795908755
6348116102447622521314765531173404631951067588706790226786461732317511
2615983003477084883653147910357544498277239100274049972370683273521522
3341502001904540147350959071714402270648731037505802785351929591853844
6765510979501672697145476939884924903237856571213053824651830089964999
1082035742306160289769595666574134015745192803366698373272048589683733
0726477211230425297139573153767976174228556260119766630162224338732255
6400576862191106137421572305506149178393904327626774924596072175869344
5188162283531164394163061825734565518019601054762753495456483905868399
4386855200334396650717405423045401200838209150504613736163269686891766
5354508784928408097304772090154095812968607925492230191550690601928333
8110369159316637229840114124838199985592956238946415989493758725940000
9821153729777976478363346722811092218601052822147913228488011171701499
3167243342584097111741208031871563648030911994661135884568432483065500
5443107038235359993083935344329285575636018777970280410362379749206700
5724490397271255652739318163063462518115463805752157857943498547530966
5024959343342488228933702542337064047728719563326620502108246577706222
2970493281007988777616886359085442998293303745831139992646411462220555
3247813909714102954315415470606857837801678406542944258094435953066233
1277767658546946289018725696900848059553797747185776754671369418309377
1183239125125561405525100136585943984922916267152829263413187767047500
4968130148519124565150773956684300437679452891387941509824099315521377
4469574230352696496178155307744866350458545130653691379021544656304600
1261791841409177884456993153066559729998468368683323742531163248309700
9310947772742621013430870906360889670991750514067694695224486618928466
1722703899992079675533035078413432800004472443175804521240588682496611
5735982085619080490497456922521866259360039609932495989660516124853199
9067103206273722710764722517141231614714945562452760270299488139725500
2324605161301241420637762330151030272607129402677333703355133347436055

5392829415464893666541223239183755407167165315489135395838370989 10693

9991228539927327491020761129679959876114681152140052744984945359 59603
8856653295840098567852147733485983191211375460415960833627477931 39067
9327905040863296464894270854597914784880196047050804148827552386 64344
8095802674939340699895392897019858862347226359696845906271398612 41013
2794529331707124853986843806884910402334774444034609430037538527 43050
5096952298772404794453815122991961767748995619413056534390366442 29310
4684978500824242929372495024208178317700242065562145287052670477 38115
1680817045227603372627926159435534316646232404447724473977927373 59875
4192469952261103917590095668571969362369436214629069136658172246 16303
6813285029222190329266517044142983774272069496424802948890885281 12239
1126584514278939886827206821282510255561143123122410080756220387 65524
2955708123301580425163580871533850586989604968206346414650890575 98350
9441616215357389480625859043360968213943096378763110178664619023 22516
5902363558621880427482630173325876492469914464041828644478540835 57444
3351541174251622048531910390467801737822100579294380353639310051 61291
5480972626719307736884964495650819159111945621630891454240936801 64408
0667614374657417375458053859050930254996342054057485996447770125 05985
8308720676862293449793270754716404396922461212112080580126043535 28228
0963760813361261774739830867398221457855846797953968820468773060 48478
5070828006374822821564571303734844274927709038468102172521531548 69176
6770392724844598201702023720968252823434562836006797625637151470 95821
8898004869360879986250187699808480877106039939863598453299819029 20589
8802415422987270356288506515615890049700130680673711200562736036 82334
7260120065137384606144035703122190244031270288086938574930991109 79327
7227255967861413727609686094707465146175989944134407568631344083 82640
2997696789413409739462581012283939735122895220037647015297030939 77205
6454696727935944012482688055510614034417135324016951691919654419 04082
7259727694531970621741630221615828792784387542403935094131095200 45226
7001829762070336536261470747527201765762327772068826486800793014 26769
6660236928780935399748512259177290959794182902365402447956124552 82588
1079811555372376961954584217928682590548312333800260467764621425 49813
2194105351873956762993397321251687893841209341953612370697473948 85381
0731038133993022904085239220620008197544334693312335257750306123 11043
5981460831978369024538037831824754418329226037372380806499493812 05554
5336711034034233711110202544509342015791046595927862685071246759 10055
5785682680544725346156065116045805726900427824084878088587757670 83209
8552188737682904124573166507304762683612256289622448846073412597 19986
6529981910743600887230078650893784149672346597807112860819521363 19921
7372395331153105755832204352634124703792103842137472700732425318 64802
0549703628332411232297770221330508109019314418667140768904069885 97111
2230577347822467298330231612244201108129714312255633191158580185 10647
5658234926385526701570893560630928205025948125414379088043083658 43677
9008641849622188876219099480451320580989447151384956049365947245 30062
2433841242254934179910695923089566260815303949415076244868505283 49617
7561802603821440144567550235740084208541206364998668999686767834 00122
4879564626892592914004688897648166035348625760249317527549302634 46929
3786452597619911835673751319706108997510139842018880978101663491 82703
6818929489800856956360644604209518514370693867857593238175215110 28572
1868140554117558178024243002281498236164411596826369507346090983 91383
0684337001294209416288182117600580950200738052405682777148417617 88851

2992971287442682949941698360784812719457452913240184301295827140081100
0792082426520384289360740649464202814989294652453774250372507819938510
9675710966530431870178104166575670273522826769374269906980271214491570
1022452374210847901411356615124533420319796392015293573747256899594880
9997249862399369421281415359603134806351843953372497255428163082320520
6678426911586963415588450504908029774750721269205265773038812067914150
5209052297732965923041091642129412923130882134688943370591565411380630
7888114829411628293542089865835426486452395264787327576574384579332630
2426841764226014160767819336806622895223082649399182534423867447446040
9500672164047164979975231328820138864548357900304545031981322831696600
6429434382111607630746872262621424813408476298665438739890419406845380
6768748461237746122438978835961542713516681617896051286690876811618310
4242404440901736240043993768316767815767202636726057409139205632569800
8098711551661386101382861655512785285603265505141034602296332915367020
3081850143515391577263563380600654854604925552746651908639541419713810
0682093518431674198206135292432589624630711501484535831962370379087640
5492835950175021391994035438284149233812226397437712598316428976272150
1884506211718371286109298493433781892688550399704064372653385445395760
6852736952676420935947422091423059318224513811969152037432030710627780
1586285457530837065810938626871319245663863182436317154410006167772390
9099246841557463120444218817091697634940869357774501449996239201862310
7298805767993404493191564841733505466036909090048113449259104211916110
1411109926722677928929562500803796412432982122439221734801899359497620
9176639438257803963943033746117480977240497820598596617055166482531070
4840093720285903111803534695801997560810265326211820106871924580062900
7257773846101097071802510142169887970154980452156672849432033025516650
0899358645110485705322816326206072903540643499164602561187392616384460
5092573707191175278217718527103125646557335001598436740915120425039130
8476388532931692120508230429373173727298682778993240963042529263897150
8681822302746154760240523620033334084847106628290953444369198373671160
7685054210314614497612872136429732644289326657052640598939379430924080
5152362791133780475466090459324358630999556624949392123295629047453940
0561349736329905706880083269090528917992709745914665725636249089431870
2642527067970166005114387615857626535333155011635816703589879823276490
3115824230124657010765934146870538601933745343510993911271406738398060
3581687210004641082439176948572832963024227819020949034957528262300130
5601514754703772260293976358991684946812713061577758040930402160738710
4618897439466453252313792982318494286991572803170121332184735738071740
4521654502474955954788912651543149374102683739025791891084418448959710
1448068135804109919645954904830648776266321990387235954392124536678700
2095138488280495583126152240132145240650965099122072876441714792596330
5767664772324593114191402048840777972580869267742818939468658358325350
2605481354369545549893317033931869785396021991838013383088607617000110
6718729861106352640221032344704622111089070722068684757953141967159810
4834494925941011305623201323798670141441483478678951926807440839500900
5143606047108149463969050057053706394700679536248991727021702959495270
0328310882747040857635991793931645074770280690568463180742254124780350
5711640033833691970346768875266809180194866760902282707326425234800040
8473445601889167075621990028318557425966421553052088270337461858726440
7842498688087131548711250465275095626880998874435619889836681214666830
9793578704246250349003752774100825283154286054759699599788325315207900

420987033381683784030325846923713863802266549915974998080229295856164
966003635738225537387765080432472555890591028192683889411589267646010
538973433259957067722399141215304439855489889294825530822459411286830
167062108811834288899030833384765500793923524355573875982399329801676
665033568518275553348356086572472148575727967716385396285040333741224
696206744281133146521770242197977238795320553919607688941684653153708
469301260249528003056031552903749919421665028479486403380666621406002
627788307028768208424575570160736641323708248500197523169738411838054
293892017198974831941084692032630542351408492945141365047709305873418
343330024852800519209705303209176410062913591122088790285993294314682
493178428055894755091201164867283675207502046658386890365934981693694
455586273999348024900818138763355681116781008137964523968269941136566
562597461923374020882874386815322732715559509926311692765953498531968
511899325642727062997058899233535184619964306508271718564480647830831
135594535146766459212659405546233764318211978537952480926702226369684
396276991084691105190964315371301500772072784390786951355957101198161
386453381887758720244236700384212693713415233514620156650906804243751
955880942930554652409015257715118054970542515140797425428909632098102
993524186327402804530568868924558286820375883318684401711194466575595
671705894899929299422997346947946395845638946746420846488044647619584
513118197118098058306600253672856865899491466194472168126060359364585
947157095214707705540688295808750002788293057857534619111068127838387
792847239561309168156216389528095115398698356160317669718034062139045
960973507363491156842972547698296107567157415370480409225144552325368
088692393355493661149373554359284039323590965542753130883257630883335
243369164809580820704056654284074369824615105265109392560191931739541
026401775416862782952074623771419117970874477369687045036439981848145
563758774528028864287428166423602805726755570761368580207165079644139
109372378188483589108964552757626815456351917713240910830518932272561
210867902234847538247754825868249186736947410287103607849193204019512
504783828809676878420765882397169648598711227754730529375769930843379
766674188935982072688468705320131542747284091280710293695682332907869
918632025987978788491115332456319688525693695568423678231614841165224
158679106768466074144479932889225974719645314064265613959954286941870
614370761486831186648145090499859284552439843480101838244674069365097
746138289746965771720808823959104217667457448947768316285412945579180
826458878837798279037222665177313576047354622805047162407986045089576
275428563056434286763943191303934860131035792329045244114856406444245
584269461693913295084501459600422941252579803097826422771751039726514
425840821762269443750558578301461221473017138578630829899005038471922
608580292238205712710009823319762985571529790620351194928100869849480
441098461819420347301596964157302429352893697147300654991107467957500
466478001328492098631547059464928609069982496580044737807806728996400
382348115609810291635746603688998553549796986235983693086294943114056
014699868341564645011344816254042556113874266195829884892779723127638
380564993539242685282269611222275678213557199601690412023074222430360
106088997370630779436247505048719062129023608603368211682570823257196
145243988647761621389879227177449723030064265708315786959212228074934
589011676998708261379191335399456543716544123420370342335554335260454
597112432925710845420725236154849435425665298432945356257738006639566
759336272816884072162782771225082473350542780169229319806393912361109

1382280413562072038149534489139256047865610676602217259562600446873872
2498846051112335380100087330288929638406352974421065028240062173939804
9620012582676030937081422756979590139489636034411983999827748706926844
1758188552718748196627573876306352242919454321575637915241659115090004
9816110806605385379953304832933510105105302446851680261785123872345414
3477071317769845893634256189213316307654311697485269433286886746252844
3748800222615606903415709697041288358377875350795605571264424977223574
3746677516377467187342270589485124674813868413397858894731599550664654
8615233411686485803291022245239696847849859873120223864826156859784764
2280907977152169330830355285983598738059769478353677461897029347228724
4686256835762691636957584569811934628946963542857469112979561722723834
2828908493045799409520055141805759641169816139980624491012747704730184
0426797869176640829631300090338053056702199144892329303571502220690814
6147960765202046541611200763239131969205840340479769073814081471565394
7688308633109461402761687060135609934613999914560422842010499691049784
3197366966673639502512595726217583794536249323234415783978841570865814
4430691761255275673613346712392132977963560446152779826401170876887964
7706468551583333253185985775518069554892421879743780041634261864050424
1495299753622992131512161393568450889360648365229851314645149372911124
5653119874706514918593490738147448897426923791503394687463386200592514
2768969898443126713719644657721501910785829446499271134692942487029384
6168280173708432550051653824662720023575826098532024052811962919769824
0344932652633640043298301723371964555962716883278405391006226806406484
3525242480021884586348612758398288463653652929184064942855595498877044
0579026638342080495373642724702420248540615725398180508438992475445804
5458321180761581389354773582621946972688201540221872661117567596810264
1737998836765175333489867744200120706362322286138234138397159562770454
0453291737810113068887076864668423137956363254276152587697100266357554
9947642887857616364652945963706758975480050272469285721286742637590714
9332816104597322070014170475419639044170379798120216508891359075216414
9908484226103994273289760437191805009742113709576241363959109129613224
8318448704372815377722486193755754329870196453340219234101771489962224
3976988804289757811574266133018585064788888491352859850136450977675324
1265416712541514969227609219837121158243768371576339137876516243355144
1758808297357542904713954423913014887577147335638521675155331361095914
5602290435145520081759799888838429537612747833110177460440016165154544
0152090080732158624161254313694835186069329857395154116218888445246254
3816940873957474973677028355014546871598608065395959422809688248847414
3450430206958941237560931767282023437098493745732059756767022711232634
5847731142316615421730480943700060887688936360027233104184719995376944
7227897965251649702874924735100882249966602509921522553370001912951864
5013669755808081847403981572033879143021251392583576912187512415471334
3698332445048256078342962732575581817113028691520538877701200097588524
2536265788200773886932531640371198679094029151845099644778737363918624
8338262350454981689366942174775406689676249257982109381012723824774714
5962125717514231469645734291040438694953269616075672786458602782886754
4322791969357365413016125526413073437587005376766231041990726171872544
9519455668373591631580948232446461290665110709304450101977012835572494
9792961218718237485168644834603283982646721730822601317874676621612724
3527882443020229210775728212536347638502847948396422606763896204456984
8547444671969033189468387376558012789951873430305835850222644823699994

219396527698562689953258861685610214193847683283457494933133274735961
560702026217336329065364708984757349590446728132378951488055665960565
314719651732934183185157536489523000185831796154947632222251934247411
500157972586546660603198298433911673206467774118725529225574414773522
219081538255711795512218590283119871987388391952176473570448617071448
735683919149667076840799367423296224389252922906996733227731060879712
835567247907259309958115546025824600499792663095597937783976201212687
737793910802722566495177225578060979423584533996991962925366859368049
145636030455289425400302236049001481776778682101398771776678563067726
112552205307750687394241351406799982075766337413524769285864634572490
692611735576714054040113254405881785105970804264249086311248639259886
253807203019315381950643926536927188348337653713920626306240577080923
047275369705984504918266603574405523568831777868704618304138543080879
889403365728304245137639526425827008915569003997456765431398840001638
539992108624655755671960290089098342299683181509710185431090682516450
786121131014227115211327955744437914271066812116786553284433234613479
488202800206770053802730949297298649676614305521904534487599314536464
083318508252622757852660052822170779946249207913830741561336735152609
870575501501115930749183113061593963418854495170429974480168729526684
037985749804045534190130395467212599450712715270931919006090181616708
029956689350433345359336325879246139105727483900879355229879655877937
324299098726182170317356377630920249501475985097617366521381509355812
366212107510216144835566273980460698462261813661720810802161196395817
967643914598923809202568842834851266126751054037972776324687543501806
455016823829831276804558515977835402952326702250155363287196112623480
533202635436659640869364669376060321946930244970687744251583389509329
349922926066404110686402727050697321539555901796619859006454133255032
315149393319115804446355791364607177433699854642061552632161061311444
178170694747574433626280699739270687159601331342101005232145408653565
600562538400777419150405659637094140989585609078955464083737372379353
191643939771503428264217485874563653029771928060109152427033466769466
057288648654369627248702431169842214968454362791638265522786042929271
550384848267361597082858839518489816324920634226761941848374472726631
073949500184682025477198872742480842530839152278463045686636525382373
772071652803322604695060702145765423170876442286291618212010260829584
251504263983713562365776627404139246557365102400008546532640834544273
722888873191991238056712121787406038409572985498461473895320112336851
815245242416389991974308650656363766746540462028305227077342309956334
219653108327766288256419542628459706924925732419562628748862601131731
527891812593126567377567216392199233183881392628799772533593622113918
013948924921357550776550317712825983705309170625651111544317643585898
698007954737581483679821688681087489207569024488769772306840049161777
763618569308774586268780617382151927197909558245432633329534712839795
602597025290885577548817661336537662060467773921795333476294544331340
033241052664373865362202796172264203966324253499032498818327754840600
409518712120171923789986746554201810806757731205945948026802013548890
992253599806522170385211066248714388809949781144792649030435017808247
502533677689093991851282149061378595708805695084724846589802090832446
758544861114767325227634691996563955120028545187435227863039882139880
065872662544717281139160309011111832627416027776407359628054948015056
768198448573512976580554182867852275526412461405275729673267537878305

0846444678656498614697198534531361074858028068693599227917519991788623665591349862709812528696027584157242364061955909434430985712085949755290032028215773709385462055818374306080909401727922681808458535902477194560919976791156552018918498466682326788061306580852333840738752700886632585713046981983525318572858534515184638098438224520501525701402695299796355149787306634814936889947151613152641632091680574500043126120839996737217906665771840220158058754116377727217451161450286565126705419980917359193599708369095817581666880341810196427323750967287224127502794793698917270449757003396067555503626976731672293267516360204951261497835057338391111464827893421907921083673962500637080007032995050691437847081177446682659461840378075506477969274677780637246278483688269994155053960483126660733662419505438272869933949626217040283587943831457983488828396381804825516110190274479652100814251205178458417616658012968379609727362617598112659946883751001308426196303004183936171047983629439980032990913313068001167131726831433048863220795222757739808871759311309803720041705974651925768811713317788113389034099335449610628657134796925008851597976620201939865586967513611402720865421479958185882365334651384167794175777160789802310563701841968515865464685769914059340898846907890736669619778407296891110545686492369631197542977318658261834434026870224308849836157171192454987350414406804975619551316168487262694690089963004347207971925315710636984949083806327287126459047969647552153118359459003176204263762370859300935530764686990243939971894696747584597845950464456288344712043957627235932131723095301806610941849458881807443947424951643442268722675325314165635664082232048187064534096613588407265293015286883731802725026791554736534732198106873682373440876287105361800850853526555941120383463507431833350164283862473649783321424486398023264974143869586285561466235256872349030972771883652383941566891923557983429848859304815638732565674431622221965197181338356398428145496637266297228661849792419498716837947498738370647007280303081639080833700871735438016468533959429371624520089257661008029238607637474107786169257041007920420461042721047101055361625232869856517204293604296046953469383497693005634733485651735270100628425536651817292425502366376247416972443587168262047885018865471883504434404595638904076204448134295124982861813223840772964113569845849395978509988337666464768735641210368115938814868838958869836025260393351208418056712234833669607134038725647758735318409193864242538876324602780753729944669922715289834355538412028276543798556969502421327261993819112389871871618981676514023682821658248301110633993497859293856966996318497095158892037974734604017426155172713353680525248220616303970766165354417412474814469497911516385844467829712501478185384645544257971584820286384577951606609906281078244622918662557187621609716732995951839615325572934504274527317029537138339702084397324574092487119666350902623143265923702999870299616361486474457746775570233355088997591087028898922660010324214065088785209119523672612873743205999036750638204126109588090316498850623600831409953854535840308680685645441681213721302203547255184416502102963064973500505955552653852680141445907700584405186974489646787230137833836422393738535750891895146341969077094332544640735238868444262877570657005752218102191538625116701864027633417121044046518470312816951567991959945715359059624068870191188783703645981846597361560555743378195067224797486235814152062900025892529029941723825904514243194566020309797709541234581736797319151466

441212063661189807079180067355255611363987612293050821678769351150512
930234687818069926565780338450854122773695902701986722256684506531475
512976566201077472540472894165607321322810099792664001255996085409858
968583970913177801786095762338090414207537074453759205265117855342094
540533183095548159188359203564591258292036338509891694084017904142372
233780690859202360811491129023128659257077392348062588331353773941944
844865072615156758844758640461943243224056384872071815471549216401678
994290181031098043284236066800914005413376549797540123055325962297842
392986114618412526731507510499259335137140634177178381362429441406303
722533413421198693932270866187624396953512165100187137957468567065293
510634600468141746530331542362902639914471332503799940803625369227354
979686747362816654390744442985105676744338267322383316279372601449955
141885842964279882347158322349089544356830633782876046052675607181303
689919507269786152334694290222716811047471391327614330028172923729041
498925234663666381126258518583621282641959854107270241840305443958233
511379112795342201924886891948294325924852862354490535473202264380709
436686494398312415302299621855499026287941275803850238011080341541969
695721890877200405379334018809850831384547699559929859967132859014790
649649102547806788086444921468944767468965739414619221188484432530779
121843212933715370389731257598704147230020493221194118215975726552208
901541534966765837140208358519199830906478346560138005897201623314007
121868226631390550088996566858169542849721499831261696262677179553843
614522596741573025894305073781811754693765976904971795225704715529819
831666230671175848150507475316178672145488638686146194233236197272142
514694265143733918998039038974599722162693474455621934819068299454276
108948845412821092513000663278238750281283652568517269481980661666462
911054938306590567468697333204701217869209867301993077823358987691795
094745622486506890299874790316828743548373101877652370285779396498795
344208170699608008651360503325732234037580163451921942359810930670482
669842075792501684871317880300510674216358198742915717298283295274925
226406375684986411922747809607122078380839544850024487115759865195569
403100938734907745586183699674620274798739364514235628459638207453256
344766397077581900639291581129836345869761039775701153812443695697070
250844747595176473845814156294673543922382933014828728126594069879997
369745225034747740197170048162398647877689345477782046018836087781953
587100093566218892752706490078571935285502702350221374751353024571793
973262306194390339090134664198692352305002704115893440194713627965975
618973489516872584695727180089712745666635371672362684442401439209136
858334392848044930194974168857086244999281339148311946491855960469735
507731735097888128729906646133847468641812976873335051059582558339365
853056246097836694572921891307566435232807385688525644109583890045673
987626857842222699947660656128963625982651519666479147123947080611659
665225570511634226281663273295024764156901052271294684591557661751492
657741121474041874477914587811348152946129449826608956898334251955760
122250078263217118227868747392493302716100620724405324716304516747863
189962514128291216146011719349014367939754189720458971855853585921700
932068930930847423351589637279929293880379147572962516519290616298408
608708894399970039467031425301845332015972105388640459648133064280754
807526245104343120559536644910311852543071741992581794556356608183552
640856237806764741599698263858781299742684004999325872274420108044214
701598203281966250940891207532229123268082444252702377548031902969412

0691923825529089260532801227657424216596133115100678764921387019961557370978720512518734207519365973240899808088673573409005356455913784426353385534693415990854121374104997451328832706248167583357200207246737267232308530524977850337970538168886171554665426865595920284562761811199125883270388368629352397044340332499635493930075645046398017756019547993611451094391014204649013654411070121560667521536461074009041738886585198207804082854584149885344389097927121805403310745813740021118883484401388610462956233002138160053459777275935106162720113998466819243485270437089224987123422784764112223219402781121236118044667822109103759924814559978307956874540333118209331195381970134559662993939777569872612802413709507471351530339663033728700792732119183318052225099528630280162124781939986057706753651692745221386492041204420387538196362867630839669394049711717949976485660357809105172510079279720837240002641253219832959819074101371935076570728309743878291160733779556232723929540522296704098243035675384694180051167364528974322362847672047049014084277729062274843308721617039825700920979209095580356299417257216363918151124668110851711289694961521611172310935664320925907866846874902427503600609290205982645771232236830318677694613384196035150604772806453971189911925410592654508560779508286156637160961262798250875149703409949625987248969566423953701521697324852603569743014154804978276969237122702675604376217856558875872832785410974281645666063961843829495812695500105947951791265411132680516590291672766662512068025645272223652987602437531116570688724666691407956926627978467567053859725010433178123656119976956028593513117657012129500725935920154539568849947291983096702260799323285564398914214504715033366182255773937624926124834258972189378908748210349754097307400631939629500249129748975539201349006865401928076141334282182154285600890657129433782042850204991290803989801551729014335136100000346497019620488456705769105276520167178565735566702437286512943481661589783294784219258045950036016601051874129787480889359237643750980463883075282296741057157780707906329611779338141118454383524697053780970843695788263337908961158989000921915057701407501098407836779445004125020629497461348084019434242320860014600056119364831447657279283731802132835931972059925655342098150337130176038990483198905584455623344303182259919670355727713253080136133144705456480921952873699021216710590486730158025637076404881143227136618963634510106403332528646788994954367760875486075383080345192352834233431127568511310738855853079468652509251510398934464455855636408411587008871723419110435215505565117321116722641179509316375384008910355885908351885486138010040362689160713862846947446906920021831662572506197901823913040368718788945931380494826374575513878594771030495434259596037740933686428566653477531737932908644126769574189881967011991857967255647121762093582792739893360675309733420681709411550576391500939836192042573414357543014770543834089888818963309461336419613311026220935006873909287074317198732747840302933770813579468047265532604852407194548572062677873563438195076046712999477608627605279737760955970996466630584557790628415735480633794314299672801218339786613936631849270522030436370399034918721070419744433246863370924012614112756143042415079603201993516747247416878214233554599204274390552728279811667596478634325967023304710888437097347657261373386873240371626420799083614433036410976709422860451192317036626713357860038612597673421464148269845174107711286113003564835860605939315769105857731272717884840529441738828

8431039480353117185710188168127607707836900200814744624397150375563780599069437463951167288567581434519656705582685449378752756211598789390411465473895158285190902619454540900367206046832995763267410244252940506367913792005444830414750264272934603563399047050189547843477664012352589225594098489852156155786570783380308189030400186380398767372322969493115673178613312109789506035584297781934542792982266367837517685246592255030179425948420602849772132503312471956245300219564623515952944221613775138551606557372936490560881157709140978882716789652204764388600985031722282130126476057436892350623926087235714875292017218180947736623391305432772690397977392092877642215190706733528158710630318696947042952834733604653104920880210157445291762442286498608976468844742899361441964341608880690088228332657018384582781445431031611079745919894904738289517308483065613366394491030309977922391721696599439489594457251616200171020497168589628936719395697507222171623011878547586185750439209696039827190047669370276153103440024885329867027696354711866427815608584645666141998080807119630015407349450974183436201885754979841069762871390026620363153428409508606189463744211887600377286843548793534906518957824177431565829326001984639134447529536894414669157617754587704210065331112672600577439307226283057055699711819714815928829730078637898375663426797643190353487656215366106931814956228214344266097431177159566966896963641592012572755639583307122317009406605721180086053038243375035488399343813697129315853451071088133825682129572657761139978655846478970355803480577090675506115565173184077308371109797789457179781926975922941543980958919021813496786467936904310196770622885294931111622621155683211785817256839997754100214913090727452528552191862104230388544529853923796333545085813157177577473997053324227662129855305895947601485277323016155463644572233403868930849445626132572859336205027890668782102279849563317270647146775165979917567608769514154693506083149174516406080050054063815084861905477344549018430356300913304310419255401138261800248543967093891637629194559485908505506636653662572595672502065958626569802618681215467414597225198746916306417518267181467855060039753446346138688330950386572068825772409350322985586483169695412361515589291901580327357635281509179789688454073586847527952134600701123475256808545254889490832568779444910601536715973535824723781376020302952256322887466274708482971869025625103562320345551912275890623748132965943780304598663367016710474844045260426955108111066542541320224376374081002367626327563383480001111095970327262387595629245469983688204658060041546862135465902111000211620369473564952636855987765358663314402971168696730185939526849426524609044879850975126722048163749235584961779690108860698709259988512105249922476373116238160393118260315236305065334192296043954074982045351789672741271442537090928287850782153035135284111353958341542138749865748754493352046079085910599800683056789361289670313837978547617460659309755529607345799497806000887272518885846187866207416684313323466172621410437845530203636638425729003327762535084249477524703311017899361671176982129286119176864147615834379766660654202650129844239426870800822857617724900754919605609975133981968111826244490656822254423406045968595768857213545571143515213113525156838613235507722700841067919408461892163754503040087098925721556504491339124994109416950239259940397708035570456977626660703105330136537454176938368780778969182759085435467993900815585912089298893315650012902442427767959842325301867619167612187102804200

4088588892619527852590392351771565585212442216583094943999282009265964
8330672104142520495852590294443039076044769645970508006600068375696631
7081300789221554304329963463498238688801769466871402217962470071869066
9757902526165575532793834522442581917491089112391975582649588604885677
5294574586014509608138714821011400626728694423713396104998085718425166
4581289833410221354086183064992467386646662556517555317288848667297207
2606341587126807230204476897106688266579943474704022352590620801385788
7765520086871274963835465369791772124089036247269840144086937813696244
6256850990662049876339764002566184878993058356073514497338977164913266
4549530271888221799754522373930063897747853514547920437901742526593566
0975084175270515187088829948022765501837135603056078586408222335917022
0735807985377049139231422960288059120985655449236946594472528751336633
7970358772594438780993157429568420653694479485994071604345141370910488
5650180975725878470295215440623616391888869173121022917161876963260499
8311220351686638068516572677433152860982477230968351725592620867959166
0116668231655442057762825384898239361860341192552481829490149742918433
8240897255583585171246374373346646995765919481766028653412108587104422
4632461283467221817124211085721919892564015579703402779138301342104855
6909797100422227970382958315801961503314955743399685992417161715467377
7903254873068355649867883235133438762985782574638715773050708767129222
1893307004073926763183243544282569082989073191421025875175068454403511
7817206490869965771981851652789037273999604669881715611507430011651099
2047812870798864069997448761314700182829608586582524784403170288998655
7104429125630901827923643837984338981468259626687513929516555583577200
8216912699530850525497622697828910257396387969036731611797825286358866
0860643435099135776159870837872765680205709383640130467558146979591688
4838973662501846647097408232104904325636823061625259497305314009284777
4929350607420520933777049013311822709542599409273571183537326745802500
1521270448929726249053043946382322740699211551884497182294231533023022
1728454795453887385618412518857425614969961829278776881309854584578377
5981055253732084034964643467289296996993379899720251958078401348370844
0257994530111677334553017528810558249292936216861406548971071878449333
9520335420530811886280712365971414825166570601098621564237932540678544
8436971945373513380055637558391069185322190901076911413643702453866599
9708336133442143690032649336817944164234748157853553534992840921077255
6709395054916787716514645564910986630820647359644970325635576514221866
2798348532256456393277885331933496155975353435114988570330502971255411
5403112626596532646607156495557627270593226460499726487788687778580133
3893362755523314350394246846624113508766226643469849600481018552801000
0438086786731843837851734433603518979439528747497018139672546834569933
0745782875567855948860879691532627863018146634098225741299344328123700
2347256287062448396464669038005108411927245735836093992945487916129344
2175697725505839725642077995309678296688089818824155797487221681900011
3490937194449588245651162823901308648306952081798868203693787799859533
0861738944787754659583512709027721416601242398507496778211596261772533
9720598412758072690610805253851377958319352990767411790109646383479877
2869568364877833718784643836315979681032829936156616307421075800709544
6058374791034514965564766075131703563889205469703870199145253779196433
3669879162206037399103227230046520531274634256529113736021502674234799
2339017992780641528186327605813351104524733558630654654779948387815322
7579009617103789230573614095522120875376106042958866451806176182763599

731657398309842929249575568300941209609348221222298059621981698375805
586300879455906201119840554853351454900995638487442001355539105266688
288440196785660720933231327957468766926926430019679960288512593410081
568863859251488195999433891783434949692317862792164738770423094044839
159203396964861156622493257393293557084483610270504376466724140771241
548423802956909117376770308317751592050898520138877722852308309250205
797608828288289741816356634580527087912611571487765506695533766256244
485503843334451564735256994398313953516865104529232217249607856149008
5333315928394846662334418241735419675473053623555390990851550938297717
133282966766026040128914363852992930543778107534599907900838865759177
560304735716256438947407301694240192972982006960934770417168972911413
346360249587700034111178969846278770701704482978578814084884986571549
301280657379944301901094503451173781101763853791100467243753198730629
858561879326670304929736470634623964858111142586296910678845765511178
138530936019360602644805761469518481421078585808834020541478583529580
366154569619161900364909631289612770693583720522256725567902090498566
882256752187869221503051238567145200980144395710725951262672478523120
772117242169917042982419826827394984664696314079197740668070735961175
415176690195632508588166246744209508672678932598463150050556172054677
372015876268152109853488757419043349622400737283320554759735020695723
459581924886018880817358113011449166193518594920618227971499994246499
654900628288473985165522545278849171512451157730248261954119654241998
110794794062838830409913385568528155040289693876504512102315968510590
043515038391089270798677975109157800822332150025082245977535411397050
801181230728769463823956306159695922259718738730982350710665807327811
913113938845635958545388659432386941286470017636442499166406551123278
980404874945580176499440738435882395685506867282535508540689055789412
121707218550388587245961391954308540299647624338398889444160867395415
518281298996069527876883861474192215038188928437691138894881260524658
804281031815943868266831570007307621924848416715630618892980307759024
636596952749726661714853362936695379040569328023512122794080272745451
007352948293550231935469662879791206150979044137168883030085805665951
582592504264252750327772162553418239640794886116213231194794916450641
373574905029944503817914889210672522782345667426125144451454157448622
008881403349779362847934380728525349079670085829886369354039737081917
052832399919386787061943029753879871333689697525447661512328687565407
788951765310618243847470964500914223659518808186499991936639762565832
969411295132678221318070987332870867157072163903592820561959214311659
000813100434439599920354212177767205348156645987418617616052746753432
614980434176772206300571721383208912066421583070174946866681519411153
232622301430172151266627287287645622960106424533234965579660142793294
664654644324392535630332130487791285812692881485125275587694843858312
147535365630111467827403286491586476371175431586138038834129911290238
968401694107850460976878435256128560350113003584239734638609421893881
606801643737815258681056072222473292581687041609958993837952215837179
847655156976529873912619581658883095694183165692536559574576772402504
963584962230340225010445404331258667497825861400129135168249637666036
027014310304190034126761700312061894450746327208535493668979089032283
191549193616905753748669101842253191878623228266262529991747816513422
480966234203803150204883030174172813229292945975416349421529185866926
802916554865491551617260089419768145387540790862493091068964373414796

151267650579421647337255841196622880391913186605931377261240468451803
358563147302007142219630039486186490074305391881539280696645362912266
506638133548811112459170081870171105895135345690522068459133070222516
622124465522751649412688643613625879209020616637815752957936253097602
162297211582019424960062651691271684776231612359794655818175241398643
517174160283361092929175891493993642537148347363021985049714606116175
339877048031972355499131120508185606163670513036465837487031212125345
307900125916758179728231228646650933996243202879939503759771434335576
893984059423110185817941401289574153043383715191017902512889474295378
801040441953682772721787191507544468320012983736300311056448488337459
232468665667741218640705777477676474687509348235555435105395882768236
193156295243760708751061452417559049838231654077013885574596032866484
584118014359403651292239618544909700676555880504935652742935034420543
089682895176620340281461675551238707277281394292056775993222533595487
053467286952260784460775356946430811443994282621066179024867582089305
049611675947138344331721284543488082544997843771283911741268054118273
285095090127756122501659721505405648830907878549037170560756673396807
678350465866911536145978273634248292493313742019083839680341676041989
495271423381865376019035556074396584470256034841606010212055103666925
588904966096984229994024900718134498833459136218615327893195887860565
284129120440726842927053926491752788129967203845722904411965112003182
100418297491416617869440186467049411696063782237253497690527698701477
730074225503789321665897690596116879036028332694089513703751484595046
136468043171493732312806077119290949012018895413630350800104510040911
408940810527916065606482636708213298357566696131129460651245304562987
619498778471513858995315546275989270965355045407451670440789131052392
691567848452548816185320251854140351653805214333344217159968502144310
984041130223479147023509399689611706859116069486827686430216954373018
886875894509272049212469841199605737489420173202264292902267461065219
908119555023868116728954555389974807354061014735424952944321232147587
997249673514573428634584962808872019257660525353850344994873155239864
354605973811589773542454103352646847170722610572885968039884705894925
818584581913127606572313943580577538903527300973960413615983999512706
533111679381770001653885468940373340133658373743367345753562586056368
735955743068180856781452290127924009540663864492410699102588724381791
105642690957695821962038252554423369066130281923643575268845001428610
853121547050018499722321308518126938788329673145080774166839720079188
049489129984585283878093874446033603379299073556449303877040439514186
314597292357809431025657530687912002227125420017302823260988366351879
493045840099959539422533723061654202606914068712185864984051248160695
085760237865825544745271531273246514332703507677338041953510507263556
298188959986963878236313454512525060066817668564255885263727940047913
643526606841517570255288099401786096341017362824157112308935491494414
249784988011148057571302899506763530115522499868679368685048243643730
863017466678262202458926791611671591572634951336497271366162346202624
022390082832058508514032463904250754656696343315606885035840692393869
488418510506866973567161312073082194955371155818248633855636872947640
570309967215928674067692379260534236322543845839799794716112634814319
534124089616647571808992628030286420536469647438479765659618426414250
793156330588218666578064054053535700967361026404696371348676536391929
502811168502651984768818463506830374103418735885171160540411493880576

1753095327350483368366179951028017126064765450441042454945011920709071
2766680245380046320012002291673271438818090793433784019706306126689797
5970219077315423320292460834523840148321695665211638918315210094886494
4471336166279549121808673912345140651306953322644202672649234925191564
4347619066891013368490009254184159420654318374417021993762439123135349
9186870730478400569999480204339194667846214560931837470947182266850603
3139040134286600944917086864562746681636617612888186892677614669102537
7128339170447507591009581344922974584203708776435187878352244224859703
3674544326225438248938705628678754874614726255753600547748026809490612
2162778065165185354288062233593772978518666940701299097994143026522844
4489975490280126197056823170367912584933329678324333294006417124330133
3393182094560528522544490787025140564323686955639923872502901659135797
7471192774931987385128884638901512356486158428861615881246304279334148
8667897222010761269377735482018135614529902089187936738735010695687484
4629369058814570458752973147688925195052695674557915847573538362732799
9584444998288584525310987864898867757189512856621155919530037921505677
7677348375287608007196130968726558120117459663947377818758112711923546
6678332693113375082867436489086993940785117669108258322781996236916268
8007246437434157921362179732170439340669213254645935380727090850847206
6798256561028986802384016888016705950743042979912569263639845994837817
7948389863892834927720924142465937880195910947028690117432208643397799
9149098744697315089436280652732773507444532415764649333561828916982757
7510863984412537143358905851202783988380703952632357261897678023923466
6472570043772418296882793622164583301321466341473147674806117493215346
6272169166420118250993464967788739064073913566428347384361212896345542
2174677989402009715133822303251320490494673360963336268118281941976420
0974860380473384359968126830766907015274012589181430649399197897158066
6194563408117067636677728254521746270909199960028274000194284975943362
2175431082880157949417727584824262348002062271741733170821143240593164
4669086109942934218373174325960003828036289386859011343078019847641155
5470305116237938865581282524462459906652516396659655139115797476695128
8035249956729295194553980285618322324688072387931031432798452978044462
2725669159522305260979025631210402472468912324846079725419199279012487
7197895221512533872489471796590667164970163168703705678772915467714726
6764951775758455578066643705862847920496833339865837583125239792232563
3375092188776759823219854535597854032437425751086205662869224599505427
7153831835675328909543876748163976262494938863489541158594464011077451
1947848887664602751474036207202698197540891357811322799510575766239167
7036698739331033609754325513451375810626730626194276105136936018425200
0021531874807852979861775077618307546295648245904795354840316834142300
0456359761290967320707271848131888079723661246438479509691220161300690
0274466935868338616347765447222229982307919659311405664055403395925832
2146049896937161809382118206848248380163194962934212970474059531944838
8000804383864462863611435907686931427303079152177663572114540992573155
5293480915895491992214086616966331932964434794560590978011782289275105
5889534148763813440775592554917445758744261476690704597078150903926720
0620186306388167407483229243654275120304171443153308153803367661213484
4837337099367544254396876110672917789475532957692273659180013337662122
2914651247665857088306291065920228072222918275732140692534841212848601
1130178821541960322413241406658001189697904683905904255941466976230319
9716112902379558412172411907420044815969632287060616576605669148405633

3080827742476226817121405080193785768968003746574011637436254498205415208254804737290713441295875295087753202204521332648327977173465690459753000308721068995104590352358274758058674239884190637063526657714346247979088359864115001992289379269292916342741880194170942397856765190833548178485102520805114236871637533179599135210792110104479980315474157200370806282599832687497156782585781012750104148052977067283185614533895921631779054644895524840114617909314547411644675514789606539157244656031769844160843234715611918209294440373533076391558052081969448669609612737211169457070613372530639268625791058891200341706433036534409573876187262633514203768935610964143272190056110373789506595760916856451844517128614364562013696721745225779733215436534674460627002820808033587916886634051491690520169255689807735245124394491713867797734254003976443888873781000670470538014845172769543961270072267517934603346981585487185119767144375397825540874418140470567464356222691316423609556934822370848614511477499802836875420693705344449268292896791565925820093295252511032176588313507174251954702307402644819022216239222007384383354889764754815408745883795251352260651172701367517433761928724801374260578469617880705498493059958950800445822372443988061780999357049200983393319701121922700751121096816955418130247092104032335640963904666487812893115492541673201244263975862115287219053882449586886426422414685549705908454883999745847584785835107702680344753627333763220190156381142404588742149058316307593412175994993856843038440660406487568229611429769100014352501682537998289588384297612116727403472190726327920960801457450970234281759636525985199470436273133984204699433607805457142818585448315121409732125651342878009299250446595069003698345956105561138142238344249259859899732946780580103604946857761218744283496584292802320052623433543950201591159025259492073247354792775210054391322697862951469266007552028035163143948747260973749731426324952238289005851891787547946142011438841923279844861029896215966401926277731421467946693842018401314083994943858422528593713784008548314846416362831208149755464540349506566668733216331597155000230501756900569663137481137770687391697821755000242880994171939139857139258354142868868012779251016467809622075000491478553930572070947856444379025458235395592022201972729374713482546052842260476600176289669358130014407845337686600285792989350001964282808618408000621046281146655151333388688663459961335278632693412377679141527828956094824384159276923873386192402617608257560966780803055548373939273990130057817736948123332518053681402558130617928976861760242040467903596857760437026071962705071486684648004793448973786040090050442108291321944881468503964774090479375507135911279252996809012342804433975975664043978198207070306197100883842989345453177460023565876831409917851368456769364317766554838273298149028218129922452254702280205394664814865100380498752272476765633761459367912416098041895017879843189055557520566456897635437366940608556816233992622685906002421468475152013014365144685507383369058731664672537390903520040617130816258884739955032691509606541769782483031907028664294537699067164449503690977068442835363117523690077172773454504244094064506160423104396632090393976030245978203945360856078406808037110545548925981436456227661101708830985892452067887322432606035472786090891719338488926554215852970603883299388263939964981690801367622397988550239849940603311852372297545686021776201783243924602441072736355553829553046439631689344426038864100742973471976825035499023025289943378

666324101754556789703133584106400361346376706379864639034402776631595
053183886043775554848041580175275531310609357289563204514921040640657
980493372476941685718730591228996924224431691192508748383531071501659
417320584187933004825465093230864168977718202581837939876877344823224
673092305623687959257584078884042392517404425427852793326747776118199
021875441017747657310349741812490083616337797598917614313437577249790
383059981517368209395097199478170080965426201349281539307999729758395
883703742197776619877480807851010669397445589026919906136246242598626
619984000698219282445735448430727263929293381020203097251203410941342
072032666142294751075893857040220517573509415557648757532892177000617
731315561182316257981205581140710953677657886083604195632337272858881
512720984139347583914651089988627349929774316463750901865630465256213
864680418924446724023179214257180108225637954353795247655146093443857
075977652229037463286526303554973848970453675175020581973701832195792
417500074699843800971961582686789027347532310864903984228217734948358
704911194590851485584325514829890674651913135885473324027370392779563
790193563031568334570635021820825099284308928537592503272416104973568
409747516030965850996790686520895695476075815449790237808093589288529
087207415363844159417293847417931832964414253572024762883709252463524
489376026489677276055368262232248446526783899429902392404490397352358
972159342972897166599597162178204432610908590433132128206231852385101
028950281967869339090291568611709367212905967611739388207186793653697
803651441236186215653432422373423165988068875310836422846681127344703
369738640369997222974488326069149339878940222400003614504874801937752
586169308391564779767524421194949590440442041146171949298744560466615
775872901995957571621042144634935170774367758468819504473175319543281
467036814684708951787290818713407282963862914726098583821716615426485
905524829100749742128060194757223954844509354855656646204373756408441
860877055117406497560527618729864191721032909847113600025139104460725
860030313371146332578992016542159035431788258001495125809749736577325
051850111746866057893904843039636819172480325586808250087907374173750
722291302589998276673723721792395681654958625226559516541959656812266
722444182933231917071434313581652658751349425863074130737672113384016
929691580820860818578842588242588883080381875469477246313221019121827
935603858576383703858353607316175711120410027879178771742640415652976
347114495881615606955123580406432320228515672366961763841564153681484
709267630334527811961589090135605127995506044276770539965858107945241
657630360033600147398019412805121025305678734205400280359169252322325
750493214941563191884105436371535259616229982554526530934691864954830
931728737857118684581116102408901677182319296223978774639871085398243
267141897085823599636714081325835904034593442818955886162712849813248
334964526697125167370280247041743891119313101593655840265218719063972
272041288804935965772393745268817831922631541631301594847551288376625
613602078440353790470537922123975407644025850666175732629584921268205
494116589648172193526452641257856996426647300905349541660103451068012
459030787111920892321470388904685745052705519050985631323173345429717
675615237091288040010034474591172493577779525906854537638867648912001
564392170119645811080443144436187453772005737526624718768905517962569
085109710551724985863375581573335206484029105577271647173367849186382
385136670284099164890746469234263377197493803926166156315848360428668
247898342211616303122622055247675079502233884083682143572315066864405

5532556364805879267250964542771547030137225685094548777542034782403311
4294687868970641747124183788201050952742291883532725215633791006961 70
9292928953981029550890769732261921293038874174657316568881413354251 76
7231456238022197420863737387950650595601417576705236402727315838875 37
3799820891236603127353726468973764799422421896459645290777257210895 68
1281229769012545243913314120999600526351598333773549493095838467220 78
8431129882172109849857861627008819609323198063584549268547772405593 38
5729486514083745859855673469453282310104930336023696586652627851379 76
9499846562552233641657364941712797628925872091194208938504792603938 68
0696675404129523528419400656433616762214626330746747942568404464159 73
6595474779174678950359054248869145333900652518396686400717556853692 90
0696085047336038281503593377949144136534680712498786187572249950478 62
9495603170699305148165915879412610161753935076536137710177124570856 14
5734108287529960928780014071217704238154940938822118183549715309983 08
1434625901714047749515047328146797512132404696287476207998798628135 28
6883947690040142387290816554769151014032500131263068340353873674388 76
8175463100477572836124908728293331991310429133091806123210549697071 43
3439859473066299190040919170729631639097555101754764312522520994517 98
3811450958922126954265810611586112530465531140203693726439900155944 52
0311920468615632964986241999833179490291819978992485907396764262723 69
6983891005455023351343736686701448897668378729570261225316518184695 15
9087981460257168441272772284690726102710466458154026809631659660292 61
4875976772811107548190911117716919442070591171072149002353109559996 38
3903994248770573805596789686268619149787812576903017219329928330492 68
3176000079569173138914947672940024778756379825471080553249759304039 90
1190046568281677231062867894558151434831971266404795295304522808524 93
1946146814859597375095302783351475225092010250818385841280498049272 71
5303796681485111291870622589154459355187276235504510647176529825116 68
5367729249395666236930030073716043225251023350740542140893437574271 30
4207474676054539957910619170190578312576893055360919919173118779111 08
5634362279629008896083528804799676134699830949814113766796131777924 08
5579778051345727416598010094855319477450324483423233486043005826382 17
6075317335686059594229742653548409822779479379276488810297350919545 68
4747393844216368399350835348011727787278130398330186649179094607365 41
3229692590006036044230554544936705355801253076414656234986295358244 24
1883836230557124997802910799587671946507584918897559072913240379574 47
9909791369552867376740457658763679701228511931133158343462112386093 48
4724938225275174381530534281007079567397619112894479795761390179046 55
7085356242580647823937938016905844802880119878464221236135091154337 09
2235749389878111065617450551226007010747881937166301829429708906204 27
1196186234662687154996547204972572851486336779834031360599079279499 63
6636679116437259525539885316272339840984678953853821152466088407204 25
7483482131963847191583492257809630910622575875448603372411511926970 36
0646930269444879708084794354108969394319336483632428440832882756505 95
4118625510845624457044047208150053629260771095365796541649488841594 25
7381914026690350047934008497210489247073960856366980220399443541584 59
0502903969715735234443214540942960235311044646074701193095644027833 06
6180552399711419936833696360722607692633199144683858313240751545816 82
0778786041770292815720122226448349584995591946731313276397650892334 22
2296462080778919319138358360383336820486270743253277704133040642151 94
0209592735613087820925435690014827787952604256334639483276600530108 86

0640325977826498075241822661547005859630011499215500850563858343783481994716140301833731071360675096602613443101737182386478756048112637977651821269326817860331087188808642895565150085899193017210164922389619243187084485081082068446502961515767715669265300551262090263385107584841728376601614510431185830406233334296215245039532136387123726520198683116327200228024057759006637246770879416570671521695034862609443707602284444473257933642519974930559286017171263963057626475821945142045026264199345476186837554845712321623750972492787073811960230971111931225862862902224639335373543179281083496514672112447556777545180271176783096637072355041884001213053013899860797083720863713380348756041061963326238758114781059797928123158000955914644644216728007259494485981191567075077678365616172575807360449289516057745491437905763263938833867669187600958668408747590380053423251054742868692590732970085221201435314712257719953798864474390281055924638736912881377093366683938484130347420844379583959848474734445665101343948577556519549814015856124495001701906476691383527061634980232404729721284890529668075272490282413645970698553499771636224071613257450325039551633623626301787938580882704396527840172082184662575406242946052404968392312115367840646394335652701496965002148418425522261752590568302030827975624423218848672129364517409775655770120368416588736754912657274445514696149657471693076484576063212577026060766213352747883622943582348724384366670636986111228592676065655169946122550564653895308146158997905622448790004711553695224244399788103797919788790435653027679613157467423904681944227471067848610723524908868718327562472461925166882509250604623605762280901714013832629041242642040798328381610755236772987412590487587043913245650639414872415114000401212994811809406253508394996584220255683870857742707358378285537387027808221255224088349029192658796172669430915093540726689159346499857415041893525974841610656532848028542561186878510748567050586484445278480203357310058603819673177459999405044182874800358449968909527919574499006681861898288993847934425347615104730720030653324079132597486876344910624847895409405415801640338734330382398420155015624928375762199416194479165169878049840891821460194698239179047388992389730605529488883711865538393076953893789101773283114324751206923645510561846909261505817067849681852263883126684308532677830984475839293771817288935951453870126316385626739166055066573309078553677441435471438409306649118317738302412306370501517458742920696978501241530466029485813513886154128191027197799817762444327930842280887681082566417971181209882163860416468784233800213936370505816607006698084496047408847700185668339489324586762647314558734849724540264513182010735717818940473302970450801384119701363776174069073202890065373063105561560451784780680717177818269089084567712992092561364608830956482903218205800488008269870411054995530076696769112240918756737912982127007247376405843813511044714659790396359450769154752709695328960799017111293757144482301609467073084402107612033614698588036003274107604526362971744329583780493915825329490957287034718500758053534465901283083415996376057852743322444297944005310422095843183548985595487052249416668714057423432800580097384413247799787859755568292457612473558260568692723923875219533392476921647072117413958014266707027150469256644211191043295507303420298353433448769779434451717778622681172678849564988985281536013267672602036128268319040612769552942798799654174648803180451912649500242569610566823735990536531822197209230486563084377441448932300

7656222809274081161313656264683170604416655665112301412125381988684678852159812450795069006589722812899963507000314311052249846153704498073475380890542946319185357706814130971637847819541397926235594190144344592002779540454229777892046698418198739662757085571647678717350264036550119063887102435379294893308721044937821261348652008587653282742162601391783063464835951358389472069028333272992727476315292004423437314912088659106594638153070408600371721828613134183596955539922422514816491162016777180462182822738313943072455687026534126172289411092144281055817558781869219696525183011335316278707045833175234551849083124220416401151594638690756214276371527727029001433162469097511500285532586193848933293213708180483334281534457975950702867644125142920071750934170060112959644201816844499787510567846245258248397530335190112264580220678229408601929879312190534061925137038074766624396457621342607911776488571258311153464651074660322139588718609936089412776090000955656140702879309598147460562159866350089373562808672078685206594665888377470949041786742299042614178677029582764026023197332758231729318947541072491384779363159078841143858197610986470810407284012008326600653006819117225301146998205176380425832130266326965458913581708933393180772549305680532613513171381419656092180399676577685183168545068145212707114556401191834347964977657483296872528548976652057429295318887133756273407635435134333746061489508126725827450116892880409530472492496920203610112389323609712372981817209113754371625190643546742788016206834848900183008448535498075342779905994772350798115119547710820632595828324372858708623931589859894058556799900970910251606435856360954594126735820595412994470544740316052121206763270469851486070807681268121616500975117766302034731306248481585543923844999821906636149634649539178009169513482259209519729308408453489998239797517803148588781491467081175635794790120770823976009062735553811394695740284559271802928787875291815571657629987143847427753190296530149757889097921850826679915076567995557207603164250240229980454186387985687062228157867337308182067383199876025563919635111924584973482531037294965343620917187929093425398473148612163942541406222661874792703431499715682947566526757489190085273362392022941871129500181715366322150639851504927563048675505896490462427385268982335279435113887501312896219514048674585569117447317678037978031950722193661336462064823725145764959870060381954097392430680683127379950392602733650508303176703645904951974374838011258833028313164597504342198313808691346179765077534173759382989661546660619810439014884632717042506791019636295921296569687317263747374454100799422831598975995094542503440836855332221115205490212387731336895578894195901015547238624723026638674596146886542238069922185937447684349155659631429034020223712551529113902092681889275372357833377914982585000900854019202472011571369179798857790746818444435196263464589358425281626976334521468406388982438597305637126186542965119339862634256528556888780972040035615590553422084213334737992359830000937696228377077441388641023337703163278776941238482850994988598184903949776881880980066712666728235394317049830088802326238069958285868720800659373878902205210423543304530596501700325815748147362041333878498594021302321462438176394861007700510845116113986934552958393209982970447349023209478934065623627754820543811103988105831375829921817548373079374548772091406123977871379697681996538289840742162706451859507212215547259622144443246867130149334492980594091118970863768257538444492269657881951271786668

2585703806832612264438089062723304379313143573264588618826794553145l9
8412214763182884921409032570004227155951062033432897044175695694l4776
223983687264962656142260594130062210687848181435739932421155111393490
595827121318079502437540469608902757462206796367252407916298987039172
413738485922313804182484020506146738546607001817476378361648444474076
383161703149756645074807511552028878573607926048219848453517789297670
880451801425368666545875493765554484571527603471456674668476327118689
431936452819260945565966490727286844606549995293422797343336407962935
879200124845849493340715108468878160448083526285218996681068865224389
169035322871078772997926035079484027404734909689431742351677532949676
468140304292322617900840060645478042043141579449369018346905249568849
995715071826107439398857390769772074339399683175146103208950465506491
557330761605027150038929096170630752341357982626820166196049650082954
121334230949669242085572994400893732246821825321066565803191167290764
662287592230514197643854730474552505634267986022170106377388059680006
249749881542913580360565303533872851667126087033578274589769869063731
741186379057366621114413900672133776213562394379495247270096527666972
822502564686908752905582817259656365924399848027495834575441859058171
929670502421365847307429424173917328381890712727034713564701535959233
262859100265284891997556157842578707897747317688298170232842661676851
672066079516121429283491934936802351940462966938770384996744869508516
149981401571522536117918499741423300916002433027314027173339111577365
956146244832868692667950184294441640054755368264668994243215568090160
273750761582020453824608300932632347118588554741094874412444154004215
083680720012240619402350220619243948322287357634085095417728187797361
848538712205372079188404039093214911812535216219175262869772768486886
073555714356858483830155398069891486923138249155381009774689715068577
134590377760960040793756870026552214249371898787137483817153320637061
006844398937366736805960463148445214308135044188130459148448129595414
115324112172247169310469149360488840369635079344973155485659676699199
377484536189859455200925666895450266734567032691146546541539706486579
465966551887764968397682519814163865960462882581975543823268694738745
779968323507762687677498590019099351929445416085829666379462741985647
480671581391697096518918365407270063445422048028978402195634247860156
324111834101828364837872317935411061234725507041563259494058340446214
074443311134681964554335593821995000338159263362213059418175428798499
071874520841529949691384937809129500582641482762120646185145681090957
403085018496445716418658415465850875052687145576858872445552116703152
753177763356385634312023027077109103054424529630204153559020917531698
389796851931405654407041509792974020034738640384808829212050207317972
876893594971247127305607199951345240770519819864999381030661537835870
608670458894672624367542896918408635374087727730597843388735115709954
535362818126660858827079059156172108513747461319495470768948775386871
579712839706485122225108190224837091324695703259635862872070134087636
593851354860386852234047650184207664815291657857200511987204103990026
509137579347686449429471463760457081949554065624136993737991962221904
967408889917055559387846587100529983426132301840193309286409818460857
386726722696121459188368571836408161100888532577469537222717236549175
778379202083057644994815572267559849166625481389013923876162141588874
856902516896808619395444086522012220500816349969370023389773313022562
684766470015461657608267206688740356919974753821256565531902005580055

480459103234951632166132302726198051129169970239334986688584126618106
411707772989857562390520129649197311819980715703168027648983539349759
420111840567532658084044150688895172914861192167675283985905449782784
651617939337193883974019006124340279789020753411177426770508214306204
834934679968248851787033056841035249981719124742116802073122861983492
995648985927835815558899752997732659661786001222234536323459541468022
876344331579562297201987658190559385188534326829179239631471925710073
153598618991134914719526714869482496363750327511700517020670224173215
153860366572954391632798604521034312942942457805204794664952288325126
001860089584589709954449515042357092690307700261080893607170187902266
903792353595318569520257154513320992988109195502681427377727356183358
541816754250272488399919817627730172900119164447588026119516776507003
532358511194889461681877549702528262402962064584903696685870893165478
572420526904322879910354822559721192774115871510347306508763425362069
509415276427797013359529275545365394472496097977421729843386564639951
021913897992470656879353842646273159891068075179051113150085230398930
212214372172917903974285574714622196867832295189029364204461412921854
068621726829659845470621732904618037795725458289882099686751093418627
475931606466855810334828898711430927643742473493493214039869387553483
624717993321039969033381630023272614476098725042843394902291866975993
268868462808167017841883655649518710218143620472259447475150252871053
308253820720070536183232713131096379490800083960565235926745760483589
050966865441162952171988723356465258683269310137701297910112624729245
231975708765472005723778392362735763636978495739407935517259917590357
775599027680148870940586430866384327164341123158169212380402257680398
684104744854785272410734412245161381766042339570144053074234542094928
729926015378174681638378026516464545781696558559832202070936204205684
666875460396407678595510095465701078281172166128363607643841262840548
690428693927140057646876821884804445263083008674467604244015150158000
935608895309800149002838646529095427515609735160897388935457178678109
284978642472351213428187852767775987983963901501996242671089036986196
359638636566328030823649903740106122482252995451119682674928760385227
501197155221766495886471688220102549125629163443017166690916720170840
008061364226848625671809202962990377307757686712455615376992658146999
861642669019999733263073438702562763951989704355154690391416369545366
256726166842533560363449312193965622122315613268023760140924319178697
167093314801837695649301348051252744441193895869300941839370863370811
954370151186105537416200480968720467063859359735305575177272359176049
191523777814835196783115626336845508621666054481985491541113945614852
310654592233276501133945240112934128768449383504054672011946069239104
868379706249487452320951816567346280506148860931586910992316334362583
171966089775641280930225428771600803863525214759296477442766731570914
961159204663786926419385869437963841269930325142290478141168714481099
968004664565062012799395490141372835113219061945307150541154562113889
480981537909635944065095639647183971825510088832549546261461235105207
048409990813771819899489572566835993014521679937504616671572037236020
811416487194304819105654865973532146486449968579157751092551391414091
074101074904002210685128684172981335547960447912235891430466701262628
670290823579533453032451782561348632750995044526972056518030391749342
649314141012399662387464486366813972839593798817698907745561683235129
785411643890929311948418946424828409184961992467932438318774733243843

6879426259705824295264856033134674150302667269986774153499044158543878
815834560836167475249120557942639557149579599462427889531395015594474
556153843073331996062689542470225241275906349039026795072742128604301
165893537253667392717549393491310448685854318091317231176634969688292
222400846639591427949023670601099805048612549116248588164580971750269
886047846542391192025625660629346039056489960891039436361094934476086
615351581519213045023651921831001994814794582875731311802581334006825
474476947757337165183744386034968682513027128486666527341083836652252
694649070465053622220579745017732356057859401741658575462377493559620
306260835039281118798515306924320399545869200776182158530484261268990
821715913249377064144376542021184673854182265351953663902329328928059
608632648872150692715063217442776387860861618170215562878960247152912
032452086886332530742137661773540172263879481138056178227091431640232
371541611458111302315405674300832918255977224251507979169295413125208
022422245928648000652344172131615484510537069403441105517745110627048
975609632288690692848357215184992087345260772951306105213517635210441
226918111690882731440780830314923128477252012836752790024549021363352
104094870982020557407635257204997839970086065143324589654835378153140
615293260845130306160394936678580843259316992895595985746513941609443
033160247771189269444569515875177251384871292358416643331063638479573
091358743708988125874233791509935511797849847045142077972195821981468
839472101782722229766800889470743702255394174784205555777354552297601
875280546287570517475620622069278132590565160345579491941023482384240
775728679170760998412030015215790493429451977312324771397908884074422
100083289037690715561874301530674516993005231856097986670980552001849
747048024459304860278333370737919817143999954049416800546331825978899
215895713327219569249234944393511872317694050698726631183476849858202
521072946489985601059182508367840802018226871242660248637336489915806
619279263116137575907394651911671905445635650418554654728899119991378
033555272569149500727910143282037837073274116062780299971873963951523
528484991746017590935433792009496553273852504750301261771095289426515
378487930665851812765852945863105890710524757332324093292009246790895
015960078590001871477379519752759744348539704489799809561345370826881
403443797675463244142337217578479459317794310205228181213107443486046
333768456007507610973908524841811179947909197194938772094139617016607
458124399293183664784111545136950594428570765389009419701452711456049
547695427170641103301614821774995284230355940574927742291972171778291
227481558269160049078582346677143730536442782203984055666582446067007
480711437393624383766013946822466607195957737287032879879102755704299
234101539662842389327331962211183619662057445694812934612487615839648
337269996399781629489749789524257948697055839824761649118177853099061
389146618148453282453586166862936095116489242401425961225277808804121
009970544080568916864225716472256930646196323210625339758842590602107
012919076856948177713667963428848528461201704364859739783059253607787
491161205485317746404586371043685975349292387288074103782625808089340
649327351280499348999925730662061422139549296286323342725984485865835
073733383746722270724392109957141681624387706079096453107473866830148
029477830659146130367489209145058283788812127908895424569449027930065
321632909572576573901738512632567655224316623400431716443523560377097
825335385475688394137122528082508857915795519188195949183112652769080
886745231791289479504560635590615370336415546788756404149667585962185

1244081601469887218460311015683531728703622496011573366759298769583 07
9636021323780858887464488013055458438043448390592194905310744708304 96
6810061830898260676328644154982777387573846871893473905292233542612 49
7980559565453124390504762978917747600381313482120725141877273374253 25
9505635556726154763214298003779855466273052390445690162930126070426 38
5030172959214404277476650476115574944367937548982848186974957589625 78
3750299019703949606424646682173718094542241629831335604147915516565 60
2177166861577094856544420896493794767315011289818811159394889533325 25
8762472078077426963891411467033893977035905038179365560539728832005 29
8949332889352933923001765770503204272368997191549997832905984662605 12
6053031917298008011374944561358123084454549893320672862462020788326 78
2059567902729409822653157838826072165675344637180184605576291030535 55
7948839055996546189280602812885988943583784480572852386853355973670 55
7248020136499905429080691627444392662041698654772914301564539167345 57
9085079689515936421663068091289614863749312041300322003966347947488 21
5040977301261815742709962430844077075769303411809023324077614450721 89
2300569592062579866642528397862742919200205343407250157507914837429 49
0015020413522763254543822514110629452754262884749338918864934082325 88
8566620292209476213219742348541254781046506013839455497367237814932 10
8850004993910089284522897623833301120693271186374523469531807339827 49
5479048146066027984000600548477775677408937420027883682564518958153 25
3144663459168823754892950002520849757862678231971560649580364909111 40
8439819821476028464370553167818775927493989020147223709344055583227 82
3230091437307551271824666618006381186831410425468013673308939781795 61
5044056227960545688630562539516726654194834466755130210216779089593 66
5441529678688094964188783244791420015666558159380837209986936388394 24
9769462785235278999281405904155117990053710794298735964538846677029 16
6405859953978722632929713916511790511789071456899182262420898881044 87
7823651835030121704053056108036218083858082937277077860633418409354 41
8812414914434151896055028620175207678354650671473970802018581032140 44
5219097707029755318715478771191151456167001007836704065242917461031 18
6128462024893015961183797080509918654224437905945950468247197841715 74
2230844211420495036635883966001194711388294980789062243325250819827 97
5150750557394692760287495917420451540186588263395831480563158781710 31
6222013511947250673616739967152832209093250634820277068210879038378 45
4249541380432218685063391367682931447437922556009852581457260362357 72
2961725485487396199573647237973471197446350214567138391273525706013 54
9587377648200510848302512727804843033697422146811965965182060751829 16
6138308163679887676069002151196827796103594221914531268502420958711 27
0405600628986998162339407547412657303254225304538834077317522277985 15
7153743005879385145295820076528231547389249094195620838066307917317 08
4088799082352193221568390499450060907035689466382448433004314190246 58
9400451963427240244252375086628683682854462676379703155355559122073 82
5582880960676940490768404501084699801683824977628672563550246995443 73
7770323865857714367804230756459732106894239875707204524522056005431 30
3398713992229808825700155122923330908968271385690684496079694914986 19
8888626683705875176239791375245120911811593946185388209796744099401 77
9162308611078042426293790824545998227405830594145822633235251424675 22
2566960567627789151138064807199176044777950752055546544001959396264 98
2336605677345097901214839307374878544358666497592896851041136697091 44
0851674816485173525974555946739526551185755463558388796584694663862 83

5511911175130726798751344281050280221193585909927255537142001149491979877080042561655016640774610150150637237446906534821301952814407793680380919469212068017316738900449889853361651200250706125891957371991190799119812280682462688266064922751794337624531533072243016009351757404934120231714399714383702632178052092326844652019750799172403348135220917039099769721797060563032717242532201928534988381184252229924706220454210876472533946013921947548256983936509223588009181606073347037555505605959653578779310293522381788098583216153243950414009550474124262155093307580346400709848373691563169248107378494405739378055733405248576871359583512894697742535794649025592924646017369396290281325201045234633355312303277782823540474104701499696566172078834645114579200419998343199569148149376146922975791492053151052717861945297149892422034423289956425148697148587312770793113180217530638727060172156713999354605501030646174627590530615609426913164017216304644617755929037592840736828404215877543018225534930515298924725832844502216038199124738313911625080150629820566466753721944953286973904680332697973380206739398923496426860920196365711498418892427253323982232120173766433776567619312238137675258555734643294549014439955982216937676599666848955344711742292974805265543235375073596464196933079713590367980276974183331242945057333519237501584506825244103633310665075421778866009229001584244991373288161397849798351630747738033723326220253880074981646261006629484564398616049634583668993311178325270664868092223157413437849722199449286535880602657308745681167357197053148228531867636445957661669126596562327756366764870485317180134286762095773088773436976945737566783692774417090670278096499994569323319565962404200018312941315794893500070844400474565234346842250327980699899059657782060629608796720239655933945038436970958577492927476718444594265835032255867000514045364419945912984335061909009935705040246618363762490344352550827681192267968440458160657220556162509023195802526050733221035656329191872186897088932307914845711900394651250878094679103551832083930780234373463273636054455736274726780747587209111806565585259252348737146263681251915877168909431644917754544675850814955705680422748254437453301929898677345313938361521116416869387811876104364790806113908412664243680017787696198881314159061607627577314985330659475555790364775059292997442235746314495694168644593276508649962097665399010602858069828447713249153320729336316234544726272840118299355660049643887042587123648690104887443085112504992730233343545358091794864827727822233581286868600657154917370182784671543443017276028643419536497634431754093097657510582690934974228913798089178603639428156076620216294768500228174097737168026789995161932633658412578940329960498748183320770457731919868743713695645953447052969396029220520278800674173104286678495785265192375832449178219655967092788113009046944075607560661384171970422038834774618874787897591338792385675518336285898708777332093776210386870421412821730084385601156094396902003930854047062399797046490929490709323113488595449762729182149083960719047365307810880600515852065573535914437886388453513810614243050788346825217066868351590130994444901082322463611226213085574224382575465580805532189587448810179299308637908597657187228381663982288406926223728016444150222194203581732539222629450608666169534473865705300655621427155146835742773399822867297176128332371399214360262157764979993613329437394271390652952574690045841123182663975637446565127251645847897599501250463392169332847146162030048946352630487055

492207015257017485175510024094092413794832377726682948565550479616905
272074381714049286342635907463330382927617271113072242153035452319880
551940357818105896546217608938245675460619022250632308506626235551427
543993686067076446209485608830310254072321699326061395126825386100591
737258212661304456586158008492127026738907882793830544426707696920930
745518896450902538989506953772290094301129552938194333493609984926245
403326888635614162837708252265319582547538702811858857883004435261452
440013584233650910920185867574535038117553682312406095594817905512506
397148728040760572235395356482729777781640645245324137985955777341751
615166786673073977900982569184662566476175491162164318135236692382993
374609777215987014359871522073685040738848553002542719280944777259782
452791972045000786105315870185667743969351866846540620502879557553745
952637082688440241773630371315823023565440516031442495143305776465012
623558990841847213912529388608561177777134907798365618950949724440647
195798917749539956023775153943080486090144876158811603630521117542009
498006750752323053672925919005749178972549098247911723366291115964147
405520992073981320604662699379535393102050888897903411685597410071052
834056120845370730030025921480076674524159725253063719696507778813174
508547984447764689650025284208624511011899548500881003023483294333767
175466042847134920763984960423497993822501078209646136782520163476656
251356148832496786167463242020898773137902489533366423846245052834400
698773211432590064387124863577856243886654767128788975699277194074398
237755214909285377728141492524975582781381221540706362613492788014616
648795774257154720795375800522350254532528216060785080314972742546335
284140112608791998410810428692888183711332101157019077608687041379846
600751910686415310256081052667145601308177328501491499360635402347879
526083149258554637861496648711800334490027070940291806245764686885018
185188893547213128245311181491693088196527267168998565703599524617457
040002740924549851582524352610473064557607523917926822890540237023701
572429275658479269322842496851238103287494866658197718347212391369624
305222059516607479669676498110264021083878152137505108107472424615851
706601042360055577155898281189047773573744145847256591337376578704656
530677452028028730759701494578886896624329701960071235974551950142826
996007079192591222258788249200670266279574760607481787749528758101181
784194619344752222329392020768644996053836108153855712916877698884283
854620162195855643691646192431460591613821296091183534217569614990208
132853458371198873201801365103212144604102031503405183982559330952452
926341856343280312837082470166766768728966344207938370427970508031962
147826471280764326385780259829039234482672199293358318261877785253318
546049270578186442718495538565663264533383023108080105103272443878199
305605424112776821369622676094375855052824921752295490203579347374753
918686622707716470321129167004861035589975088649915058596714269084421
136028162710947019387775728963429434741432690625337295417107448292937
245467208704851257921813509526840041331841818400766429919485978411113
327821145688607749207380908941939827022970045477086198177188243444758
007368165055264246886379875455922906204925698521652417793089709028834
4265924495215456404521401464446998211315177713463394970850158225243280
818742875505141447710612993105505056118020454349225678466594599793305
173435931639032615009413683408432701457171399935195413675797786603638
827911550454794815874517554631447809187537389104263763128976559895673
318048529625813249370182774555474673992225858035152958579247905980390

744644993589764467195294790166815971976146522393666519242860460699630
307810176947317596842771509985747176390521874271009788165556251583371
020141158736248211839940855745717400411826956516803639849084301345402
169181278264609094416857692429579745124641314107928109650121024247147
650835278569716896986543273636592047921602206694609496448671708213403
817638418282165937050546807229961782506047868329468961716927669433956
700841336259572860354913978793500815061655767557556847247888305318276
169842815177689928680945253668377765128991633560831857925880166386966
528857897274419982008388802695932991300437949620799877774911586230933
067897697903517601907987152450388594081483183361610572944280915042284
166577817824880201849280156797703723256483756571110435831913619596811
274500861048153413863276106835725241543491928377295212464931988970814
365554098015137746245045816888694825261359062470173356381776366913413
418653688629018850239935550328992554867965715414668152620409116298595
831741867581054948170921396072455779766695839173138077744380045110871
602332483079530807559181674004722348847256341538275039982651045925205
450658285625740790576327963148876963103607287446994271308871202150649
386799615258437152058852059118105886712735947955772563120431278856718
249904898898047823530475805047982677735581320830055681106629033611957
103547752872720449554830112295790474880905594869057240283080903961066
742601296023141719966381224497617833114076497454962202880352746482470
486361318097306986588782387238329240799556037527343884085324525285127
886887244770863031976471585766174685956646865396308338392062252827815
563624348930864460336305673867418364515762979590972682454571860141357
218163633952266457110216928841901517907539943235088218783322486457504
223758177864784908344909077636925252786842338810967982988250671775168
793470639996845021626683573431174600933104020342288901356124734949818
405050250612857922388931986921802385444795649003154208438937488929333
874264505809819353081846626402765621336322844395372939705847485169508
758309366044350573958888068170921615628259121366460662001289546016403
902428172466067006470751901171025737087960056689722454702205294517305
747644254430489645156886628315663836746981374394020927800395650923628
303582469291416275990675532756021088768735457450120934504347245827764
589349390727240076169158778803535992482611194377637690682084121929552
958598047535161197952794713979545044232497388176585523706582803324904
381048146524618604858030652645796461432174490709196962026230392060292
425823098119093659596839982805136171691223599741646181574515400143659
889600517949670565182543365749835765743141376502336602203357063282091
409938284480151285310698963092974393724318409504213321519198218222601
417354388364330272775452037104986609079265148686829786528950532534585
961745998280390918403397831649332349248445842274094227645122135344856
171287724747585854650076963821122701966772302638206138682782575146076
153772585186379333967109363461247042504778481902671179437019465359292
368541134220188165459217524365149551854897843991208388126546559035988
674441969093848010956300251463673905712090944046744332489654974739729
076685281637717172631213839535404143622300837089720590179299302606734
082658388573758137102665966342210699997824369945047804228300659390512
645792341714138997631145057389486932371432862959020382290556724291650
151565578741141423347303999624417582187063901591833481781359421174171
282788506684994366070577453021096407564041678107750618504288596946444
198730182288007268384169619170052426367256598527116219282556808664328

4857930659964998973886906884908669696118788842962955621748517642875349
92934749512459475611826147764101042941595415906114298940678114339650 1
3731340524930408094258702047141342819712572568416225625728744686924 34
5333042569874751784685156908871344037876863540047236913928182939361 27
1542940803586794028330396144376867596747073912036968472395679580555 52
0878327447194871620779731381388065350569773399588993269766798915608 00
6166733842940225434455673576776249646743747462022073003319730217390 22
8538271632994022367048946224832522282859602081559466883114820184296 37
7549855443096050386480840951386124110391172527217064479259471878826 60
7820804884053036343186393701953503236520034944856549165763722342606 11
4568061392863370247029304617952915159676931095005240401198122323931 60
5037418576874816790401617565455587110451607507988332210269592277535 35
8097421315895373961971178291448480261814756275412067054697171967581 00
8097794917639182336317365639908927405419172322822126268885636258014 74
3026614363894555857554661547378604211554036479068730967972516707978 28
2691179197315327680591937352289927717275947730753650704356250535052 51
9381845155649008452710869937410424545585359569925131580298384014701 29
0344214345884510631978324812704539393165473343645378401163316723460 99
8713810421368261964281153602175051127559379185656999353047847497098 18
8839081025434922455498941594930034764264437772718189438375401738389 00
3610108899181558310426098400905203611901309225472297839880203269012 99
6183938314145391552043580497173386535127298222252484121802590233479 88
5644969743511326563192745731576875934521566381070028913660599032586 19
6979296282329398276231054151247308089983522316180621174487119122300 62
5699538054293696700242235121684379229744069523832318354922083412645 30
3915559549339932943073408328907744512120331454513457156953614623280 18
0123693000768451915983190394109179477662605888055262521599126656429 60
6068662723995132590950231525653438305425321256955411396593256027509 81
6667205444453450567829011517372231531270566828453473033644102298099 26
5429360783529991429067888545868443835270354799440094105921587738925 88
5299643078868467277533804701539146890654170438207339214104375947263 40
5746001613480438804802607718092888191583469427255132651470273123268 36
5128468657092364904148115243909294197010470698742728981863838163815 51
0276715544735942863969894675472989769815664893004078932480246459565 64
5975531200076085692362176381972655831640404378002661743793076804310 27
3404865774403326622262636751400480885034011389843229024518013766368 53
6706587833428123466605007771748443811200481861325778708570429508561 82
4774779322027892671335211458422975125560955628615991384388296492477 46
2856048822748626169494834672696153577750674260262745052168450112606 17
6037271870843303448141858146760280801154307758097153802752398702301 58
2418130098500261983379899350124118426885952236531411509441159177855 89
5953037920995261274800352413717323769765408823160588924713825946404 09
6957952294094432469843483344445426920212994122652849313631367051990 42
2321820990625854786159106276505142904300511605486981339552534682880 58
9123397327960350065437330106462412257253890219130773417244591483157 86
0074032205771694812306702746250443337239642639444396353186928828615 40
8936797117699018306527415655632905879387751407616061662865819279533 88
3051045207609942480870791922572697042104073595310836680444797858721 43
4510667113240271440922624700202209141858212714761748827817812908356 22
8455891783325900206665393217243980105899508151582538876812290000308 73
6804389387599416695254391521948044867526939423977595552152322660952 135

7595154267441580964313696218216872051483770937253154401062256922747169135366608998457710623372736142361210883199862651362751124821577311357191667207414112090461104554147283847746456185315379545241604590630600081953416325947099844752478659225455415419201299525874709771521174924749210770227261270184581724633211243887855318098134052266799669985419096498635312239604867397201472665874950252449210771669266829885764900982827549873151867551674573033242495807871116339394270967241366425645582296250239003242232548598561110069984149048809263435133602319412801490420163730051035968267754260804287669626486866823623250011084818545406799147293349254091023715716163286317874095836431080845498917389167922577388656688711524106867049485847750998193889632161315452863770489379014047049103791829199251492767620756308997399248507750951557645224891332021106981963606443780860705713139122604753377408223750496961735776075580401710928379252328237997973351667007952619206746031280396806145816787793631057910064141557258846428573893105232299486726114072616948524870445677567536789052940953188273278295873461330383774824062594999033942983920355254393196895341104442528765694108476393268081783482419095947194205494571339977902784717918841187456183372340371675189315591791994789339214671309787233861336122953743826621500141512636920163633073226356419122370742561062420344570727535636044589542659557816390812277053416264143682564359616223147182055019267352232440318135043685092471684305634716343714159668888340755957478403519994347609421366527411646005514647239884668666860170344727362341363014219877581739857643544106449675442983673207218580403488133844786984435909751719802041088601531046494246339884997387910920027711595929670297899827611221833346680787310205710089867812174174681477216823058921826069184790527276618084791472124151494144080461935181960429478226639450920504952161075234921863601520526071235520155143254041474870394463322817296913139834913820068458555685224861275700258766889025818790525572114607875672567310608310966400270462661291127114290257113313278404148163777376952516466739736668863308290850541632131361356948119533116581292710494198058306660272926092390915723069894143899521429044141361885677254558305480088614503451541753045823043289545417918081740815430490497509665551066983907686533071990174822992012476984392374362547967096421940938202629226169426309292620937552296257789879077791738373150250982048870936079377957986962536799201266732678372673752133313529428816497081319449599538114003279781563261174135942276028586410587907605776642237934880153185211701739027156754360169676827500495296978929175417593830756003083587073186077834917666833698541692566219862185360202903875546962385816103690487219417565447990886156908575991044816372815310544663171169213679351883785565776996127443633946545931955921311675032621294231844110359462975755431241566485217418553412200102854927792818447917076253407226547801032699637983760041877606969382770357903028675324245586268187340721183987699947610070949114796903626103726216781625200775270900062238599786082313549211397173483459283792603774234460790968904353162305743068316991928634172155540252179393723846995522736960505232364801415353554830705561308549946429456324609958487870300177037658903723471476170050164507432063853267479034102629020559077400768646640025287573809713014666051704884000575625554735087318355620756296564899049995460342358255832209302348813642989250676148316858919085842494249076574175589333246388003329816017820890615553908666581430573892105853695879694345722

612522424300863280161939014907226791415193810727071716774167852648860
752505922063612657904339359035910854133977116689646781792886879024144
624441974024371159094736454163418931481687293808713058609767595107083
689892203114646700878798601839471368317833265524848230722089170147269
100100228682098275814468848040907296474976159869243994794026042000359
707347576070884668432320139293348642570463192869206131641614371035846
143835649611914873257413587114806439504130162453773842170712707955796
418980959686661954337030033305917104585888100586567472192815795719581
962002085938882060367504035036181580721340298658407445815790079510083
132274563810646478560962093581773789644542018576134313322314436157716
115509039362136112670460852449209953662546425682309513989094947781481
007064154022893849451328158756360141972597350737450300724893710095414
639708528549913661074371105994295506275185291719190261793206447125958
605213950867106184145836838686193574660992674177262450618004614621583
296058181366459552272758551715003147025893401346031192983365832405177
167835068788103017707654604239827895782035793317164451053808719902787
625229328397061518235805060729981122863665988891302450092537649564962
943311793633297581890955943760459150782618262127434561640296917840731
149834347224995530887930886262118305280091637135906403045714598944580
791179123169528828575621311390292048634897763631577346217329821486266
468139872188276775677333824856396413368869124719895882847640602104756
223487867019842981467767821062433452643016561969978199627534690736729
505782902459081508262459117281280833728748675050733192774642647421942
811982130737109336304557978461496490271038897227618701123192660393919
984881873914113663995545636912949595244872419124059571252895483426771
046035336597713456242879688810667580194868300397388857652613162173879
683019975907716558314796645978782057321816380759207327507564807724150
906833140449702576319333415559199014563429771343977440148624467876346
014944117478869510144690855795391514475689849592639283441651312516112
598209511387759998255103040072308761874657005537319478344097007580981
786660066413447429501878602068254180683789956437104201667111254921076
033166614300451835161795992121510070846971807136475068334653582373727
612206632568653646630812608423223307175212078845283986595728068212669
804154697942668254474923214146240676897678072053209420838402255967611
577875085176966292729841459455311591384848457023702157464395379487201
600825620040445233109568605346778541220783729641522678851097238554433
141482974614976190502306870919692018530175367858916498848164802650491
659211819023991561174109599258474724488489200212540424595239545401645
460142281456223926810900827328128829039831562897282307852667126736893
597701340230645069803697768644487754934456120508941061302002826655151
267803398504208357029494807649754686226851005645163578343820384032339
453483269970732527105806141903306162104955001602398555159970626262943
708058836061333714147209137014985357030477082799926686890600359577116
225822199596465173942769416557807841869030014849169662345346819090014
510502280022498630739149952529052115770669767698492910058535168631077
063857923947970251541104379078164887022669091131613814203520194601058
796449439957084895610989806059688730171617272409316472517814567712960
272957168829590638654699337242238368386839699711852298179424950892682
890070978183753458351159423975362459315618434993902850634808057972962
758009167796835476322505648324942776313805169816788885899661062876825
917496217400365685998013849086257700199905248755074556876041269454378

4796337507553203940577116614906479876341903249317467977060314533352426
0866906419735571203393545660686013279215724596829644350772238999909027
5055787783468031962987694404407321048734947120672581407258190607932 82
2550439254237705007551301387532138890072646842077152210198620441644 63
5806574319948561209464418647255182663924518429824299468816408651572 30
4315200328579595977412002014483360525842758291112066920642746178842 30
3583946817909923568631430505990105149815373943556505455610476032185 79
8029843862810585498240067934767973199020585133386718395119176085538 26
9010383403748698041699190918868008814858821757415976655852819198444 45
9237042151376568147020489433904402940657205923345796560067773094533 90
0331510172620075612704620742389641148992263496331044095922195029944 55
0835961875344614113763938702769331382615891692687635033853015306251 90
9021085713353966694290635027071553847983024038289050097215735325474 12
2120770638970415286995425854567599152320584959166081728815468901017 44
8075245275276131903775815829791197965588885318113594372351323675796 68
7430742131318941972824785816113540947508455276062822817240103721898 05
4502546312030846129558166803486832181086485447987340944022315561032 12
4375791132443477488660830666238370165747552329519485443275435178722 55
2343053284684988288295039916233840921822465674191416270116436610296 70
6599905333924889976520897018769077838549230810709282684163668958346 02
2038971286205758924868460965442709685046911463783752788378874727352 66
2779680072804233710965838282691176272607557685827008451381753971714 14
3242125829289583285283955134506126866428413753809584300566820050646 70
8544133422217130706164865368158493268201399242783653636649948900130 45
8594412383480381566755246150750550936695069174280472781980998480401 79
6029746785969770256072136142554712291955002699694674530899158132562 28
8007588743901978208251667087771375497020381667273193765714650627463 64
9777917181481030011222958490932790693806163929701919725721562260250 78
7682790120900453265624902024601982985024170405036987362733006939010 66
6591553535559012732011704541873390889158138126653526234290642422856 25
5773557338239584404187439044900932411560562389199767145438882354675 86
3930352247441241300476829743201070233542642815017170510698811139067 04
7436322122768673781530907067400600281951404207037452096059032693801 79
5985823708109297854197028816559892049292564833756797242549900566825 43
9066872894081309481046851829123852872873458943937049145582260861240 17
4600450779548126892991896788851504694593354273131729500933426129728 08
9844215629755968589811975804215385311824752877015560706318385046067 29
7345256203638203339472543267355812788543949220750923221489730148922 27
5200677798747291784123291585441204820818575701951005230214600620099 89
7434415915997740280099444913233846533322835097063198411316841357089 43
7388736766946765485461606856486377304430444367345082261311467201101 27
7549270402754621045768178354104910403157972420256715779339194503509 82
0269563856003662172227727858037890328162350206152607221146635553009 18
7464386935752503286838041174602544173970733255985077414086800142223 27
9455157287929377344743688482675406657176419165525113979910490742282 30
3092644783792851894909323259086357067278825411279088505154805252027 45
9487879178271996442872590909088466405524735460235024366588170717934 31
6913680867819993300672881134382358475940674813864540136874344127870 18
1253209744163774242896692502948685839172445226368650652779310382613 45
6052520810979529237416447639496557748071451316583829955914193850821 88
2639683504432432989949332831628753420525413493480211292360068683132 12

4566144498672617129974200362261526055458999010986442699990144102930659812160866989072332578344477292205548284713442967551144634491358365027551130467413830237100473008199698823059964680461759656409153706918485633339052007096122925619710844300111858229389148173810115004741500147570718922669531114490182662191856715835132724025675810653869060182720212892246476337842539427630017062860445790673209359565430863351464415992615191935489359895231087054059841453067762327415490270640204924408879267582981022941345528738312546939397891637579645999454172116525509228561112297005738181217219094751674487835980518950620592197748191437219973180432751678113298145703758635994646157792752035681131555756975779904525629931832617666448123891813614295149776496452475020064752516024475299711020080948195791989269530127373222610288623901633529875692820817207721003010978229454721650159534082555702987194506241488348930212500608886314051790820283342249688011515791033380772514193100054635674564350645894732303797491678721493330853894415100757907267819475611803247560288092189220533193879512398667955282754344510366575075004464561034970003513285014877917627693486263211156108485963029288607419749847808239570735556024230022434745606121678598923745238531558476169322487520057313432270482407268444019186304021333579641350159864918367289225795081928664513822410570190898743194422668847885148944743459289653973011717777298190304928494594351382262152979302877618559475545752699319482796057026910291973834705985005707480247225512263966252098364952879549634068228841546291415283364232426195822409089814877316333329467300968735843106371373961996531594630969307577727042279917332533718862004200777936572721898140549573506146060900499470906551735319116355980721722640213736410744805030100629683887854901087316331695220315921538516106836546848684123195863276582595770996374091449048009506364308328421401915729249066167168314080345774494871548153637389116621825940950464951241332680933779435470951174137576203314349838228732939229133655638286718151909920389917863290917669747945606379302883371512697761093072394650599720357885669485604872909349035910862052537983396334052710577245452698566994564366098238363553995426270445227184393751142443144319187177451016587885506771427858297761313044673435660092650641966372980617390742715380784437669438777770321231611047232992014489191655660252182337154423103941966548887306230367969081191420608639294226830532867247602416192548492518355216177683488791231497915405346161524052961760275518842430953233631070716882327079504868632371339886523501127655283444421043101847208532507586532846834777077403879549778274772456892807259490471131819785023335464052305285256825207435586447736810455215162873423604193171926625571969650695556366585031648716747718705917983690513948474683103222373959890841393386721404053212288083424527964122744869564816188693888183146445515963054445962745129320912131131330140613614111993112849308643448500843031034522598144672296236074889879401301751738970331043081831494882515802839731239968866642964422984792504848047245091992256648783021275392380323237074398239805404746665739199662109395853017147849486467745995888495598895394043085083139560510396947561378924572137046703424519700900283834641200066818123755732142378127415262771182661873955651377433830058000093387991841001820845720141603197978830194039551079040756664045690277092350940112275228746674412924685289559645634069192137264633067694454668201953615176303663874346573427574968432759005980038152774013966972719533926441576513796873710

694771990798550602274892240172035632047163003085966230776844963382247
898832982567441449051893118763763807911147586313135184671078723214069
882408227910472993292444103748966896680672910701027885008815177695641
378697597606816634193373369663178597177659499872658089455490631655249
880525926219523662584727217689858027682559799527067102887351907209619
825595074217516465296016855735032610153390362397753705138521539240258
261254315403742185087649129570397083469053043692606973419672266307068
932484911740474313843923420121734189389980608304430571660224269514479
529071479734060983370777095194360210855217131036152233992253328380422
147985607323160276557855231821958841852166032103583860739834208693193
150792737937736265116884650682701679729933445283365704230401966587830
674429339899204965050303785082717600233962571647463537193126499902898
289656988764644225989874704160720149800820329214831701747217906505770
667599732067594386807807573945606896208275759933578420129714844973729
739655891888876745750074224181975839447926689440168288527776362284559
116801670279059912288046371109680839086110146099475475817730447377262
584451660027421323869337495703421969417813999158270397910786658949997
215637501099658439768147217291826124940899273560674769742148894338862
454424003901030577878852862346776300791942672934463710244889813853873
997473937046398141796886875866512744185051874975883833678191175991045
835763745277728221576117830048074724822653121756600187527131346230022
353229762328553112606232737393223147849017182048963696912236515020659
501565691359716997382566796574398510069772399315233443247165511637024
074032091129152644291407235329378173276943865320824750725157761297750
427145749888106670129663895982705267323866725493982395616142286350008
961373158832764604487402536224335488711562529022364016619069705826273
243778987219228207680870287125483855029752161660550107511461249294343
971696950713522774699235307667037608242790416632984573526440178065713
118051672288848783015070712960307874262489613293777513694699071789266
163654323794724169534017195137811949904537729649260465704753444700782
211758128736201894116053013794553662081182938922126968021966887354914
537602856963251955356564817250097627285920855547743205036851529563100
938618205363485495747630389914889383559708831983181053162199798370040
467153715954752658781149488254306672283622062039366002098227366552319
402742294077454008024742470820773389194101228359821252358851556669844
981294341255924012376623710004550848728433621550030485718443981504113
444804291943466488564274877190592539310452000295110656974580963882574
604647256638101018423003196734153800908937555293566929656961862086002
022744353664957889969983545027093728206400287790904747840911519596532
292333806060356314299798256295980318044809105423313336228322182539567
473003788878003840340617526428605552133288744202900173649021621454999
198171597914104327089806596674361710845306383026014871873215139095087
556041761805348005939698141586500859662708552181975885774556655647324
931250533613688446851392128224176640048424233696654230296793260797807
333772838577830618177895477030435860077617049575557853175862644471852
440022117035877543025344898497657785755678358002124493643922187912005
722993046150331441394035583227110362447755810829742478940865187187026
458642251483794901441092584005413672347298951900452866984978035455611
234707812519939827726546988446002629868045902349012328286604055352203
295744340498815194840396332243056273617986525109736093054274049991153
953165672188612303546925199579504627892478436535046105067366486850751

4337222017077221862121707265380682010529803559174972571145748446976467957667650204295498967730095750642632103861047883368793347611256485770215370666178023302501214215838452057982218698673955123826841029763330773368208511163759524507879032433619906791181383248702502240061882927073432696353495123526243512523584905542688156542248435818517027777278578398837929281227214769453242561903409844741929755564288404114893502614944239261072525569352130811514555948269407402534646338696053408737118852694631114233221439926069674253250677186886732462878614482841595902100129734806358960113256778324317245504897380551966219107711141642411725234087401049123607839305564407791540543758130350166940385454712717563768757497148000325035842534082563992745732420216470144417000995737390262492496374061666681244013303055747014295860359667666504010581783424509498518760316444837624907851871750136202209753115797257478321824631907124449314585434269566111208385095897223777570038859674145650456577202877586968685604829089481416228890756654873726535287246483719429296679638254096081645402143982317117906793182815097171457793762157025174084320211723365658427322209356321100052700996165700021879658614651048634779348044230324144003971891984516483958511579162249945287080008410459265396302725379373659083915169261736754148990751334603271856767602123088760629692508265855225020483381209602830985849405215666820166466690939665775227218961992458814404780821962444916964097247744216654439640320699864213192101175563159495165772312353051512422912891954825230162835597120025015340879720502289214213201011819575051305886071955204729511444542525527737451328002130942605827996620568936368850424786453652595134729787601396120663548144073849994260818633087399870698852686715453855796880134830559342925761438852488739980237866976548374501509049848060404496670212210231591193902583663178494197041678837732629723130216454553992087203366838003393418941052597454122921529615675519914650040886331631674043143539206798132205843316362804809373702191704261590146117394140837901758156973935543103509745521731830728895450636884064301676524166931188446624547873906013148217057194100158259683102436309223418170826704527681575687790488463993143902317931084133801971614584068028553948513733264323121237745913241762176359105469622505461508856158928614706025525142744669774189024710056957516834279240553814761519316871785600815634438607956216342521002583849211606910450653685680578331532090474919181313604434202268744544033842198165331399996918177888983472065730053757812372834447045358899641380680896894493498290128857695245327049429118485300341141110953544821085653532696169667481773750424877137751226891262927502970455750893525496663084171403477256101397196507106042855975901380167944822762974550478374510458279726757150254860055096907429440362210717555777287595367929270853212763074575798086326126451184022078611386878868952710871124735145709373665079454889483386675225230515193305584218040185979660836970938176243569467292885815672706918276971017289445136041413427356525819177826173700311799090553432795137131978901366044236815505320168745679881954856883673359771194157841565148252320276742345825547515268231761672937423486394437764512780048567904907044578600255671024140556983225603724087673065397638689608618080431410460784413738627123415442911633662800962202270245205599012961900060766461521260230708927249106858585700599975492958761594170467650655335570393614385763866255037146449781858333597097041936953987532643160109154540433023782545877722971101895314201118686043

0280550778905220768517529695899465101804575360731032353012843508257315
0500748124542841869253085456740999433582382408669724922195252966922070
0095275173451310632511977007488270881863136733045610159675193140461920
9445060060798861890177657969769097835557096359668054017359203412556340
1128357176999928793679847351563993264277323788038067920033608730169670
6144650099459198038445394160064526966212165218141634145705665881509260
1838413018353413421924494274632186293924318697283161704809851270368840
7842311774055839369199730816897933186567503796333789544138222833158090
3932128425192219481206632584114968636966765975288240384692366768113370
6166484615721172588707949796699048022011707568427967131494413414362400
3087528380548955057777336715510884776810592395152450997291915754482450
4716019575661269881218454414255088915443063475577112837540341203723570
2941680789797875330648686455154142878133945282717589560457578928070710
5143798166773088626268179213048661902423096235777303683485852996479560
4302694989174289900952987954398015019974625338255385380591570783601530
3343484995159581175201135840156273717000456017740372316793150005074530
5896284271168793204389020165461157604624809008655727837414666422595650
7085541406532001330916582742417379417101545318039475653653653020775390
7390012167661441343752655462026013524048605036186729130399514688986290
7522871323266287210927566834331212641080352740419227740839610538234830
2414993547453167822308246764541903007999687037010915569732400093619350
4351468162034563862214734464262403529461349515375713987346469115278860
9772553976497488067753356928312352293540541164718201586823665411912540
2837568425097049863546053360472469570514316904536675402293003057314760
8566347045353079972348430315474484624382085943631166331732389526322360
8606334421832093321054457860738102242975872818580679827157119187720660
2964811717564772800976248460138416182479191943069165080615011119400790
5280522757691865645634843809935653763336604570017178048995845311907500
4352344200658390914699016259092352764308069001518489548130747593024520
0340991948211765500056063455038023979685101003025245252421278935616530
0740418275317787296601417187877985388679436117821351149195403551245570
5499268673357043124089177067342704437992237789949163199313689661517860
6075543892437055578444263570841870131873169559633591981161914712297650
9908939961406944636299688108783236416548445133005660760391338347195240
0259876980896285976775987689730690771843107965730325747067961284251680
6059943804140342091509047486344041810650253768216610065306245444573690
2287453811523651518741880173010183213548629787274863499162405010646450
7205534401407942249090389969796444302587536750718634993842589504618900
4522672574677076413742580215982611847479665069874495972722889489156270
5675527965731460648359342925848252450838653022763966987883771470770010
2756692344641565031027937841677026665665961379927496805630256792632370
5207233212836947935487291756993477202555451571881474354069407512591700
8442496531954756092175750484124210319052426658450330793112033605645650
3253359646980992599660951181591147897663310080628489784870494279659410
9413730865878546790246947468303649873518215088181992955513030664830240
9463258134357376447705981014787997180815665898052784386554811463139510
3609976145787655583749620932469698480664721327775517449009197658034750
3418738997778989519395224298244251616514553255351587896438580468684640
1327319358742542088007214035558985591408843936649288785942445983638410
8528543054588953699293904740652000704494050758545230535643082241190260
6902019670763765908024688012045705043364006209854049734596940613175060

9663688304907949396535751530182625432187839125325050065335940176508688
8317231613726972514344203297015280971846800167101544601640851731222698
3208284823842158337679556369381014950623017276746772058665725717866138
9545735453477634677189418976768327546197425676596159019452670386146698
5929581959162216971690362223917109956249699169350309890277082770475248
6342043515669868747137714178983165136612203579688331228561476463001848
4475522119517811574826372499617198506116639915186873629463486184960268
5928079870105376577384149491692443341337141189369874467397283398941768
0212554548025026213657372330376655202116648770530773231404397969889168
9708064816028899697773843109321360880956267137299052708877787664168218
1938903587053770100293112740048736707843162959075378067257880377099058
6848466998037653917423278941457944571295992304443013564109964018637178
9252217186786423918433731390227441692956976603950669805374112419767168
9251041765730959241771359669700572274314078148253933196452797868659128
7979104172688168830010758889356692204780877290155829017193608439517518
4047407076648750987410624919016170176730763726131015605383294503503838
6072125699624513494838067866502112956144106323761307438735355636893468
6387606196629815588606727971745703329256189135947877033811813490612638
5386156524358307249536399117014981852498748957213253369390347687262598
6580302082794611431798470127258523664409849006403643880992539422379828
4859423367894340700164095027673969577071452126824379961513112392397148
7097799520297425293354184413736210340088082046887736780669088662042538
6082827826719004904410849593320692406236730659443922739904815312966718
3121334517290632897887217133069985169208153683530820227822701726313208
5712468299128928852638069968894274374812740949347174484640530787136118
5527677513992569583699710072339593390510651409699865832081989695769318
2703041698765137629391014355866868208774640027817310752958433079653718
1541483087495200675009473869347269598274155283045173274893668324225488
8209157976462971756614511766808708867119004122073719258965604262234308
1262162806175913131552641024864353829123621114046458320489354211650538
5355685289572967751357285978927578697084365709108718778943635618873138
9692789006265081622847544211879774161084244462194922866793884142187658
6950801765292906565439551312667156689737773095612939988785993430620138
1344250118504699201083615023586212994412418091564293790027075079370228
5031404451198548025114655566239981082051714374396655047486728632596148
1389842523367653425773378729467724925335592497425556608352571717689048
2579242093623661037474074438784358223868226302881349303168548805089098
8622779432112612200925397157606608482038654488363343512441631110258978
1011533880334936662285348425491810113562542889368767856416117438630048
0052948870082455568020398746305729560281302324828923109719200957338358
7956745791569180845187056285635891139470076608709745974932512267226678
7346913912788407904459524899442719350081109747135861630601376798961328
9180297576919592449934205510371767399449999159051595580332273922288488
8782059923821908161175946552220406174398447329729729321466569557038338
4010193859402607309588681966978444983286883569966313695601328228755818
1653837957053988172912096611663575664217396952194924901149169301142758
5322697939033365198681052859531778399619035423584189951248630308768508
3329116145345627352187465649773034028969205286380702523277019803628278
0200884719580459914752580960290888574911109425589173023025633861833748
6668617625042297561691354840252728477910280182460041844702487516694488
9360096802493110612227829009755397254283945209425558628539479007175038

161519912841778464204223827918002914481947211679305173230456892250269
659438795678893101543796231007309527718057843069031551491698372089565
421030024996867183807336168803855512006859557760191707030211931244262
318399000698177055509677674994018739111041043214258470892011775752211
021889093378402688530663881592884568037722899479309818325286958614097
428025163720013890706403020386626468241258633422499264157691658286415
597616388183635446094828374119044287413028708042217355069313841551905
939530304560433461745702832999328345729618476169374230831189616455068
448708234327620079830019730324227236263531198895434774689210048588241
922443660327347473151743653318350527712526808045985499094961574911857
235071404297619544756973088585091636494586954735982996879611644909481
531596038607165227370075592740265232917191029859157224861699591674408
262019650032494588333694054785033810854389574702308589254690472743240
454687181111095755606786202157475706950383996825894234231020672248432
979830781485671583400198556013155255745403913796000280165075147889277
839963643419641195743818807101271606653486741869154984545950871769481
524164678322402732183962189810070606768649145772722682876875898159562
850873849430247687187230862741074014473780522670920044379336302215848
957670181883656742720233296887402118867338948962788587293405370432708
774550044468979896186515703189995937775544522174685501317067246924172
815125352777516298376628335846973129592277873129448974447050843169586
933776644678236593968130686950182743566595625884317116143595941740736
796556867649513846586339759907848737958845937284145311287687099091836
595342447274335541066540075568234556027872318982292799643658379374561
639992788253336460942743500304927594574637142757904506324648570760910
693650379791377550172328005357599369520781084071843770282501032919489
068085472348514270838253511107055791595224466231877413103623975889496
689167830378260799680405010155653935046646553601851492931105055326918
561291297615568879734601763677907330274935339742303533517278680985182
113834622245570114575172379313498654760307662150724905124575993661228
822613075271524980354239014553765359054830619573357438460196858765077
432476277610667272417527041005786940806469992530051840104180232460291
674212337632187568484127753603749301998201728068328662398638657931779
919634046954440835912757728757245388817996931730254037670220378892484
076720335475493998189038057469777508340537878406181568757301274125901
212645254129077494729347449266703455937615994832404999540647472642814
128715190299307881766656765104331664313622321687014197577074149056190
790386955660241382925773723945393217159236769531056109327331139180805
625385634698153781268312900162999110200966931310098023796743331549548
728424189715999985031909044001760745558401450055750369261689507368891
480671814836192202978359177190744394556019519146005829002355443074647
559598400853056162254140713612367796534590932201487414602763569901795
021761191252548378285229522920189619745185249238068289513465067748810
482529179310963599794472645756304967403028000807270896900593867245646
392141958394974500104132043437129438843071905195547745478468443099504
170795798319622127150042677873176973553089276932075235233258240119608
580670054809110055982219202898809973184609745419657244999167359727041
204703788784354232342736080327307677636473116670533571840479714607933
533882586284707466927227015254858720439209070787839812680441147481635
111121434973389252428078488628102869465875448954015646549806764528140
999889543024344672962809373347544677114074763429601027466637740379819

9834046906367406448455008205653078427721922720936040805036325651609668
8222797203483268458882909134415812498523794635433560286393217926236408
6519437513819574075380610279543736539233088310283830415302299528308668
8861859392186206780277065689350243109117154908407830799631962918122615
5886491891021444242423826779703631788567638461395755985794497334566409
2884012106048416097060241267532078896403941354050937206126107169882205
3636711590353495296271180587420698341220625441214920672078796388175
934188002655174563758342334388796470515128408090102159348109029914427
008400797373349946466658379561476841236949750066843654206175830665214
852264169030142276273348798827658312598189416393473653538191613961664
338506721006364538658162485302518548565002334192808713067818223127937
553359338328035663099891142575604102960056015669264683847274034870390
206497332336740588011007474932521915958191501314495959620348094218282
178250170224922267186277365443173100123870583584085163473783802125111
759012098116551613911034190448292230454873036998456198727580439415887
473290178048400016420358853517332424430858909897629015393722195656891
164671800356528182009734391662632364845064366027853724692202141995977
288461507707947535000289571962436053290851074749655912326526197786293
784817620907447783299408668040230997643564495632495816204263230486809
083608234197923415156601227408820791053600722398744801306819334152721
431981255684503261244350727919353746445161824712414948661860422097255
328202742085410980885512095916897968155420076688028237291028630297919
226911722330498211154687060688349551654487765296867116368976935291272
465428305730512358071486175824034628398364762129654749055623350234783
199560899194377621670973094018299819858998060398337604525213796822162
041577805279995906448255594299075830359711660650483340040961602263200
596500528144486650012776751265262026079781723541951393652202033655321
996477479748950486212255438681655786490239448693112139436469913572616
613468374871397603473147638093468324944811632925427610436583694569852
682714165816968124761155773158171577314125660814232444401299297356008
224610882809014425621576730685378348582152464343590166959727920721075
600692458077148955891600543500772509899943217294896206085805751700230
489527904270908439203249073163257996849353315174678938449711380263448
355729138780624703592839983837462236879252260328911063497469984477152
757031521806726203559632628421686407256469365063262180794572937809357
278277207441347770392239335096032426321629683201649399814850498210976
538373480923485189133135340577791196220885905536783988187062370542320
472377496468255851090762594088535007697273235506830743641665648930438
388793207769473784869077389647075950716428558151471140282004084540823
789554194926892215419607418760613130209527424408803035944721203830549
544652188913582565837941738577722229512462608092095587423147288804947
405415745036350039903306523292786737573243182538586304000209165026049
716855338272129829768895659609220325381732262679220645415045259820912
103971114689403626508742922654703964358377102062592487151558187504787
873190512749288553502272611757291160478508282255691847010108890504880
860326439746567721440539686405281753511032963339311415562822447765897
983852500320295159176241876555676935451128840726265707037633780327930
269215942880072053499395797904131423181097430353526443324710445076543
490753841922092116396597681919540237509163667195568726021644301824978
939618153377289737719458226445489128802716228711369776372814112953184
377862111605373558929175495763563442924568774160340499891891078162589

228320980343329264101396530744205218450162591253867685771159399961752
912620062923889048982427346217267767391361809416518071172469078936540
129352897972712583669778258357473273739187448876803204093250974772597
690723129751114777169430337429152673729954336769819950874634043265826
607085976506013582055284473909204982061857732857106775026777580266477
096256632980098790174951631243989284855952473524781228643650412385210
563688028218580274391759933590910654570968561052098513071498624970502
949119792346791431963923765921555143396024182556784405034691926186320
748540629949144778164157474457941537864947325252312668361998927738228
931434294895221734017817222664280743523776332999697734980714801677262
751600321320733558394625325138662532978858759447184553618900628880335
084874745806258844915444640403129621790423415073453869967892991041212
547603628398993029869843731335940348836661116558949736973673903828730
059022546598524243878169522709070826564397906765873760023287698249458
386374446668413922189935511544866104381374262810100905451731382849830
983893707233584023163161040313043719929821440214806356620264476869578
648630322925527352607712976222025253958480457867595044519963166317171
634397080314983979233514413988736135586833762755454241738503686873717
677370977937789899372153772004954456194500185363100367287656475685414
637170256992131782328715634512183835857922817810076687005208501615248
915644798540021402723060035369133608054119239620151846498856090427172
635054468623036316023417971917271730185922364042061645400147817937483
325901164178512780810732175168441137681758261451123152175360243062541
894761530987103233144545500219189649932307455401697873404708640022074
938258764922896096525061908665674886899973686547268411687768759128262
715973694897658978718064923007288845629482663408147923742196034666790
173378647703663537224798682901772147486177986768391806601199218854801
086330585032772194397152258349153508538320479620434452057182370309029
971287723416113459973797324737938488416839700489119536703284550632659
096006824758060686333171644505208512734373086734203855029705266939434
430922165411148612575869551627666206009188617357738439067099483750679
435305528842964395822724028951762770208886429761652072084087010311706
191427330034883616231164230285199723099304928161450606300154150649030
234484908331172736011720470125959750205653490626889494427633902385766
325682810582384322631535846315030860759951078924422115155498122421852
684595013252325137295538216781682738939667829497905900948454484059612
107405665552980428474688659007248964641152440922227120552181064958987
325124017189037665072534843723704088526345818421883068572760144547167
130800735510531307611491240529617703540591626538690564582225929613085
639570675404657948937533707612445728997122913454549228394488282712629
816299999149344801865998072038398974042917246902978061772166075476222
674029554581206211352794189865450425598669706955774340175567343332539
486626135959285836231695586340599107352199639251806785487283530550146
199422854465787966142150654766930941630470377981400455306576360207931
163944329249262852284209478696018369009656090940973770070676954985363
144250966559205521290600800686068280371535120264201703165680842220408
664254228027833181868487176421475628567777329828413785809371858416884
519047668973865539483274908870919222610379523665617660959177424228443
154570792860094641285549030347022216306672155784098854886005694722472
068310129178645710720359756725850111089400772345836818435487078355154
294404575582554224623255817855489270332339831258028779892854396897762

7145681705158090616734734964273582237325703853717720873284953852997l3
9907952661252153398301224145636405076197114761463713892035492580562 45
5948552832024182169880044205753191130199235818313488947088441955476 60
4381928692916709400897751525975328397617509136521912820869320776904 11
6116093994876801257709466191309899365122708917249546620472632962349 61
2605823260120260679017968546777063810682189819923129638458940779737 64
9072695774369546186424843878866817770559763565507058537217844451063 32
0776663732702995276963106005243738585811176927255059449899618040297 71
9489372876063538399521218700874521246862921099885794859351527640246 32
7658484741318230481009352163269477387057254404754374068836379254085 96
9439306362731740173013602890223051333137615799262929170738509890903 75
6222630202433599163313370319822888681426374004163257973536147243213052
0722922051881720455263974707950912847537536066302566026378806348131 84
3144816276442483086797808795312420501884597807880152255495273924024 60
8130054443268004242853190260829716017222764006660180990900234859976 59
1358599854503733226085254897938860528817782741969795805273171385796 52
3901063387318949196385312729153065836351374176477763061839308735999 84
8713911924871880831227744767928563856797879117589047079648620274088 32
6691796282075360779399932440558797605637492138284596900342160370327 65
6580931235111780369708724403913462308135713361448319799566487848474 03
7311292446423833571454592342149663600227942550111856911675321653743 44
9535821664385741731858034788983491850125307181594133754286152701052 47
9112286736723960905154387102759199853150201021871122316218103165840 43
7276889731455021422459060571467973344792654391180252937837024651850 72
9429131213651000241046573481740384541697235036468019181153139638181 46
2784146848351638406919722265246312441531853526520658305451419345632 32
0564588712531080080309334168873426283760791851938552093972439112500 44
6128800225852727811734258157871957013214614958270261684929828030976 61
6917310756409134816434443409753444047301226975677277032598998133766 55
6219946929182599697477453179622606038025743728971135461117671683499 17
5955066116190003092110402008641864841448414181927506323944243731466 16
1319728730511142666587297383383787131169131657077007434211336596335 84
8981216034029149571743412915616079307595508641714790855252572076261 73
9091841534604143789717701355480566125351971354804150085569508502795 45
4580547697920899982988288277740653727238347250970152564251794041557 24
6299410310465211123775432397970977961939045445675187444987582289047 00
3285973793408384669987687495907956340526468751223493460976236616122 15
6807408676787959590271601655277978822597749735227624979278149957401 44
7551962909451317176757522206162183322041812488079264407618977487899 32
8478144466389256564161329102726516118506873765417573972399817741472 86
6118112946082911060123402440104597459311768735695545274651503216517 03
5696820124097156147796137549165060941845479658358789514065847660512 79
5256211122077376109010296322764638849494372627896282438501534007120 96
8268088880448887402503103938541074503692678050696438398109932963373 08
7938786218955351164671155650560365039515752746445964480127980205289 98
7525685781334746048583324980491228385138209743863645851377836826919 21
9221835066263215474735649887914617753867811060806861652651310879505 59
6827866631444947814974024351497919699090989160954679890947681942801 32
4002776557123576718159769038102856873081751862757867159772484513824 10
3915389148449937953509186173924439130038338619025521284933667033909 37
0690621038652925240547181982859316209368579592343309501204754804245 15

4599567242798159306860621806164290292792172343540464933324237732569875
5949517889396711630087498649438279040669680952347853094164165127031717
1828810586828130391977372064249008083790997654723204899201047909926966
6464828404192227648863898429821607374478517821508699941271895504576876
1379854570974351111216229050505582244601892933983461038877335374279121
2597770352892037670664937348239502441748809464344552320359331772956555
1396033091552320164136327227775676490553831252173435343177352381896807
7210453498287428902287106448309994119407987028392974984487850204366088
7762900170201209115428767560548041757361789228400513275255353186897422
8767177265197027650028083105959235715042328868236267476647391217856088
2602445669563024967892672210545493254203026698135454604858921975670788
1663152105880821645381033694713789610397646782093863794724391109299355
8238286465797604269571599373237362176237842011346589109577984473869433
5264341192648970167484637264800069295284964330073499898895496415261100
1581610575178615642312683094555259360717920152474820269695863697940755
9441741185065552637044532389415470279439792933380126884596618086254455
8221131778014394312368012903152305361185169057737858046993342352075477
1397779614498395370241287155113806653547740872403232096849938286370766
9604478629305693481020970355471712228407602659537987204045823837505811
8865408396566073860529271196213364265755390742403591283714599868831411
0180714496786312712399584961740507531636586290671040896051947531167922
7861124489907639925193668882560959999884063191854654608178706849248877
6290745034166740904226687065629498451262675292548044519250584309303288
8698062370933230513859102585584700403487128873251954456912373496838655
4405165919211896090502315116765608332407440727719617813779487631172099
3291296565432021737260411385893023726764818067603762675402058206582600
2925857878762820049648016302982735466433699302587483565683531444589000
6988039042515517283492343230186401027612896703794684334757460269123344
5797564054985252060677635229628802671588437840604200593705815104456755
8025902116104438808815445877577679026204335145219470660245710912185711
1672174350893054746047383657766962956952535651648241353763308797733611
9706928331209017072017183402389459812233386492543220982732341921959266
5489372198124613785760204738167250030809127184971144321656795710381600
6442018325680370459160088025111816756698243700668082424457842905474799
1220642703123359526948940502378207111261808625172742366516316967625777
3625656209996831666112997364079727726773234572560113624717579432124966
3402399382037023962625765063573869248896516120570892858541769193698666
4144424621348552156053018881823041539639674502346387926887480545693711
4873345032746601516404033378117440818862620220723309118825944376687499
7066924666905126800473607422160729789128388394930027475675360250847399
1142946016271532939566548507285309106351183847228216171522340388022355
0464764123153688692532715588044654328862289590555464929550524340951800
7775349647687737473644009981075921888326108222556357973765878537384988
5612599923548402082438216706007645848715099249743878173596161171381088
7330543536045954630989183067984575463297838638844427699170827190020688
4601442546535960452381631669738299838838127795539518801116050085402611
2047884186113737465257716277919525947770228696080083569415760303132800
1619418924476275356812454164998298568576632252966919203073735424676399
1862716832461013642511504149443510287697972740526877018955657866070333
1505842116667205233835064226850683481307272363910744670373107017070600
6758560570114588096080906840167754618729850629092810732617788299087355

9348728697798353159716772875636681313058293069524123224434043200990404
5375357602317074083416309405421713544022245631114815863083108613757000
3524481520731510787894401534660458822646645839367302716499697104642277
9895289856651947486897222973035233216149560036821840806091075149642455
9584483226148423903246857748472019914135126293766176200997960842543233
9755540319306206601963162230277195306557484032150324468957627359107633
7664792594838980597438452994576156256137305888849550339445592742602622
0535115975226878384905357191117225559022745725907529906866996681773434
0711026492783442231770998285627657266087643967292336810572157825493300
5273155179662738885303174252802367976075406653867880014536754712842811
9826819516064170660582513039984887195562026914513482274432717682545733
1642380035473821598832821316433507709516879221736052377129783857634888
5743151930844613070896281906815849006851418440939406996304696933004877
2820939021258564666514881613361035854058958945575265947251941164542288
3884800421617300620817550751280131669250740864463627885032002486640666
0894586969773806569879056984102211395704252027161498995932613132844533
1476143734638245916781844073343248659482243770474470627609925063553111
2983149051812886792947262354043769348054277197801051570474560984933244
2254062256244906959362200738489375247161821015456954485363961679673300
9151334924093164606836077538065203045815262818021434069977305476652644
7351279450258165579673259997772012963770207469211673108686095081936066
2384673063047087905335141420916372080339205645308021420973069683983433
1660785600779747463650319605889694841668162127009886491470128778648800
2580909939493812508785657382755274428879466477151425434008115034352688
9950579423880972804982525130422439749136720440344531049770232877519022
8041769973294797584004735699414018892348758329677424527733528899223622
0583279249765178620162386193190294057161750276398367122758753356618111
1187752439703091816432309879896502319027615032521151215544493071080733
3392013376459625137956438622627943588016940384345801411389720441618888
2289485262863988505358595481167953036430052551520938838379812938839566
0387037540114161760343568328333496495698910387862405083594877505916433
0259202688856313445520861498741422962210390415610457344310382678210222
5635658790073525161069665713838002869533699870770080840017807929911922
6542218132353060613230911915556389909567745986206725356707810892217922
6206082858863734460487225250595891907836840259852554535076403831657555
5602586860331495593021072408823508163887840799677764898891065940092322
4188063571723750768246195241238638836027507470295120278071527657646633
2876120329220867392072726309991634742358191067777311065008650546918866
9467149803770322626329587802897081235842902933503619614157870071571722
1512689517338593101463100000786186381846481065670584901684801975503544
5503340241040577543244783922150549374474411570440782585084214918392700
6934404827944817537046278183600945892480300882197565919442341311514744
9625978183535778311234635456109344785667737307092501161114892158610076
1017692039262814816644720258422198853480807287159699882009076923793999
7187290866512531860936589056903299791145269083715282697661264058488633
9125939333682766132781958593907608625646333193558807435690995358004455
1526240844575431303736105083985893203274233709610156692013694024453766
0840362221119417065301950830353099946982406202678277449067255003401811
6619896933940653998852424157849393525685505065891499817380023543661822
5930374680385071050384724709338947748211167455299008730534060461280700
2836449965975110524478774816046461758182451767751170572926917039411044

3201672017542115263349654453943965987103976619881289942705036502808660319081143805457941653983222351148703586675432880009745189658340413116454071829451107183591590898475475680716257427152561224425409220132392506575805066589314497961282366449424378451796173527103462156254986102844626849006159989952235314119447767856963293370011698889072148867149979598225545089086510135648647554468834674592663686497565041327903743132335861027684995945657894025370465518515036251625599837926681750933190211989958241399840365270241304560056091724747645894257230733969871042649146839624264670058491432415700226981505658525702927309560432371136210511901042225074329705863161288310493628380209407602705361708971032534216398308022853466168232173626480070844787865575311708569486862191223009777381674460207518872788239647206954330452169107762271779426369815088537353892080508723415468536415643671654521019402174205997221463590973376314049402629621596320328258648560755534168459895096455245630833276038150796063067506737756558074532744640058350913651262972313715486780402832277498041689122838012709844134021753413700218216726510142410114825098817470916657078652595171784058081774822056545525755718151330331756904065302883136433246796207081154836026094759782765605884524737300065344747440987709098207806664633412006738701684279572178764216488406339046052227511819094699740921768290254060468813027831905867816018113896303189118622243350869339474758989842248167854022941997693826474351405938556159908999096734621666886139990607491600481454872572177320232326469036059430628831542065857940400962541682276909567044211909432360774414301817564226662553632687563312527689486415614681236323772263016694140150520346528221479243355539863332383414961758625278131693098319304799422242113715158636629953790220532373131110301116679494837023717874692110084770274456773854201518174138372779974416951991878683545658741981211539606161070693364484915053644319663581841949201072365718124256970183699216130972034612557218993820694602768127168294037558187012788124416159721585175417657313425919969838743729048849967468277722666031927621701182177796681220647989551393023544796859328858045781690009315288784005212506788185216492184700756876928184836334692573874016339375921998494655637323793816339657940182322116983677125267078440986224591989058211929216279308646055279875427134719131084640856372681532524346115617776874694298914496093869960032068462401963672869099237268269345317212688422258414576242646573771345599104691189811852688346526624053131069779214728285855282442184789546297096443992152675170997654663598437873180416759665823938399045905797485587336910487307051703824292711986322683873365498703626552027732510729474890908278580611198135547368338779856679926736026602498404441826203232585317169684280056231182706969876726710333762118300778674120716385049287173331163086946037512921193494372092407646866617847608638436880861655253257143802347707454788483409425171101161627679232179250414162899545401290588963230237112474784320696086796550850043989160884855407004725465280288440954846103367795931320380948824732178940399057926538065437110179317136271402432723192547380457972678713396974754954862427677448008040968730326401597583029786541639477853887958878561410547136163520957348375568459414521159838514540341035624659642743496739169467862058611877782839023808755041340770298417443522300329547592979280938738840674282805283748744457720079773416336790121424165677485934467140933815239596829135446343940300531490107769527379011580195976624306449810020177376917O3

4790288692977774437510717914910969033239489381984590965689780768084683796147759242836975589551351138335935870688695399966101244618146728664617137309635775615962862151551973495943763873354043201074432644457848106163963388493967617632130893528405256582034304410145109902728805811579176199657035466592553107665858398191327435967277025030353628874087367778485633770609223884853194716562572323665948198029248270839946301331661700313601865257335393272567380163317351700005201213890970507841637466978804126660216024914743166425465764123404303128143057488704192938757179770410148949794564422064859489579980683324345448544208843557109083033098269397242369072776857072663041027817795186979724233510369482369714862836129276588016786449096729032859616210065050488948492526861383007914031384685384904224271473754370900149265964155688394424670337107535494617064726280993036963012264925747353175365506353106039520464932748093590607869803876946662724413252832097597845375640516979409526523465114327716339169139901924704319714430754473079824491363040892864773600258947615023788692592990768219927240446076004125608323017278042071845195377357238997406739843210902533346532833834204131802260358689256035466536822483627099618687539218995555528809614325659356198804842492880736563484315019375739191689549511256215671408943717230986717508367971672748840427519523252770767940394971792632744409627709447712871082949507653704207786097685857749782100802077810132553709652747185977583975644268253447387814909358240941704510002127075716831890990531726524017283780590923947257365107933746923733377663339828994435549576631779157946111099456047262914650078857427848144944011655409163795353420239965807323400341613110019852732383398214501615814747064794392593413896201001810982387293595259195701593526756206015603393962783377621926065917101102316026440709939081695347067684477871742320919532624307709237229859524800461692210015895309412769352460413674461411342969142741571028833237332338808654982461081063267767527983507243250586566125954924519496979490879251325485211681794200510021591874132192181462892365729974355119432433241464591937928913784629559641893953182364379771790211123011645938990141883234712492328445234359709011947585065504240833701673460916697657756226823660540512391921829560037471586592024680879118543844961657734029103338684257631215359705310958038503210112975766809058991571450775670245352737416238966697481827130004756050591411583349915873152690878012188688768235023584812502694837234576688217269223199282035650333406817887050228336119735966182716292658831859313321112270565333451843362168307605676247115862990483979940984667811279968679777880357720964906654178717801151003343635350003647377846804809722691908470249064656684248527362738086895545120798399438004870584216914768091545588664513066352199525044810015925909675965693732358661083712480037881825851086968117294938472398875694324174642047868522011264949280086547197922460176399419980145706302844896427413053643971420242836133063847580015157840694762524884177715300674227221979210909621363993278115152972135661603186581637426831152703067932128603432395395482604237922308016890868035097345334030489491417408026407482442925771681348527967925960878809761471715954904177803365823341237112701905956679358003084495157611179315659639198907301236575197737617854099233123767039283024111808672158461933342168202949615803076680818617515233719576006280092937246025908015694792926822803175997117676416446806042089692743712164737059620816460580111464290974259028691645017241335603292894222

471365836316665787587741781114566469866662381092930327717078779506597
271887381815987447379016948863565742773118985566713151639637668007567
333219116292912704294666835977009878313330273123869393819511481364395
589711826682922083345320276543075387258770110501295391142154474163125
799492574787301639403984147305624897118996115917524162313466160182737
090325410997586069609710511405306517111158210127665722994071570622235
987950553184089659279970498214877279927952459260652981030005579029789
281672955388587315253564232407947136843707351262658116938801359557628
664521998140667562682345457982972679127178059050525043549795117103765
672899099457305525170057474243371093590000987313743546128418324218897
090720509563161650428770916679713391946381123335615408052453065638675
358300100098638565695446687883197240713511841293925293164504661561434
453225876934674375450702570559036955660688708715313553862653448482529
051642398727672422202643915820243145692755679189032863285642823652703
305435673539927095820043476124809124909387093770962654596660204276904
930574943030882189693824497020904048903262086314276793678079789862715
246057422640210404557193420430989167950653427035752298611901487340708
268587307817107974878369423515304121703470578295551903412911433926474
583665417010639336995368922191784505210858287226499066995755692135517
408332643294826254439453024545794635036249358110318152781410770525414
935624352633257730140885958324298102601745846023278364670605675977392
004798128773695399657935725601077686121544799805927627237943755846541
906458593473505462123977280067272071810386265654739120234081989712310
745436275402837182304529162367471726263855042974108943933780996687473
4465677726585272523933394588698118085917853874992319803476823044337458
612321063650310058636518855436162752048163467436080499619972881429557
258682718651907762153086288289232364903678196409470682304681574608419
219129397899652128621797493245891959009144185980607555072117138874953
747107899523369652161032212600568410892707279500401188713695236888947
386729031000554642393762704464103132834458729319512748741467329406486
991473901495665601420209599695279853616797347003114073341801605412124
485531860032494800844004793662752429137523538145454100417120278690815
491782402769356855688736415046289783702879125174578566056107119929180
436009751162533480070679309952808944374218913071894478364826262554082
280401210402367828757171803821123591113848240507089031166332683493906
534678771171243039423281213916375701628963568964905741502560943906446
002634246796125773011474898640709191674303570142912719475723181138631
841550033582706746938269998642985784241257990347625917821030851878338
370314757946081252464422780576620206786688485834079278313613834574409
545976353732432426786866667377580744071507369104832629268453569085234
727489582356435285824285820581819906551469029252890269890581535698257
775853337196591449983876475201891305352455108822756624062053564227225
249393127994909889269295898167487534608266547585713496217826994355565
448842396235794582688679641393314448718507732066707101500200010152087
946288274567735770553085737602477921233218391428064244467017787121615
733363944867972475733776519629191102983331184132024490972337213313525
708819359458853742139940119694020999742115846176135619337502609084607
147285343808458352306058508264971519060159986599702414332661107251312
520118868824064511875341864998395292407254080317292199760926548168994
198228121402160433095799045143955530122004743615785612002257405724654
830131472740080013344628168489858461378726441747699866266799071604256

0938035025765353075952523005233423446628093916427876162217531696810771815090967133550218135501778285948057684362743556720016862476041374006140589940484144353482248083150738092049803038139464422641718571260421935583923343687331481241233730748332654127887369567428195630302433776772176715363610991261885480505031710344272390447504934426314288812620205757782603969524388490131985492342507117980429393620479298820436754293021405853143128219701970366477039550621117300224417565030536153677416714354393536031762833178906470452817973975387977458872633510271780118637678582230275320980283812976893032956367105912598753080844640597628235394087230651613740906591959327174355911458318718768398126920872162997073461465069236496510455347458210230528329429826484556447824382919325969382863141383340152714041103551099222742857952528412035017163526778198639713110852555162601379013228986348876161878714739584077279527726895150470691648862260514871101100863364858244724809393766569628049125887716164064288834649566819306235618027034689096971275759080362992033758488334114885296136752133254153032930619473693294629587389614521539570853977365701219888451025117380048182443971634718458759028243816987710997461239720794840751680586463233122558064762658139769810265517715026648392405350288084265439914707672496373772768765680806387608002361174121995410097570669045694974462846881107121155500869117839050418382871256562174804149432355911947788939766557645138166480881557923232354583855784425060762800224335837942995679598489447197750583034656673287854249927009084521528900632525935556605153213787303841474893588905143154155253161735303095148729462014300954133449883882221429062115863657019201654479604925957501093543996210395901045914544974569338920023804558984655216147812576833018654604579647035535815605100564491743744280313632869340126345940354789627256788998379313244521218555442234336228164803201026844350129182979691272656977077824868432756105932906941538417463328302022801919011068479897969173578958523279725036980183595889970275911159768405582189649078515354338911178741783932274577900261160841084508840948934277484746374651781785152598343028824726435560084661067976568640333665776885437080349597736788143001724148798889159566494668024005785758102754907863170442530795521116116626676656335145463815960175387596280415903025498380282501127596257307207093165869058928950382843954909964883637334531148408564344590454104224872749033410264342811361174863128919868887715245434496351812919356790276545588062895505952281113508083669618829465308412465186068081527864004516799861245042548908882431651744957995772142298751099162166850420642273986863375916393260376250461918840817841962092376826586447191816575135026175400040489892883915246868662584297715160319841634297264847339142039729203123296261523555540031886866624352662278260367811941288124783169434304424939531550076096744230948686210613431348343019365674754096945369139526984987299552215700717089141565517478744666658333508422158433996585496073381949814529326200794952436837919975116474258555379800512266991794130901551093352747529905069741564176437436848443089058620500638179749731234131016838694993147296199921923944980679464211191342221046373241573910292534152659166177690299937834771654513805071389006867681423225291895293545651387581664671011150766854708222377016307663052902564191533739123823330280068057230983941199869101670170735448081809296506778390748483065499416658278516782248888023839264693097973140584127959219282322746396640494692435493975594691603842945199079286476644244

144988388415344468797661142007497115214679528779176490942230962972026
949754388669935087310803633604127605146236177402177488546353246783493
467467875633532397705666243962163812737294349800985298433886086244304
003215450145198379661330318437879744255826986485215885057835798134058
916937506922016069848682884585923796128858571150534472039610954157000
187529003074893102212883639595656133095220170733075429772943067680982
559569003205660912795780604200875729565950944264006748321475042382721
593966037261522059437182655331205804753550105717875622024480829623991
210898730784795901586146989649813933161008457313196685571637479666553
543172532052790024950167878330341055397702290188339882541431249484451
966696607038280141062064197480655809444753795619719687895436608738485
703830771169874005584852886623729187305567671588485256011388070139579
985298476733929895133851499933934001403879737989266963473633730912791
320241251556669608361514173318562524683685724622843142065175062566309
661197375372816905610045957077685069503944298119323573447859114224356
706103728956208651800232896881991188748127900664573251991311300855944
771062676869519190095771691040433422172566137517916685686898075334986
216779339988433214558536223596003539785203362263578682056461827050310
702633952596665275884649221006141117648572211942377572383183614423250
820720745067071173676289449132799787955993457241164051379187686699358
221480361010270146825160216523903103046134209257425974512679430746337
688373975797200240371043519157594559707499244135694943044718048438679
091596529858861601553070777861175639496809414248753137632407738247785
770345063015004151025040867365000014655861445951789281793820869742909
567115323700937531541530250477660053711711515250111610020286948343538
641998345276109736263734562370012682948248976469169659419609723169822
427118465899458616138645958530189979547236480814508356492781806319728
936535437175722159851469818515565115069272816907996533185982274974760
479515971461679270750656426002742175807856088766664577588780252776293
997557562100692557816863574852266842217698248697084653170975519868990
480276647006278578444211108028766500848727624533173806876135986471751
422407563747793894996811210760658374831415157336932215616079615474166
890057390396242200404807281910894433392821152687055540204675476399958
884684238947084462143222864492844622723166133013986509946916991802678
604698004981863730408965033223891211175014772441863125995742066212399
857766148290017346752129000781243144721698014931557050068862086576598
016600292096955247663186792805604037279718078064157755542263355507650
976844678616254118705982029543249312057141603454486100678803930985482
169569317317191167186026055908334401008149717605829819082575138787226
911489001983046302943090972757005650125816393531763516352399348657461
860300156984534877935941234884632617063443203102596829294048083585830
113066950575623742105431203328856200652848576326439372737086633167173
731022647558408363310136452669266488412353417286156669191290337031960
038409141980181038942181720449237687755393556148211923007347950449951
324295779238827866197987840234841888611278356203690322918985771774789
335171548285345344490629291147284246786352137603158007106116966351234
695194409420317436981565956779304564569206863940092387083094355007582
499535601459309717188704489387667808166697517567986686601807636097360
517673122521226126767780698229119884378675689378817803734703291421915
742637731597798364321895164736364923339755465376103257657434024734369
449321929579749307674170716870415394135913028486044759371300227297732

724972432001180530477305273271054519398849474102929134385615016641143
504596400499367026241524002728858449365761352241179011996553923188107
271917731876893161787993147128147103679344051396370563035588854540582
356746374174817504177180632115250352289116131209525792507217829486560
358389077110658696688678860733220273912848310453789268031716948481624
194607953807679841649639103576920048908396052161564004838593919281928
750929258055498258757866256794069039449389790965910450097213068850710
080220757351930541972270346360879509733335200009767274682047620462962
393704309905505628293470629740553170006748597135210290495178013164759
345746818044686405079513422796823214885501903705675058262025412047726
417167609079059956951270215207917907089340980461512303016773349200198
739961581120179308355645572138400425899591976727733980953865909779920
963158298831847601704224250774113314740636938602606907142047644501923
317773656416131277105491803708678491885213724586944819238855117620298
273159711579587784854115114608676186943586380742641485982382245250606
764645707964673259426240739076678196818207075334512269607357223535983
073273906531506506664962604858810470014674165727289808151996124794415
444357422764091064758158453626895724602626048229180061338453580138525
820199795864055108183091319275758358735108295106119959909897375228990
300029097446683039051670846851563756141300733371366125869249054634301
099194710182317334374380605309467671372278725079935333281561568368667
689860517235153960043845919145894965922178484236144737407053771684044
883423900421701605597175174733011941597182287204164129924405111481709
969133343609485874362351281232928397542329733520082295762380427115350
819663579411748340844649078586081728379157664916529829952723709985386
495194469586230259664341894743428540766956739104976165696561262755553
546021209952557391907146664259440041807289611110391525337381837947039
628572182110848255229196141119725971396790409133596655609608900528405
996417177957066172026186669531176928100958130703810501250009015445242
790457223300513388363864161991286584473144524799870215556821068811013
670777674079093853844388484675272027536444063132931279990108775709037
368222605811799338880540047484969880765288333955809390928197659743518
220309212861656054238744825690032034525920974893857399945481024107455
670700011659596820642854564288817288184044824028377118208257240384624
144638230846183354092359967808007689471583257568728677749977365916780
837508945799833492760503554831743344199497972260587213802728893045660
613479949811835064442087144235554670803742750403632287692805627435055
074171027028317538967571580403575710906460017638851806391533752729447
321120517284619453261862862156837064856134861071882672739870845183674
436722336898605732102542699176195940066148250745432379595099106376001
471299399742303441403175711122594328368437561389211694855207811591427
458721311067826927496825511861184809853969512492481585919192583516421
121516827037404302377041582775392295205467265026399836247550237742946
832076419746735740570353423765408603926404659834215104282491151207502
261453654842778077630351049071471712859449437023643186349928666751959
282006311495006053571483968309972902299690409076674070295944776695163
442910649130754144177310035038926741538930003018543207174452967601165
704238938898083300118965576262830153822581185975617024335230546604720
892888467602665592623842162052953183153811444509389811653692797892486
127800653970737490221013381902460412894188351202038540129785559871188
111556222486091524055005769095141502079066657574492383784721617709574

3882028927185010099952324941354313759656729007428919737533696134272517
8969434877806827605291730058985793394370072399605309614130880903737027
9837396124992396894578956042489929271093305140124903243669338670964939
2680732460538649524222246550673334043430101438142642812074687769785
2096791850966981218826546051319243768209793061979430561297802190691757
0180256724455669227495124907321983500425215393863281052609367733724409
5231627897248635518905837841340186924198507973322340036932725743901
0823981757374211002947459641385104675122507636693075514513166640430241
3441058122288563011211315218638435048899956736796805608161400785554717
4239501539815101311796735316707024087781476753253262055061599948937
9436872957077525044547948605483886252004564552850273494487469376809137
3806313190148590189881507215035152773775839396039920174736301868813920
2512490463971027266405861529209775392988006709514169214205202950394
7355012288478104209280415742140882688438108554456693968839354444695728
6642377319359060237593621008316273896058119490373305026753932065739915
2785909178058747645176628013933138596087092563694597436307187238514
9433231711396929693795424081080907847128322036436993579989934669278640
8592387604829979752641150714857502752245604511205105868475304677123384
1544389879545278393807932413982413474998128633220345992033039542100
5560741905118278846293767998879498728760173755357257844383905444581174
0371870228992186810714103999850175344054797789497959944874425050188821
3228801747293004094304865245371218190625517624308088156389496664397
8341781831053142323086497106719093287906843018217645465499915903664988
0007048245578362022235727747441551895619272176215959509418271068559783
0639953171285294820443428836185197317050278527148430854320771113619415
5692369846723139652001736843316292845045065187283713695813178024647
6344830014286146216641538789512462846640637320926840745317918765019960
8063272770927281614279301415147467431448038685622349842910065632706734
4794746115038406665256211592081055297109140125563768301135012771213
4024233970755329123861868111230433653218934781890169732128553372553099
2114035988696271968397505683696940420910334036516464462431275333108800
5786359885010830199353465716907963136221127236410108518490404179319
1921229498247011901704831389214530974048499212647479318610454641165655
0693488079813832325449815385519765373646091025112161562122483390119367
6744799279301346219355631863618709933805669855623219289147492049050
0766540947063412712683287433016848294892178627211038000615582684901222
5444970014463611037927537419821550884216704004212345620722997534278149
5667583406240197295732538246846494312774224308392770183930784154842
6715878463705993537071174314079124458476387928885500344670967538939161
6135925728770218715440668430565774649194349963209103920356334324115324
3601444634785112815289648683142692655142294973091287119638092665784
0962200935857396582543946619624230095172948995293156559006147482591177
2725777352965888053162333420047835213415809836602007520230099579710742
8890209482660763802151210019986173883944581208511039410476082743943
8535247535907541053817983607067147140233730744988486064178316001709857
7885933908325346884011836726315502593500054203109856478814491959523525
8896208128104553176492473994597636189134929200350389459602163534472
6316427294059592086694856429906204371413228338568071095716402559202658
2752661022630599567881421499789040807155529334175618128508604520479092
1859362262717622929080382511752792785935446269200789594879899076411
7183558495839768062475553811848223615648222221361524828698704447616738

9132712532097119558191655514820827561293016567165949718520681649799437
76578248275603204830147370957687898605134628819300392482923614970556464
84131605341220276357304448317364177829274985111356781766080726434433737
3819891498395770748805621164999712823721637155594485009111312842812011
6596850477783462443537227478774763670120607889054517560626646002118747
6022493482573806895228558557836320504259114966771386129951035710244066
13851101342993895095310732949055740177955998099439337872633627740586262
4473397088560377605145570462710118655653078590118724407332817193549899
7600405324151821390194229803389977498861105579640600428871862714901633
5094253220410358513085313654309577423869746071584522550517187912634788
9682266709306476661774491798864224664686997225074334224352710896403022
2145935932784246751743888619775034022450844296885606557595095432942922
7297136578108803609643821015447573164631702756281934490455391900192144
9509492885133754276783687141671136071203410791196499414356137904873633
1790538026567336752888031608962081098050880316538400523486084658057133
0376709761249866441639248432887911906258524914981961386869287029447266
5700442190900792003480138826545137750927778796017139437140530972193011
3527363324576594774441954796902999073717272282505093997131743472092222
31727658870936577900091289599216658053749385368855036624600384996911166
7804470833877205704248442411589654899325260337187730333450495209896877
4158179730570634742792313258090160873965079449158590331974666100909499
4145874692944810590984532870708678630180013289005171031289159139113199
8421880301326255501211104335686283247916564110703630459237238058302877
6022709427937724302105432105649370061070604859278608467672162153589255
1409821514392102640175616336717085386614931437013972973039695562631233
3295789156526056499484652771459033848449803262891655383391731454945611
8598968640106799819948517939739756188145444466202984608120707471021611
4485726963853941638072527682642119066354059729472859337309368095196811
2747333098121117679886048539363272047514278683390832685055109076665166
7310233881280175151576016003604565764726923533531751110345595387888577
4294219944693296577604291332810382607200364821829793083254482410429755
1975965737451502508944780093859742409536667266616057787895522837273055
7307293222149660048961122738057502561356884889432988155484388355694577
7251485342403407962531067290207681190138290926393818639123453333117644
9869429876975987649813745324924311076649245065604452085487674390950044
9287943918058818570660948940415939220693131706632089558990515313332011
4496441553478276513048692958285662779057705337922528928765595106486399
8744798160426626806933160936918158497337302563737491023173124640548388
0489838947926717673438286900279902526497108953919059550346389444601322
6582547480010591192442257559565929420288711964376927531155399444995255
8221027265361821960121144032836330133233333007375002856429659343346088
0697408055869946922958712510056368640678722969830491333074347869724300
4201939398371362010159785569409050752362090815695012620437104829490866
6558815168422001043521608642198495377990792713781438436463290596180777
1720669874489733041606346227051393654607442949671611872703888117394477
3219726292195203886765182640059412608626032614683427265639264592802166
5905460903700131635552429447163013937657384673022177660964319105853477
4931347369224946054494472653357329608647079065901085925442309986781711
9319060518128678871841663660286014152116480432370883755259233518270122
7482744348373967964755045081159693358462822927765312613299586726820822
11227756246142325506919430395206645345287534820450640185384252309559696

6348605707950418454200045443821798530963086339446414610666734380048O7
5254460276931874992797868551795748987901770930476143496297358493262 31
8765522728838859981133144942531031716691383906087810936103912765712 51
676622363497368694133155372672792423173490674804609113905309140301491
8645136418719967889775967696461424343045689567665908851243470167251 84
381803914302674813562256860780970114676502323540593145884241173725062
053831367234559643981169465322898019964291937454801338025213088053666
782394743639917250538570193988319445909943571147321213019194181296512
559527085947119813169329827097604591907375933218028879701548462635380
796850814797001094085204564934435065111525140910270120943337755515467
215366786416287033095861000532371822310754605910595270343618213675359
805407721879307744922521625554452783207542107568077454619148899421383
989644138831034465995028064542343900760637081342830550933025830897583
859292437178580230025725151929745150668632470618553885454392566815174
214214177231495532362712021179315230021653995593854107735413524102861
502532653585192118158410913882060858876673574193683617600661673927184
733314886047176451523590705808944886666877487329891643486708054523494
187820054702504784239532822169531516621526111639175546265716124900581
771776579787342396264624103017937096173842875262955451279314718414819
191422875515784126330261366081997986738186398341381024521852807453448
539175348924610001670466346132184081657185609201141069460471904827165
474295559897938969760160438304307008905684483010553760791272173626412
672499896574624360408170431191296982506164869236977390683131763948181
360028789707491816736947264021053463714005406693795810620472783387326
465065317042830514786582937012380621793943384660574128525937622051258
929175401040881397612081396111993661887732989578929700937471839578119
317128668636113594914149133829347677829280420344206307529109012585436
741416640629657518546881658005273992587917642429186563689224528308170
397339491344689358026706898069243804442827656021211600157412779079023
498030104955678290909706540581179699317421152867663777129560191068942
970110543116911607708753830045065950343044020655626207495165608851161
729381733518822350134907763375081494034079248162692809271286923541285
878213389099912376506017626756377828130856118805688091027506603263428
569944912232607008268861187715163301906508303791204418135454017622837
544197046302460547020056853033905139797122883856469709729685976648963
932572916542814691339800410757608811023342642203140680189357650517141
797257103495249333099333350183751260735118605277672879954706333586681
416939942755831590887537839666288738478156805106990777707572979160517
286135365394974215823124121858456661599759027999257935572025056355622
677352284708158021519929124149231406584438486524188536423241824803848
129351792823251895352625608212847821952182377140854824095201540940706
589277562480988484722171897509343220332352929425740968838148011064140
202556450393365761614224087780244302533514233343163171467697407263272
198818709721262457631304092145115812892959590287956143271476858210334
721331242659720520509927789278338963956138252085608591292587831598188
296183182490710055090186588716419625922578306884090450332695314928439
107444152364767654234319286138232603653672038272512962106969443061360
040514482637827555944063349166614082971122666474003678215326804305551
247728806870573482474908144855464359391126240934948498922207795081379
033700331686429880275718654597386456468427998826495803632269914238752
837527458260619777849589124750786579630703737637467117630011471674569

3626360725242924686913403207417247487382937432614183133320092787546893
3774201930560952885141301930344631170497655001558781989183808608686672
7938405607436920122275213736982993494817534751105748876786837059581766
1568392818269376912740183918523654289140103287131922364634082563831232
9662570294306302835226049060085700992946277473530256083064433458299494
9395184287837426596741925635409587781478494961181217736418771390767055
5631269685192582605737590167687799331413740498332555733519652779571932
0641738767984313924132273330351650654874071612939646460096453115064611
6329628194042446278664590582728791214013104292109711242604165896425811
5730008792638167510390333828668233936605603430878237724535530348370877
9674947417543176341774173006300504619876165801652223519320614933155677
9692492017104370227141996934311409574007448272713413806533715237149411
2685570273388634994783404233916245505092977137077186903283053625459488
6756996938999892502754019330980514084131756710319398602240891108339699
5834206916389752081347112706709514024711804216111715447079320800826355
5251568582767303152009290778016534025092903677823477697790266821856799
9424034671821741372778742377585546725298998419858406746153312577921288
6308892112679124710082139770812635715758134830376792518483445209861677
5980082627226899936896328675177205002225846470163100205057539213128588
5436912920096324554803839510307503074699000639678224693009222757854299
6747709191048132427266423090060122135596615145103684729818788438200377
8981825929975404292706449976794960442180767899032245584901905617633399
5935350677446773472237094984541840681606021200840233635014612164454333
0618326429844647512010254081610837910501336677596787772838080278661368
1065007746481281600876755588105699962682079307555169963595531816059200
7826962735799647597757171770194904784347792191652647098487679939119211
0874301046305760573652353547500956737512099811030245736675999824851011
1079984017903200282363185852207917501843746623681750171827243216587844
9721501222967456413785839612347733337779322393545259844433095308706733
0472108507373602117492305594744688781036072506684540394572220006334288
6155389002972007284205524351016632049996731259982982633305205334819777
4135863047499070708478992454705152526727716996530221077980329279151200
6468407021481438349600999018482867095763304852822318315207490657195511
0520853314803194333862238716750143961660980439343414748654646301669166
7794086113644395302424165028447309284259156911731933563952876484825655
2991130452815405233465993372974144074520228054612577845873103179104133
3269496485227317080984406425916924030818224064559479448380135482561633
7932246838731517182260966127293916383334025351487840787692170031280444
8852867689861616498675864148426927770583185923441204029950764126275299
8569553679887271279201824174724579934143272164223398384535313974738233
8811664651410045523583535481504853940223950577540101360111200770611033
4588135859494538838801079603937592888897460320041978864335931399994333
9381818793564588253281222120113323403717085552158663338487229253827988
0523829978139191623009129586156914656693048481061634343879540198209133
5122016715398633757317910887638560652956296654663552885848922426973633
5782270731706211656411609058627736236424610169845889960019841111737055
6688306422301862748066065708104896339038448213073126388653128228814055
2442921919665049295762525599812721414317330874932377923381231515982311
7327754605987760985034237402399336815062158644758469195981029648663522
3968082432108784169598623411070495699250834000495018652310199707609466
4332629491522244457585932554757778745634242442574162272919525125580322

460289889525073949424491295160670773110585611282812264644358296954973
903488818359609229062044798151330192270236621563832765454439538019441
110128324377122398308680774190070153463367241679190059114115870457967
323605290915300253465649548449552055692570658905250355133503185926595
520703170615326925307266907918977486459697566836513180190164964368444
002126472423302590709083577059909730043138262550565152518799232084412
914797563576132921013726174964018306798626422838634867759842552990683
070293332487868751497582487390967189251404632292449345581048444549854
762550803882272468417794798688559745456138260428764283872671725475790
775991658934697662827558480655628498288702857710913483488823911069778
500316756222768973072954720868724493410271666542500438313257959182758
565368963693437519920804995312697336581116387548341484207336100777755
565285705738997695326200333256485305033658015302390771331245954244043
090059013682734333281128278416629040761968077796977516443893023838351
653587930484762374264549582037778346242776545405101564281780008024693
364655624815992022440540173818561899068711012249385520689131110118234
824314310995988609437308174991983686917665208339820860551699881498366
072138893606606409597489350670199480125938995762212907957218144823333
979948287524737761287412656836885260038762343160705728201033858061767
468732331448757014179283402270835626414525215793447902536517866958478
007944068263097622593463531200776274368842130874693817137759882025608
740746649611071472544891021078499136344537371843816439743516922240202
255994801363825690092153950004944458664198987564781922780836615649826
240330368864455125875603692305619947588257495870632072425323475872539
483474206665127501079436066551685911011578238095392854984247734848668
506096923874258795672162821464771818746093937792083923414095779285181
988779694442817747973692534471335870368271902259865982535407918342322
312862383743714250165477225366655354279682116794729169587490171213258
462519477469484318862905734586657633131502332909778161534895324011542
092447153836141459536926685135378617798820093052850380159075046339750
675988602048728710615730246381163074654407536929234522422859320859906
214540955023037454057222825339580277677922422653261575240462040626516
631363024228419901229574666750197735599695327944004516148128573307536
649223163413159868494561778405911512784336593539292470127108927304749
568499283800647298879493987526226929028365266582061678331943747563813
880209279582315784480274547990948661970850697044378058728139411505844
899225748743808387532868971315797116688846509940723792472747389824558
346577638109719991273999165986485488604000357608280322060693757172706
612775406191249025010763542691833637721617094571213364753293991478314
055827711079802500142230676113315609154488450878546192944063587961373
453159214557725248451537488994538634297225536523543890649077009302322
152890145086986092856838172868460834246110184462809764930654081808382
804547645912879976329305440964901296207178056556670257577619864309238
359387421377964772411267098201256812802290663852047916830268771712991
314024924281474126703649565726909327390228859264481250813576887924851
742103040401179261133734616825080424478280458091117923640964178401742
3674673925826073959308915341204600273645039871222265789174216345727350
245867959672857636948964588203701982878596084806106926890289787895500
958025161362855181724058218747644249401673958246623653678975029771754
293766817574002832633226715969887691123769376874185695015673197214114
280466847550376969364838202580424685633447803974004395223981632159376

2904735993199277728050629327546729352808442188002536002478052736671675
5111527508738415644026400223889888975071529076784976913342296986930964
6946984322361224422523788108260558311915795930825388134549820811079533
4317259610822772710099065477723029383149337282346233886684669893106105
3012438077086461843478614020267591199650151445698405733843833777004
7143636920892102979357387237403267141442930774671144412378309700251562
5873705056198795498478394316894026973471328828658956388839829310795007
1850010070558667363665949207670807299695257913720645109883773836735
8536651956778481771518036246725596211405572896365518639568287629034949
1539516248600467822474777315783680420010374453186603490459110501414823
22220157281463705336232872219800075240772864025798769089231546342533
3975495723930638415828221863320041963410232507927221885604706590924594
13166075437670242228984115599179190699058949290366433553847692846870
5649323443837710766338662542850467163783730885238800688993012340246677
9703231580939548998617588482045884059342897950933373889371115634033
1656410967014544669515950002251979420291299597490188529418333394713945
2663789409148958472704450717408465740395478213477312066512426904486613
02293278349230899444022070987958453910526211445872572643951982147996
5737773835729524149364759987127134750785136603637772420488816493117146
31051597290591675945144459737271828004385656874667939284055606971682
6446459864336654318753083592853906384566662590493749122130370624288413
4501439974331233970334004988798240794014095370059948405268306399075
0345816332501437838107701121702955518508020753623190695984802055657902
0408352413107088373091313622071497917189142304493074608099415995153625
1369953435110524932108121182386589922403009419166067795331124446742
2163333134215080396033602318166467976912531416719526943842760314090238
5713659473950589535547033134337619568120288816300279590363507150947593
9570322928256013481217820419538378088687960284858177822389498940451
6129907103705809212439822495275911516317394697575460991157431930158038
3330487874756598095291648207995382806719646664400880173587297065601191
9179946184240341866681025003839793258796873398074669573545306068538
7103076508911694689663187340983267216893972886072729833976326518260250
2905858510210395840267245554805786591216670025045243192050737026002321
9817223428074836593932891986817128619896316206965431328875448220302
5905149863137775526368499901009213805377419968461709701943186490129945
3155885581457664754738061868507016264346898330778660065289264045678137
0815872832968966501763364954514475930736278827118270253296030568887
7392719361628604980492402604826637222863133813124738324077658906482058
8915636367307113016162053025222857343064036882296564545745778476033857
3956665969382408394378672533309335249834241320802126786406242457573310
0787140997052863312066957426442141768659674086782436855315892784580
4911736541094434578867027328123881712402442955962969579512599742193211
0521197793490832114855794360486258246886116974837761550827698025931264
6785723200764304952936500052681694249907891809623351971346740464546
1523403298380000182876595991192876334149464941178057107740704961375548
1109431666577910465159802051615983928453508332469077289016724099108295
24284643307242032068424698477802009707310437883418000538951400675793
6104487995079673165894544909843141577138285327287283757066172456402019
628185908221569833481249457745138555409225815500272522439395509475139
20411728742307237131393526160722307350370417904276741594448146639130
629298152944125601035471829785059872650083159758709904429581131058450

78723563308348862835640809219604384055535354998781925167138685548392369536242437400012739141250502128174520314769671811914247291643686205318111952012902286748175602576671698151409094180487867632224231094569126263001475786920745461971101994120950796658236473186394146131621246677749631445758116136788347343377724766899997809017876927153092590166370364866842340644067564729996615940221504783706363808483984326519421965600013778718550078419560419608238861812114673822434317493053209355026219584010769065606287336502077612437272910345129802916333772903729116863455023815547034291644148419564852862680538315194716437002042704915228171072417232978720098002138431603445114696827086098730396776542110738549697829513334541902709110335202661920076871421468789507317859591802176684338160716283146010226093614848919334418777126586305805306585776278763641354957508459524779605279265003694783097634987155783643485401919574519449478633761934312085790322689984421538164672993211908766506493847982551586936760704818209746228544325490461320806275086296319487779585643151974098170420449417629737725335891024511579914921352231431234586046198000986971486862211517204880090737074592447296907051769765775260343494321157758610894200849029488629406835217061318060308480510411499332561259937906082335398986650621192790878405063737247490397216520060113482466515079733383130489725914840103980828144556159353488729105796467682628826905159995576594132655906754277869612464913717737482569715515960658772167529632001202917228407223461598811643182420429568437476903905468138023403186951462712427253114188690065069603916601963942920167841951724094425957975716283640363454304782372543616747788747183449444055487046685587118197855100500373423067121225998126086682403644317860270535733842986398116354505091551674592747303008241937540679890128499364627814025130386414677823824259186163177292359626983428489071733085629942810684101807404029142407717749171601670214445678953731083613279105677698368798896126591262758167951394954767290817137763014512886314344512676622561394123380405451491950847677564504700856125337058005536918115348302476543220901297764139674333141827277104727080925548967725879912315106217453967438229085856854800091437374121804981662344951548637938702930965393242899179452659025035165377764273374122855613816289204311461485812097249452615811856575268548777396496253003679957084342886446711296682377488400138380468983173866908424168804869156558064111338276673919983885481586237940976569865596943162072984086133885083025118595617356234540709258726219797120655806402951400766965490221739265406337319772993916664133956128853302904893881829358327150666555372508005364822223981343475840291316603718092115255613399291014829875062661631231012212507908255308923837010182590314768260274263961567598363216764476204872868738907530151988708098856609772032015546127075792115968924188408194157187527063256334865200909501308784071490622653790665056817752215685086056822439866009074840900710922463585200036431677849424162108208347757966956428629098993239405707098302842928541336673346636788821602878420056430358942273918484017944856624974229447514865954888717604833568124972206219411342521389614382374973635571165660966899996298879070859866941898579649220772168785838674952880715937936369810006780392706638125665019567499050678967724333258050826020720076643403466523891631551300923488052724136890005163593370072159840328077984144621801971560145510174384667352683238108023937931260883804052162311059078286701532390140996713983163870253050989027390756440109

1717713402150221942170104216941945859193515044789475025485067395166503690291060819011840790672130091241461616760761853829412806233328258993297804367822926475656956069065777136095005296347907924197352228332825420585086928690807043803848111585238254715777382748348730809616400791813923319429303417251077642903358551320448584872784080613044199845790391595200911770292901267120360724820595409712789475998280827854892306046247207256676005722928982558377810469294701656380317978214728083137622967272781372980959709101988907676198078635451593060621787391307101135018159024174619155555634745748166583335964866852562585307322054903662381242570064370739884176104756312345876776953003152227773292320211475334498327381553909156214476594511867788682521645056024246549945928624995753904346175933320243127965984121350064026907267694252340920557147800463222870831181143600354176765686429736115403059664912198246138717951736846399193057611133465063535741531542856648585063873972066556174810048061572785680192138802074909932607828074133403745476692854317181592451194090019111520561863895910765409414143547820898165731393976019013921381073721847627228890110136453773779281492888973637381444628252092627236090222690932247527485597461742818691496192932017926196947398625576232302738370866285755097253868155438913591406622395443488029024094293785331235866261682009733400704564766997291930161070672210242175503424920296380895179769696290500560896072651377949169165850361832228772379437561222105297572875153866401652586422106273198240153923210803636383436529440679372684728140946511203209493549757404548331871469228481266767783907116818341584506365881483253342009215824476622639647704796863663866499535155481794273068515961623309677746371549626799807102870054766921770730427895796771720528376132821502983541879397824102284210107412698590223116807447126839032775907406383083130920212309285066521783758294630341327140600143071299394336241612025344604863762486054774941450756659223899059119336632192651179820874433937163542810985652040470120462749199008437917541723548283256145177588316518181307215273368589943751596879009636147720117569851505711995579890756084736302435087929180210727652379182477667310857010304142024611314156191557519105278544999597029674780088871150699424782319497209326033878146152175122622535466579438027782909429645028819699614213740096401917488549842626197249849372388208670414062077525831561119813755659530543717971154578149782575309899666241622443919983286313528291848056135232340391918560614021219150687051994104448299686780182220840892364596423713587118376371263359155543960128671900983183687358133756931968358378136934634573819036670072937758109321447330740171156009527145915243002541160005276095323547627912331481970891296393419893551093933719477638868853296974897023112624399142305974887432012696486619065845420504605994723400657341916667504138507874968380245162284119377133735485406706575094825927980033257169067878654331755982181477032618994334752619168727923652103250847995353432573653062204013285146671333759958025668486317649109379191744592117937507824198856583771221701705556708944094886132748254141987931299968620172181444552739214883139492007488085132900502498592318612206592501423349328028539988329714358459868535125376703643334964819698194838918828603746364711553254624442212490659765022720689279070771016490648378763874631467324858493866705851832810655134518117027298583655217548874152038015915573964193723737378645643110771899660889657110396756831712514680120018331261927648163511898850036429587984226098

4137635879531263251536434730674205434329095941897769461625510663265OO
246658962883426103737091458617654044281742190233721034576097397782148
942798998859299010297848118013970831480482875695364460249853467755663
298718494974591287487855791743238511813877759195388030382139056190324
942025022455282752599566245255437421208651822740709007967919373067790
543583323625846959148937227404824142129374279683853657880135498957204
433756045122883106260399140630507233556429980167386406500141860983100
523320597088448573999120043346390436518420602772565114221064366966498
884321953444500762905542431858065148604682595011340027506114384197925
357378910545456520154678648431411290926996249627888051516487289751843
919907031168412048590587492496390330982544767359740761048056127230103
501787950291226347611962257142192312220039848935186293946935785851561
233505900369827077641250782271937151677859566431989998841595880783851
713909449338279936669942651998510705450985468883928163660583542971818
066895770394940904444800301704118723488648539807737130081519905789304
528670229714390360308911925327759068012915639984617973531900546818601
061966678379601856409341569343405696679410300853310192468249997765655
044843564909116876267599943227990833033883375322687911368052710582271
894053211154317622313934175448456666940968656431180605844571415049056
277688608810498844705634091252210392860670322264047844427142878436378
180534424656658727106314414657768338054107178956876405745937805452101
137937146828357516455888360484464867910708239266497679079541590374948
892410192561959543342408838912575789911791091180841341932952674324360
735139409885782969009198522460382762432194368134193865892769027655445
301641467184206805475258637788415260930791333655173230219950662803842
495674174252004531646972033997422191353162360961162602291371660861603
944508195887824150367986235108624596703371329174735108966538553645361
987746973096400311167020660842851902576697081580904466371734892887864
210999612340841169143198595525217709396483674794620156345385012061956
238329403696271801790433881878311101864119666187481293754213432684472
249379954120303200119170639823264202477533436678743115648168729115421
868901007587416766259477063622579482894744258198147981370475651832805
573582195830753229195827616705746080913711130483272405470672716310492
882483795149515213867046682450825793091711041799944173289902435711360
750802511421260820744297871038786193284719997051664059897514552574601
005257553030687900695346764036098158778172099855584357561574331815203
437051148522251221054502263882819039709451656420473189049711872045812
428660813984450428578407726538922851150776055698269912215107395292491
095322687169354244863505529195745857306003911523303488545623789945848
041520119886906554273159879641948684872460713684146193545314225777480
794674314146529170292042654874497922704592212829496275272639707016957
242872603197561559088947884782335797856171886829069335891453041172875
526313603164496495738954298087904158489668278731543019180913523916083
795044878236138683734242456946277304065594050913635076892496164407931
700284812607465033449403435531391840126862343307140936773672630538410
076889965809527064930616223610671232607281241289130170122772562730996
432439010681893123394249224169227705009666044168034766760519941830801
442143189202958318036948274810847702841598568303090555485871435922397
139176279129637306296920192973173105979198478650159786599279178861263
993605961495168770275089608155380739836122105191693939958044634976681
571234508118114612646928190896213021342461179652205763038340909565449

2722920877987484746617345501028250365913855027331037855759676286487450
0110145459740760648571002493474910677058139217322152348034833816014180
2573667690973028913368768389649245127172662846457372131180062518169200
6332012938141222953995450752861692691686710687039489412569389350039000
4585194645518971845280472918006883165164865109064676308317442411842980
8724802545081119465607476549523239557118845712405577822094455605807290
7156734069983034579889243014285589817453306862281937020463914208604190
8098167192739337246870321039519062055231591861116049700711044825509770
9169516662850455089541617909067800231174377685790807768408173807533920
9386001416920736261450220948570837112251879222170459385972917094887790
5659001558424245863237125095853434067555709596888042735009210972798880
7525017563037379398164579293877881247289774255014790545891160074022450
7220214396167716468454928585931249578870528405868478027070894499976860
4375983140905866537199328636362991833278685085167663917159211536858630
8259128488285395901246467247302683521990873380762553039035215029089990
1186056520619095628475640265707431914237106766621599024767881334597450
9265487264401785949568331281709849999111170105361618124185783286410870
4929415769400408153353098104856771629456498224981172871712334087039770
2045115684599323336538211771788741952760661329670212289116191201604390
3256945970214783536170090160182055968481222786349019454550106719068720
8774020071938664332914979069920625035154058828717209473945081559876800
1090792809861972806535735330450914004313750356818098416606721697566910
7958208201199437321855999595128820815383904332018695414019850088607280
5122895832534085324596423064270873368563584330162166225773142203875370
4023327427963037634249564976727609463822139165215768227903657155152350
0717814788331858243568483676835451962856879332655771035373744715988690
1042927275380514055552489450608062558037894632068933860635690750718750
5084696586676832680068573968937785683497399993335013636637241394748880
8095110640852337747748157219776450253579077286529983990734947541769140
7757265641621162377361613750962937600423218511444881947775329205919350
0063917168330904754322498995798268365851432141904661065118073464137960
2729231930849298502116184960352848161900208114577132286438506452782430
4087933003874998391363539088395093827484401036713719518082230909468540
2433131675934761985818340409792724063461240979996553918627027631860050
9424157555437057713408085987654914554613230335537752519381675779148780
4252514934113261542415941544323188818959234045725212851874806611557400
7391963910342402852200410968741507143699992467317420470577634836552240
5262655255306708302323975881286827888340565068312618322508786942611530
2134575784778815765843740218794183673843010984956047299289442666804480
4455512881165926700458789104132401149839342296940114375229796923128100
9709485104285437019934400210108698927915928962704252880183804003219020
6058131951992923380356055675002336750000867238224126958936076790970900
3218476344260332153163893313779257134807272165595460268148631603648440
0895196048811263934666928523495484798530054148553962544090047663026000
4333220004902251191807880301503399149519085139673478904287781199547850
8400683847339710694266973980056563073378319258913335850479983744083370
0687725910900108605366608846540230954584217909827782712157663740138910
7732108753558128541366125247899222031453401254336568409420372359183130
2530188878563878302945790507852660944639111574041349306773719115798780
7845715295105658700825797586980073468526392407113331778296925001528180
8079534507697202780003764145323850391400735973803350371318411657306850

958696459315045910284336878921909514165525549984525768454700108667542076355406159767157146298209788570769272245231532109939314321932148540279361820030390668620596947147874144072196049477965275707888614099083832735480507536889951910902535871583792498977411373474504368894782360454899450857941790173562466252363734709032290595818453129499460352434023332197002924834741819415709680426725646135430740038362294660386274492573925604009183954563614223133824505814748461105303143028106258946019643146668187003380318894770491484560964438611411344591719450098186929320754599516880775895014226776984242459829145561506012201776468270027594325924827061292354893262318022527240887572520528412563304474378545457870622040647519788011836304051801624820505792264325056440818934136599458106015943912619749631384059423286541814373931348163019410583976381441405185608045616033188779656713086053357581094694356728650672864366247361158343520742172404532546451199839110104586471394700449196076036542989986302821183312066367857287158987196749808886074854772282577110876146685973003374993113405469999784435184607410060603454288114696560748661708873489160879377474921874107268359228937303587567363469223798064777795726493523104415622570714931350751453157273438359155939341753223774370803206506623641613292499687747060680781580225123255193207454554265327333880168261595194402575300618534460597802764770633327352312106405388556751795886329626330513316608107777015502266244458145682531728377375683910409684357503278845299137221222316385401386445176688623871251912199782424335263014901185045239761914081549406406650737068983303287812827324061163681183247515803881283356139584267118954558937472123347347124159914574916116723938472587859928060325832470268576794679610085288341750264262637166156427467568240159485538568772430409260058686836675575022801840169619958901039561137040258344599199134108565914553855739910717445406420915900570119000702315209091017274801526995596411952952985409032211266802458139282445446269995055499396140094248320862517105847148713998256055511564088125582617560652149469071708983141008824800742526062737383606406312308283227298192826844459375156498799736746033444507280337289077950623360139831617703988370200241155800801658136425880716500880987107781162994579019568812504252124058233706971154168856107438959483891474919711707767953921340748653470812533626734123893320103912372364592728568763590702763488046071652011439201863484849353776967544514222794306112539364737838658161097330707376423291724133396547085821470197323375709310937593590321501616615199104342356674388022786443646784766490320390810522994104197793019176964982355386456146026523441521010871714922111140189457639000746006838737380062518016037263129457178821769753311020071721795721171363045298869450933298064210663936286826599985445841409022344499223396588707040197350846561650412207129664107449761781950366105073542233027062567333894130158601753485576936542581223935027688003228805649715719314612069882416343645647508665973346706585694246154892267111544614626876347343207011250863427735204884094616307250075034517017755374383348247655192344588578923442580060295635677196205674177969939183145260328918419724428500007530634407430858947408934394237807629533198164804161800812316212148927274785622289434103693532080876530600357954730911900478694874972724343971244822663724101425177775095966168399936950023093620649507957030908766729843947595411632753772403710861295055915987110818217540904110465721936690325229435318379416469306456056015747515850430550598281675866

805201816335744234843428956969406507821419645725765117612283181490307
5174824222617131870308574103110321238555661032660064944181980264086934

9446051687956312330962361932924120816694411128406012618401580026093527563217385843314524554690104788538271447024619169700572549590650955133667762954466103529520739871883131410646200237637468041909080528970188668407909235738978971067540044764581710402161519160290997341149933518905339839514357724416686935881530005720947095567752036785629524436366011589396352428693364864941820717157509725824629385183500925949181201802411153786066150055609352855296395936971426397876801437825153846216075568116571579557648128795258753570531907058871588606502650225436207145440094749327809777425111722544649547860429052666796125236254353051028659880522175100255402872973201045859936027282840997148878454153795341633122805840084548286028995327999739040212674370382381253745922465248620590286751865703034585753036444482623821769138379432313982355539657566368126783626678502137345959787022952177382656159395618970492791498302377525742286761821589862689130548121325104884906241442162254919823625941121104202606260092564122436226626524602989556046022353522725885552939967050460900140665230781136751428437132635324298080510031619578830768975138873013853773477712396122967906805754704916955833174275334484209274810864729846851045934871938115616610941728446006612315969139630273358208567933724401574078395489804203593872359334348634397021861173951259351340834947062535697950328418517254974580489507836988903015814341243789616161451997548581624917353591313740309971407681728043616658219164228965102289633793906099028072113775496761872220869087039578723458992686556132857123028598754032474644088126789304637950009562813177700679420354266519965127862844438918350452042902997234774212110110839415930154757743297380445774983899028757177400597929408577140018675316692081924579035527481997325628168430263944250044726490565334490047635335454440209102404550852499606800085885161711430404469663213259599273444914317563906191456020839286738726082428009666271804602175326658285291475590308498245973940560601517866639480333370105818583831518966752453344674308974807680271040513617393074083804287828305450238244313356264820900318746617917555902513003175834585064724961473680020544060333250706861080140477371445079443526998670203871529138254665982019956133167234503821388604529618210497757456148334675989495265488957086405100207527693048024735326718638719011116016697963184175428374496518268187165066067688694636209291124622389123603507883840625605865035176901377301014391912953205421032756964067276608332573572638072134856146136448702019669658748469034506079753747645073486312851592041365011709679589080897898760572906249289538101683211487733872418803505106072208795387591407610595239580946619727631106163290185390530236285524564850666373780168808762611775689033033060644822422483646637602355474332935073935789357078975338596354703334287755666248773501454614950985549353651860902688201539450588255597386779187251650836437579059653489284183448290830821136836117374981692422043356789672161540784135670632263151097653567746282359113432498642467428106942024812525983539900515071806889949568589018238816048505817714792647731246867221072052595835372724229224825133058330709973976266200693867769588331404552021123158205627290750122081263210780359237600752381506303214186738612517658389676295661609887263571083801058701653882405928507778450313988203635655119578100480358817385211568238227594601998180455707823595586124449358123695525234329971154800809440553910659629336467008843264484722757011200340750050765694495282707185234762312298171110077434103160893253126297060

1635780418881558738644719674459573768387764358980188626610640402278329
921828998008518475253935419021278219079604392391527050065442386510535
900727699680938594320661849822588315665302393798749656955381590650559
821834460139217434500362601599570449521706294818382016175976969963968
631575188465712567639345446598843925469853766510112242336611280697563
691850889894008749274741687078071036251206451414998231764766550844018
705449787826422458201159283051750035677305148810413848884598095706222
839765755928141921058218074965753204078858614052060001302764910870591
414370243424139507682928486317429833629815807509084349346450264005987
237671783076146478969376510027596011692296113628089378009965515455199
357625968993975001227044564698477406912558875409121166722020116170087
838389621006871910884812344724241955110266194668678473643229843909377
512939698167744060714356099606644378274341923942305317079109752748595
350452141257576218287615493187488458061434416003315259862912593948838
062763802114396224233560111779280303568914450972399496150581153391928
275230148607251562960265385475335661304970602396148196913463531802731
728048501248460736488567468187973032543530403111057289897951637223327
316245834626635829108985650261478929153250116711307012564055758802165
800815083311974731056640825902182983319926221379502379701455278679641
167988089715452073749388746648842774765554889302976135775072084167043
570605169989654949456976795151119479964474560155069154151928442018817
526193620600327992522428971386283003790692189769926896860812409810005
748339441402323958779698724641012980499369442579736085883893521935250
546234457141517993629323737898704537668351005631675347456459358729255
868134217110490323184457214789377024813807989968105677037089369591431
997606156158192034306968284071732075572550052419930664032951867292141
085787318044648673645744792884420622979414230567851088077518576662697
947694223947291875635853314780162789284754146733069694231298622693787
549102083782607745273845771726128034979630698640619591337889695479238
475956712293457504605647174963069954282689257144462131412018244059559
294062339070731251067641945448687601851062425696060234738788383283431
037627879845810960520809785478787263897349025711734247422322572558677
131577864259136216042386624241383672199780002607108199853450820721266
748104318624729338489673761787849837571054810423679514839791549155329
692142319986355272374632002098312393533918537512831032065050825705652
029285722524895685891036312820382066469938603636746151587029199791263
295039385594805452447836417192922256973809996140372314408203835052578
623327905781728610668561030842934734791599655678590486042558233564174
572252851920786285443305672162334344491715007819798965165594642334355
900063936416952509643486637336559336579952329801052480346959939944781
486780485961403134807703012848844758688126790946913981078757524821943
539370931633500840395598455790436081286365730812194827849372514190250
947114831045223425518807225243638299724590880559809139250779633948500
990088957314046187857261083369298160622593773048984440875595628381304
535595782637542693228929774482676444943480211767902775077379604082363
935123636378792053074058177250474585115269894759233807912315657894012
191153138299038856101472049495039986221276674720613205354181747821355
505496893429003165655300023235323499862112060058667775808421706851311
617228609787302709665580996160646507296783535918397059576529048063634
462545219229900284057935107922799008340077159251917747090401490620762
440262309402928813437835493188608865200462551671747920380091248283756

316040337706954753077273563603830358824098513068813156098094098140151
220966143629684023923047695872931776609207064817696570933120641397294
546800124014177878587011354654478095193955153836110512248303184537488
803938278893717248167964316379110001438429636744389706527401949342796
434084135867567941875713128679307087309732543563460024114483392092969
191591743274423696619894320744342142317199525217258797262156283850370
385822339353694988716069027512827100386585573516116517112919877143145
895038847920790273920325403756162748436417342265413431920048366036776
292255819414523371996365884437367045885510902599545920428587681304382
793548513750279803810663327819673732805925188427574763936259466506662
163012615831792373563232656845899342576999002712505603339386968217377
726289692256601885783108764646258591827477648416475080545070498419139
597544554203844805669049135869708389154731877079755337879321678669662
117652545584517287565121087185306565386596761112706739745765351139416
201820392304217163773789933076516592751332372200681855916126092829302
404566771080817855504750446527169481345333549967111912129170353808210
939583350085007283221182625789936132965402764766887299687050510286140
186645338080904414371094822386816120962867135790741058557569304442579
032614200077043605927146309329784069115453694573840528080496923347493
626434898166018059418562929529648640545070194248358146517786210299061
544805075343786929909461183142951347178203750119988275941365230893289
247078872126637453847063460920191304806315375516696701797385082659205
801911865314306211268648240609339057881637165913715276380698107949278
837849454052569754873360228284586216034366893552652058401126612160760
891332811605883970490109228365506995792122733154898349796232053334147
248835456097017256377466371150825160587618876548388391703625931547182
923230302175143492960404891469966209882743859422809329006948814446830
576732430259236969626435496082304849840854663139930211073300727189487
634758369243136432647690255456384108344344872341350012389807064995965
169128742942553602506977212239330904393543861726561603436230736825758
799715934081732096874725710518421428070581115364316432858211553975816
610146060510906279757664123915757931492589293633509023013731599536992
516003737832288852092183738834434502295011881190726096768729786033162
594131870765203501713731427836268336097646014617489333540738133698627
041702464228458795305260622037670369054163477462602236654509631287671
406572675865338814609134940075190501262915563702948499825750979602921
793286596000851376695736207719101935903422342572230650504112913473783
689303270773003279369065209856933500864757416599955398032739256841264
853528603648716849027414625526499862263032741878383702330935610880671
458293445120417773057680546678194428651935129160260671837063409106774
114566234548262238980453074702944013813234884587544722311725268134362
714718994741264813349540360182077365021524179739245227050061447020946
001051277963348415181415344865120198913456966731930564716418617494790
753222927126256803429497406914804607772878892770138834011832309614550
870185992557044500564684825995313790673268474103625715147904580368391
154011585480007184815577211876853079963364579943820578085183918625124
372451620085541924646372335856754315164876066439700514670457118714143
833560644009537475755654558293753298101765753550006430636198591191140
691782550995911273538251043240764985071644281797019497642766198229074
196613535733373530226775126003440083964837439339923154463132173833286
353317029805906584105790981665655848525988051819083964517881438008191

3672892225717296559685014688173794887278709008188984935633892569442343
3646211259501783516874904681384378748190247961782258875635525675871855
0904370999035742977521845330693175968395227794283824525007979449886411
1680722969621200814222248955203834683165073631469334443403791237429300
1544481408056331754097150485355160289437713491680729515396567678201699
6154027089998615167783867581937702893504613808107074586916018086547033
9834070594579125940678926155250612101763213519601790841439817630785144
0117065192439693906710258358966067418620062800145109342159163458987277
3365875612139469089634352191728555722573683480629519167883759211931733
4123667731885305520519811582547543543962410174754242963482261110274822
4203421394629935245214958872880804050122351671316366945536673917029488
5469748997425474615827478974089607421676720673328098233387288704634666
7332264484643382630501078120936991372758637795050871307404441667523844
8038133230569102482978199438126063714628821997272085504604275056230144
8283905894873767929044643313579357007822495921187998327591604308070166
3071774060413960478403238242770666430881417534328434797144360601859111
9509097627165126340607586376339419268642765040089258061343820833726733
4480669968109444542860648114082829179463803170160742462712010768179822
9743868511681131816439395442921388297850268278439075682237161459095999
8576897411806642947073761647045798016200863390933696297927886657072622
7053366583706950904955530355611474128711520577086788272768974355494422
3480141384876223180861398976491431250170894530816779807235371538483766
4077133638490973359959153665339918332416809155822821064710061511894222
8088255222639480201874117731941073066407238915211364978774041191109699
8355730285048034479208578857255458886953697812976822721403628162589288
6658032354232731114449395184080741821388535761176935001312755836375288
7577850943847613757439610886993762795065086784006228314188619869752655
5522983052284357644566526148755373767330745154374409906065155387936100
2387001578398992361593299020627451994464249292110213815622918433629322
4553602278965948029431980908730019214340819319307093829285048125456866
3649743503397669843825592868543743789932804765593407959514175545996744
3770999275419445619986967968176056667037874776821707348859322131994644
7290684668073325926072847946541329387927088158174277375538347597494200
8438645566210984146764066504144185023739953964549408220934686782942155
8902245398545389053446802416664144046568204807288491222473945645988066
9183885756369035787218638721174528681621909633255002190347538004995977
0002056640861949157998799066869319837034805962759589186728946253996788
8855692281454620598493142764423751710842395307179128096732784046945288
5148701164381343916259723163189012120272122896013145133201184204018788
1215301769447437106055497646732773022190903020400577343546166140241777
7102714952494007701167039827614740975240795133422097568574093870076166
8077496702130378034154957758484046644567116642386967578753415324912344
4884606121699198503972020693661747500850592468845628340269242426904000
0727868175611021229814642620197983437403342318741690756813262684306666
5473330201462598812568320416763521162743552056979601634237923542035622
0686273190650535928175749310731996220706981096376499489628081238507077
3366392798860262016933612460755205124298786447634143792218468659561977
0026933141176074371605552059759074466118032229524022620814106757520555
9403617414623493599333064078708709039117620671338384089015728852995077
9365711557244378471454212593681442507774583186353740854448735685200655
2313447794421878395420135237279605722160709590295338943135912426179822

527185818704051784658736622289043588215469463481385694758636594424808
005057203802119196975633959960127177465482955358066579840013697225759
893995339861707852701046501676136402924891951031314010405881765185827
845998428578235888929754454674709572898891746987919508364203541612498
102116985998467622263843776486985766888906232714483676899532533500543
702912596104291601545363821476618886278357097734768918761937440195820
794531647189388846428313617394355627425247895462866887810906570426411
330635051947608008674642792646374700481942117587066452095398996632744
497569681001741909589092616867485213286186000732439746358465346454775
664541495283924751996356845358728166824471792134455876320473414852778
219773359890520335635897221993980435892222411218765938240355041082893
215273864833278779781584751808478911037503914063531572888181615190855
053751945105099056279908546415185084249031931461429572930254945654049
559174067477934510299725598841552851184988505021387258969147302998231
032015904779241255510726162583683925595833320300380126768072221792290
899436018273636511432935911336100595601205449651513710606036643233963
237360365889915503918721455354518224690155081943411791620016826291990
790377169545369666962783200335193680509570349983551391927735621926739
887311010334538350445300425330718639245865738187495875314835201164906
047564543572569264928206550906574085295930962269105484768982554336067
657055615987595860050152047321363691509488489493799211842980092127038
404405365918764040344579703889661120462568437725593202737639784304452
319675391907781283582490323192412605065638001499410299221692712358543
828084350376265450783200142866121875873585405892629476539144382541756
683371502466444853540020917650253868938304899400227192275940524150776
436929056054035899821466903234352078090899593514755972069356083779625
723543147663467866161234726151778571315696090495306062282093392416912
827130186758965343304219547709321274536907583463057231734292993764252
633129261825668626390294024618124157891220442022963915376320177356207
182713201286891944622888032832147065276540158563449784893694598526281
396742835483467057989726862451984002092923583319403703728392143069725
648800546336030032100405298472376523363803653521527617405042059998575
198398110022208870466036994745231303572175044025029316509607309929245
410194596612431282390251976301427182547985655262353595804057789976493
523881080618307483792692072328074718160237484869267940845334380919506
415545878116927029485327643192381818303946368549221513790628962307417
312277660173033539276092929747111921795003122205034398725929347144277
194636706790994430391048406234834214030977895570565422617781708021920
344698973487937727929416087011192729612192911239316363332009254175303
566937601546250977688782108954518914416957913625117307494242106233684
414945033789908636878920197854211907115079372579890403234588226002254
286022909244882724896908843496343251208564814942186440216816284240360
096700510951476833913331974939005421909754309212436166337785059352757
298720993387024982341568445287398090719723505284283588859458824007460
604420261104081363696882826457259584999188755511082869319220760092450
593407083865134890205938352217624369820357983971942641931617977972397
176396894822471744587364325878914108451979759432713658071180886543572
375012254748174203352251770330194099876375004618391340965271853689489
440234030028427505888987635359418475736012803492497127413621125366804
843925280948742884912702774121792939961348921022396235296089166775186
596138785443829032388955296298182308502429475916002907068915393926988

7172315756432368128626822298194743681409575116494906555408467649998l4
7434814318067361443368240149590879602776095190364553153264627506608 69
69336171141178226619667205313925422950926396502701808873284763299l404
9206498442051829994895883098468404313857851586845738452972117819390 91
247466079061445416648367449510325962627474375647078982085134186264948
369590535082329063331233616264352823228658994899814765928468761061819
060031668319766216767814638587867181584987542097821023010876200989139
995613954508948056578169082573487200143266000222079865925010624622469
142912456337887284536605045195476269729058497700689942822610457423352
005340245586376429117767940494903924217092863627044981158892240134511
190922597023812495550072404760450509876098140683785306270733265900040
460181202535124144308226297663260195847458736127958309368801944151357
084243721228736744077447074469597837650283442054063352904898642469518
728790519776398055923369646014936953030381783684447784632091694306519
274558358645276241023457453329596941419275229471594269324391049838931
137058839879026567247206775106593746308035106009126695034723186904330
262438864642541893283246544858432569932171736037508217823221710765559
558639131505288225784847806730873051267321434316313780683606626681788
601371918626528128513176727015006381394123248034577969022448749832811
913610440030787044790143648271170466450946225143876907389367299370937
077209626427164518798637983995644577328471351724543556356594227228455
858150780852316786087742966475709659375824518033580216491345089817800
296913384650851848764778804021206780041139823367387778452306658328467
635498138009804111403382976629477952138265132962128719000220036427275
603480616031346064795765578645283460920774303281348430047584589348465
608269731357898802842145035503944683965828772400839562744213367459331
400181671137729582548575741230005010676130550481511850123298400905498
340990060438005971243704332908130624827201728622096068106544767668083
426861260439748604537275756941112462931746714203350803042305369771636
218902258816946056552039382908058356253901647913174244538959738963734
320870708936794010679214232987621514425799065335594371050464351166539
410114916645459958914237306521207399961344904797259560692764711055941
006085460444618030106253317012080381631403034734005984940002356890447
352147549141004992395335998985097976749965477023457830791749266318402
709694479761836914283065553653286218066267615959369194070004672713239
531611483184031552252656954530677670106156072791043646117200315990934
491112378060252020421082600555954863916255652158865491530495095758653
903772476382438753876966272555600976620565041881775911308142574972756
817383910907401607613717124066554777513895135311328583255575568900387
682201416172964589759760465813047413370469816382650645724806036301751
398972997770312967204259780153163393126471763432942681177411327516172
050419075473129285570497290295529640908036443572630914640901419344763
381936502628468910879287739258732667394817799237822619906922586965187
277444907558429907264216793981856727912328899837599246191276505781136
583579516266210663818959030102910205926255183359753908236931563753359
369316120808590604236775313711391518897604035560045065374348116779233
233502171032561557610451323923190955891702075835798002403278966704594
785261750592166181646215702386322201065012045692482664254337553585854
314267218214178874485316128055624193445914484785950447314826669183643
334984067578409891484663526840731203341991170708284777119213375630130
334454252883497055556400946901011938150197569438184525533821630964755

2387960779552106680172823794481595854114645685101628428381855066615864
059057236763773652565047915552342142322906635700470111550041098949170
195919379818574581051232638442284138593989672270635617466243701010156
653886235876889908316104874900392467719896813814522734007824496762590
678367985991727210736152572030235895420131093150972889181467093542575
971063043564388236746366301799300768455292908108831734247268864370320
212032268404451565570944289412105273777638085464108708854952447034537
305988057805093222672394771704262287815294037917671793937486686166463
769567727513361342107872336496566875250116374225474643399171671732349
639342472765629524726826420565351455348817119693711082575884413378958
666621010163795884074267246699789293007604065268727605313910868591948
375697235907966340468494453992858821931212972462038268370718431795386
624738065687785126068528793786497535110874802275875184160674464245569
946319387545219162641392431956522874050121678152785007744326562250145
513827847818547210594221917060315635298543531783096759714530680979754
159893531758966388633215386839336124126712578581112340270506647544299
589428506588385481608721797646470827905189138453256618781696861777897
650136117531592565302067230478708584039302599842914310837218832074916
894034291042912520974957196548281060481531115155447806310113209539785
005219292828200777540301974776326682953264871028964775591451281159523
225586579925930936444787409461316048383176712822766634142552288600745
238295778384644795667728992856139425413417572801228044561037864247696
872309140536316964893361213215079518757485436907473781050424119961290
975030960742303865087304929831663517479868038382473728303685970706748
337610326546431098699558684993196886947290130037407337945322061830190
539324349802354971347154441740379450543083111788276384256662897851315
539261254965849501689367797656356127531513488626348745440871315335313
450775662837188582306020215202688573184724483007526444436236591014167
879611722566147484767661992742750433257595395349744938430082173754352
609496019102099726777389211091547980800299529290195289520735254952453
107005078393613777273968906115494346420603342078779107429985782595137
953223337761672089134963035235885478889510909108440283321349565785841
697236810688865939605534008493555681852053456309559337022666681243422
670083255034512417549705140616274647418303212317938854237606507755223
162136881971885135185303079734093702675199445990294774822553013221799
523261299670201002293390357755674892001325336988657460878929155970112
963454641886624509240533479081708209890204096246297014171721953755937
531134886295188948207471366386340617081726339094418342492022139169162
126453463883490219285003129965733640952018717957907082334743345054024
830690523014017342042866454000666206819337441160736705008871902567094
272761668785308306334881560272493613523924723181441072077505902092456
944581884118646355809772291421007067433146385265098468872271634831797
886735346384489573824384027082151046539154644446055377914953816394380
961556633771154480002338770151846206036917592630103278550828129581460
132439378490049454484740609165581157834132252114461569655221809239938
888944080003763691294868285820576920751836388636750010789303578845391
872054925002455447562556972127007689057888817199284288450733410120815
351090184671448057267561191801311504695362161321512635188285056274200
756038436417824246801634039359376312544974134948990179873909762982487
04185902200434221744077776971268371202301205513794431996753431092095
470312821348966873446166018056292322548720011713678084832564216105179

5387185392318143041433341265634169054739755900791278026055931045573705
5986786336580243739360140018143695647557071643456624021603191434454605
8149209788672616635662820998296784624163942364466324241900751047848686
3846063080205539638608693138980837516615749150072586163410391585264786
6698401059781674444385468074616909819960189208625206245802997300114398
4628744721645731947160951992607673989000676511649683380566724705625940
5450147098681549409509371370186598346612557849860318840151493680745
8282215591964257373829147327690017974232530905979731536053151289680319
5196470886141598440862548600658162983721147811558076438780597362282791
3765838602408788908875745187414771313182846564622862515798385866157
1580148713233056959439668491022046065530615730860122725066878442655238
3266533325755832603660762018753779138901824959940258857279620662748041
4564464825784156727422334555901986531295835014313897535863945655984
6122926065098981134488825526286222435393455646769867804439729423742814
3726887748743973316146585858588248163329207951958291623892767372245260
9542501214170950324688127972153390971106928439486185991708350761898
1686450988700173724175469960660822664934012788801030456534729843000801
0819238134619541459892717165738379055450926949039632368440405421775338
7511187215013316808620049866336645641875108581465118510765504406385
6565588224233822606785763584744165802762773630765642148206110489807329
4012062745192008121539327528888694509503047087018847844369019161701761
5697133759868801325920395397881199963126141166614093171177458195420
8286155752066054784026387541636816980422666109563243088249192018088952
7323541479848299261110811274778418503695951490922717755551986807526
1003329868127681849317979633396140189332213100793512161201968310928216
6301591066984623503163679127473369027760988332503164242615835839911501
0018060366751099647211087243066220160596413335145589310565255557325
5028743127193767137057507022565231513962773141533081033754532762153334
1514457717479679192348716171907963445416711661657639663116211196104070
4117143228893573788453042972765838153142302920851509122492640981221
1877172695917691211934278248973509531124657378507873163980073135634797
1111252340865106652028666125970666655596831430196143274537729189499596
3857105133066175709573856825337881101175820101555257025619232063124
8804932016846446365196475827472704781789709733053073874470150549008798
6286447658166655110477051643466747698702527535662416071901765813846170
1942957203736653997256252408821350249714415089739753718047324827607
3157766035915098672470636352521083289613874484125179891779157786108867
3559260547766493574915710394789785679119508808663697243695761303712821
3827900357212229613377292712002015995822149908829159764060289541694
5872040299818663536262842653099097442230306208874267627031796480183449
1466199418538799167421453682168138936573090141855701620617699813253231
9039825299078068093432810024909360486832300262506782402321184640004
8175565962198599710015074858477218805325326963770643340967151845115235
5114262254573958426746129139899382168550738988356490077294887219488352
6421481996185962506241522172976121258972360827710527472603764515774
3789244569599567359393397100954468210300387762776849583777361787711332
2369783546382138885844557900402357637760237137579895246250576257440071
5833468734802459665104964484957445885800482773308397511578857399349
6800692631898447606330585119077168033643092768030168340075253577968569
6856578077642735466145602362475057882269626781989722910445484020417303
2620725290864907327699674094615211511151542369355814840082807038569

3605572117502029814404353791282675109449049011139156849186865714325136714252675937279226335373314436460661151081394413694819398532299089345852704423152882337798309187976469011493012310046718804852574146414797477754142668577209503369241521601197196228112867742706363699239340812834389329225317230046879276459945055067862071510804863844068383963515649105041166165224322458765293762133801520011123846048461404279586288973988912428066170061183610802746635543973813637109783703241205586043264632739364640907409858135317274133974703438645827232552910102391386524167948158031225831519930933047280508218152164548498474236260962643896826374530769349205471910823920307565084423067252308937258592723420211171547535369401086842610326554188422892734031529422725253789215319411738711633821846305597774843851546994363691864641765750424669134408627253833893755773440717357651799073336573882478152181978210016125996604490477495715371890641865649833122327409504260210072180104348354789562127086525821449030409948373831628715604017546048696971318690440663000886446848990047160569820138684013681239334502752072716058243881790155322841662337891847933761611528384790805368327314486887519424425321492647633795443389086450529464369793656276625608467029906812239107484891012881507474744881087214503371598888830145885333845849907940061835401391540726141347793191281442720387578237713112538073528422819081389733492598079180299337497603171674134193547328506588286357651555110966303655171854013755595359384845696587600380364536596648197973251035374348431857732686978042831021046294347033663744953876685458705698322736185707919912654455449284443916438102878350734072772988474758331788261102776825417317671368592886577396988927560599909294888650218501840263877269645716836564509270656056389097100592912492442607811536539376163111530994026684748815091883015336259515064176955585407419242310742863229199411223383806064928560575476733017630694817333904809162931747537648552997771009968794881309608599548751291238529800169268545963350639220703687552551740853018383582462038217020673758492212711031257839047416974688138592688832913423521260648667049261091251305913829792515232409006875712232888940195738609223811420268665645477240586287609847323265474070625079578459554118036828267782312381549874931154374280730335276357071866291056673178447907658103859288833180228530236091990671064536606238000838800753014984989262171738727914440597613805803073781116418759082417921101847365816868307811671280250067716547863745406738641300615545893901770790559160640927414551614258888175602805342140253358800768641278920930382574034021279169759256272020981107656481083140339449611330324158506106134946902469027006061354659475245136955656923824840823831648619442475485587596216581000097582097500846648784191590732877167681691046720514428008743740720708236750492264682832326750486594664311921279015183179241282301712611133607205130296630577525002393683724072892082189871456507534286278230104352367661722766151871489237241657340450564839875039903458466846423175879605884284535417729165654337156420739555146919172814522817116784818189774284559911172046297064602299256323083221165713311427031909449737856898567039129352228847251681514558143852445849610787672022930869057390586987449340942227074161107438934296722534130355976561491667053205829772625995855957238728019868715506554460104565453049158667855083525143649886549201958248570187534200023130132220570376425662424985231008479634498328274744538083180010730326569574178055658973743626144152143010668454068848823990560483636

9161409285052230709046199812433396814170900648592805386530030229028764995654252208174069493845230412945615132562562519940628858343023223843182582912650214890602570602916368733724819274544155502417367216567820502018776865486113177784465264836627643666490118030441991913607321499673011173862302129798980327115923263982846119126544061616639092435515401183584267199851433854473674051273020040356382444952809988793133531287690993868512206584933330148311207351851155913575044839523651108247487820318061608877498340667402033755948786622355158710782471039063262596171355469982707701453169281979422670242272687265174711710684098293075419974766890617061570339790361703832233561160616635208612658397771174333870164296169742617693141423982681369906297556417966150326319723405935648497136279594370560301850122455631760021440051851291429856622347909900928698937456203420532296274168568003352319987868588247396555076952900173394521045005951159788559182791086900264922212224090132833409038329858288107013010179862116541827677926647536284459961234785368680188081065386831705343775413034802676411608206471717768484095315357773797543502117702832997185423377940856925626738192984855874214616214396132794258358393797142649905854601048576987310643902530213224292446245414668275877808163410127526135377806366806815291721403033130309991931862533785470698818730942665616898563674550995013225698253895481329664090159410509643701666492110525028779881438982196600361556389524762318333702898698967578957511293203936187691718296010440821897681588288753868841534199892076616666891520621229438975195037000739615191127331094390691247276124523357857108178936475348319924328274859292464406353920798634019501669432652125453370192509892128010594572893118999448383336191054842225082527486421283432206104031669534045500604318766009706371469989804181194427887890171587389088959591864482994384461730679718832539012186839778423148531387340429189724067027011282092100229705191439825563398609956883638545947126494370764659487531908319245593154852543907822489585933754411927198017830285752262933669967230788532167463274535827962874811589385870191459904416153045371017757392362371160603701282949326972825994216321006454238927890143077850391314993386789305901958669502878718873666667630677711893968233609668904268682089442531232856061598801590565510304433765769179954456240497371071966551401729253143579233453988671540404065129772938954684666108240842530176931705047565463140827905881828061062141192507292730267686662701025309972667811852345130325609081677660136869315555605614586154116679354794689486991062963403824589797703113694941738783578419254325595754381178947149377601574261088785195359945152379435544328026449137764953138337053271111995775026648485898523985938445123892820768564373198923342728904063497769800524653931130822668037338685030711753335270774720902641197642533184730268783032866881708043997453919347114341032743561271000224242272318627936386678305814665777884934840884940283231587424343718123463322871536145158017899339586815204706231070166710269480156262710169377898894667398960468843701976763010345716833795702068505766250688133936286645407602636011681238934829086411748848940926074712667796238193982503105373287408079439761075087933320354826825524612674434165038282543082500265555670837861973266059700585292218365903454810195469703557568577535257178895029507874576379583287817787087278136098561590829983786278855827213934511007659141524964593382726339307860784057298744410303526778286882244864484239523255698000942932591043905059700431581163793

9355331503660600155441161312573514798895576241596752049312374128719689
9926196164029227741012430228792068211749326129748227507363132972479366
7879824149589863746127089106393936881921626118630764360897486723777455
4929489638028688143043665002017169036949946317779693957687065057723366
2239554257981856094552054749372502585217501737303485236109736216847000
9092214987507345856443501306281777573143068756024989117494826765993333
8655810781704918185756467642102951490154898128189067650453715593642544
2406792250588105063914516998806168461745730564358404882635754297087955
5300848019839776866446351298194719343212221464276394225579532885497799
8106603929017238653735550852440534543767668017903153673361967249678066
3615003015770250515138584796166954150071951514873053336196265701963044
9735505324191322034466218211572958108811560804561902931507373489925188
8243111162861788889816269881395775180755456851268502104018654246537122
5834250418845564689733766961664944069203769614930046206991902251104700
7888763219355886241451393795771615967404803343904215581786832404466066
2244704054982383339812101090550185000525185331675175058911516835259922
9605058509345943210057837244468082502605974039675205391444971724022977
5235896216964092482355387806768142688846162602463031398704160794928588
3949311262296958013269055428558590788827657859454167465663221282540677
6605613208269820707794900244283205208706314890211112190816429429646377
9365632265522408061354084988539153255457022488955783307107322260469944
1028624187923546106497162044880583462819886937446878040734988111395111
9736108472312532230952746349512198769383300949617010234607241282788088
2542313814977318170365554006034776675282588153753309109725482903463199
4015705474925745668628539395033709923528620907432980689095830063042088
5313157326827731085829263132678123034277340751184947641842818788118000
3687231471470789794250614795677892680616093295433218836844307232066366
1695304987275805400575174400456169775310815378858236428659622812032266
0610248355874093151762203384271428235196895942310691513250928184259900
6341597490747287446760751307199207124605766508849075203780903242707333
8359633109955349741492774171097517551971663843831286401632361111676499
0353603243426677316391091527676638555465872178719406669133216741330911
9308482296226232222798515221481161807598880670714336490749643950977211
9499278016828180181762995070807906649831216944545799209832610285914411
4222155595070889429813335192746530347335766710527073205651431121081488
9197682032569954978016110187078922385197078691026887963290338794465999
4133732639922145834542735919106106392540692567601481649286572231346600
6115296756292680638372718224723803676615832311934343181544114282230355
4804721998137450555573022136006647595924203818897107781175248694499933
9224956731577146030424734844163404394846567696078801164542537220356533
0337664938021636225055024090514063361786985885017886386935462830650099
0889956729489059877227507642875956732648029066527024524718867551984022
2166366668133063464675389134755284060785953543575803404010441025433822
0296934334730078762793671021328289566914659485199321437829169830224133
0691481253995340680240063968204513809552488117648650696784499079560822
9939725775487349233542522299609606856824315949998945032873554343938563
7467681345942805747756156648670050834904055711276747870361845201616255
3909046934627806895053603493859230630396733940904264973910716979816133
5718069476946816039987344858515304467992622169802397120665704088506133
8030570767266304338476989919966148990957196337514708107255825451226944
3034463191766744387082436083882501806622700927246808605623992218744811

359945223849591212756501247323255901787523321815127498933464913305290
856118427052625504987102821726532057977606016105299435344205692061325
395789700669965337639935223711372022070854406558681940148476556999795
455988483909445674319785181614344916018068365668189315538139893005309
469122953555650465271957426010232411785277549335491318621615951989105
231202864580357223643838557866831412452274750626459748790316856895135
735716956646942888370373310046415279589866732315943257250718794989345
472468505166518816659014694453988710738729570599899274101741539183826
430058636347127027545878953585881431719212212631796623635118321598293
595514477816550138602714211812782248694335814584132667890942269774077
069987767349104868360779760571314073456156174745945807831614142127260
927603583578490083098130254409048392103671359083203221757665630152168
108564323358452528737573015666130577895629137766517868245769024965549
637871538649951624015795073926002564769499425445426856518678587040244
387338966161402988779951256192682754462521948023840386239454492463861
503687341306496718307524626390239230651930976423026434087552645609228
294751484152889812133621730988979658783257241895148061581065105263726
031378618099610145775701694991844833912891055268614494137322639433129
703335738827081434682717142623985503625363078757518826346665692859776
630465223634388029458063756094696613209097161135206112506266947920040
181249865893708610543369632730361864175827021296660463606325614828387
419988252134447994529875117069143620250352809594244018590532916524416
121623269725054947539444154944198795066022101335555555561694891274553
869020557658476855151371712673106404303844348616112618134328265854602
066379567256528301998605926124342277146745513674018273524569661751503
636409329145127732361242210622288396740413006188210871989968288495657
277483474604667826181465080538638895964737879911955265907611759895803
089523171854022092003902906763835622084402745736300088279178040381951
324051860463168738286540027695866820953393928085476169460305530714339
872928953387576389513468885183919311285705871089236911115520841602083
392181570907801703945749006634951086093289974340069377039249065829747
959274234825729588525225866013608038804421004489737675378865663221601
205869237915627620931418690812631816410114821810303231410249715933320
385894612926620601938990613119809616294832007950649578237058427315217
017268812913691647509076531684631249349614857074990118152849012377456
004847826333463534666304908175123477515684817796011244716890910638649
277784497120044317068047589564043711509761929811574082018147928242601
829335322164034816258714617559112800073605070079288690011045546766546
118782391583163421317080055838560983076151049653257416182685438364630
967072514662516614314059217268641914917793153066154184663012000062166
383991994516031442749580244412897713924920757322060246109601344388128
850419770958906283156447520050921243806748901944766413502417877915313
126860767960241104349440087045876084515362613054145483349865118666951
998626104558275953775389224086148783601083716465373757393054908415813
103725042086054238533024908504230904106415963907857306482304805210905
453721313906236291199497380952481491456133262462491345620955390817923
765714224269097500848703362886337670617726152516136645516588218623097
864177538241461347597109686808870433570394679559103712179716392214299
514397624977458492852749769287686351171655502345831711375540682837672
407349874941356125345290531454337337283573166243103738220592697078002
168708378590625937473791831063602645140520960445371537304237647432514

2120423346442023625642550707431749705653599581596832830639769873129999
5499155334635404616409654310046705675581342533605132033167509359210955
7292910498974425858302767000871278506580796088348681706174351851220300
9816293425723450416534133918928117921365806739922014425972089820234900
1415314556579996357884535815199257711102081294433732264782416567318633
6562814691430998315589575751645085484450891187973806679401395825451655
6684550810944854057437274280179485873138375684297529797455411827661499
1782839923123997213640393550750843901636025346727833261031670722401133
5463970218500575154916123632999011833761253148276869625049828628999033
3781168555947281479627672000989547074156823366016173124678262132515566
1196391417925846834595154997680866673853466721535952469205140585659799
7601807280321100501836080514682593523008720600527183868280360296294133
8784105231466135525359394863576869120336540264520140864938326112413199
2020791499189608972618234196602400997354999908332570013571490022978099
7251453015046210362776664291941598374595478554599870102832938490815022
4104167707047407445575712609061447702820880030486802671797667145477900
4424066619613806245334230884239231862196204001929749870117411013604388
3074956110680786455218269662798764390819852103858281357899471632535544
3455546044562162650038356272016858104782164159754192506094309779679822
9935523135170948222155670743192124610614996351885782050566170904373888
1742108087307482494005632479714997689568258251038572860907953762461488
6575031587207924021433536502698103194299740994215511654308503648148288
9182360801093786676085995493328345404617047510760578774384251694913322
9819028565738604684143864084157440330991745023264909920354555741613300
0221486743773612520898546692946683579563320419263217041542824897871899
7236044311340248313252992995871718751225717333994615483516040163932677
1821874435020595911907463823762580709986431791839625685224038102645944
2799399660018696928965180137295230558751290836896857632796703151428599
9003799080535176442089608225885778111673400662110977212702736730602311
7176340612448455664234402235053370441896800859297345293243107176740833
9968851785712718655263922433104778570452735876996197432327378112452299
7504513926131314947408850468497412221248427659463766384164296588393777
5388849898059453385320323001319132435574822491930333390105170422214677
3145913010045199625345362341297902087318030477118757018938567843336600
8496769027601463059451038130962951732885899593635329647950894129005466
7081555776177246129516009379001255567790403631424936109635489945731011
0431509910497095665476041025392604989249633483101099709007286223165966
7654272585766374988639691197015835718453673438203541138751288503371244
9056210990837931914253198909769826469070199856908670164833487841133299
2611332942352465696674245363421859785528430468383725006100556624126644
8274219872039099146251992247437226045037434504889014146280284779728966
7057709005326427931655780253566986727116423493681860251020553744314677
8181564685034037991112798717902948490880262035586993740466417804188200
3996691894110560161451124191966141986080878940236551405535449391795588
8065705266258785247305214270823803429405913067353385820071452001992511
3184061659214726399976796215792359033928630960676961648211593957467155
4651767681352508202592805729188889082059368615069831812167492620550433
4315608720254463083732670089956098844143839046654558661195145753364355
4534066068025216952399233861756656464032746790840714345854506051565355
6008768065397342007118170314645980622958702024599206493574609745908722
9248709567912584394406281473631546427869303724916997025927917878789899

6005648669776813802765820125868825498434823827122147401483896768888826
828003389864699717506224388827658232386402836161291889856057802998428
303408481301885221167940271058664354594041670468678840999020596587560
245286106071331838904164082207400514104041022807350463081970966470100
292290325122222698256619832275845236121441075641342452743750707687498
336501698585315279534760810127688058934803961141459201103311259035273
721605739353420151796017766642646835749344617379521160520663309639709
747547944403464237471649479672687983877775834495734488215469166500863
596912720682768520427052461747796511033598171266379524647045139692436
418946588455591881026642422775238387385356852617052547071539593745426
142549914170824353844769462030924937414683352142634765633025797345687
423148240843217785526346406527128553749582568156300511229139854339272
428715531873022393233463848529248367727748428393030857676021774163000
769494575946077114705391610233892264490676011779973611084078681910704
486587613976198328786470681573371904439434048720022857938924149515609
381013466402818408225523686861038029231222835358483726012653026771753
079870177846397939938387161954387655352356347360314714182666107919618
037105671643882190976218623240631034606954190347652961608721698919880
841432987343644706483262984554565542598132110891380703767180918162085
726671929979276354915464274330327784858505473508315630868415100376040
222564510768343817704402896507745614190484532082898259526698786329392
507866610600073652053195634765884555438677018513991512831893057520854
930342249548053694938568232969594181283380892850751724177249526932423
793543969045767307409913546163726916090618047235879703862468039501984
298124080399931370897825474197577763407696813329599355243031776205592
039549506744857905362854358778324445176031945905895833192804872292620
984526580142853067259700703691035721807438742786187514952844658430992
937398986743046750350060277763110385907881022269717584687500343606859
180583259359532464251147658675968589697525951575629406280169199484433
522405429696174579549632454760125361267314286156197873136154972187609
189713949470382234072794867391004696158576931623557508537432722955936
330915277640788611465820884794361606896187527494529734976671042091370
320313782023558783031980974808648229737658704058252300498411787432266
271273409661304816715015890301474598798173662605543257078587490727440
195792061921420670739326128530121601850700746534042555867383931885445
491663053800638376621299459735443334052896812175676515747921541450164
310729963290634757098409489315719538652322454496465609825932544558132
923466227954808294288415715358665087829618382869748253172791966348656
917981396999698018577303978961669248509820293926523004238559897454928
202025407667767639139635198370666138647790888897232757522649498962749
611084427446995148829752027412670422316817228783685281537691134988293
618051497877593311512590163699773608261741764723795297782036789285560
209610364462402550423401771878085750569686576427527696793085537063608
142381796622130809940116874830108646300079061120184160979500936692999
147661737218660091974351507903690470924166625207820374269297632016827
669110786582872031446958232774770862903628059984111138594444280821777
203099001925711186356322757389101323884084454396648773475292983382809
299874660399475868310577743429537482789186030538569208974698158495626
511288939395447968997206891091486767032657150336107907126854504922677
823387745924174394363110845202072527104143928558219545021576364999403
395963483089004626444174417832550522004743628841800897527661311441944

784303831431677842410212785179171320457144178181953700139078575672003
316488973849618544994250479463557875388099508267030872151292513358299
243002311617839914293412298831547613852548502972048407881786550757423
489539350728842965096786809803133479114533145452226183418628132339182
649830121176586398356936152143256047876990744152792641689352657628517
512343921688237646123491990843758708456724072951232675433307922509949
316577566853768027708955142295057512415583411202686762830825443378716
640905796539684929331614952520124482322722604278010521253770490343604
288078707682950550929155644777498993468172864511886691333816073401060
871187842304067917838117401050025752300708246743668212822714720475194
983799756131247904974638291609797152588843414334610493926697988118420
897602055110407720404041554055910435966089848225402927275486721253506
382119888273593762204635268595822662471357015551263356808241431232915
367886566306845682007650275052671643405976221929267139419156990692381
117033267570867802143613692193266745550038702535412138305261023516716
872067425965228859037758088218103749567602994331936037800000555280979
711145799000922613573103546742941287555278951420699996299798054543714
313374507207584462436243096984891753479684927900061025112125625158904
327795195672159127330316089736660214562922679884069957074535507982989
602745795033115788439633354555186519788886817368973982140158416751949
700722877679907945091580003303305462848428385698087056031871255968320
957212792943361823560187526940386015725144323995701508895248750836020
133160288280963584307943120507728729856199930825097131536424102294600
416926123154253791045232010894301619843079314574565088400787855337553
603209311657162101854107485267185655985708503375597886028623908805839
123281887079261493954460918887003595008529387934946934017772851462921
122652215810619817189015113575429541345264103992675339757394374597840
841646226476542373325219407110197785656813407027940437525773545393195
623719155790849707210067281848704655549884349753429948180264795303781
585933806954572151988686380786413690699783909353798110154321882717963
125597940375840594216545798454852648869655279629041490334442901379667
909256409383564264729242975249434806134352292142480649948459657850459
840237440636173324250518944642102584465010303047865855503449663944911
518764528179721170316687005160206269855687270611373560098064912023642
595021322703851974918130768877981735010628910187189260610391087483387
772711111495082015925968981016643883199361711565209896476047726222329
914785506780927968629492243600529340697862213134993735162692624845840
752318421119564343107186321149743777531777278801436458032061170331001
727207673309122355466193147044339167333935335889684515013746566664229
816169686838481745793747104446931858042547559814586709699968415098123
586847703993219026300574520247352093723264142057445185591825644115988
947675558155020404637744515390264663395844999128990408923184399179317
896943450426482383764892697662320350785013450632440791903479415932016
765805692915100736383386291053142052544964960569930935888263909692006
759632759256351066352292171717400517064131355710764582764477377300206
705276076559510744649821286018827582873586856306688944405418472219017
213507576264105930569115587571180609151770495861568594554025470607191
564316479094089085668300641704381249044489275701692452286695910421580
191249801356565024692312231270964648458135283766565891628315395280886
024855975099015463305705835690424541831269511506125725577460896607969
603033104102774783170700394583868994393158889923324153132427977338192

3900298591183894355282547558394971513147676818978042606520280126105856395441555072695100408736952692394533809443401454310317473916050524934419534122495955674971233570969778513412093541301273610358703032461191093875077542486335568565355602728829662098373532681596923373288053540557479961414516989776495336759471395136098969297827189333728513306595625326147663219904166988587216496966524324014514437316055082563441219310771683264551716694450271156315494936073595733674125712013212590825719779310503709143930890168673015241500621974852157854917374466833450646634193159621176081641717760366521043609622882777865550136114019870700023986063673863520941948102913844021175274371653418183379962944149546985349383366174106255045433384048467031816680956204518851665965964486870413269960054451759913112871253101855483553292547429783728783073873474108589692001537419530309038583933413931901720607280325817681496365800658400607006747745257970854877288588391680758073111102105174726841938145631633810319499922695829724769205797474724609063744328063684014093560854166081558951844812736595139020279674687104704294954967098562806684546560609747571315793240097155724588978088900119214545971032038396107557844973289137273606042869820325160302245142678987511323667765200091954630280543057064582149343383015295082415387269854641579678215216525856111878102198610267539586475895484402102207629600164343373557057496694816669327330578122296667212578206949600688429565557113625324868518647839865311751501912490993261101293462634397070714508857608592534928163307932449640007893673906548817344695578745468122296222237613977015504264847353934309714964127988387087722468367032065638563975549407968974622365741091436945670932057848003954314656667487654318714240667711128203814657494547763986822830679811206928881936686754943345873159053290448745240657418715517575916993378741650626917849103924771870812047484365095834323813115810390357010202213222300697400461188443550932673623516958780987684373996011583459470937753475932459636850490937419717013447763616482110482085435735842331223479716663930914448181505292088591857884356095702496269615788614402563711189349625083070076026107628795624435299659678798403524144925866505746708687334578195268782201946970673983567176346543950287096026631632049088740453427505495977610760412019279116283857343519842457821173217703025241132662241508451609096023074461531709936197542409768403168229423400438630897523326330951959262444395254863789735031661912030814312919173220322227491491155845212366088061384120045020111939952097714231432379569240161561173646158228002888866291015704540516735658787235484500364396176321867588127197683362923344688051277247235878531396518475327865273258981705978439022258782594754394670855064380156767582160744135272808870096581827171079100920351323112162673044590969824743389380023392926140905882798770389666451547969601253185723236302394994182350801130506405219936989436267817207764266745244899827531314898425027043555329449143441579884827929402022578780813153692840873172865623584282919071440327093560035057653530308686634741689946756442981396604831496629377571771982883593040373210214040591158842972779273128435653523790679176511970450677198132026373622201042176705854242390935369207694518428117247805953019258677531368075633790832014505909512981905039333762773182096754449822330223868760447027306191483018904210858349953482345018450806266084265908100246816712161455479929193374353933354510525358624519147848571309687774423922237150494350953176964661628998130490201700838090469758056452

4311305792778919749538007975318843729269794350369223673818498085142887331874949201174210946394624354915602685618162876186874040632789672153292253515902127756693284006415066194027288998991484594046063367043172036188857917455152772930498804502169772986765717757102069904609468001895605291507903022577609710608544057352554659612163489261568167217469596879175746922741822630464185441523766545955471981212449727396841287665686266942401943226912994981862864702924098341975457718839526262065961675508625389160797614136337668276828889232780477046179517899100053877381019517664730893568537889643372005596825216744124198035557146621220978008390868421797622856617622385085295523517947518713226691983736884398211563740635118569719135958709988893034179091045999384595219630533608950195787253721887537982520788359942809354145184148173120338345846873550221817498875253530975551440883035269755053143615334453713169114417471325699212170562682856209332659388368229116684975574176980011870648708638375077330175406846863519840570502274418431507141005100668129002295103985640640754093104995520556834354675249269682058498425281548331993857097774674293733352463631213210569652628787502942888426791422969501996087111024052281970007573057189340675455740218751408687883522473964855684826755826813496670621326976237686429565531342804019375658346891775598739868523439120880751393400921863433825032542686620601632089481583362883419124390808513714657737361049609654747402909479011627147793547508282997290747719507831984457097909043562328696165371244160903058657160961274696572681715579112621155131644123956183490183449342177501167644420706102283346732245828930999432244053134841535270570524282416806611595124698411082526553300920986153617237413694629133442449238880577899904534094268704261478275975527587761147551641886372605311764906939073817885718461626009432141819796817612130902356034851648218622988757955336166066961302448938484164714575708237025839712042631388744792036929289105029039566131183756098874300868867343482243296665278187167099142467419378721504752820454723007982756939076579446337595878121894203465949065609736844000650404050902849122460238268086248682189171378833167816278922519385836826988276360874790248008156321307343212732781929675453756120296255877330342354686406935013416342721571229067139836211579005264965067188193100701315642473752931497154816885431857064998018059161480541434795291609514716766517045236538178027847544442264833984509441777032529728315405867470326738653614688517155683879447482699238115859472859349965581375522859636897590005760534389832743715783117415252085621173153669878279794189602378937505186061247559047115717154865907749252096892489558285483360658200655142880695102903548794279730773324843812565869151110288362871204887433951901560628010292309261366707069545653311240006828668648900256309782805885445636383349143892355395533768706772715209076860994991853758627311994523204669772772922578393011757693121991788664543327474101064948810369258231333252558555721216823849898971174269329521587896077989395437211474415190864432224116613097401120015477520066222045211174052361787653484385865039526784960095982825615073184383663255788691001610877339361749202180610506697320043769119172788723069879126102072152107186543664171226537213971589716370438060264723112868671142402901027903168047295795232580690203445603671309427527682058154932878148594432836937252393936692445638384586044035243752465766323469277451930235137936356327783133955418443897886861460572155517809706774682235579965915962169286788339302974262

3465374750711544075297358211186963339188128467786187919075829474863612508665525933819153526405373897807076561039990244246082303623657764157652922649113655209080313676911388986114513753298974814696691061739586206093246063619097648236371956815069045418833703403808354173294786766877122043827062438634873716151752472601084381651618250424289998114008537416883656142541075928654277805761521565974218225625017415509153037517266003366066584975973271820615164857299492907974246549889039637484261399504260390193442782580004486334883671776395610709464686495717396693721839803738526149942916441691785323180462624091013604448368623068378648828271080736167688016677152130462352187197059118251352308606620629415750451860408591336430617277384089007055991788070354181441972926366868192222298838191103903925297526338515656003915739716365623833641854306787454042403539787109584340817381831528789116087901585825333232964424345427196859176176997956607757055500303008026137580594710454507195594644010308997661101443645037635310638255584785772241032983519389421199722516404994156018650680001298441125849277241321986433220671102583086542181893834771516832508749968852897388883664762797065757217095584435930908948649731102967003162972684501935406325041280908746286972284645415390723482635965258742834539630939082738486445631610255221568907752528298393044239598458124116588830864266013801198049850478619072534487472030775614604644051802538221857268619688030363887957683708580619296178256771082481741114761344618264120374068267806905174107757090525529477357508999947866562799112937994461981842137100573004214809183854243164216482166224989535918829307468586718247146217844075773879326541539242613044434792338908116964813003567190236180256570375516314266306006779561547571027831843033538056385337918643952312777736904488325114235547723380869346516289838035990383346358659651900388887837146153169681050084385925807626733010975204483472185076226920108742924389232236150490014019449859540148095357109024191640131984458997191140254326306734598638318502269286431046746898625913775156959780569856562954581753581884187615017026777903283542232530883838264877261817577325366164634056621035710650503855706794343790758774388254865787990655879254966951011691052026742323386214271453711804639193029855522205667275863798824943957844316282682573683304438942715589069901108235117597057379328798920265392115087718265939543825088965257882333816990049108554783343484207260524776730130477789452801936910883465876153627969433315821599200451016725178132294486124436631879329769849518685811758712253831265025063003417581248012158770564777423023020448143755146117055888034528328999428128756982375546370380768679096557366205836065575258074027495451327459991519856834295965804676210276609503761091084290218193270217464266531477681823174522210425955876810703473578583642385725612135411469656938372732004119380861458904254191596979033884400365674999622397799089783851990103351365163619052519165206310798552746846303871786311892737129966629451861856452075631490757428216057084380131815607271504332704148503446384557705966161851460066961172279601352421502650904588387438057104535730958755522846566818558086368401974153851075342119712685028650011807521584009466999342809846401695256947758458860196383511641920940060398314057594352187999755237315462654062177770360188778340688015144595091793967883515169668946441124925772192824782524045917323235473414381139592923999767906726530255264189881938132329070681727876538476213678868585454228049362371395352123443577839394107102186841 22

4773425260643386484887124613034298983233876955451780243949076251926787
7774437546198895699682167642065116247100470425023091840407528126426889
2046411195066721632656127973752451071679534532154035547990892623679544
3859816041309303869632022090469682199528827921924597775639620972621744
1632450799115003401639378478793631283206742901910607512067869159858044
9188266755569125086664397820747700557205669353956953959504432006444044
2134885836063127973440898778750273556111406529385683931156859765466877
8605446972017742186771132298888759458985921890515705968785444160028677
1647566263776349981617765618901680520923862506252467056965672550851244
1656672044526012905930766154929047854883182845151161994541569569198488
5117112450013185378572372849186424018303025319961938723254527623473611
0126303432949090147630098136563155196864122447044876150700226027367577
4032690613851365166880715320485352586822462569299102991275954453292633
6698852617145966851753560558869518496472302791506733790775224352194688
0861459798018439590904782100785941050708094318841839633237305342669366
6459921569602429877567864747386336921356946425868357725276537635923000
4452675280010307413470058242953626615933714930269195905489455979704011
4871020925618224551865800449123166154964005291114178523818832845103544
9262648410402017271805955830724385468915795113031903601696157654925688
6093153164579279734670532063558898847025275865565252238807143260214966
1889080111294016056054052813605671423965259519062701573040465629178599
7007259832571364611653568596837600119662989756754890218661729595545900
9591123482121327353075554667775482670829414979828628281729377848744666
6434435716993253347196599058221383875190471984660107184137357579631477
3166675363016358796115113370394641123533728251964579714781620425727033
9311526721890801959931156701461724022559591693343809630583257463088955
9715356304405945791672010976128493729802386163326822402640095726784399
2991386063231220904503707356783413291983518799648039160760180389504311
9636771788682949251257422112599372676889894002518590881482415896236088
0359679201780839340499188477333604749879584674023303945063133761266000
8477995034877821052594447744638198550436950740838030002681236962515611
7730098365783270815249296084859345607650206701173022471456717463863233
1457925040256385604190028642299629638808762908693137839693009889083177
4129988528400601884973074048986196259677735385603891514124079184389955
7787057010031665385591480726915450550649479084396606440861608938520333
4166148783169231964477490014717111061921636034068591342095011962549088
3206583166551207777099697636756015105506156865281100062095376329765933
8987447426422941713225287134843551251950630542631229544253837744972355
8977390864654735329063423730426899397189416943811657519615779265576411
0056773322467681496718191205543426342075849288063346401234788194639700
0421405652243161115728609021822716456955779469054440879948238125817388
9762778947496196377052696002633905998388899230901828042111284495219922
8902812356167450041234848765014467102555862212613695319903903020712100
8295017347431832303343392077988767152020138172081283427371832115741277
4651084962761148738444486627772052704452569705050462542491914095293200
7651943495464198706801409816368193914191580068413073743308673813593899
1411264285466402649025474438459508426042749966331676724019795013959944
6436018311787569684335433959968143358670937411260098227343998419482144
9625351573077502191667009370374200435984902085114550716801660638602533
9908663579085376372477164100278241303791413006383578247146131843397366
3988643717318091341866694671816363065400390783596319060574119177355188

5055865269747706234193260719016637631540242766619253400288155839717984360386592281807394965244132580598780716782495333764860973792251361665022461507418657139706527605283106427204533538116515853481831206633784582841962400151923302981052464185665531654655486599833906307801200444487290624729793600717634611606266658670311323726176525618179370685376636112651858448152227048262112596219668556116390447185092928662630519241121817420732172391995463875783394253128046234169476338451301882053698145798348905048009761661059401172536077211901204146205863935750811456639503371786017367803160188190754282556529494856321694924549416327904271142928197778796482864683850407114593828673118068962331603508976382104026641341821207694782659215756126086613742903741306942035327703461632786860791048087711046170773516675799502504013771522826726260773567633396438871592251915667526417208014506608146073661002766110445296846960686529870184730588373780624467109953005160256735731143519241285130837657499805683958710927825576481705317468480756260819653291815552554168150407711581659374742428719975262863366068163390718523873106923261426828123927425158254935386616554643895933509350313294601851793241549429073888002354055619238642430150155886524510992087668743744744180826789499599591471559333375254431331584815626628406809339212233630035095093466582530477074979440304304820352193643563392355556583031089809029023548556989584964756937895643345785676882789812135281033319705590698094186087193081063915505889570813448858423373578500612031162167997179478502554184869926551989514124023494479851488557432258288498329736365160119890133019929181515602943127728063612522280878605124545533729950369840541380440809107596079478519713807863105506754352198478379581168540469385867438117521511064759656074169598142231463244213721090602371493824476961213274545460501682469163707297952504181523635923296559415034408967093519252244034817178789196117299921105126950923905670049817581159517898587237492470803357886979410687095358318277022714907756945602951397814063530225229845665750212957402562395360709194660900561859280609306467803807674519035007680872897855826443542896566340305737623630817126231996745153726508647031379916143188168049489996610797742892861491743682599640167812248990163113644399629546199155530016756897644228364026458616084639818594505333391269383281754545435237015285848915446333327107701780840139141486872582671855493295227103955045460065576754670386332188782924250419092706574029118552827788578854985495942199170791865278389384815003015534262987337718734680021337708382186247960376314953925552509967681047190401378638877097986362636301419416974555006064829374537221490335887841734863996547317129206109647934692141679175299977108259599219664308212074521967712717202782029581869851396533559729155313367047885178765586028145835325677139961619728680838332124346074964536089848785267244048177076735934000622475110823612907673416025998994133224853623757330667061964347210598451712967415757690467235224608558614043663211952594102632458520808116776496715148835044727367967164650393588832203826005664962009889161860683832473793663580695242290756599653966633498820218882930524804954383512883346232077792452783876866253540523595374187240462953134440346723698904298902194333563845112492783440971851917321333808174266065118608212521674300621097776341217866600948642001471001596132797641253095850377508400760573740860897923149423802716883363908226584319332739499432220158230920383864571105461609470374321896414571967736523070860930692910114608359058639721

2425944907535591832107528802630409787040806658590399428689067447967286500533800104660929402162921511294627204718128068539107638276555759965496281035302932527017912623529056702231517509351332470721480672434315977565323215030944075649528817180443570750063173071964219182864289238831826910787597804691615385018751955468211886802846985262874558914220513151742151152630563116481414297292501367081531058708099242616897664018346350245711798361337971775265586435725201423015972264004949037988903866681186039512928753583731134491369810617259422483935109202091881321596360305870513813640216873934412814513729835153206717210389602104385234829921244513488720943796234408252224982405153079899117653664767955043340366903307472154332953056264781195388496900214603015842826079231300004584600604394847077414592556633529594999285158248070498673673716352612167167936903296379387959098956063170850698948874975625219010483050640224302794733988730058914680522125878852050728788954706752620529364202012591621047105176495649473752191302914948809130608224901389949052385303991024068608207369314160057943440372034225731502846426727289206585958005552682707276992104737116032003770309044419456553845238177415212139387292043769656547380226483537987419775068015470814277250236340736468835297943433838770654478230591400353505083145606655451794461179971050466031284135701923496663274163068511984986843388859092119963780423117967007297768915054696963086787898272148778981302632009226856355421875989709748588832470634944047881684284303164216865501266964961171272347301072621846932478313606536025474688627778829666680058658239197392146198680534631367144777484840973039121267434540671124087364649987806665630258609855435341458711397123434129451720213772514186015849720012467960590622903397298213857295936202533036392641404755673283130698498554207223959106546153970409737111263849290922026741131114248118915494889179251962726309973728667023677161926660299360822535341883068947241414111067228386885795622283082138872360585626159550034502333201804890538625231409192751041251661144034181528095618633401137825368429412992556145161423669158051493184279224999160867795208464048275445425918658547956038384478042103957381350409652115998231277947952718176892494428673123766102716446698888823994558729047333323848357240720756318183990413303683885494011917265870578395454975425713351833075384459279256260871700318636307940491170248192113912136957383655417245973343782533912969409752148522734004977044478956236545982589416027083818454457171220529323521894567878401436283617931621245253172814508051090531163435110684449917797922541423628749923366008645368497761008110997256540898021750728449145053198134327117373235668160898258141283435215598288305069678241788714364989519631761543810033937207547871543104252086738487440749181661082746233004962816719668303382746305760914832094708324618939098017206359217999595379017235689792067638638436781142454828992682127961515824793288142508081940686982462523638738685038668120984720998727819971879208795872840889304858877252661838162079204891044367447625825340535183128326768400620210121250772967142397298025960402537847651015174932087064775418863862938917141933677791674167040821715626307502083745614278887167968662283865089735597411788582868972058141923827767427385933065716363161519329415405677085331519814439413444793110141866967013614595892143147190429770304034747779518217877978049649681991431814273528629680514194284367971094588628352210357789891554269114413453411557145756099097665152702392516581046859732711597856027519495

6449623366297918260565620631033502790437146649765516494327460686837976
7016929320210031255688235338981327188459444588646098203019871388137017
1205977017494899038923757569326781694594680813040143033638732746132
3780851863550134603741742506707429367810086096425196419124744707965 96
9127267351819604581615074721052766934011436193243766441810678097356 75
6719792011764015939197123137903329114340905583380544025017119938327 36
4587276306687489832599166869949602488707514242625153123326711570666 98
5078132050342150056590243555017016702911055739179944899421276317123 32
5054017107800125203830905075030115736084033231847693585878233840197 44
8365464610400418981977621863620617895291061220249306926212477420097 28
7190658092153908623508112296136017739865580108966594715092464539265 98
3162708854083166284366717870780381785892565965996403399142474156498 24
8894653183455508282356574573444735813547070648202112260307579273028 62
2224253467294274237363697540429973381493663171802579563133325350374 45
0995824124688731376895689985112608334106534075930388246353337717753 38
2618319109614496965201008175257208304688375185310113210773982189618 59
9180492075493561337096936985003016485681223823760675392417684051123 78
5219168125915184249995176150601476856554751826492319733123978932465 70
9915087608992847222437063477141850655538301370082966821632261738655 90
3415512194091571273913314082809215229519711002681525899970256049793 97
9965969167807835792275745916624721263726749949439420444155505221064 07
5676122444543333160529594460103002895130390040919208905357829881011 79
6514881577161374521988683315878931130746033931657191232423333505843 13
8637157365164346451725917466044461879770567959187535099757298177801 29
7256323593070557897286111932551406164048635697898582123705532620040 52
4028274799330547416942605566759951539292001808403225709922215276755 31
6082902235730345381825362255207632868296217796991586067255406880182 49
8855498487680879328523771191980525860861045027506480518879110355663 74
5457908940588088110719365427897359722813865206830868470795482246209 75
7742556539620943475480194007732098066029597612639573172220371343305 69
3293395974327770180949659745358914968309397773038633993137987811352 87
3586445852347364027239482265594794954512638085369441388614346212794 95
2282362079895739415141289106887850433893622720444888320936410849673 22
1739514455436443844358737336968634015299367614390939280738186220497 79
9449152699741978776818559703850606320632105745729102967301166120834 77
8209271555435219736141039445180440918951691052176548374907964744709 34
5712107357398423747198469713248106115117892792395274220518379181818 94
4369374074783508789547225142595965905316413873235730181774195273865 02
4589207099896141992716025399973092071922993063689542085391387134265 30
2579680924179798316852377343918521204612499317836316181355604735488 82
4256442764190072388162460330912987733725590976270863201260004197690 99
8984084162437189872556402290933663568314522651436783021728009603545 31
7665960443652318006036947427341768180225901412128938279037979876261 66
5086051602315407228323566865265926332482407962102884518593170132240 46
3234889442272146474232467475206019181460698564226874894929758625667 00
1290426759894457293076700963762208570443188980250823783902585291168 74
6322965452628271821633356667035903257548798052575473496251378364229 35
4760490925262595957908842209051005717707748921902630986660195828354 64
8337411515127307182391334511614580534743578220207300916069683450561 46
8458629677655395043860256987665771448599188056560591796170523883300 65
0097282813810739687432702277789124113913628808223242833079817492632 53

930003852975281830471170124285997535904174454515911829161236103385955936506915010709550676038699516696438513179751596405542055741648157326775996036817648158051232811849303727111027389362344553429913281393580793867667097271372566860119353560942505485783536607434823067016587414210995420990518067117938575902521239784985292721671039168904045563656683694390720341043447617084412492274731085920206438865910764706284769151018920905344859331452200091897978260439632443561098960244578477538058745713715031636843418117254782701609163996915963039562106140553510923297026743506108556014198299133245051267992793988617559440881777737123624948152872589037759890350627784531353383836889134156930138923209694665648534495735065388729831829324923870474080305517787180635707817268364185877914366424349938501786608390141307630170831760698268928688010707590731908236472141161956056224756086414895813571726195761323463878767691813511193594132445484503495480493239959787380554368973135347858764977347488319532616688758054506413383327956975398893529013950983395470902592338804254249899663874138777221573741323540858421979562472961684856831028441292798545713076641087939537104567858172464247708953965340933446460468416602042180234520771382553164015266572875848624392806141245333129085323028465632018989194507522478181309817853268232534991330072674922600232993851908311727919437795165726166590189586112058642926950886756595246795357777460977542099560919305991020355781900637483166534831793297318211812822332820949234401861911296310417967107915288402778273939217124612495883194439403865484074443749732927469198571460947845986145596308431596584263168940894764331427297129585222284689254727585716330107866712922839822685182860270512115305910684667301511310180357417660163757811695178317778192976143542783509436662196433713312767395964556955481734806098261758864409741267580330677595277291368570199088197519850849759566531963898577634150911092714588238018349218677955333746974671923477125629171476100646019056543941462680990774790268396648774564045513907254867596915054713802671318449385397147526059321817322648379981052302527805477279037939755379124857563385074531241812121514206786586992023573749845823701804866204349129314937386802282810798922822225028576265018922883368538638532611403359319552889908257675221100577366635150689251629720478393937744259957344309371121554090242148993571597243503714167410150087957849704782316607546826137676671449728449509097533536150344032381964688191486580286398873816463458898553710867835113939329587939260885025175810272101211319936216378550907039052932333589370670439952181955341992046958531226720337954497616019995373803161326685866114250484044216398015890576667925285710009095028986452818702852506817366793182187810976331118290332159240752333664178575019531023790987112044937337830708766179393429520789330115063705400954389504506496378951644376021698422097545170213556820127304317771760378393893318132345854720792635319278253496379096308210088705382160557534927856190618891663020645762298877612219791137468780532868955489020355821449791588901343994296274111327883618874169177758755838111577501777847964913723173184932376888210150839083040904565514206327566924650301180559201563153576781021372646394348413157497985698570947645423596238790987947177573233566246452135236878088047704191321102857844974318946538368852945175663692928200699792315681065756292932508762156648889561951741400977298150484553812931450923451951860960516543348892603539350825557450251837277145929830186403670901510780360695425207331007189

411385053019573912039758017865962008505386773029346594930590204690173
925724345258493681357869361778636329392747089615560499200138765836733
288303536090897613857768917738688512333314240525004726772043387503229
545774844442603317658108258077650726594976493490480112272130353448188
624967129136724958838447663807433852927884188114818355613245862205198
821992013202108909038803591764611228511792311300209245561459646577512
303716921469174873325710291081291756354206787881657938992630800727398
869543524473907954761411621969929853047544179196640799085527732944941
450778567216511787593198918002692999508241363322544087011487099263212
211869228951700137965202513099876213152323305962519098394683497025583
122870240947823790278448149426400821618809876216279164518350488707018
124033963778376320303616036022475860178407849497192505369180389660755
375275890370122668404262709023002006710449872973423228608448920560216
546838635347826729313578228767588168811248754301697466724132495160253
808544572274469852317718103012671671866927644649483036776193300938848
104277384948400139573974286889205340987283314360881561298987104775996
913241070434958147377847409107053540716093339277979121753497946846420
869696082003972322980345244112846014251206073703908368555286539441500
789263026856592438995064989781824974938414873214190798943375330064473
878661199260575888083421124093397608727032827002591933218566254551961
471748407837801128934803529129879657826733985643647294953909051630450
786876642000165831676627217730258841749279914530380959661972552802707
673854039668504912041911529261080537650271775162638829587338248844372
349108192551532922028981346981862790358380235820681932169551369884888
649837274865881228569625277049867029351679905124101771813841137136243
035224438067861303258220742677401048543393961537447701620957976855489
721434729014735307762433179347503502201752355749690300625703464592982
703555379742356362367356051506227105663189629431857040092117735690598
595401958559857079234070808149690688132121132381764828361109761460663
738264041407256797982469537753086617746043813303188196922823084697192
949370088338771996702296673699602522949742536649907457132282177258401
256754590417704590788274393397176849476838826273602629014444463952351
130066531424701956366307050184847859712858420435330293086605188023183
603940306102270329421267188287554558474909661648578593995028680246832
667969508384389780888524288996788281025012123225006574431367793234871
235564012474495730681640629799898252312556680022700734606859827681916
517624518972931563967236775117609650159726162695675089778926283147291
374213975938248362879580089353265852415674124933666383727476167655537
644580955590827888468799716471185744230452057436526070009752223169815
496317115742741420193495977026439624572387271909318669697969872655809
233490311867436367845072093880188683625945457639950757522129775111133
926462698064911074871581296029603114290603240538787747436011308358899
284551116990765198325842339564739493961957003154913685387251496376685
470692385691625215737085102019306408178353683331462038939012723810708
694491560327814554481604813641246927633168547858986193297748672501293
203591705883064093114876862645690107455424433663730583873277202714415
317365062306305152214142559661437185824974286487056122359298621665915
899553816625756961714876399447495464694618254655374161898811443365077
848076845701894781149941588120156837120624289656397628128911855759283
548480199398108988936810702925209100630950828264303147967365544877495
599540820799043801469000203297259317016802069042160463150266915609834

5232519396279712119963810806986331554815508754931631720547091928947363
3485680861454714425371410297461836890204681396966049061591368587038673
2984543728671091701636508935782129168208849253397937376073788560341400
5271677296453848881710371739414079705583616367723201467884387723563866
3720466609302306532282158933781079855451662685751194247760853763784133
7511717102506913665379440645679919715851688618177400398155587537289688
6246182526039506773470333810040618458237312106769813597304114639183855
7706767949121558162162852704947608138561990538891916576166167086934577
4321437736278169026885587379702679109777938187283395038343664746125644
0680086059682543614102309805831470474473439052499058635219613331387677
6488523668145082382298300186270982689469724364233270429183333224051822
6485986019920480328064161782286360903475007098992455534039545132401555
1793117135482574754776238932965052498009007556522192191650679692915677
5862504998170030183375757600338421214279869319320254722157914227588799
9107306476767280967296647065478809483675963049692936781229698917931222
0961419127148482199349048872302993857545014029432847662809286613732388
9555558183092894121315795236299433699338067421029107962879219712338199
6421450520722302529970768055617967695863893266983584294297915739347322
4466872304472829697628953447324988356473351527367573011085806664985033
2036065477412699926223511345585747935476571380077256175698491153720000
1574679363003560858019095353066398699071945016966085135582372463373400
0670681131464857649968909295736383425429929216444822072196644553870099
5750818785825077730831036468741573854991474582626625235621540755406344
5903808320193268415265868950625814568245817644910292209602448203407333
9715551602103250781093792526613484033061073246155842894690190750971522
7524614470137566141829400210224498280954036453434319743299755222529833
8439588854287649933027927011050421424277229774971022176873283542748233
6466094633428778669297364817017704458932502092647616871342342714836200
9746857745035136345060154529281545873370439821422290967960266042264222
4589120804453868709159557268540638940786694009607589127783123684447544
2082774859206768741316354318358575494870056766533804931267995275801755
8017754582369692539545451136818094572972030807211668595423856588828855
1499590584713059399901252498311554595176802539561906523465379098584999
3664479542375759273230653587816967436817085290476387522817979714813100
6018745429862502979177567877216520141318951175516129033505533584934544
2325422543700035384220378787308093630131994880669624980998523434125188
2229309935204343779242516210947943138498807016109514815630434653495544
0503550344375040952151762598793763515261571088796618873698938138054511
5544362196172305411374231816058563294543434346126933444688460738600133
2199161820641692138659680982630513808845477068303830492798727633923066
5469558841417322505621903171373369145745342018180310282755501212206755
4200903133983190907987143540961871183372025227642017005028273839380833
5992994816884884015094715093085302690166306410095451517997940777389699
3205388557849906361574208549094629689449860685154647862415527283084500
3901560785586796386770357495419911716188615021536152109641027359360544
2707789195425224530544353392915921432626710073353462714602684470510277
1855600201375517332921670857802388486053686124966969225952032597329333
4717359291961400276812179499656564870794204443019397379044266668772577
2062898734843922351422846233513364424372948705346320433431111163535188
4322184046804357460492209840590082316571290883357011695995445320470811
3550041620536423306715141201563926930641452825142905654623120767335955

782159378728823257868694743549692010363462271910606756857927852699137
307447834551141899786330699443077281051107594223641781399060938131356
145530470404569821308323416730299828085765839312166793221737180219438
420517701063450297118448663241713699216616838367739970311464678375765
944375867506968245221803755940527651646229721590192043822187629776525
760260954511128669316676963010148221973329294045880555773070468499915
245035200962405415265737084490890645617504778978350946691995847079476
974657836125071784247100479389881188146231917026973371014725034810417
489372937532696360852251299461129384499531348881600258043383298406951
651064282166904942718726115298098125568403922380610311621572957754399
299832675966291986717962342803038405654293206920433310957742791999866
239432517834861412845663617172702638052224611070784106668172141690288
499274530194779316016090061727051522094410680378291857404483631960641
249394128526425410370694573992300417015760141597443649495412292865462
938009838640486127065114020356078774224658728872540289695494462541506
356720011671979395660906840035381719481207132080987987533371139532912
470527268032874720553951224671212726937096065987135299362441222564746
200280671837025523344143852607000682594924189866504075436973401733068
965803263669238679646122313052043326951417518439361193684904283888590
474316916632837857886120497111616727413784222265924036112510402905048
953437055860687650518750814584214438117784372255271781234702582314515
860349704833001707416710227973800733047032510855437260104506378457633
078270089611965224308327854707593106175601262025154717312776970911661
957570057243401992470024709842477263664980792961393372820251803215458
744875899633340249030680160347989552964536932753529865686168389788190
368680499425550834307968964016592561982574803102316692003617368994672
512740204301363844510874333818184219235109169041096639589407469408100
403814967656029657950638038630838537175721115101668803740136345781861
171351203188572815828496658812055704553839401860892510243945245270366
232742213643116126043692672339806977471615758513247429025821338290492
057143695061439027226417292457345087804534902892463428641478829477159
200415242123627615283549941002457970525836504602098826632158728434043
771037020899979765222668803801470274165477143518596138610365387606568
505721686415256299830104519300702943895580666102297191401798874681676
757639758893550191680364731934539321714021634781026648590737170952593
708240879925815064596653982700205992793432547392744499982193720963143
993625253842998082179864352153804307591611049500861142825596259698037
722626817106737247785448505418230083712374721582579095247593370358977
331721720729432126885587027880796360257293956144596389807403957859559
391505742634595769473323390720842576168240904492783237912769791322058
934414722051389447361952935667076589550666172737960557077737347581406
691950504679620145296069666412874656756913719095556320164027673955467
490007536976660841660218979916601656836505459714759632509546129212788
332782466129359423603798294140843938771491557321577891002867175861320
047583581990815912929793498989310313430009689097282937948350946977789
706647771797297634491310895717671966664219891756411477582316161672878
475810535930635918707842227733042255962664171111899973019077750528385 1
037558831541382996677127733375286832178644580869009934093329460124384
993288758234071847854921305688866569500074499807296039650323198711252
791596330926444404738522711739792584603570099258028005786020222344639
030134494716556025651527789501390321974420671569353017254377994932715

6080195463572397078048366491223268186405229704022497969249297041607863
3172000168449550898377230498779469556777982978753198104480538991968044
3453279992963263018659590704395917384525416348325755996631941719058644
2357997363151413683295935068265842905441054651501412183987761713639399
8813249593900772149712879285550444128221832555921714112838810206406322
9188558058866796164748892037913070270604574582939351686038249339180099
5980358754403062612137503518649237292999672923934563594939111600231344
8810626553818219162308629829240415268534000790285970905936003996205766
3773223393906603406868102219450091399555156729465907467250886080009144
6842976190966778108755247594365362793668278092476395351689573920218211
5652113809235691871213267188960264111843989314557832948966961200169599
8855432250808925247355101729895210039469609937560180063783077107575911
3998048997956334529037076700197426331418029601315493095846132880542755
9771463383716962510941744243266071806725201008839695165369173715607033
0218414348765437953056543032861670185705725932076175863321508587659399
7899356252129354986773279199287118712399627306865730486746091291739033
0054537045321173939153616610173295396829417897752788887173262986745199
5816269956220125157880643502471928779652659103504797374082344928492422
1498694815250177679208240544486447900029862922226190664545024359735900
7751514054571860500223753281090783769591275664158731496555713627314522
7514492459943182598762954763501344525199914552436949595880870326707677
0318377750174543264008171649006791649674479920970321282972025022591933
5771942335830887376359163501234681965750093310311597324540968858206133
9048732628710959859066095717602259149331407320773453194873800486822222
7597576652472855436504268059922674925898042960844197620968554117299388
8093475928180984643116885236085134871656578452694505761619557773997744
6777606463251265342952108513916583408007544773377814811241164001092577
3770638345492449729616705851418555919036694832875769328110647718590633
6261971801413301197932183316825546827736275663409102109684262572899155
8438455546704989423677299224929492561124507637001066719354429492451299
3869817426733166621937298508607955679363915057310437825224314065561399
0982534390755618184189334550158259835534857801397591187134088117837488
2985771706810716931152151118343775058212007418471783233164944970452766
0899221434468440333029209077761752507082763114340770336386283349627611
5190392848755135437210119535088128738327139946248693530762116741051211
6754885658854869141242842999877149366939407179615827158137134386513466
1175577155392627026092986673230444270866275506875529885451060000381277
6503910764550402832123354365705751006254413500716725749493560334946899
6852467314046084267967140291080958218468696211429064891893614298802988
0122976096805318696825905626442313503830838792043595797933793580440799
9170206284318575480574641208492211522208206967907421236365466068175477
1138091554140664565355820581648275894157169825753993294653997349717799
0338038576714204951596077398636534844614365947791590112234154038554622
6283184978609527315474222279301111406192152837507504028972969575548100
5929606313580832242115130580289940895783840583232347389652511249911122
3696869247461069236121637636860070747162770915047457918317302354758144
3185237285767909192766310421678985963606763538830617086380569358645944
1140951761223219192179636140480225368504303822538070860918311797304844
0230014380311039996692535029546357607441006816379088237646614983515566
7387740506275041402965528808914498917759732736847583709261039390541577
9241238364064378335184489607177034763092342004483560900421075179753522

0187384437006674315933894924258737249595897740643807595037058188786993806476761504711671785370367236734716227857518794156624307656544383325732546477976819830655274932780230190607833593471126733639462494144482400583053747149876924780585764822930630609772772906539991999166570358194361455570614150450965228056144651849618463562548449273850433612030173736271709341239982275235208748988549175112929425013846196116152803073954393913694587496963223200434324120143794561871550000053010494217970959062391458132883785455231290285831790204012811097132509503255262385154022102875358407194367434366795042703639162203486178253479130578097878090637138423503647295058507263361067981487520057385664510100352726366329678768536455203864585407986543544324430706720969312231067057911988590292537460118327271914346578252629675792801553935321914801682947543503816067775409533001901783234514420280825555774974285124320899237941462387297387662086180616131133102693945096293166928552358782526327582904128897899484765272307945953933536661739716831936299510003642963199932675668847732819346573629633556434079634463822355220921248506092212828008401828904740570942874330247828432713165071760180336061300740788709809332235641421404311824499983177456298025636365864571264330241775973474688470511674170776998923580394647857157338019792026436333847725298222749516438286535729272278952260617961532118093572702325847945013549059867516136892846451879755302365523593942687784620306449278515566031431737980791885937716088550635147169031463314788347673068746067877758546954450380282834838619734800335548784834302537088074243366497456519167944050342647551546427623031849311558449538886904281967129601901811620828265659952830569621123896572581344966622990246969348716279015070894702303743748119182636656294633495999637975496325751888975476472239667232008826812945016639768629384141247920375544801170329662282322979850309500231224257159419776764307278117452901369012910036187490599587954377271302380477980406004579656047939408337944454908611434532708117577242200842004398817314126211812159378720680861015283993446005409373174315754506259988435252018155737540549153825652350752813695340423936047780123243445090710459747559285108782752043368512176492501984844532704381722528632207392985389014831842041224783223217567939510386357816224985751826147836814310784662737923194096805398844727733018195148112569140224764937091119479588560457210958598801492570730996314145165212725388611633577835286795898733321772556252861827922240122166865770631630166712248563055616212682545752763726425545865737363742993358011955241807332547751239957900439198564199930818791878158914725632364775787633817225321203418563850334619078085511193088564278718801175133185447151110855755524753467529314537851507766189502510172026089438452468742765723467732949933533164140640297940435127949714136796345207987584448865103990032093826823011776780153610132945990638715527687418207453512729576136867195361526058622184545913796106715948730407398184705627610344612554107189550158617109792145448252826716922441053781452876676059108695774812622911544659367673901856216615381534348164945989350158123896970061669980984631209747612926752325594800638841299919887398511344335785131426314509894589891869792499772412175572362888451401900771548560176420575951710866212138310963322400713350835344644141256027713378005143072290192910050259805098233156670230131020467065951690050838491248037740255016578682236627557222017817518013216312039871616021732114028408037713198546553219870529582655436053588701955293210970

8168049825230289633129577555846912424913823242382204185605663600038238
5093102767633936970735489364290497524383435960128769121193054464481 09
2369304184716899643651293876524781444778467863072915580754992598608 59
9784559014606858910287774843131466975365626901592854238073279658224 69
2341026655073855929512896137391147738396026793378150570460776452368 55
6573165634168193000784068553528215730451486809742152851386336678108 71
8457313475747817755346965892746088739978772842634534609501394926027 04
5248753741566404335920924720432701392384115989305637196940847513479 64
7406187351428492656737132985928995512548876988122635217372955743107 98
6498227143820483870960320982476818367218199368735199404611850798563 96
1505167438717387286234069195759695087635257046944311823474919912628 51
2505615902033914678244373500064556344177479200367989008949393937040 18
2357430981450658867168968325876183376394668657037084575164878567388 08
9927979818954467825452448778187154821994314336676266876701073459195 49
5525489118368152691212552387547402930544436148986580703786216853123 62
1741072563537302384414465144195676949009227852603804696560930292634 55
4187697291044729528843708589676938158209340573779131630652623407394 96
7021560924027399699982674568132396048164596612672364487711901335003 35
5314784067791865539640699256627707412574914284275192718503305158587 51
5024758088629018159342041759619905960858321215227529192020868009408 11
2298402727836238870128665665081272466814038291149931153070917575344 58
1380073400097135139078385516717269518337480133221818716685627186942 30
9119049532408749909802431593760312633354041752579708957160787509327 93
5137400768527599321948421560427179476444952541761376465170610349376 08
8375284462653247027448435298366916386039672292472476405542353789884 51
1869721592151516321556979821699304955568888216059753763337073672542 5
2870953545818994357729318010402564388751282379327003622370766844660 83
2864657758850239085847082134142100912640476715984481517818648086577 51
0983868807946776582280880747276163130743921415911559774787733287363 84
8404086883612685221300418607956538473852523058062879509106109918947 46
8895024987609593297981880053948899304611500999933270732072499448581 14
3057848343414370301183719147848339490679809783287346115824836321658 32
7727423872028830432324545830871478607043821900249850303859784284157 68
8567709930551332241002041816087722499666220815536723650751196104669 84
3991994049416015784440871918773836954023340359435342278725985105356 48
1334743123038614633246438095267085224692690458167691756954446555634 99
5649572799068551384298309428886791662694854778524169774832155636373 12
0421235303484998942654796412328701913383498751249427001273727716562 05
6562225961897684101938937230295996048065286834199074772780150381050 41
1871994655896004678418493844242273314749642788790230528868074991265 92
5653928827174398958983323073268753749136070172379274910363005744910 22
6229026123392632177044932681508677240499096584097008395948470293687 25
1238220237589040097315625559442804204729579426302282814107408442578 10
4960732620736783872713105792362730177110764504101456287308868244743 25
2271461925753193220401072453309644978643788714514774912430569065185 81
7315205929727151534850845096322794302716075737370578478158062008532 59
4038677724269718681001728447743221414640439707644237433705055511610 80
8511137545664381125353606769808741567478290677754077079792431697761 04
3888305370239681889183932107522903313569923487995004295967747950466 14
2867462511041835445486246289144241852774429632739779904755972239455 62
2754898595552655901098621240694794297038239646522954577544982728852 84

9951820932928548483410137364697917260165710402246734334437395511083186303514392368805474241056479707871110862349608420736419946779122508634646719378127349378958026190449185658741809164804485945662709430957974651411538594562555464931689472503184222092237987455294131137778003219587932013111771734043130867336961281240111176148402964890773788565044973764512314140623383569775067054185524312959532290065058924332099994160846389193217828514927994922803472847709718113891073949527255885910056503106023935192678436199581428823650646495210038499521587090756811991967304892747965338090293549930539410536233184415678945830278793109605605289427070455255388432871167684270194062902773441993828512628572233243550839628012043435252551221771798766361698999660574074671571336090156805288459843099110543535901494084780743914432746692641590332798552360209974883777444999349504083523883934067355813369608255043377263676640457130077790093919188519678224021720452621529981432938950365777317474554858327595292289681691839633769713542868685588970361233990453310977056415317226485591477925605710989612580604591001264621007312195101827384272222521725129956003202309615816650989786907665920871814915957323992431835487470789633322559259987268079534362708982979602665094820405083479159021484911712799952516425268628443940585940981242255698114871335322102871958054015993944257492533858334093069722188175690338758533276188561315437679127193027866813069060846534661308311887681917241224517623230076264285222976948854748528881172510894992260075461082499544342503043421456836828217757662725031532096022374130929485941781629394456942993128197610612312865668923531942114462637758522923066065818020252168552746270811088583691227457269630230521865183797416140196627406421648318162182573524430790333220758139392298099450955514933336905981792803196486420761383355465484081984546720707085443430887448847969769501323699285964541180916707384820314345869246899524637159708075314413841577165128829411948914582270228355914838410791558293433731519619271835431344751660506355541815579758508230489508654812077682774945916313443379802699132884707460321584267741936208452783660581242862439641781583669977309571787594680293501171215650972204655124546096664048381733811611910269681836087645774441806664262238749429349909994152551946183725437343559719928722933332847723218763342366484386719769719822882450838827930487619457642986162194399409115253167553392596112332663127209941993523381077811692576145157600161816870606573863450709421778243874752080686982502966709197530428882919925147516866278288000066285801985204861141845800039916722601887340733604162399946776560186948052785101551302395961464212425219153201022206825323141998986797773249227112319798147478854953092531527098237876805517434952945410818872926558927810116469343729417980247693327209712954011911332561977719664515312449271943561753209984126803717115244318512461024001284569368001849721863345876162519913990324446686955797773085299049605324508904398211176677806967942555543092724687049403786769833843370061761173146786816444674308992454812314870616453645843463978460037899047616974608414601693129611720407851616467208472932337266163975555742885667082297846056355998407695705554133325106198472951999396103152984589592720822189648615362077712952065512532659068312801481562100768569782905681235479413826850992716360181465748556533261666592267816181641601632852091358305782297312377742979613977423059393430061612545514402710414486042171410601599805980515741237998651123867762319499828590633258054348200116265

5737511401429681886022267905683779085462765774888729532940478228855248796655250006098117691323315468786347837048300228569964297091587691760131265608287539096680799310475957841640323549455093612874291968269604023560501244052015682058738934200997366479411335680979237807075676661466037600029711735164804571734692941393037452486075258586415137943281643680907932306656925909064305106291990880628184190784172535797236800514979885638656123479677328951378434542016966088089254389693580579554412081975838692696860290865702231980353064448930121196648439042566021550394489857129344244382907683837248522577268307171163591560030051445208228571785352259782617466635469288022775846051425926184929219620514623280306943527258519893332540866288651050395945354764742675719299029158213928987594616675135703701016478803594379135232946635202600315513626618229528233284040869035553165375127937552676764594680247612852997343567168906904434934983977047641240979053762250221952750224976725425819111158846044154368446908998514256177995913417249238070575338495873306417277066382306159441151045491336668844172194501366106330114242385057903195061256477678741308772661198346481318331763460380130374693151192628922652438248052301614787975256602941143455350776783769297624094213202555423592263556254226910457098661497215930362855982608142476676545138543122018534783231857521518811934394718832927483019655865569134922237698606396908797651064545182323971011007940893105843880786787390966211607487776320003174589439243797863636722508464799524604012056460474928961036796070620823957758561253023069982764478201837042127503010678688820166658121598541916226532936701222745772737346509144785371577377699638775972906935532594206545164432974155152330525913447438190029374187027593079572823397851058015472428456816454805670959482974692480287822969353289555314890117866523429612772680880563860538914893817682066096858395008398069484001749490966127278388873508012671095094255341802189643740177937732044643050079337601091186965093541420547790367395497592302395573337116599540671699976701610196886763762008167152467895894435967825036826363791062102748576611061566056664461520550102525968676968834594165832830043340516970523500604973990951606636941628614911227493664617849489666760250497466186708127475417106405616922352140955652465195885676195792385778586384353331670974770457489508530967475638640021888222843526750726703475768110650041172764764765749209460775689385096402681952277983896052469368269344804426035964909492781048216818581960748750869387774406415433606130240476386088375263180633031501976929074111269275893200111670221228888693128161042607630909243105578230402927049492186819807307305470809755028311947122838801714326420373902199509133316766428775142217814110321273316040740594719132853452375136461743273499519569856759063247726003996727724359644618402960509029437316965465881763513519026557455990305298369613518605041647539780141494641600779491456410942459572225957237692015446030004550713143647222986452357899611816112440739687097139933201510721435803660349977544689195566651467197859687527956229698815678989722669952510641672043579676625180559437408777359313862115631224471755675447990315241563115986946455091225218325335276841309075672388935858881368525638822229829612985194440846030000993360390651236996083148233542016993175267209276061900259963129886683237530429784209233688730006228233829374202178845626262802646944326935736056379784665010837927302001105525922014927546503533031994262494412782120314494305849189244459240166300441392808848029751111

619627080556973965227776908597820949286631313146030330008291485148684
430541319950758960621627384234838669196928212706828501334670368442468
721991238518426575249440025695080687088580771649122852725745110399401
716228913464655417838849523064713433259101699887303984760041882123671
382559670264096326677346814108381714473607510806528308838593189681166
396833101910010961880166628390585433729006565190274370039400456952973
337670219931480727035152838711903546291659965783847411876849953309296
378826792012714025325917909802303160512371002345066698366074428872837
335527373340792131654610104221783091559047739073035311296521259524601
004877448257080357587625222777189324157780120191785406283230484241950
365688281471625201536712922827769301580565575006267776923408168686257
158948247014436655122032114860722345398100262444793206653252414847067
372066877582008362045162794350331463554566634752410178691407231240085
018882874515680097137599730990381007059153913698395788179818305751941
448899494508088580798157470955225805125585486085866166306543458444606
153923853862807373263640826643625995371404807402121042791665389862755
301363983887170293914630318457544548197461281471437564767921737180840
401001800318562243191683945225931130056546134968307882557536589881202
921957509074869197857665599419249537268193254234387670809376364585985
155683200358395132451780262819042691068234979322639324013618546697868
861598568146185574781862355173012490384583007733078562702655801363514
071401960970260374360059478623742994067450566680332273267899493034278
692822830054415707321807439477799888727343259956496373672901767355250
141111863306412949304610580699775422462191587703483735782985397989050
603425993223905974125280444996530599410731220972712783363708160267241
629320923824276208229350169019949788295992488569916496585700587460455
024438301417355777820192461639584503821421995836116276719878460131048
976017468374416173576477716707676901532522972823244144670241618648093
259921850646726569707783428083187364249529038697407855544441302643584
920536982578824249785762843172606734178113992692263250985382728227924
333076332297465134432255536897828561853660583490830098575509506343820
703545793834010877970350232418752845994237159364135193370127423117660
667221798788306509215244589640920791971112305388544789592231409181157
369785696149167401453591288727082021294737246043322074235771632767171
896589908163642244130660289306222177265487229998283533203862506054646
942819599603989752952413270798212539332681223072688895786555383129394
123427438956185057187084876564398482796823392113034543524828799833068
936982214206491405194183805099964712738599901889198287397234672420728
575704419785799045821342955034285589303436100802282318737872298290611
402383140961881400431169779705770868345320579108487045374703140995810
214546342111607235043325392471491784192018247500729935296322873374825
659182343860639975884239391618923886669994072983828221695324365276806
926294053623491208394914405226112204824619430056353173897684912029402
577738859477366185913283837599602067096196230618519686976885498234350
777305934465709144148065038654565449351990330710072239773375990526873
339071578175291003108625313252729458370910446135440008640555204292957
342851760907768210727576351052472487118020041151322999848159953763553
390688131991599809547825889384267096732993678162649704697133040143638
810711560457838642775099743787475273251033909396741396477655747260157
653070032697607402292707761219858135379722547656071852552191814065223
925229122314308271581179521137736153822040992290354019811946601376883

5643411099825391184345964765944817762606059999047626357337069974113451362746845714776785829157363279408870316656900363181722415104040138023298623828035946450908253149896328071742465686169172615263572685353311834837010082550978453084671580836637031275577586442525421146266829786770157838486662349722803379213903485132784304698775430583322335350479474838673187479321240995091308746404215053589313023303136266591381148872848840226967736928078971722388818200307347061311324294336409514807932121529470742339173551464717757023746023241700488832916306166425397584755976675645130172364395615397652872249912571328698765987030803747281970569773315788851722871046567112616957976377993986247915466334249965308586641801532648422930609361754120438715651860988325096783102978619562707954653180966901973635246836707302431120519265296883086318814392015039709753986713199213040627272126482280735809814749460996875773233374852539149921928223199315022870731733015969787464787607189189945495918091622023270494619770876801002673843585066421078226581018063663848559977315674928129563561000193870417173483588700616029328629833736238584848428807058003613016525558166487029320662829040678055981695257703462891776257303765788110222133542079834804532677510038379317091636909756941417295395758593497100753499283741566908598171448506751815647970657227788925836795274358092397326278122070986606413162778105568833174609303278467821478035549360106127472656250778229688476864306171973480430155697810129655143404294226780584386754629674405445197060636311654800262503654400462211082311163542386509639389095580200782718202988223100692869588437098635442401221644462922948325362029096018357499367659267032176815283931954066979925564070164272030868557589033983367937187134889399487668725161729604121987893242039304014450627630341846026975975744068405540086565261695186977343897698390937868027479191029995294322516369105940282340069026384751056053012520713630778488339189277605307245463488145377929603898864294360912363688388695937128851216303277152844676156478835296790195054732726781439730239607794076008517800959022308047585506673818993481835993082240983210405376778584059615796767002790470499175102683030798181577447187450923115221267740745210676080683046921717320093656407391946454186198869039361261353854734905768587220893799626790773934929585948654845353936035263714750699998406906487516997719180298309087670682084519287169400626630504749144093612498607679533333084657303782559725020940796277961837653477270642926531462841563859423901838449667031178476427146006509842405268196702046829616326269215913609568943567387999360352525553657468072476791993589183414922339764525585345533413592000174381780221365879050587305352826754444832336382068233141695832097814528230398667719185192329400000976425362033613861542251543587342122327797677663809430278995078685408232873484250428893882792709300673722765402830997168018581272655009202454448684737476042994569210372323164924219394383054251158048582688052877019607440959683255700035212590829502491004418841395943089238108979063450399265242918865437248531751697006926684131879809859372167165784132717333964083811882353697816764425548695643751859773917157929701404867744966231285792547943369183694144781273311926481717298174570869035510790959189221310792966496304715506046955288533867109627105395445344380850955585059705700443211229212547572580292286816607295117503847293470594073676045215589785538107329823576780155174855675344433318060149090225998297889226035892114767972482096293982647928525541024705511700044595752

5210820637359473933510028138765783161810391608883980898786882240647 83
2133109567737602737501111017394984305192103727039904881068675505660 19
5316888959682026843075932256569850248040509569779005130612147740396 17
9627387315200169700840734061264253776611066174259759091174071933810 40
7558774862282986741061255868238522527136984846213145999627552127923 14
0310199531899259134428419397547442626991354553863389132732005696806 14
4386854721582267386175389875861218391581451632435156676265821212175 86
1657267868522037135423476709652161291812622206353061756117321540052 66
1247444298737985010709364623176056526625683719890398689229606125565 61
6986529227340778027208720571329334441500416426017337134177401604832 80
7763785913736134564586165876531496035957126905081480070648893685352 35
7889273455419443676576866323706684059315509317232738891264623129114 81
3195245970536284506312306837414254581738180115875865953873067479544 51
5667086385017279367463924781557358587816525767385182168778587211118 15
2535812556150864794255792706470301600359891563589993781056742635911 70
7474247587345774325606540876475417692727644935089270057966697424470 02
1540705613668469650546375585851997078095698660831971692701834904139 01
6986746390011029841273665446306592315719793240294103928487168386131 72
0010861731867568702619884723677731062648797328638402734972683560886 58
0362855754313013637922449078565004346794176091306108980417202257026 05
1281045887037024215418083887523000667665759923913594670200901872769 10
6617869090650894510869611239836358382947332712194218770486085491839 28
6010136974136666159420077591560658592859980339851402070326438622794 05
7365012160678537545233664003174585365274716272313523590171712209368 94
5240826928698367940309839349154329997870684204693880745427463023631 73
9183854886277799899688529672483451240539289292852081943684675061487 83
8743244709271474651387795608999974739804728442975546980000621319973 13
9468846769521253097458477345643122076710857498933081244232374336049 80
2554192639281662158552848342854707077357070272499300358505118816521 27
9047085019888983696761716811241951699992075185260598533029419519020 30
9067458558893458585188329608943534895746410632216081127957911413310 80
0231768423743514449719570444330412999051015281078850489259936070433 21
6985507927150878634142657456193302430313548363060604537258964575234 04
7430914620416622028465676043745775434427218668623167319510030820764 76
3239947803192779475959382362449844749427244113504169944553176339990 75
0686005247044573495225906680500770217821376794122196009043100107607 49
8371210666487221653180516394059609981397118652884207306222184466314 76
3230129635502664135936169683924740775282521196008395439180502406614 21
3084538407004702113937681534861262094816193478973338512988340840754 24
1323526403795397058270633678148455482941942636311479129143460393320 67
6385440689268316588181534278713067486175381293382429412939458025286 24
7714391111745317830111434185182308838228024769861467918883508493044 38
6447128214718523513660320094464903751332271337856765190044847812266 52
9107903421889083884546325655071269742741891365655875057045659360248 95
7935194412744510900292419426354958344033434827865121959630083648393 81
6154345350784948377367014204583908768064877214812300574820843421878 23
6874362307339482403473444291583745038413163814572979239865050549330 21
1381732313273262579767198107673888027389219204830203704869577257024 57
2709779352615632970478742761867575692627067565103455242472009583154 47
4399521351613448424376131818613926837575402963282492485308367837783 23
7095505329971689093772107153824942333272357359588836985984758943878 40

6492754946411401158283989492658503658449952617513299056605060987809004
7407825289975495633111391651875035991682416338750511793355024074890877
...

552257849231240419822495566505950245461137600264118831576948853711660
737521521830294400463578585006021239178884188392608751409888600623481
633822646488401232005658391871073555201393408236735620784806681980141
378736232662615578832747477941263475076676883694461679772776399821365
652834649128248567905792525035642910020293736019010907769197975940894
527381964334536284105104070680068890042334399723741900058801469436072
911987976282920241834342765505250634591978555679319932729802055125715
177033921035464963915929923837011581852736676503646022572102114252970
623916695551924784816720315912627341536988607930735734355680684989702
119266357848797962488306501209670598336852958387493962686751545225375
760062940407852353244059751777548493037443082003468293753093482184725
739588592893511369517566048391684122495665020939414650553919699871191
297813431762224868893894166460623111715331510101675259539599761261579
719786792581767665785835849371916932376099613791565566502332108418199
484715741942535029984958681377266090674922693887287382545961710111044
503255828080596139981355290921581461404689427708603825382149358701630
323432949660556418111831682530091354025719977100219784251797809384261
985653959783646156126592541138101084133179154032790006370903142775754
333595821822335801025766950149655556347232700099203032836213956889279
365214017051551402953889184186485966180763938979615113563857838289121
185340402283161829780626242487568375101137166039461656049595499042679
945563848233077007703508240848484177091416038266422545305355001122485
515898370216068872635012998455208172478013888540214905566037761523242
237583856302122253367173198789653036383751076910791437125363804503924
822805640917244998816457472811939405820137451024021121636994664128473
848122893651712691857003657036749725694835711743990323938589826945203
330743067640367903488773928736090632417444748983228054658148857478234
313713308183034570575378904064737366773626831679247247631997410357030
592415393927700924273196726606427788011218706495366527591616245722384
545171983318869947684565044765623370699426145011546556342869215180826
780391359645571676615478131983699085612439062148357098976415853647702
122787741286191101988839803793873253739386551804612203160604513069129
890322243808826372400289398634956340402781656694483764824244174653827
389806012898096678173445084668229928061989909222711772263003852590352
763130775732472164029450705636271587034189829168535323587138293784000
547046148302133398844741954095967614178662844031025686237387444768483
641745050336286087570791991793654231046578335734951408625148438769421
125689737472833220785993664663677045493886589696015983866947310856870
968687461082180031986564599830486224561081660064756160971250337519268
333622480652058220101258471027203383038864176945829697535221783579739
174313214271783747869151285180125289826036087516527091769451683773478
132314875152928953064658731010703779813715867426296112982256995465664
241831873965266291946610126592835874280521601759052580671557102025394
642505836604623076067854306476443034501451192382547013599182439514201
215495113375261101945221510392152370974782912245660482996931619123474
962421387118379880216125960020055781428405319536687643659967965693825
696341710822448533457330017949247199644907341689716265797025510135160
985070556732086452621661030180113359182460087963377219277996889271357
266988945164093758634676943474468348075748646154259873699862382300108
107614421494300781728112797944481452681475265220478450689616865794663
955959236762955201594457463687392815327264630710843549979071379666609

615108999076175237791211948875877060686191414323351117529509906058433
766146342309704140521478206024736349625496534450811303528776893929494
344325884453633437962971707801124064104712664671646242782396410455101
743288696589100104348709019176404555650233271997696053667324248953569
384099096923945867671579601448061001306758006577772057923502315944230
114458968111334671958073315808651555825437580687762460850722649708945
471948275613202299118889808717722494730763596067573696350661044790803
388884965598280113141946440261206894943259592376629037368685971105958
164333286677149015655204993427502632542744954907839925898864537051204
268879414109022403605035823464791982670502776087067727340322474110198
553980674133841154119177963904585933169826073427057773411497603745882
465297262829701391598111267489521444738127148667726851199803142495371
114640408863073122740424608444538738252363939097783852709733095750121
005077604277430424413949012846957426753503893958541118891880852901603
335286770313192058679046559608352551207678290209722259076756283753221
205885585081756017408984556055896117439073881316802292318284809198110
080540194712192209263059931349566494553148684078583211628664051549839
492426583414630147476288348600135011726902163160816455526474920791529
524362920058051382663848257324258122524473065082401550454297856437122
126621914317522576432396392157836028195133588171475217349647956073442
454189462559780359226248673458665175605028492783451227052470587606652
904220546438057578854512037315834673749954590189058803519626790184670
745169330448770595857144256444644149261221842138788346032965483052937
932217364771043161337138631819781223361734851176889693822563741036327
564681394578121360052479275660766306111187145717923750493926107427060
676382373129359994215890692913680528417398151333942609289293082857145
859355810544609995266295301006686285638891554697232726931511229329132
277093550668934281869220679678355744853694271164814140004449422746996
906243007096950616662737272476863957718560942836616880828701568004680
568662469797831242192978005886467010201552015954853771927978846064245
608124887508467609662716788625465176320168761134501141727575008362796
802034923851494881466827697701007590299401957093282108473966034501740
838073166842836362908150836709902926266724166235668137315920726642835
885073295044162119336459129182135868470010257435312183819631753698619
896883367810203190561574527266097893574676725202401039157982487424400
431223793346171161250304023543413978052531210256553564783249935061899
649872876035984188300941089032074946211673465750798576204927820891467
597799631998372812573972531816718607501098910006888011284055626230519
461655211162078035507810560972713718638246337798695463929990097006817
150296890262937522842893655201198824245497635144997437657859560787287
294508135951535242346135544004551747369945196429069527422013709438429
411464750682349872111995586332450543377042612348199751995156691242990
686036875287274863004215160922498906205042868702683500689709905844629
094931027691840077564940135802377685706828559156232255441872047043141
794272413105056363922502671928702152902127957401443048914132913037636
923495734755268464583307961208368591684836037952393564574649176654987
256495937028975741088692053183120417457834835815327152362794358115539
976894113162777936350104911738555642243335357964689244111130545434129
925124866655972739119204187110608314242174410557858748547705938207608
961633517541812948614311213066022825162547343563853282532512399531186
746016802850564951303803982226013118715974752319526262728080040744704

3819505949601102846641753296029988103249895016463440459327214467232436240367885018917973765474433481199972370786032475108368464187295943577035263638059688175570193167991078182670060110082157695596652680975178556423171072489654975754561812981871330730621730557398558715129217941932021715272569550461920184083720572912949659532833766881665813553462073841168785304095973368766580493511665520609854030705655938438929680397388389722620880012757976220357672574857388738483410021078069546896250686276696986750487385904951642950269845689605158167005142473493048983952216439511996551907132757589848124171795593163895870905242607008624072755833383073495456708878264963679803959134348610714263516290999665980126820688646004955364736961964214741055470421019962231406407736790851238496425366348340436196944735993713433583999893389705960053315064522503501542601486279481013991286587398002607021899123578923493752650857302009530600169665552055704494687540718720693648459358443507580115313579839296181533791004407742077597191188006059557308155861343823055205357037496033836557504001219981229228933596808098313982648047689463132312837697549640795368137125445907037938322323655258731484269326075747984642760265575031209704936683102642397996213480011176374171258443172000559896891481569844751432525990592376821138958628760182092998182602408305036043264255494453546613169828676540412722215172342055327296567576905863258620012977467886727785900667080745077954667004707177713243998040734077730681050755637018696867957223106441145873882368718277423022170599097535426886678704463665614174536767778352665736182495461356569814526374155206942970839510566133584695110426619575438442608720492482355071277523865909654944395570141272967400288319958056276997241030324475267053346880120175663194076441741225951188953904186028784427843324971423172235416480694132376453434957380040842495983502287537765210791950881246311104914829082115589518970251966027577839586160894726850838614968584167486430980486151379030658438018976693954413143330632826075391316316334910158952921512880242935274704895337314908575671698017993393557204805662639468164069191139287928399501440625865397298660320462933432083673936640595995387335601583699600517321500688454334186809979797182230721299059674001621981258930707661370553119203036269613892517676768739430492777508213804795919587105177089729048262127508090884241798768984685162308019928524644205144466053287513725974578167785523282780414802789027806285248281359095862923233443925498257766952064444608588595840179898573695464625579643170365304755956507793502487261280228822883183621115479127501946672615699967841226850495967650004702293196062066766408244557550304348855320201954158994500849891195471957771720276481036347487738786695029902414582664314440214955902836725404094987175901609169698442964684297710829999438846921182555588021289905139085507073503110988226931303424515039199967002972924773799031373214530299953392676275208714376125711914122659534554312216605719147302543647334090972918667515467304977134045808474406825263702442316212930899064921758256250347396813544631416282660885300421948762109145407616157565433222007323208869827724624746334753848367410222742783898862505558551734926719683152024342711596270416884500156574564213494127550896293195340021447367021985993833550360971943937284644375601501613510334746716282285551410598368355411464329625313504182030139503376802692287939334790317539189082563322561718855813352792360818195718581682499768936580929112576203903303205031656655400402495414888089695870377099

4668644270541402754288325236519231845905353279168381560027994890672l3
2010711452898380296523979967274007202474519424563474118404790334081 91
1009550079419741814566878937273149414866012517771739656414206931648 22
0716128508414028864015078076425998855484315999340067942088248438975 52
5135864375232382959352682878599140555843652981124401019266350224975 16
3855071404539206142506387172451355705145368030658682043374119553778 22
8923168884034960118236772281474887048847109556601753647817116958675 84
7991897085822797702082544603309309401818867933819979976125729291756 49
6344760979545526290319291910155159819444525061947961829987648140531 54
7134346129052256569586242226646957750023988900442892532775997039227 12
9878575534872280389996027456325126574572783231933747060190478860633 54
2095551573040632536049123917999838197978558300293714013015918131861 01
5278621863614043082675239869682547046928514660737138154956092837510 25
7283286081078305586199181053085204269004388651144852139431973834916 99
2052384169344392675256011622650502107560255577720068969707406000488 26
4051278676794294720304610144472949512356121923750371924250689197760 68
5083129501388739464974035039857201149069085918188867085301107215273 76
3967194820178419977605007297772311237202760079824730701687293294076 75
1507237797482247425057256489822428200225706686925590452275160675187 69
3804447760149179450078758056883308460091891372292712914268186667210 68
3924367157861442370690577014541456885540448386827977304407999276477 92
8776796812407991366838263598426702246636957381203187930098461121574 04
4745018854836669615630189824312711627257213791705149465681355720688 60
5049715431044040029755820114292074354714994179895542257068211337729 74
7572980914601471848532526562383165714903392537495305519303326253272 80
8524128858612131238768364673511590752366697352754160784376414133891 14
8536403832924728080777502278051772370850065822772001579971421406871 15
6488684933441563808434267796886462398537120479392899869697820706100 17
0555100531144371593036509004344207717482326206691263253652284731056 48
8130879172780943929264546132690939689110722399853114841674437294271 60
3650329482565942285054603573710181896662207274017549755185104989992 15
6324869333512570214147852670545272631418430818529282714450681630930 89
7680731623172153666667697418301286426033364977570895086031707287467 56
1681506970256486974770930825868347177936282010070769488521979406862 66
5053377188647271524741208210957613173382384397009682636737053219051 25
9768713646033987459341184762361782185765092712169388800067548580343 62
5040069051883373197324358646150412357921521015260383304774600061615 59
3538365087809020434848064867705383347742366052647108751823920520661 73
0514563441434848596636205427491173546847862877315028860412586807288 88
0239067564196317842058645205832011302432498250453379082853560665026 84
8960254044574760515878872060183657255661451976679124876288113699543 99
8136836706681907316550723616604859779496011036945626141298483973904 32
9975183046786371217228954592704490796281003243719459420984813967666 44
5951669680782120405281018714043937544845291397605123447232888487998 22
9218312167820440069740979576324992812596100463198825805382199778777 78
9533336842155991790461216176624964925539773610459799650848837764840 22
0416394272673194061248724970042186619106919381567088500873617001763 45
2058320552213475226440174447856349525297358006766068685478235426496 64
0360130047828487903559434666313806199885123284720156197461076656046 37
3434985350595893946706357588698006606240008976511536273003003575032 90
7798644985169652390367723607049732862710748222263006865225437400251 38

971284811297526913400198626768487594768264983231270591229633397670465
339368973102455055618244077554301016414280753021208563851836221710363
833416359162516902191736067964707591857351438909114013615156657733780
741073567487285521992653822345115682942397904108324905002369809594171
213443273621414132843858516223464123942645392510723691153635751178753
929234012061124354432514935448874343070627715672837351756492352522095
663722733607190978073699644050540847311225716485853503186071117923802
865493400455040259714710493831284954789103400528182143786892156028133
837227998107813388704792850798867700974571051883655946076175084237220
664996628114314918416152022612436613982470345028534594253691666669994
469532024970323392926570859444127959832426150626534278909254292936205
343415401441034696937606064020738106635864694345731882958642270906090
179917246185326268225502886196501595857808514257607363119857107157722
628367935887971769494852986470654372677726813641516795999110739750201
162106223884461782600999623416281551947322089705704591547090388423557
094539073198112883743494320255139791988010066901169786056813473672030
762338684146605764278992585302950083931778230663743557388499638378772
206557711432542663704314138404589828337624140560831508129072339066126
629319227185941846622771691074245154991107918157583422249601347183662
478434868383326012359240525111050811559051995065288919212725897172552
724896539096132347013501727212311385177545679373911892910847868741965
269711260903345443037299175795741109619618500018763084772141956798407
662972387315580384636874381763930581302669464222719733057173887692958
330809897350037490721714174545179619077758996522494043398764725892481
977238348824134636670904131960469514409306299700364436172545397857875
188096898166199832000786369547467110121460973621831426230611310414785
437860002899910332779419737747124906772523702472366444393980646209451
796185645914687079025780211235431617409582329645283977259767932898912
599596656662395195844195809557932102335136216695114606039615818616900
716973668311281260075578890013868050471355356851676082065434873152732
389174417675896263601589046852419209310451017639993518327877424843120
708919957673506243388572117154729271235463271202327061335779118048311
479489204977659172657242966048829908278281969849528454137319297437344
033940285975365908178176563186205512419998253792177742508837504459868
631457471808274496855312400176554659861010598926044491261424247815290
797817017792191756692310288330106810660350632755634209326394814083970
243743004652527420684381578526192900492508223836100229107832105285701
662304191680408780493699623548346081389797778433604682961629901376036
650204593296801464444958716361262997002420673740923934731968887638197
563945441242754573091883984867211351164073115354841230220530991280639
426438164688310005450275144943255077746129790695660102604544477258687
858399595768712579808772756352840200377061448061739060827858388700940
834654033384769317559896819002458581726356988237597160013007022669848
993932977334970457913338263823240303327529201225249382653888719281370
505987640476555917928225562693014384608986092548453852549307191528466
136387930347734189636507226192624295081725134973764615067055074050874
712226301994634452092056596132531273544699257324137293436986632296443
335142054462315319972928477889839880354401535646066276250417120616798
755710790949099667966607891588803445936476174916203585550225157602841
732035503014638758224946675326124073664949132912322724428330229267129
579964645113954195952205266245744168833703613843570050715468219783557

528143129717284610390397331213550607346436621201286584279669786302158
974164629252397228364506713513065316970924203881962253715844345041193
650369812304649904484737742006981572427562026352070220588622434990090
275503514318327568730553248682700364253253464349823227440509201246847
953354734236061797216857767278463322681208766600037675819606072639079
780431781858340594728885843299472168980064052337674465485008311606127
659310167011703984353535247015052698805990374455781643816357680474845
363672432606641766455526163796775080751950435003864066225745219056787
899784888291901614207589987463882832996641898684997956488550791734116
293213291641349905718292119462868528097942913504062119342263411605368
592420632905292016861663828739278650319750438849549740200894041518836
865527580767902687543856062590401277092321741856724939804086936425703
152479432607743117648514393348477862268800934962400507796818879780331
257300585874984761692544417202434207614343539108923017101577366671637
114357115057822811254368488958320536691082689173332883427835436398321
069101682210751057506637368557604365787100286686886827147026021864048
739841510871651766764983049891678032258428019384657238371763674823510
614155628922835247119076876302935746036755428199960480023616184522574
286599806221734291783147154349837351638205540841930092821813786334559
869242405828703135710144578672831080923087931570358889332139698630951
723898069622863111369728580974236483471109289173309236246346141533415
375174777844509831504067072369010042831941049773115601168017322379009
096224086789927230567333144945213699507356252306644406965124314163703
947019816693199284260984176865247965584073427253342884341585764405631
740817512328578759306660506414599926689814785388051735071802944802958
507820392450795500604015383037629930761929775918452860712093807435845
598933915683587309340827452559922616297481589550180581298578161304825
239721873967795489071518123198057650268725597499674216163000444700644
014312551208298158858369606536414989217884669952267751866053415661289
915179592472619539619787599296184876099681605708242296061115218895264
015370459862392120911229937307437780734603362524611243501966765303499
679618263644255562235446962619942892432987195631666959181798702697863
929114927273472593261331440717100614971078092569580805207430433626225
402210647540334000213826237308716258153183411219553862732235552002721
145225698073891874128640417498760936486341134194586954918135199307281
575091469585339012848522296261413893826145368532663408002267591684657
302978299313296940226871892378091159592352843299589859864514137981176
231991813973705769560528104866340609933364507004321223256916418465073
517409263446043895492286277293983384425849328766221932829076657081480
271571946182205296387369619331982300081836341513168215368925650091465
262414652966142083542596705923712453774803613497960463064214647285817
150345087554406343866496699502224051851579690725954691668242192770353
450341559624545170047407842689588667671118478198093321253588347877757
194804167098484803421602984572893875598961881936439905206858047034269
252935693295712914433513475949366040357179463323613586892865896749289
631857618095355312022119324293060727325850073323173623469594720668777
043173977880194233143681419459869747740090318228807237870676370775571
623989773798115004714574926787037056971663115017531841697300690396846
560594568024783472626677800634314305364738138770509370704602471843987
069100126501380075035626341310170253517653969529918131588627522868364
871610744188073120978105790431250641650768817735286664184458934390904

4596838481065334539883168175646195473663354604146908655852201944007 52
9376288568052819039576447121322097796391691864448465558850148763091 79
8859120998094829363903120989298801837009459277609626954265743826997 36
8584123097530989333151843394569947507401848816701985354386521097135 72
0502112226569711343643296664678219331574541772171939285016608378611 08
5249655773109345740690256267809611835156857424981817441202532507887 48
2814673238298244484074525490421656562865829525653503301618906747852 34
8294437511042684139624242069735909207753915547728979463540377962885 11
6594858242007502997368200251827324795752131487568049060950616448789 43
2578555848170286904436844042520618362160693501012273906880570465161 57
0517500490106963134343193324052033605430498444599654585126959889804 80
0258922197972519201157203883402981144465542615454570965346899763735 23
5049907671564783473721569141335210115704780937013809299979738800796 48
6312162755314866127283985556604033349598355016725303290484141135424 02
2426243793673848017768430469802510242264557003532872836197547049711 82
3162768947847975320699539965046869896049665777220365401586688522593 50
1605065891256037345588882555199548911770569473490182475886800117634 88
7505285656887744993023395288480292232120724764591309497201296275321 71
1409811751879375538360391122929446184702563413686251847659221247480 05
3720902977517447597443826396377135617495627416557563167221844701175 94
3259511649734726113693818906168353918087691000365885314233466279879 26
6994561267506117189820119405689667594251778095065049517961701940968 07
4746814944351042724742941437143463774458823549353058749824705963194 84
3183728306182407140113386261917224944329761327695180278745260973746 40
3778570927269827304322481814809873508955084395401813970134641153796 93
6662476196719114009629889517641643263272557263220099043653813215955 73
3096542821049607095613301514139712377617782334710814251852424079887 32
5112814280610240330123584261314418260835124644477284576688970213952 01
1110410885018137333889460418812766183464278074885720722639037344780 78
8502393651993665288305546786158596301916491380763599561497554755066 28
7942349185325064599858742275750841399188077982458525078343341604553 07
6107395804925041483195077923114361294366606358549247539792196621991 52
7071546362594112853155076918437169665437335659254739145320639587551 99
1454892697058553962746132142992199449936172953216343692085998543824 35
0237201394743039581957766874955403413528478801594781982931156563720 10
9762525812981929446977946475750171854491218648335626643124773850004 77
0778741453890389697874266949516076678198481685215570880342608882260 44
6893167513250573723285216845945019289640987810893908460283625036993 33
1824019447020665758631390688270084574219506115822954357924872833421 39
1116447218443715997325980201765312405623147707802152504134137232842 05
4270788473887280316219351365436532601108187098659554672251808303526 12
7239990802633291107171675814513075615029327804435464963154103955913 96
5211959410694141838783423726366471768203918030246463811429925668343 24
4106529174189990254269876862914181140066445502923553052608731414739 59
0793558128957582893539083499892659852182515626451375690796688590701 21
6043488774833963880520063012644628409208677055983171289060079887302 64
6814465947018105758728298147864869407332050830550543963154044853086 80
5422626445511927593940558983634006207800314830671597394403282787855 13
9297557947432426539071268859921221160894761176781926371349203735217 64
7479050030997628150838584398499109681430036495571891086450968890193 87
6330990955620733551574130169131750308218909605366181547390034592506 44

8970466838974965816752816540284773540652847921754521790120823311966027
7721973738988612131239736706098345998281357032097190766528816880768815
5458670030128385716050922633449271322332230581159899831588717626682792
0757855456570139276395363007642750151687860692116523988962437433624193
2557544944942394789459722075644606869311235767045204285845840910077
7595772795678372775916565616679750915565733739000670074010407229668268
6031538383248870899051154708275958790818063711276282571228603430899227
9402515819935770895785530652906420256032941587105216601893783172966
8467561041722648054126756488852745343997385061527446553866021430127354
6414375808299220657852459208367367496211334650778070993693355921304458
8643318933206735927024066389065096866993526994253121411655235958670
6365048926783987051606319578914172508797940106383354854652196876624066
5841513515899670456014257487646098078721915589151196749113202962002517
8026834698408384448290232082702039141603847732340717001349084017638
8005514787173494742922548002815266268786405016310061257401059108880753
6454483451830133220317483409700089780065157339309841670047637486348797
8216574537536308623664536802951684920097441755417516443728123623886
2067253235935989706545777389200153989047390121212153047072239594108122
5186648163169801358898400745471733550662275018185476504285744706058240
4883064785408013603881490947195855513421298610901739284349838947833
6129229786350711032804035521441861980809197383998770942043691256311598
0963014262951014207159949800064105824362335438649808048739030929549871
0007131260687710159710712771113707118783852107180781296475548494361
1433463390827141421048011664038564116258732429210468521183000946922966
5976312195420363971240862816364629115520669401285252560865162429266298
3421626578192357421864300839442557416249697034404605181282385085367
7384058127338554417159455869247334658399737080076991740768919977304456
6518787260557024269010406035316307047488146157086658422242121177451765
6172835616582675062129481754494768843525209191666978632319924130478
0448413048624732823629678528755185284971953573493929639778032927929141
1883656425475018700044400431847937386321341510750499516428959584251385
2048898089920730306862171862255957160139791976146261568574296514344
7429045671618134521403446494886312773617101367441143281543455167715589
1994423520032310818180258064233937594321580297399190838184444470530328
0885492722650993658135066516402676682156033245696706977525629628393
7489950291126373998966724719619845907932710157424988506767862968354141
8192583914055468314791967363160953818735869811045038687545597210072971
7257670202614685366949139526658886354450920416578903196580139300454
4614109039633505596967474082831960910993900186144325585425721485209223
0048032389989481928607647527455319437491460726229923782937223547651630
1156991189263818173570322885559317447785803544938802955971987514413
4235332040141388151274855375923437024064686870270648421900577897978287
4708701829463287666104070298891122462668011573403868065330364854910805
9586716582998416710889160256589491832045825003267555785586106322802
7548332268031873150017508539462741990740977596689382742480240888056139
4174645106666603072728725311340143917155183455125147789087601525411573
1124441781928940198934493181507988551851598105428946958384779190414
7898363094124191607977298989231026696238718486428200097570583593566657
4422767919928471429106242113789905251100314019044728536013627417699322
8937112482070244627569826483271736011176058655655133881074137127445
1702663718603052405217681063969913243751863712688772470724389708436

3769282165882869935108578711025076544855624036841717019583517241351290
385455459723134614110852418476477592677131238540288291606336384252703
436651718922800676440412980712513695742241886375321523003146535834759
24267212880686365350746031300704659695141398609255914220129777172742
65364965653019419111511679398522840647913792309253537739553406616433
2696641002514785958282341394127227547664858682804825578876201825066521
3938768126911946696124810417549171531755484489476246829440812665376080
9120761358719151332522163646335916407462474894699718472200010231345432
0631741271939060609341305637548797629022431938168203628635805657980
5537101741918819750972689001063476665382027309733368793113455906391366
99547034786473571101578342413630702693184982702189098824948821704504
8390417539488098839546794325240257104682927057855545331031406191612327
276775585996931386061153152131458613813945518537779207493239605012866
5096634549057326635648053599327850526588423773141343006415707928509760
842884054040100834304938324374635317508464579602809564903914560015238
77002267113268308593194372713373920307931318667331079680645135082564
23579290487748563766314675986099865472910568664338114916027306136211
1953571435447109423795827538737600061199326894705973927550521363399250
64054744227682219610674895391881769202270116454375619067453081622509
13784640753816257181954552270623060718540833832826804380813545749449194
36798665106297688523161350804572712712444137198235787666480360695781
87548558995454285500449545189870387688265135050496330264951755059187
926728071794120697843324994444992021332380765663955960267712771706921
189132675321743742876766131104704700559675456249639939187554134823579
492400626680720412909612647682940221987663720339559961168124242372925
798699743762327674507398199771177860410377298383237843191647373620513
497356744456773038143955347003824247658029378401701709882445119481156
446323282237363755847646077610868838246447648961633192093053177966171
991423565337864892920171083065479547982425645140644787460457328178611
193777049412588369783997789741013948252067658866359975002397090596688
839135527635461241234811362167936545462057128696958203640978352683717
970552609129167867820904891392913196005045846358491984791587756614645
247968892469082868317023579735956294820842535620461926564560474059884
737896287893533551042935522197590536261683902246738068944412381669516
649927466788335969360685932468461312873042055698991537296893956502757
789457369136940794267138815400419504039413498413407562999305601563311
972344536302631475822430529667048507429316325616994722087820854622205
119826997937330562146568694595839592845906866646409056496813835640434
632511558660807865665542849311763582583639524932824660764068276088379
524624105545932187365731899697628231721454750418229195433710389615776
907381763432389792984597282754874034820757104303309166842944626344775
292043246564250298014578835511605993762677309020022472309588484239058
333733379056886920378535819869401992364958708029782040502890113813746
430447600376522284282884696319294855275179489658438173285433992753573
832185230377555691347873138193981570289139410651149307112024231006919
240813814413603651823061913635928256890994680720764738120318670322494
045577821289187704133052290671255655741832070615714304089730337709790
359378575770000452808859815659501502752941037293713624470271164324846
266594176553993054097717281597511661133608666297742146557727843272871
368654208510456309740544689919260850427054567293431105152550547988942
761970958978478809498060749230170255222208031001853140907646771112849

582911085501849952577010307250908396084992889767446986635885615419004
799032902964779094396135372373669579297474271552700370727372159541032
426343309821409763131169390009589557513836650156408277424511577090161
024389240104652421310218624621645489368121730577077947503385160786989
560033377358279869614363215852981109256028266971330254196819556089323
314354416973399307387559940528259559689699927465982778063834960684486
079966023983682601518710878780963931015760666563887685882951595141850
561720278457522563815569798025975112357018146160985088196079962482634
301124511065081437422142156292126449244818266224225654741255527621818
800474790131192388204718646257166268598533802096079560312939339266807
700742659903746059812037350164873359431555968853873284105201304179403
228170668968014453214774713510835326581440495283689373863876543698019
315759301910396817496123768800323951967652118896490736282693342036652
12525923009502850843569445132379359107170442377018121588322894846270
992649897528662086442107869507426399473075512877740546832030674409717
445936567191210701104747499601312746335160974301827352206231616581227
216698888146942625595239207606028420828387075506716436287671998974926
210901321127647611634775047596346637743435226288187662690619407139707
619938503121424651804530179838806399243314402634925055044678086992092
017749346976249270511593546573623175769492835792872294894972861471856
034974747599767975048395445610685180168268977043031526707260199020031
484278960400805830285092532586107842627884905379486578642245194429033
499520590477414994928729467598769506507963254400159083532037260739106
518260111038061267162936925816681845680092715624796466932811027493846
944487530235248076674812074164834545951710755484965132245205065438036
108600175103061373052016261377321762738226019580623181947595577730309
477146901518488276401577447366530591299479559921515133197048288546263
763901580941167321498095420285807579468557020189950509247927476731546
922283422618338804522115692034889570442894489767317481192972169688344
219357941838872703752919298522252182625820917056171698269932587221192
479287985606568091408040365336163445593572613128910096554190257762744
121931177732181458730918152654969063895142652098137091484676897108268
220622165129855729707667087597991686342720665050408380954431367211661
387517150178336683014065057575549025602812608647192397928419338915308
870190747319753460029288423643264895955838228525678680977114923719682
003342018927879030098994407071292207266221746377902677298893178869459
677042166089126101910935386258446455404865981199285290712943010795091
332319770047251289395163644435272975408446819885283638617157607987896
627045366921427796458907872063396140584223243574662385217594735712554
107822491120618000511151037069212686995063605759760163044417862611003
309736012279792702016100635599168115466302610605093913406021514149124
268461753680015426701878159577348712569680959990329176761022745127400
399397342639713073556771536190520595454859100134677409824165874114173
660857135076140862056827204553784688481088033359665417139915465343532
808318980765729264515338251908152274981626231747698055847238200352556
541088221549707407193410942342429114899558178281977117646692656717502
063361028291959224829337996581664961622447156565516698791032878267077
344580653320777582584336455390211570508150624975105291591104168677578
613534363546358083342640890982647444927315184267303841609438013614995
339547678580597095170067230502757568585467572485588990778995820091883
397472751680323255985932152168944092357788445815497547012367345694903

278920637836656110670079874663632521980795489279398036475601670644318
637608864498827381502163160577007361253603159439471755348526915057847
299180044368723707152565279719452614935865292906886341592435474882435
149638266785064251938116036029196439200152663491558069910758622371425
175792327440262430243290643094598031608758873023362839962458845914344
386489486537904393873467081548869921734450560712603600582802095117274
507150047457346385589062805873068450543772967243161549510208729353946
251533077650143062350450968998313981210997748772038394666354764417608
100768697940557983019590922908743846394608698118442638586423288897488
643795480035599900139799968830986664852137339580455848765897983164511
305654717184138850366297697339983673011578603436908654443661859182249
720019492964858803531417183776947334197603787769051444259687894695658
966398045421945158018771070270403837330900828762702707587499859517840
402019509272016432190167438765876763918560220029155370961155896704966
124667679799847910754534633097939362572772200737028836846521242992485
440183663157501849364186407337815701649985118132045446772733368667071
813312927268841366305125613295114251829986977757514112274567757282910
191337493774335622526550030499975377259664433557010775548075980272400
270380983331398107893185806362382055247353160297004953546095261572689
264197303162301494209934323426499586039695616540870800700068815639058
221836726980431496027599157466804765003705338722816184442855987341995
579139444481018364376114037727625379949658947044946739253537593580387
992864541086116291674515953440028902775791842387094656101140435072296
904052618354955072787513940965596466619123226782228345409019508529977
088201198058260851680784499817594935133011789948351579288223143607510
161978482456677750154408416068258976214590765189178514859314349608042
670113742052283102484412592271503513096824060719210435461441335206568
503965360606426237439593325564509237539373414554803913032236576450641
428308153993924030985830674159244950637215295109678820530081801137554
211866596415967745463253223671239380704247452178819525320853362559928
820461566300361715290080163310596502585116677053422872420569088228353
265229194815950275660292940225986534437856179704410265488650417329529
192252241696168018972750490202200025293630741975844147845980147029419
541366787734125332230981208588757343690576201081869293295988149293290
200105027500070276459633772454495808321674142789110234299274072781038
038491803839822616754007048187449258517015645717665931316515262040914
259805778344841894368164733620666034338487301869666912566116759794349
652796038754483739682502011978374383654513036692996634973553236674595
078588447456802598221627625239898979951509793713504699306603827804379
084302277168458323403915169180643776740335706870783059023480930440567
780443039903396337180439454501594276266873015823350209828418059415741
226432974413005956588387862236183792254729876487853492628773936944265
886379532088416062508098299549623553252342929526725325272466429198940
591569702202642329599453407445806574803568490118296808839578369809629
104048152190271175688055131435961425660399612630122317441478440524359
995115878486256822164932785684288197713857646682830616821327684248503
049473152596140098162626855345694714419489038264528821152337136593659
613275233410747302767187156903408022497602563423359782022352208429684
844485705050089453584077998559073610901398941132780708750085143302274
108633167967378162949953929428268332821695406316268520425965201686337
589951225179260059543760034025909294702738903720443355982653932279332

5321519037519311925088388595401870195850929232629327011619697237900404
41082862328803146609921537526646129844605898448560517363443187014999
0240848745773902574290147406268474563773501623272173170491883545068844
8676943914217518254351657477281885161395129896627667710873475695679466
8964799867188933913922093547396163835550029711767317383905094885359655
1691530470970445248142884707315636574253306545590045758507896863914977
8228468505241634202829629852319299696351878783683513651277258892426000
2949952273973278967046523829312512520623933937244005232282710435276277
5924656191564034164602187003684307178757104260350215667376861119556199
9712468971318713633052623795587284013702987977842778150509823594155055
8819296374821481181265945850430864950993243345652793198310248509434399
6778914728322088497723308085621395527922917965606079560678415787787399
7367004584124111752522415506740584711607104439157908531507128425595655
4044249490406148136087509093469917458344540484090528511757930082318155
4669266083218212341768928632808208482718475514494540212121642749667177
2807019006004040224573990273378537412330536563406956993033500276369011
6089303330779797692609838138490799089729632256307934775419199782784022
3731610129139584980094302413126347212668007029109042917014048936332944
9470953678382410369259673496039021065912027425780857208311042350306988
2776916127450572761446629424463661851659740175046336745824045948019188
3346173983685655714980786551702507055184303247474466748054944544091099
9474619212685036774301464550994338181120624176474557515839955098364922
5404943783884004934265231724726338092412232238395648313772250344983999
9312661789194457581832059495142156482086475967466950655574869821604466
9142757154553033140973821465528280710955931748087156084339196851621877
7183966078754872789874063892804256591351371441738366422847226271615677
5452475488983922656058149867889251521156507159336468883738371752005933
8142844688304216377271164959206514255079610146514865597691937962302633
9513259835769540180821631334346571512352576320091963853775071096599099
6056278782183331662771517783090355034754655344779746714918099012321800
9639050847416559424202842146770284958620871861804095079431829579670099
9600396316477150551190028787683113508123645480393376375772168772772899
7877428655801336124088947331240963683390547347883524491265604538148577
8905967429340901927509498345577990784629568079161100816038289299796166
2973899022910003139000604708291733227347430775498784377309838168807522
2338148722040419235772784088936608147365645172566450937894456303072588
6268821892210267719518321057238999716088696115718576196613686726659466
1760879444578460243944597519671207911555738085254745020723505557420677
5631192655110184964242777665484904559232346035483555572340645210074199
2596710987722623663572897946960445291944405073149525880315636507557022
0425922061646967562904114477669799196200300128717519654961825489147755
1892383952041180076341766933351014766040167024083222705194964772256355
4515290721023443269944977904358669333036755469178759417947080620524911
4262288824127386268727214060917521810296945668598683121749330375073700
3142185982210429787261999303895950393673786602642161541214277700943600
5342617335750258657122291419754425287692087408067949010874997625853733
0060205995636938663737574694223484614277408842749799854150203866068266
0952238499554231206768461007518395492947032654466014832466451588901988
7724946943032852810516178831286095008343435439194399307165500509881044
3973524088084272469006778911063952581306403274373154278542413126703144
4106802460445543951853971144309954761267668243823623677630638812738188

5186010888452798418887151119480667300504688439746227265713622546015778
243983056826105757447449153151438891296077736863018400324394763030665
490955462156066661606398719717202495528743493413028272471531142630218
478787825653292056021006591822453865624353529845677684004542002928384
101791489840532747577725586291140051827165269656716195719532401174836
557679547040561702966487771511252835903265948885952624155805522897729
836756031804561762599086780670435784723423271082344510146114826110578
773263583575796153009228407987159266080163117330820255635756363647588
565894376578747338725277158643025846560322997582998313405025775007346
065497747645086713776853930662101578407019475148126971817331240068496
750345298351867707128463310624956280813120170800519821097555115122446
826200015993081384045776928488195263339380844095480913059349350542627
805263988155211307847345693275968361879018130374492520893213935284237
759593333857164827851099033464958021704574554442033678437495940873175
937103543835636201453676433369616265065717232027778304224314665560931
596365701448648584926471160059050607507914409027285376702468376670714
699387430534510510485137535131730230579003371101640977806663026577315
673574321170187058854105979156891949006203388096750621840109554681769
257694080167175770221886407495838437331806549822589446943074510783607
654830235358463005304185169789620470279108441770988071927542809021807
009119851470160968064048309033419203088892432459045614703698769801294
180296239195431208798613438446691450094284010759027685860225175246712
908274773572148314408754267949014523202287845153993368903333349827707
803117241777164134989100315808322785859117750868581021405493974607325
040131743562707379274445262840557554739476497286143853267890386826578
291931815765402923744517232737028127563396772247626846783064555171391
247297552296960100095859000822104166625551149942790616240964139376437
552008016187539304894689345786388045787433822200681621219263964589879
175300012406134834718003839967419157811188786183102078259893032937839
606401547973988689568301212741403351939284037438548572439860726451804
256843573527923388459398297178013230532241835073624191605384222032257
067192920403225891641471976531836815538189829589114403677221462504861
988593106971940069563917377928619427620089316712438096947501666932062
509836349650439974155962608608437456072566115249650349716132685213825
139725225618659052009432969950159401148402968295874683898561315522858
622797748722930707776319925435517160782683849110954524147847265476855
835421133654937850641547669581726191991753084180371115817334780849154
193505502001572379802906233069365661798128403282615667355830923787235
652990911900547863852433062919535969398116771405573877693424345702200
809326465109641913524388313749650026107952882422661521578497776101686
674295636402092768780734100749154526546933049209715792308330268469160
822699138230880474598907310689792817902576291919320721737088206974017
375638618255469032878795459688077319764384337309796166935843822379422
892378398052821525124954947607162686039155140741182155764056600475634
889351010019069950695263737115173244170867777600874658957152184771286
010006154075170337985157868986505744938277910910332026499704436921133
437604924351632384505759048368611608205238557942835965298368478142936
399566264416212894922373469951757460434883282873036951266493112863513
028527462560772641124272904286711462517686790090762794078836641023363
882681478383771232896310913025700901542687997263316819353878094557341
949197253719329493183497925209712377134674675808133019451036614336544

3235524965922085255605287949096739469031593004967209815168609415789241
1126313945164856335047724226486852913440629493545253929496960217315496
6625958628116502610470267330178324534169072980620160739267738600640014
7958256528441800859365424900102377759998748285655883341932377370108830
0014421212947411435932874778612262367272267332457181226587380522495
6750369252159527373249529637490021622194792264023664950855479729712520
0883414229119976970240529179648657133278918674964310615724041847868337
6466870149955100108262791779948521967919145244960370579655494188018
8134553320693432952254877953021015361771498488910358573498467035084508
757998032626515632771397429458111011895386443969165295454612264490311
8922115995673523358769886568448737449464681245255850111826021714182890
2560025627826397671833601817158782697880210887514888235173395923708
7436507369424666687556113097283458201426817605496409769534873344091957
6754232010032151399129323269724358595340966105968672409906470306064364
5918354877119575739972947078650315847372773060891850661237120363461
880090781662545299585112736177866466833888189361357891308878439891649
968394727974671913743768940311316102813177905832333878748873780137934
270442821021800648083898286919284317156441154749577358573129729040469
056323688020591562866683500136063817746076453739086215031490349848416
742505123174995677397883170594326379946754271896799659349171230992360
412559461347546783353691606914075066430258638243265552572469832323099
441830638170753312604946311708009637945674914821449231440753355678023
073766292899784999351820583513792442256083920720498457567758035830269
502702676567221256540322853544118489590906366278089691214940570022386
572251881028816541102282379302246476788661372870767893169167684423366
398683724521640545515536270416085499264232649343934470351997284703545
910496238948306771520431710991244908670365723862864244106014922208929
596382905863847376041097821462076829980362275455981667283725431801669
716482354772837904690181949276713925963665001470115509826081376887038
308526730413559487077670877939131109070036243765753463783860275212438
789399196813653108400172228524546806001554573004423581422743546195462
582605360327520419551850150407138948472313661382896380142818747716246
117300528870244552199809627861857769847408578962989245576793280789540
447890565403146022235938361054998345479183612049224316658687664052490
606715655136799241217263838508950538646263715707969379198172757167812
452148175345114732214541079586717326806647044240037589413179741366178
941975924177219933228239191686813497693367106997689213224213293503346
989543392468131717094487013048721794446438040096349242938647606219535
315764812546985345274393839855599520838178858374983801494925176147486
560102077352835491717098749787766459619159409995025634892197851801425
746000829549661273261891433755034191477363283126405008003538059152913
373445397255517332151449140160866144930640616682976503453007280288931
693713850960513313806280640139489712482771369276242574509248024872494
370535738134205890766982362852547324600536675699252760237555829772001
951784167331098553884585136011140757617716785317543969750749664454852
148423623882525828056313879556822773131340426660728182975437916482929
281051586587380188836809804145122866437174807740459994544951860224975
913095073602027409782488985815579221647995326079826536324410254032654
250509821385553526056396990539127521892413350924551732890196701165808
817230898264640615234495893838317887308548939443697849086924760580050
450670499840989772856779594591003379002700869027385179655675534180514

7401042036397486941276242093931021435658491052983075226204465823993393
8065146392021541056919111909655538697966023762567431229398117312388643
9919212356703910418415679990012317255996218281185100001131046089534499
9114542798427560773840268959608132065250941594861457409144046759692557
4868379247936322398607808743420719463849024758060673339291358976515525
8022000839915525126289301462488597574938795822509099437268205041993367
5561231479820600863073356476660665806958616513167434295106196511974434
8053488292562310334678424562607343849487385293653297693177788351145538
5530299286313277627084479017469341693109768410695751637898291304232997
2691087365601289308624489574878506919696914736536814659467501384575507
3570622012165445975397461024894725916331746492016378394780718869396773
2866867214519142298744318725582599172980815298234621592411951742050881
2526391843940465005733629330497511010306296939508318115903884464883376
6652903747576703024211888126839152601937182847182834656068593084221110
6823167804132598558082528331937763587304719887545518154711948921663399
4627867162037378063296726698298379705809653648952475991031442898820887
1761974331322252636086270210891697861995835607679669574241686928331111
3888911507958183351818140640839905147666404853002996127832576700588822
4543678287207888885353083281126262950823281531578410796410717041766021
8905880147377311022256647350362860674555903377554251033182768708006994
0872928129785425468714775521817050661633924455601058433608545600533669
4133009189063247241940126256823175102934320101563020263905801282599440
1881430524150874795890605327815749551879659360454480056523291126993884
0881045241143857023936582918120547577636326329307366171576564191347729
7465111027743762933960619141810652154529478976827672293577608738341117
2421062513681943462620583896472822463132405254111707886382634930791145
9002829983168819085317303326879575608728278443617844841818706901593359
8873182129938762032157126907956739600444956724988803831898231279944015
9122807506491269213448237237346111706805137221487898892521855474768868
1863222007877460633799549962414985927076100930062558171986514797497749
6225690808122969849080292348831205986662238777777822293771883887401181
1731171192247908470225558887788019388077635841790795033082432359518887
7187649611412237862276756607357473854144504517866949329437982543740075
6930177498252499049745127963934045364185332893744448152884131065997780
6196257445289923516311366638708127172873736357656123135001606462555516
4735542308774594720284755373564382110694312439177062763569042536706634
2822762527083232805303546130062096340604088081205136415046224318055156
3978845048141484384084959975165013631188121017639386805058465278713391
0947345821933583532768320279119769004945932385847897130579262642186634
1885678471507740307609909557557549052082770452124166148784511151686607
0647214986854465638540210399098795256443420577835933058093381855057707
7682254933577771519216909815153627807436347193080709834975273637937727
3831982975591229566230802487346054787672151598224294350703572011224402
9308488258099712559535281652715080864550956473646633473362955403978883
5925153751304689226527441295781538663035214776417267477154295223013367
9703936818528385663254147933793879426175389130432274562752894047791127
4863997434500023224069162094871110270144029352789895050132763025888885
4322546144181956299065062221986447838548748256964272719507563784770883
8936350714102970109556243632374504322314211935433766358229940887502881
4870868950979283306982429518291402740701503936282636885240380390828885
5703734867405507827190010586875049966092570841726230128789694403482246

9823863973838924073274842755977522786920566164240627253815946710427506931382940581809533401790434028976250241274282466398596538116847702201307383906626121026742640278261041990768703830831103632015438740199383948693288278154014774791178328296454648999390182205057409590179354087286534191168206760759038187535626843058421488872359128379504614306531302363061772575067359062564465395778858094920118372143366981059935180778971274772974428871056890984261091773487017312615648916554793491802733878842833585901331734846551336951803153587009886824299059302604694355293024305173652880633568191190786220082298337665877745049346784525702332365203810530781718183613112156787301205197002750973251756477118004619057240733656308113987860499995692757271252343959697633450047962025929979935198048080650604307284281243770192687491193485932745717514262784970549561591560147664814370201556410557909799779497060737142629718726071956045966696482222235311570072400344789361307316628253749817581367591835717981529510592083543470311342187895882412691072035805860620027381854979791308975524806065899681849022847849272287681242528848308607076295881500334306865363075937635036854932407680997865338897744687221857599348628972800786510809806417954815064229345283184776086707057043593313483260926189530533082675580088532549640232019782618221549095756083396592789495508556369964087033723388725983790419563378352086344687585592035920257195454453768654872599182762819693189253978131840924231639903215150465656311394030663085187545810625991961999187642060908391326513321160839295439590390573662932382398854730408865265981547734217819039383492809782208583347384990133833389092969821365905562381941050744532383307693118414954140331312566653690968565448580952138515660015350008358960642629328293240702879988082735960937723789179483005085513090249539354964611383551541922728131869855784013526722546455539881677658101440802602832576848322366285397662338830625674565290394717236973108277663097676512860030407708473963825102134423515705091367642080936911685651538813010902202213140451737834904299028959328282331174744293868367143893803911433177061114064407504502986844257191982315251066901329059600918991615979351657624075096637222568124315660954547767919115544471566910237443691808777401035900543492743085764965854805525184977610838505236682457643962865853053840967339037305999351191682714217162437591682092281143978860670205802825982430834733511472167213936052540394047609328044363445466490672548461990167899049813988193005210937679001867948412075549845066839067891789680447028668385904461090606370811102615781832488906754179532144852845257254378156778564724504049297322848657688235983964580501888788352832180190513133354982007190327511515297233796417869542659008342335319433644878142038744461166721904391026514656482062600905138466586351329497425608793446091008595422091304191505316242962082990068298155113501781150228673584521084984376609283449101031209466631635788423862009462960174303016767902730247856014355271881406644447470281803950391815210823533869988670391384753659129991550292165958685519635961453839437989223328283230212138758005715831227458690519767353283755386050212148477325647275057927085898925335091349828627042372031446707908211449624641605896574537804799114995441031207515735025331949653451130978668167429252173403815578518843392258182799484340529319494832676043759105046135766429263877101788324480932400007411116272261873235507371526561256388601800300715881745194681138870178642301901292783583453397428759907415264846461380671842130258450185

4411021845890974191985607774084286226450776015492909324026663093299773
1821365706455235045535363105730168925365810579631839708227008773536961
9559379019280313317514303612304462339032490272771280130700533558800974
4797339673920816628949703670719888940603025938878544000248698006249519
1174408691510873420781607571037814261928161622883353512309684769220071
0482324644214560148203350600290371061570245957602017817876636503699456
9642177081054303391999621385239039118965924827849241435972635069051142
4164385815125891192790575143754691642674631731564820242477950168862361
6810338906253149457487041038381851719934577555836452551280328671301727
1356968266621426374149258535005212572791826846234354658562419457484311
2165754403817729715833169375517821403201501218720804653825358997703274
2065765818893535527087715629511202512004678994930715439160379859188675
5539861796269837058927704737285588885505426903185594085542484089373897
6386851501636220586268769716563272958614590953380007541841984510304165
9940378289291081347490808407026901243806805027208864210891235770043633
4945792140431125665762403077325369735478773236815595984034955650877198
7211810214565363342642339458792321114463033704739867816253860177832694
0757473212253744030925327788155766840555731036577051767102226605705998
9369708789659611985148226461452937377823912758368534171314126534909170
3338112976078489248844924002835299017005935190342736471406191320246663
2552997949035546514378639636000137781766430461795879499627652136718551
0718081854422973824789384783380766017975797304400862421141516682994112
0388342564278618641282738113221173161186167058685449871888985335597564
2143416995106248749404159777487627729390309712887050094332719795135484
8503240225825528455889598399265237136409258221293434821984903477261606
3814675086155142979913973715533413814914134643404825984708291905439659
4919764158188829862634157852091900947044237731876238049535745740518909
5057316558993107696986324839875970478971826188282674442232458051458849
9894290341430905713513643743508148668242601939574301633779321173627580
2769386451565183146931282357291888808001904109570175343604488217837484
1463300637438422729832287457195489866811539240735827800723173399789017
9670108977051527826174393654782584786084566671801943124180432096259245
0048343316557416756738515492632017046807450697371033161683551813384558
6600902797185564295714988315231073415988488599859136737648785178387289
0069470012684459999085681192276133423690761308972950993149327543131499
9863741446829922402655413729635858076540818999900113879310503913389972
3448520855249146408723084390042637814956905607590421795716374613113611
5565555506813960110459111123701058893126166451350403646587412015439967
0503586479595860473172146323541837134818308724483417315175277032173082
9290856228774519869795848618244691921340672425691992055894357258417192
3290007084036500839494358576024183944170619126644086315324262509416716
2147778739111374965051326577665652374030669121817954188812798530372496
3346061347380875825862586361119269738707918386726457497384861591547701
4180757122170088116549619981921333691450141031299724447441032715643109
7253919938403509250207653361391309001040242316915502635160072974502974
6013025001200524331121450559741631951446807248112652412807112054907228
1087732244092370443125357226761511098472394842548891425084871596040602
0618215982448097239252256707952076801234447109543134583565583226231109
1738900063167054685130192032496067003864240769678161231820483271091905
5484092755292927298530426182540936328670582298825322259657533529384118
1090620679192810133

181212822311072721559319064189487259410200701126351743820798923446402
652984798249438500615161545389887934730083709690425789342021245992401
455602897945437524808674554970415894949540598068364036547730696511572
968897689703975751808821221027022769089119191711783310490551646550726
431379427934164135789031307826624823696002717646561102535796006717135
267035626231299285832936990119050859012132895936674203117312904473372
688331488620523587059494474943058206451454969419046887036964359938869
303470828170297448643661072499154563606423831051876187729855594182179
859949863851587612722720163402279721040268269316459007916861722844585
070727681309150354967417040871123650232474834825305063894065683684342
564696635155883253235371964032942488827747681236228207702713735145802
354629376796454241837761061986137498504794994457371397519097772210970
808801521567080941603874975377283688362272563022614060973827060003054
896500063834024469359514910456929190023207921063532784127353433973542
088723960577100910646773266292475235403467477662695348972094849841244
617394808541649824636693069675524361901861550965876439082527107994642
451972778544699259413695874772410017861926282289166300671316736978336
449313079475504151604281962231199601398139706810765686357673432452344
181070294815166403543797170863228402833567146159226700177712224662057
400123060846020613200855755473266058483556985509484429628685478859542
908205209479007411718172010027143790521381580596332522541451231807032
994322092854731218096391061544175018403925933106503425558654718752404
786835800459305663542247231415964742783419678680084429190842413677080
569919765686710999653557700238050734685115830942827854445063396724409
592510614349292062894006031684288884172404965605660988193583788529829
095803183390099069075360760521673091976363797153729284134320230560641
724097419419433259174730764569992416993371835968564070525298888832967
492253520634085876393202525338611689418902255460781544104808399354035
224271020843828493647221643044050384463760100525724275660864649487451
061662458302070216128805088570531996188712359569518224174487151262318
863371168750591270861355424369852911416967348091507806849013951179336
714747922849763090527999127141537215673342964832021816427871187334097
660105440604030492379696197031174320157884282285451261863266830510783
166235363716339587997485573169235092566208674942195734328575759633991
481641116744377464263937664105667027394491080051926430446470223422420
865227844295872904988789343040426073118588335460350209712100890560626
329510708584949209358358595617996504596268353250732194835228053316048
022087219444715190102088506932077458790634886387525197273184828580453
053909938939730893033586780744965285864153110561951369582521027051048
603745647321234928706359507709830053766668218315944787227016025555668
840104634302701506415294343830825264260617471764122416751287269015560
840111907538640390536088871626682092231135397472890685375137712569971
074172255866911716370975996296251614770625396651560484596929991829363
449164503514132300433769973261273436289990957490031608389342813604670
127490916753299534312187052077299742007107974447031524708573983058450
791226051814156903571808667020091185306840281720799097392161008693229
148502110831086776514840598684865306132785600602341953148437556153178
885825007498933643691898137911649490488608270779331104340912220412818
969987273649602085725228552548413065073560183618191222703756385346911
930703920151836434534782334274775692975649990477747377148184999536942
423414237951235465551890908886480411042322688588394865353539030739582

2954532567783675862113113054382286539525744088648203410328845875870834
4096123701730131560993671193780179154163121630053606366239294764141475
5274308307977136899100834665011654237723052545401367283218911261850712
2805146602951737990128181839944188566845293910903324884904664586939355
5477908451412108548426003670170608766650546619242914467429168224159238
8274527062086440863378573272767852227597716476605711137036221559804854
4024783392061566256370771660315472650591432423082837297988858741350869
9661486964337152536741304626999916005926743250419511481363934944892582
2675303325853908479776400564950260554251054987470168911661935236350511
1947349238003636799350167528290404332155781074922523564633842194963326
6743971714887788145972151096244450438550999552732815271542358448576106
6362754074425574988921392742556855035170044551592979356827983618528988
8823130463752583316264755934931485638233698929600212768299646885255026
6748876280015994261656422992460262512602013361231623351145469760289403
3576869736093372133133000490844414496234441755459408859657848515827433
3265590653420089089295324540502425640236001846494019579426991063797172
2290683863569195066063724709675988801875315897520174699614986238870599
9671140401334428661922498077701920777706799846192172796282814416890365
5274806190093875465062291731699777113829574309893306397132850759580788
8410385520074510087115918628213975852264574419051491311372248808191187
7467751397264564681385412261629290408942732577928426042308245668357840
0808180550421988446093780838919876359237063428786802752823882430976123
3463031119678324089565835291497971008860711205050740887922167999813687
7484825610739434169370211791526331388782926443802174792828662400040562
2822959569234758255745806518666609428749156332548129146050099995643908
8394683357258559801753610417184262365997776923947905789660982075397025
5118596606777113870750464429040602255807675628270767086773330255072248
8995624838615866826928340545840706211465079246172761767388655516916697
7382922207592087816667008965741568881207397544444862743451761113639755
5344903340064954819330022780272843459972869449775472142034739452351878
8683804398766726341645266370288698178550235951183140160177315995819216
6001963147241640603262452143897135898098202180313403161727634996030043
3260837960486669588483705794113924735853833466315048497867130396871567
7761707231180704770544049423067143782737928875126718124010524094811664
4744874010030026253423058653272279626056279348210712189737941989585985
5065465879796516399301842788493479854490098711488696401120369858278800
0748013486103566192244245222188181756612172524512709173371073194566237
7938339766715029602827713544124298458582798535470948909006156053367862
2020003253853261145275488940351775264854708943277995887091973568967043
3104855789156309566689257161076243686489818394807674101765016262312200
0001643770108988066262082361309121465192039073216935952822517971680092
2359796099042845161587880681090595481528623570436934144766242202780342
2427225025788708267623753264128540100140017346444278831395819521424033
3321361644812096023439952938546392021328753868075389799513597960189584
4900648934148531307104763740236079072118315631030808311566104462373787
7174515646462084983459197549734797732144600233070613297264201219131332
2054913585786884234924358260406331933111430995492724341440627957617355
5876667392938229011604623237544638391785584222773350766873755899570767
7600141908034512869731866989030891943544829688095505993093149142783320
0329609493069175791799698867241339305365213946831275356301879018895770
0805629943258412407358631067587839207918257776740732800801037766025444

328778740845640379150246132590341053873284395554716476160269186698565
680217886741338167097460413615797727936485926238192447981241233376448
983067465523156346306758598309651055719679277649734109208967975003011
995155745984629809966155350888898352940127222864647361633834022085988
635134240738328632216777445382708513975336308293716561353075215920414
897450981429990486660058050908800189341438826601803989098830171287479
166767772146270389450968283149584032866081341646651771132021690484630
729653770061575208022672975387894260280657682763029514210229700715104
919772398816950270477763344154234318313801820321522763131262378774501
901939285981023869605932398280244070006422749458127912634282748421642
318574300821421433147361450528469400926100616348066323867250302175215
973834324494817047539277315437867250507265269772617002048996785328383
951443126607545842394781526641327729399765393397087746513646448833914
384377028413919329236213161723591679859790165001774737113485721487578
635314165433029174492229291371443003820105618051881894235552166769910
747194929850095333149892721950397694016927194663723849177352749841344
785958117363793319477336528771508850118370390830302636310631914637408
395485954175154101055488552866332862301743200513266809125440730656125
860821813283001570488596530323935044452620044745906806978636848185239
896042926959669103125813660052355980537695009355706043423506164627728
427196187869632698220969870430817789709434698655061571712189991666130
588831693424540436302986655836074476111329738273768412930474121009761
854756341072944404010728661807928202242521052809407932937632108739915
002337925302745162971450669533013876813115532754531387367983565475736
990513199242108938265389318525656717495313829509502190728977333413755
356837697909978163133277535687885604606071183394426355075767035068426
580049257668207687277569201671777150820947962959906159725443693257731
213079690921101789774743125175656341557804735377365581100651690925184
892447996413731214998473300116476741915363128260444331846507317849391
540417946712674519888383011541046361359473837450528099547908549980437
823699953251045817771051279432058731199582231163244024781793102620637
330503159623386876363697797621682230159316267546691659237783080218383
968834912670128825352571575476321029908334048060329219986671503753153
049810255818252625810617922160363196757884415208376916466117452264329
225143046869863466730822228045681029992524489813968272543137193432877
600868381483308026008954419994701258695732633908153517366979504372385
504592244992153729413533987271008327493688548276674295250100682481744
980784206611259376510138003617756411643774467304906445428906011828265
849854010199323732271752786237860569329352928633283617663973358485300
860895809161798459510417739103025529838635902597768397806391803849151
633251233979151035874250141257421478012007592329879276093418544786431
720638304724414858272130804636375243642533276642326356384633670900882
728065454956797771679475588747734644264046184189642550261745002186176
564702712556301395054453872102507452953405474571845479983147466029143
921266678659034576103335694800521573310840112332365638856034038106038
802543471299452255169249900047230576296744917830801855337472294679087
826132617809082017817986578551753022160693770913004298004691767339435
646397554656124915895410505962341246320735388837441379993363810625053
594427523782896831592884421722323520387378454073857258858813729578053
204156992292170309597556699448411953189604701854032112858470038542980
031584440150354639236867875928954924435715994887472364302756940123596

973326031670031917729849530381823146285141654259178647257933433058809
405055876564107430256183354393811284658394380826809539636604081905400
154023385383343831634452625758187677701360266714160473592076239906286
347036309302235270880069978726526228862784782631962978820169823486281
531650222569467226124807170908647037683084977933685636683493707297641
350036173821769420824124774713225095488194275376348146359791869160431
912674827944422186336059301665807977749478876263089216444862710627249
986538524860281057733681871748723837865470745220716452185035234109883
431179762899474244913232567343138041255076708651330597773580796041062
241489575413930052900530874320505412299806811789368686585270535065942
372218488085097106245801417659741542620095581129511041489965031373169
596635152161180592637289390976594632922201945112871082805129479879108
819093546159734391884066041510959013333572136226954369186674760155586
122051812176915715127943344036939898850842036739058776986558005068027
512009710055835033843365937854625285104172817425096819128656816892738
091236369754450697958698055791137928057103450651915640477368715355612
772888066026206309719231509651927429703173051976049006256609171043596
514764116380818918702383291152321450285342301825153676037094938415875
729165410308412832304747134398706466369107322503038321037114047124224
907406217672890952966792669692208280614373268935365047203835167351604
447599035748789333743097627904255164111933978351192961745054975964498
648782705998325217173558026782109736948336327212985469558680464257404
259412645951352850293914250771049996108503321223391325077324418120633
784097223971330538251148351239987450070113113027386382396535534497488
078124459126283194673981394226066865656404824416361622163979920451125
146180172096361095486595694880019464161344415930735144022302907546770
184879546873647644304205187021163131035881126890047806330948351410699
124917678667317486323842965755433555327786697831346694512632048923061
994987168958038202209031931363301610186268749589847351056410510049956
660366195402770262061630790181142670430891090117264799541292698553125
852111882622994502637695435955610851453991340861810825622712409469488
314868560686074686140404054176426214977295910100076963569615009435544
059064745306906643551813713743638983477328231254884045547594498812699
751899151505251542355672969651482761318151882834345262333313165409937
809665139798032081994366889627532813046568660994285357634433591753691
862986523030077673801589823328998338806465630017380162414078214622739
384242057719430363940773762813435451325565839130551431377805253867976
986547896332605830986204943420717972620609053242599642215950942469117
861069807975331108592630267105117386062602056368021070477752011922373
536838175807280892295871322516379793951194859348727383335296912820536
277078528267879902993144433755240468387873283394014915257173763081751
601358978632534572529492197404894903056973699562313201214464340266204
392519381538098897514321657819366202248702281259147162918560345975167
698929270382201075290472151811633794360573320204423103009676561266677
523586763352814281056987279757737863217407275894722088233991473982155
537061726505395420054206546618084751618202451003293584886344014514667
787880215585652606209062298873282282305482299890406220550468665802826
824360767880604997944711408457364202841526509015682148569642335292662
863163712010409061222197766531338113408220929392451180353959502245550
346103479496943173458406687097789985781492404302902169972388671877096
823741981251511783040044777692297790808270742190319329460704036717522

343154355663608467720617969722693034158210881152083192849434091929144
487187847212727089364930497062772041180559943919717773293925753399140
787377154353530932819156337092071637082347137782391824572890851055344
564499204830449092216501758240877468715959973961342012934652623093180
422631933743981541166847153986930221558073354706357501340518178824082
793141775396141548791550053341470926466851640878286093901978246760281
850764691789939652879306533139699675659431280507684507773908362690144
479047282948973439455867398002580118878136289137099567254439863774288
668655011001748469405530263989961435899192764050890378831239086448694
923962683889880596722857824123351714223767999287973581847056763055156
927421537262642615508327816703406025315539204603026523634154901190432
859136472493133665677010147348838796055819564625667031599494172518162
707338858477650226095728750447136162419737960298019763283068666417637
117947442719163823327722461738351727315983165083586500510485388543225
445807121412769068240248498609017985192068943528723920491766822258688
707490746526279539099884303145456709199120400100001574848928520599081
842277858649668541482835767827105262643579710006938889519982833486143
587573445559750920770041945883952361644927927602756088262772917971383
856461236296623123320209548797912861679441111680519182357508024107031
051038611696518290892867373946702433854824459361929850112939183422164
391739393884010475692337938213794994439405664043629976933685858503523
940672807201812402776342876766543591276773768984201776894915356588782
201707390614641431787278409977934043409377435903067600111466412860807
113490130826148618038272017173584850773656626631261350337831982891252
505030664003138912561760064294861021397483037657102164054993396974871
788824216831370156104326317878384324249351718895753185908512807530140
141230882699968725757317527458931985102226585008263609018243201730233
748465020352583267913010015399493956258716793886803254956473222222042
895247052565922517753122070233529692005789943504793202750640630296605
046163453562693573075170033518453750451777941818211097437347245682740
129901849749048385956558646575118956865501046396493663221116765717371
400502995598094267645164841959882982216070015816825113070254824757901
866699110221118538907487774735900738727521246971597218059835138468417
605217611522238614297934622228923847247647326576523335416504682237253
510506680197515640724585810358657815142018589201862047491159203553386
723648979985550149713585299149766235047744481962069963486055013885205
921537838135362682354054593264624684354349241571443251199204127449888
364975248951432562712483301640985709815241603505523368986616928598001
166788358837366666568734348350768197648729469391949891309790610581584
657053465084066738225711748632537317174779735634862951143824981726351
091561136921365118729755944254047765765676933191537517589031929692948
418931009910437802934901542627384746433612288662456051263343179504024
140446596899876082314983783026186744297177080754303394904032330438195
000238940403371499456513331544534905242550589907404919101107251961311
105642773004833336442984281592846184754004459772116060891128333000493
022935345630656942558839312862887747527945317601232472050061217532605
499178454162337727716571632895756484476738982868887322657607022609333
508458066610154172078047769906095627674188997845543391714485172532604
601824546647347041953814500768103665105440752064517900733094078886920
951893726978444293159731929431885556605522253061277486704171709706353
531041624284439541637098839370115283726324453930236588292452177711701

4806674634194519391884384612461595442241618418715288072378006926213078
8427843000704011868234339305677347850222850575939151332161651445308060
9601388794560817430678135514551794215260284874312229634818372570974730
9636904637972008106705949525990614173351308977934483106723362203951880
1747612039820210337099781753843352896768537755857699455961245534733080
8440398426307390606700077205461512410006369404069907607623761856326760
3686655474712448722231771814297159965175180894564216082228311919974770
2765866185448825219762835322100351393858703276884302153508530135801120
8907325895047342114499622023295847249814106674009730911662843012831420
7332628837184078074304944577144222335035082275547473108141518068676410
2416716847562792432117483626215649926905352998679682696043034081555370
7392084303682285431526864543137172305108850030730425749402358463629250
4238806416805210346771292456981451609811464806066754009968248404743330
7227541122368043170448532326340000494865545918366682341004310429906780
0657466728789328208471342356240500544941617715641319850838140909464470
7794365247208441926724573832616777628197274156530505531367319724983910
6686107199126285256550284681058063207051254408904597320190345190055600
8507850372664072951637939299045911799754154846299930326371015910876740
9907768565750074883146621509429106887352340820318848019283629270739170
3993541976331606319946557073142242580838259697257272289361363042690310
5572478983557424737796407028182466663804874157984673793246472591029600
7436919204044467081444323641632169347886154850867068873288533509931570
5393322725328669182556362130004262127709135185783318716276473895135130
1856269013100525876138470642117921279944963357891420639863000684646560
1540387378225705507038857167051611960241236671242786197147058246549790
7121267814685043006536159494549783609185894929022206469566103140078630
2425215064617429383684433028357202906864226794953026928222436396399950
3939738733327253450344412299532268372005990401901420654012518150384890
4557794345637768512672734982118832591308968584489993803891346105948340
8737250885039831670093695880493795836851842970169231613614087578072440
3803882857798035770962274171472403698257926768243621787647378285498110
1179065731244625943830450896559833989383337081192857246964308505930880
7796773892771434167980513115249429415612662411500963886918305806062880
7901476429561301246817101900415253525586696326386658487557965469702740
9785683026110407493085479569976309928168189915637716784827101682485640
6762230946467425919017214398544281593526144721646033349596318535480090
6143518729159976837084999572285991811126765491786072504329143763829760
7013022074803174672019556816885609645586825042371279314570577401023570
4856062847094692065631316900806198579867397367108544448790824020121950
7586496245294381973342143655273434645955787294835700353343033815355010
1523045504810480533617794544275920216773465010059847131224435461811570
1731586839448561352270678643116405620669634586647432100381486255331100
8143747013895188911271152538083617201607920183636881810356672604604380
0435001231654760670662597019043352772352238624489679287044616662689570
5748146375979135842584850489809685435086229727733193674426808600525890
3091749172792399375189692290402524205797067627876202222550652375038760
8599195469187593382852684253744196062030143669030615344820530157954980
0532828293488609112994980121536570804508923216228381391823544681682360
9521005572721390482319027383456438519766133144236888672035173173644100
9726244807315974188079723053974294988685929299902976613638001359706220
0412667116972283701457946104338561778235074884145526006135483316353600

108949442581041606538109606477621401234245551665292842069725630459013
779087845837424560884724392661951353803470584717716466975679497191126
143088902443314251812241552853719715662298522980730246043588671829756
241802899913083840831859189144183687012309509863588536587202566830791
573176018924760963564256792928977542053303135780130964164388754344402
484001266110064463574216019098847461062261485405981628843064056006720
066948836710560140164759142847807360178889234510347183088083356749597
300498199423222177663045093763251502667561541528601177677013380994761
606485388111294589674987786242958354414058405612853123114869376999871
430704624840907623603954628793145542029761553597415263818808280272579
238824476521630591438805850737947162089341672879166946817003453396258
203804470258064832151469148494519063967227533674599279762135580048337
086054224108206742963570701356146263516979918158003429098471304128824
968078300104418580415624521505578460534852278813714626862226733632865
873269911714919696858074819947291856130777138356499025258329302748648
408622271683535994755102111860299048796069978989961515651603286421165
894379562554409208226483940820747891908869619911153938215300733633938
882850319164967680877841497037603020918214290063988610639310385074571
265601281512095376318238942143314156625537921252547217615442738217111
749612034404776156374880048203614086243924981585890187818144427684571
449885523106624200906158924809154259434206956704926038587755693382846
219485871825769780882643168127025364231252608253435790076310319770593
434165228716309704578182292001446522293691593844339106192190859537203
007914960105531080054940334903605671795778240745935152317042872311714
224251558047491676137116578258323338661289281162339987444968324901720
589688623079664560518411719897092776455285102594982086278526687133942
561648187109128005462910636136662679587689425025358328992932659188269
160117211687523023788866497795576784335496551313562319636376739000428
529825295686794650391661391111671955588783542482935375497413372305248
811271361458999359642942635647766418589764089489590761985547764414456
001622484433684722757004254510406065900682461948672890837103837273262
482568203328107389051781750096715233711063679255190393270752011976096
836226387543004755652556435526720605019046280665923869201454027908058
730112567090403445709687093320146532334349665063283107605886579758761
007066884841871593225700861241005326064684410891694852054621476776402
179610430342817972175935920373578779848996441169091499227741004310296
194310475728889250300405308014778545644102034455849110236607480912106
303581927714381965457845653950141331428069687649538122453918976405883
414514676710207399645075567139470064724627839957840096210600841036618
799111820977796633156106827317962038032513635135080448536598070031039
810817347634505072170156146000933435574982133399730162458639764687610
729401722687310761177264224710824726509075160876962228534370732831695
533177755654525071920512121779741774649174396623873548147172852902417
074497577830349297134373312753993084550851026967860785184856884332978
814723258408989091178437208952092282550039365476478153470834641267798
996340124852206108695575280534368160733984633805844730306701912695791
881469234927577719080005772984496205169673210200895003162777514122599
847486255205579130013353730579419430775129318457506279333907445147544
894495441698984362438964190385153253688268185799271765533885166054006
184834091428225569209928518256211020387166426119023511214893320386091
216892670748085012734224878713002779476030194275630859195355338234366

347194076268090282879032840224784528469157527346005177441715022277121
777739719556095790438172441412781962224511766209693953443798624900941
086024992761727770815267242372147754150135395600319643689820880284414
676699866208221090431432820596327557912820690204191482470329625900922
174118699118648072203229246218604633914880272124475492917714573224890
275581539154512835378811765214313444286207805612660837889894245683177
761345665787482466704919316883866528546962707684672858864628456938375
415770783146402153836070729383796788567920169056216097202332147882740
047691694983679760013600684663916284242660250753091924738124023442910
768009520126601888124998549699007726856652078797372626852858831301193
420029078050811220337206720839797809126903664973969462817632170278874
845107530125671804822797845218035721165496144494212405472601742741509
439355663396660099643853598087188087752998030446900116236741700045970
024564487156762353836765666056270791119141521087153832016920299381879
655823373347976472185371680368481769545854239426036191785921883771691
962191683460323015706600155342777510155618435226582321948803546085278
241933052696993019420674549756794490060266523723075249980972396296714
733337483254931744661674026558409628753482827586850530062696620991496
599382770211396308893986271731654918464678573017522237366866705966931
794346763913042416128385247638018369667412959895727139319409565852808
704829815238881298748243459035169900439069777756484727528052212151824
121006256017247551509272959665954473039809636130530127172316367383874
978043512148350291076206240292572570045287942215717219120306002347923
821537658567679643573403568130247402035072997243887021349562078689280
287484954750656017619158555000932850333521248335203391626482367596969
518096623524370623493686710948764671698297314527466476333983830564740
223341736169587163134146284960673963435658316421958970021369278131573
451370265056480877413710821547856124186216719538338902998645131300183
288563663094608612122795264865504511248174370334152812561417723558998
403990333287778871893591445301189917891549919030625211316872372728030
156253568520868057809208299233482101625973445214371558864177168571478
140160380009449588256553062910117915825626832326452558159353425133753
835233004701238154626906223918380142580715285977869972285193539471187
140270502526945803348921374806770996297616117530014905166867953207112
286914104989012489448331987718032516664159566454968093578784990563361
972114929349555017363928079242732360570061319865366820014426954691292
1662676843852764088581758648018111099892073653511332388442837075117737
226681826439555219775602029116279220658214636010073487908432459568889
334794001652682909715082660273622441287411297240864824757559402572339
148019854945081403307879491344250985038747974666555083297543564721803
575407922858278308118802600514082767246258297021009062934957762634411
126427045421181450492518452612533684814759458340565870566145639685908
443017131288308871299219557009800187649253842472749670507235333087639
206727182758889145413504842987605816739654850420580630454627219384530
243397019858122359889256213744880934716937981873694745121439998285796
821333523098271009767442058149885500945202865999685737415935817870142
612922732778685448134567508182334942670914018279999188092846070145978
010904975990658081465938866642722457220214355464383570979796447443959
900734071232184720558677227592549099108580220666095459860313436919286
134991516164328231458428481868197743962934561813647220230012835734965
181139743021589491781641967170232176465610108102994796009202405244923

0123848822159457128539650916424562341392962147204447314421897120788631551419947549144226483050844315823055005543953384080148752861168349361509559287988194598352420356330484050813026526076959240244503031192265234851952103057860232471468847301609524128189618335534712022813918519470167893213432550155270189138418209996943141834155962195348733509238849398612035674453671892680723459106317756847727684171328386890095387873923946346772067025544999497889728068110852605853859410622617727473485064721313365082062167798442473375827007765556747834371861534943378763193434935091279190645176474286636163681957851537703823903687446803586449132372833839598467144329710596839300556507965933923641956253198755516357303544719577698909566280620953640591702008145442391416632998137391384743947317081113133311409785689396522956858560840462854281287292883518410586780634614926365787875758774150157340974927329144870584681317833545049070394839536948912454331094668143783858932839701453655959334364952018393577267979149958662457347451662377378069430511454512735932199308804396589401034789553554346408228031457080760893222281615810592885530075379891896723482524005043160346737798154346675360275026614706156930311204269809127344911702221005511379184870571448080606442103521851716145949902590186859888857646365867735750021715632544396181140129153555442942564930293098514615834537754281567764454460466155361624267104162066695930811696316672873531259712445352330318966749322389332507456059718945101585967044721473984341551245519382214678896747509879050950778470455062168573380647996848140156889526129149722191155199894638543128376376231899785922655484689613707093394579935189219798697835461720665919171412665021298689139912683365298213977939127738365931901963346054180369152499893426300871047548544897531760560567614185829391754653508684254073855299206051330157853790738857399712260483100164132959677411844102976215587208228878149922120289531721051695917915465683215677934343972274882421384495542578254895319125165513412776362444385436617127214673813292190173350213486175791599797167747666092676802876596151850841791191777334664849569469301765597111117375420002448243121873492465116748304476717663564360231919997696415631684894428453981443699824114906881037460032921271896125710970386761737232500663086821165953024512256266907256287721464988120335034980819377014815233527730079624893331684249887480219771995110553103126679014837491919425836220923596733089529105301217943241011425667096459463885098126230367883711332665882528258454650822552114034176428607141227832044881109652730293458779195855175684988621380655224122134045483907361900624599767669473304059565935737922182055754903194244892272432360381721684719668116138905977569664881207537311660421187397545358117892681872736535795821520721719117961399872542350013321169909690549617621855212009420443838678970691727155280007533161349631761327907359122216653802477887566798714849264515421626840467398333375921228873942280789361475354630096963105364011406897509714120615539416823384125837350349350925424908760729283077620161611675692840829000856126635439301904521265405437887377545153833353799064233112150924205462847036620767082169798936856006580281033001519002357048575247955070767201297999482294596643161929007620455080903845520326278747576696867659487783165648715531286315912789904212181246771739483570849831389011154200078903784005472257085717766750272995887052165277391279094581886268052093032170402754315487643404674105973511258181197597402188731201953738980025717097831833651306506611888191

8974507569318555431595578333872077411493981055347269094089515389835868801668380637510970582198884860189343569253984106086424748693125382258303255721916063987373298454291438902866732607504601704813012379861476912033890991872408192307899051146369722005468683091557580371499640506964046473285419688244067250788501347278865711011105643858905146427760690969975321092554609845057371638444674842891920755928964706577805855945539975304696413622375014111719814133454290985916049313075760710090701378715562568214763571635139428520276378444697167669059659060628251747479702302958868526766568939753002739825579536351993026978817875321510422143753888653935442488615927469358365952740880697964247271259891314165956282422817725462258918358060498073604680792307058409779957989447800460997317228858840660162431738333518575585170909260126546189143275034945017453472980481509238320268084150668133257892993029781220505065824179057741417659390063176490420256426342922842676626173513712631820910010191072031585518191166130347868862592463420806907660422214654376715533942377587359236233613016382713841626392401429766274629477662502981800966291886023536191513970032122726452903659301027455555114615413634289488782629095800363960983213048660801455549062613081077235265675527902014292721324298342181937676915447399060844293120903264931247812748167603452164448682714316651429006100818611151639730955239321689742800286084521989258085056944101994266062609411357719551147937743166609633740614593265043141512484186770915495581679649393992981614189688091571250566272689493096116421140712563119254399570036777430888401471384382938730228164291737306390333954813645748017440880425378539106283936332518915158423843655082392882773106776021907746320772346628903693515104604882393774098234341308721997288283752604090848155105487686718562858405564203213337430539465151600338841840857108114171356873393590371125708321822158910274381693074197871194580895244882110609231106054448079215090633610284126087301540085580949559149396021252592991683231632419024453738372919664140303459832886492039310897889666427203026501354454463175693899825934524717857394316046198205009317609098737741840604941415228618465066253162869949214082717405942182738927530776818798881312096407898458851643711051692427667439975346781536882508003325119837848949350995051472526840653801954829090716564482248175244189065537423735796628600685552752166327898430942826804359607249146442809806941602938475318444509386220792500703978045656297978702332803509690131716316580772090812973030681089458377293401628163624425386684266345537653967867637057015396247679673240641411042657582059930826892010811618523642541611578678209578327839364680185396030630135592744305929840364492805001590186902807676164565490906256415911289827108271559025034288743495815699669670338751300052926988827012951730501102652464079926692566552001195462191856139994920006432381902598292020043859210633930036936041922631907798964126138769503538351962870666273282472925269983941809257059112349341564394044230308160709123251301954636109039914755861586575841917528486166150757004603584108998133097331163037824936716701677925286104628376269922509384853725265162338372166815217974766481894102847391840573117790874539023780203240136923121931202136350589410960510268488676854488562641903609844245337715275994239611596208118958863659723211385599094817046351502167725157131634928444981508695806102286845696134878382979333449055516385348244803242570134378149041519772898229690516102469001023640244451384347738394389640284500926571414353474049

7689836098899022619646559728876318288538338600090380786397370231701537
7896395383520448399704313840554490191450612534105914921194100896711377
9577480907852100104747743427274636827340900303234919988561879823611148
7843515624276011808242362505311650204140412702088065502889908101494017
9729686835814009202984397648171103836695034373050042737490537136788122
0436197507377777838999718517494406409878770048368169569524000783095163
8405135256144089637195889073252830373075720869593600944765433889963143
0195027403373944968341646497049419504067319833671410069606436291241362
2467214710487061623881659194847629417546153192803437765946452936920163
1093220607694531306412033087823244803325899006610602642788313321959704
9429720249522872078985170828007362430108006726024514787893013388196092
7411839133593023414968059038329070534793120291565451278091652401414033
7154218503311376336178545304496454901891435605010797457603455600195651
7546123385592274248138333360900103438643470030345087744468480263083423
0551798538463735834788081301652163436016184956761756405947016351579546
2465321502488168764524051271424865022708757341067048849300689552264225
3040360233241330089362264187774876449971762296838771387468812879273598
6480580060928293326209382067776096598292887095013263508837126945634874
5909249464429115512839512819002349361786755146332329925629158220010132
0524812551414749831944190981729658512300067963423987330222209299204569
3819507176467794405601322118264861136613780965476442060657988133542022
6082372044888829072295941865154444187428588866834341784236584511405173
9359475367969147394356999474053869891701825853497919045918790619465656
5187237348256821878146987373461080685352458985495435493197259078867732
1532500392970014409047969227426742812666442522359709618645764394581193
3133405581201703639220847837272181407266976909265931215908918960259301
3559133384774156412397446919224010383010439069745405175847775669498015
3588357643250358275842870359795742260783108462034892144622461485244456
5771420100411785169519038146614067346721409943235087704683582767034498
7114552461768532253379965119894771470474818173132822425517631316550743
8900199769586366008608602875502265824404774168485297514522846776406411
1393916606403811335177794815638701706399645304754188221010663058120757
2214549497499997999572210911267796398774026093611370410647278961827303
1341906239331087025290516930256953672583420322456294799032575831442705
5284093368566484857946629166085885271961844975938773009862895321683717
7614369836509963488645732626200160996075967402983889096061153153364909
5498078677860878208204563952237935858753139655500997181871171213874905
7270161207018040635049276149692967301335840477562884493400463876354461
5850821770141494800214675200084490444087883423422457953121289289075111
3795340541878253415896045409564396050140587961991044720067676354393025
1984454586083394190391879889934079504137837654221477300794139948225157
6224937795322150806569504181653335427461667227658523196391479589738752
1744700064038180813486611219580155469133594898866879727751037128036806
9000620433412551398415958922186621624623140975850693994511717190480882
9173000262702482819014026055357535167102611194457809186867447358093081
8820284757893137025294335379721810449311342630741325002118925754939754
9324347733174304522500040299554281142335916458668244263095600753181230
3238669164466423311031297757044562426116886424523863392221403915079858
7201724817716133761369606090845291899820010791666269711221413045523142
8765155347807260699085877348353300218694252900993891822048883582016297
3665796688898693587790106534629767323167070174705864398471353122569475

245586835905001509421567580540078939401368769778822327257914410749371
637866160160578488107255107124816053136067624922514135077716167903590
440141914296343083129221548494517091420065654507677502856954637603035
479396893370734615768900409497163064903283356950899225129138528547938
931649439198940768115891888551631746431719380272517936474576556767374
475862302748564604638541554931636524412003639682234350165831706731147
677241455693624686210458492375952265789726985267420255559510981438979
634665890108028943038926838224625554266067798232382490591758081747541
013979449899632620231675945410566769218737932354630970612438091436196
020695034382675325651297236718384851868979510583557829541178524967403
548273450737916254715332301250412426351192978598515184078804827555036
042562551508807533819216330838721412847127495074192160302966688257438
096840472576424120843977440835324962710906107560029462416492984095846
544212032118562967672820449604472007206140511761980380452061315913236
299179947088780915531422282575500477867557689871253408380888858539727
589381759500208132584969630975455106560070356111858842981685227439954
976564696898794361107995173149843968552298120480966385574795133711643
775623398206273717588754344275293112965440198125676883280610640698552
519473465996382021293479074329766927273054294391779181364064382752513
669110050055411944562167942053757619120467412954961102404379841055579
662907972350839458613497501972149086868058856871684088945841217582820
664617809521385872866874776689579217962584160639152952339854870436948
295490925244332180212776114875742893077304739920585730232978476847832
557591436295687686632422104649287496003645464112455490598531830302940
242356303709650774695620789208137423357822885833448386060069265401249
127153767862209804859937432964458776900360425331166483566484179969304
349316311864778936403926028299295346593271660286519639209524024954026
768571294688355728447343296144284072143529944466357684252649581742687
256393836516474799511795588718420742725332703087610917270752735721456
346947899806901065292031747033982984872202870125530138498702225034519
840760243503888761265636795707045737281980440125678868619092755027297
949769593841334856181877054660308140458947139038150979454336789095579
036323414162550366354146370544186572630871294742400779763703922778222
282216768619600382848334126067905719911479817485431592605976891839527
597796951474439180173542082046031111862349309245754275459591859857933
755395840420532956750293064585719807462033939315566944675455474706289
791120158934027580234577444258141672175342408178501957728900677568119
260066000864668974754978213766071979710289299735736574159298266810555
178890659969329149745107009167480328994710293733792622237530670872578
614442172551002128583816949919475158466262724949782918005868428617788
312531518151088944956599657641228804441832777932982486996599744289993
249724121413902324360863886846374144878227288646054434634525079495718
224798384554677539973177640264318318145070731585797798660184788026932
354209159262159545753765748047832127849974812156460656469185702254852
144429107485935593114444437497942292722629700475344272377490473498322
322288797141697774904900802326248050871598197646265012534806530685737
245370139055239289673853428358279885929076921412009211290160032640840
023321942788135955653244467101753573602839647046299887196173262738824
991306714844514352983738651966267740680043559749593198087613298880110
954594001727948980998981446614874830577523651171374609089366985704737
015693245227411421540377648936789493089318539531434753611915490818080

670857934194103885595353161892655168388596745353272610874619906198106
614815743589490651289836564469784320785909605166912479407593904710441
245306252036847501375389888133464418024044855667009677939100016382587
593743721573632528302863859488380298303862112700857109974508458538762
182132425748846267721049964289649524679263282188905066456866278982764
563733915701468173718610896918172150317119038014525350726889680735156
320743371969606407072313948570616094078111948225946439204429022829408
186884752358720841350496372134371886333911440506127596666443063652713
111906563867611484218602141853244067829982877441848001254194028728341
110943398101852900807375416842523299775332368400660467289375787926491
361838811423961590940792718265387320381663556464494252846457882440521
038927708252836313025857574223678551526168764503489749505038896266111
452879648405399013450542065426898824274182198630286586563335664955873
295396141474936505437011454916264905128260013627192674687664084142500
663639616584809116767530595840148241896900070565952720619221197030243
230328908984948682896246951629927875695368755948399198203598336746344
663027829126607152010499489234683066805138317016516554273541639149336
423579839251199250471696823551422220231401696444759154942815431185583
984018530317330507496332604422603124756982286023287287680634480672160
143157801321906745858605234088610948393481835101764138815377894359131
374877641017437469403064160035642369352119707104524913874715687678818
753741574393162549905117685575156987347043681978413394163506110798430
685584304484507326004399566869329081838643628017466846827208064432045
522675180841368972380750932476882822905306552928400271271668913179212
207426830984116280590417585938866711442986799316877747138733671708130
381514504858100649060352369343876342169176564289173603370274095092751
373309508332772577637444132146554572468797964488466161736283239101267
720855423518492534261824539906715689367545339472819176729293506551441
060595673214839416081427514319123920471055259546495257962463072419133
562714334664878813055852431320796244018767066472554894523309358140654
937618057420974365104737680395798676473881395545076432704988533226857
234892313585236318863084321539351114762915359985999156554461777518241
242814917851889672373508946732280343307396693486289311441146798005565
990113475489967888304283209991356099794868554525698526353633278552042
414858958488081370223429223148275602055118712822956063602743741697172
511030008809113856629471762036299135026136421167717103843071393433277
091115450560714237440707919618111668161562119385460177577688113146584
978604584842119651500532844808443676891360847398138077100736938038557
561096208659218475595203416405628198390047026701704864830490476856695
055701027197781637036729409297294372317554042168926723593444035407750
276775994254594638478970405103360636431165690363304921771673968477712
257959788909775796629461080990512584080499958400597335966793129922395
569653829457154054099111370139747187962594362436681764177056302349063
212583865917777457700294540209164752581568626180460023124751698487915
445532957529849003129079384377457188605410558086801185284626751865656
693075068387134812820176592624450804976529611139528994675752436137686
053145082203266843433880096915587567239177125200511102111375703255874
276564494335834745396461856284403358789307349399220557981420070941381
156645749213067993299322625733944234538635102095792514863020285606364
859319450291763316332506159514072710394823257229388062961108585061055
396258780391132497378324563409943631086965850777265617625344615229626

815099217192755886738227058179635974501576910014272886732190602443836
006547663282252028997490133585635612972604869511517476601735704455707
132547578232340510641083348030987036739315008701757347915284264424491
854480479747547378569827634794195294103898949792506350437965843652184
563405735316112304891698795869872843367860081688345689926919707496387
939288755986944066869607947384643288734254955898156461013188421544666
669824669446392794874718365101637226763969129393311966487969922163297
240449335263562831378261040126781885567174347873057204895539050089867
199125240379341671824354235363003164093246332352947344550595282574554
647502415185866658754827342269598437811943730993321959642599206634611
294139335432971064426762147230934951391228198469286571562594221326986
639686885954454724864082338495778696643022977826452182471684230944474
586008242860492691415888415810907615407755908196772123569344908712577
737115309152805146060586841427480723904649925623178968698859322613199
893102188976350858851422611514969717622920600994345778101917647826237
523894329234109411101900027644826877688917383442074225546279954327875
892090014603451288178350973064952679276642394476137056011750191824057
879864740042631543197321378740578585932422277212612507307205192874056
325975938476959235121049004887781300258761047373061568248982460306364
461765356351966035872456011355376677633633439502522477750251520736640
935449671375413414061211582609270291837987706263295720549431261251177
746513779826580122909541274660877799026263237639684063234950452197614
831213698915110126690176167671134395060573181760370209882794788348874
666916290222331865272745037577851960463723539468438208364306205812251
016106034319340150105134121083661274426159263608961754357209684051220
746838546169636960238427218302915128629576459311121910548220608595646
410216287346163116917349862832039484298087564884555161763700462952 87
402117284627952002264445064041483756687011242539332868998629637604260
116708731761187407613244330704327857321600683571048707711907294851207
811501719479112527226912921969145110741947210448186574487409912859388
878961646108833659395591969584685320513074578106690254912030842797494
770585202575544921015377725933487665315415584688631437224281759476841
264958675382429774931025349082096520101721639997548754429995889944012
198028018694508991471884790749347556083195580273454531355880044107197
874560694959299025279128068025960624690772193531798660747374836614259
235404507343858029250392714289549789026701720902190565346770536041328
931745471764164007704142477330687613692404059087104167864959905206954
374355878127177191182927236460036736576204782845861603172211249141814
896715801722275531739282605563321946821992824104387945843138424485911
194612817174426676056006517452606901433860147977760087627088840916044
037227281856122295096477674031127262868660110368224498850534833943227
203446565444415807631450947486126907982891880080410434512057484904367
126176274018341566829327286053082165775191993030051262335928035098594
787792709222957447316483388800578158361982736677261786516964544143320
868583412783076362980000426187725786248536702220323013846142488320540
978237332938970031613214434350044063117112364358491596953979093431797
018078420746059100613896566205547130851871911934432727835840131391185
319462966414640572980664791790605502260244421566246325210350793391072
689235088628772453128827488508026507949038853217946640033869292028072
357152936166141156632771787147073890687096928792936458530609860722560
289040138916016510330245279598977690776595354672520704878044909788852

7629475636729599948569188284992841722771569616716072368140758899180758
915539620831209542459973950748594457577062225883848282063672993215799
912824212247167818425492167835941576640421086099359727870378644999443
349653884833893709122737905275464258568190619169712602288061828053152
548785888385789946286408897520492466685085859798708586144219698169537
009780111773658214000437779505055394031514028285007524315932204258073
405214446059693573999206584898028609841267897168933765715872530666029
171165535710641779940530622266200071010903587193711586039666235076526
534426606082829686111778633233875231309477844969328989865539939899492
596773235735338471639588130307461649706468835673888432098328317641345
047404281543028347077612476833298301718400121696116807380066468537788
270719735073047299327891901833464974661153154756762678649877387175382
993865599179428051930734840868713513952341666992755730275505804396311
606604343064735169570681141888473001365216881805076277937661283909179
169877386384165598904693879120208697481955325507505421662995199057101
575210533158992489457455336819896778893546296438582233842469121153937
194480984874653109061151969282178578299024798548721683406644659619944
941195126757944554877544802056382045924656454297272681368917299441411
101237259913254304477336023776198621751462116713399208351068288797704
857810539303637936903494205893556979771220924080180904687354970194073
749262817046892181776096320047797748093313015636595384908366814761317
962953466172335770363173529686737485306723382058837228446040641404058
782040850330437912481993281717254277409017225944584155319225004225575
447751158614895380889185712605902171263290012132012647147591123886447
989582209362954247243081893259024702297948880750669533374337027558539
728202992536202512215087047410501758325860572396627931346700440241253
870067818714670186920311201760849802858869658299249874786135089201487
077278123303093308077925805203335187433507038110421840429446175910517
941772427361840705707814159543570457248259947324436714941069158609456
685924640527205309196585803267456700710400624149853551778522856069937
180910865353665868526032591872623434252265349949327869914348497320915
843349889836830642585478969752440287557747015143844904141190176158952
650818436470878124237947976698041003672676309038456221680513677632945
817950524786165334320971122863834504138923042625894636826863204692360
822320133323181610366863965054030879495906588642402150268345521839373
685046733717538469154994122619523662185183683801291233512186833034331
239760675760980212225079621042579566895834409161048149285430629837234
654093615373302700167441649577277549283983481204372952616447839216740
042523193897357063968274250269876953391238670150863975032021308238649
576841859869720272359893860434176210476544499084111083746943463684465
499842000904997766215421170170443608086857841743786856751830670591002
445772400082150751790504154255777310800554873123384743626099220699746
541658034656142553404284466135469406575054840024945479935281957655049
475016008110658787149584074766794798133099615787515875307724541538542
271849733358557332926991060992176897340078354930414112426667196678454
646873874991312431491166413322571256258507689319976075447028381387195
767887204664306782869578576597760850641275499177166819267077251226656
868382211947975800482692218665820982771553570280403929384763780007173
888189122772696549858111788208660575417933128890937379968502745070874
376430439430728259093765963668094054557884225635417430266932101295066
037842721796030557729723361560139885280245787213376050347000815784035

8861176420755241704402253756640666898446047770900342457475842923772617657136704717298578892037757362201776756679293462546680046873783742218606440128330324210386248453173020018077773291156513095615446517480588625465591669402357877788968168493135969633308985914720136266189113034457426234400901993689922349119031643238310043154515000886487195646054195308992818763741622795148819942098926989397742346335534381598650847839079494632502076617855697813293766630741026489198468694609221629246510727605096574977813625609503011507972401905408911807212941931005965625087806873997517928701009083661358833540543103667340729861042953105175630043394943224995812741543704183510338900268304334529314667262815329451730777787329761208918251511927167730564970346464635317232205047378352817234563246133814985120083155109272540698705662401821504809317037893151802495121276305959109201823183134790674866052790815962188068940185442672953906204083472724543548999416008883378917967151268062669962291162494952403283602663272769838137885015780093780325688553691543217734477942618675593097381216291333835515800433296773677560230908437083898979343892026892004935170638377989116761990893186588050128647150832958861844347364338187388563797065673880900638067217653403463883954362368927319442974504773791158413921953658013463657271775901149756090443503246356983197251195977968574617090885537576292196529642904036550405697382742898764289881990627640502494246592738619566459868619827082878153540484529752006729043639614679043724510227253663626176115940503560302678120799657082880150885575629154549885717901233861897125200314315282344766246710952708981352402757775533892394515757153287763661908715447548955803762444731675532449309698705403451433964093822834477538302736991231140012220774851234466161986993630000769825446688917828975750775315379443182049960704529925643957318736533371278929549761334066904948829671461596152459030621740881870126522925425350312442093276202219319162945580634140488813205471437464279503447305209001403110503737707017119565756516743549846933580606942421508373911702711295761587811889834053409769196829400987018572004581935211444305096512898401611925288417041187017743726498612115569663805447040903980722046136956750373791246584828085534334003876395799071342730618209005049656692082730069740124365215736078205509102921050057501644018956271303983955149507710858710570072969973867365257915709103906222750257913847303987529895062032736491511812223676626298651680023629932074090925787265877727122450968424795054959440770868096599594242754465414623177164219177300586738519002323518065894491348669312975239874178677242963730059959247229124025741602811199289479918755774075210658294245647909748070758972335913282168538653384456595401785116688684874182156426393784810696316800404506745912567718679484349050822476923938074403257172501517645350037698440433288329255206773427162447767315171079642555887210968757063158484599373468481344000339608558186772847095031227240488694912894266823262894441542580096310395713465221280272378678799400293735496754523713207122373560188382691343164120979087473623624024636352919937750350058269549856717124586539239236515280350246226496039131517505024100173399309036979783082697463967797878693385830466135065044733836042578358906268172131370868354123715486177505643641940644912761765622760817873994911493641623861238340898025744668514849694810886904329134445897286918850159894049183875529003332191841221178898926429778533208554203852688839039557259661466508291064317064641589100483590737908383861950910481117

3946764806703886237834784577133623169248376069698462453429357109628295685010880951423527470024807753791949254311402508901178002875178106216293728612738756582406219303642584925747837699055787023142270741157926892851831121357528935475687665532599054520888292331496164454466828100944109093962306208317171036912642079129200610361343817780552648546782557019242089083071333939557972194753963265725181970361341102933157497762646152515508169589589193133466986149567954615861993917075220870824161828205516536249983829114378855422089333573142634319425773116309348236319999751261449579582961283403341097256568861051826368667243523763945546050330500163094863932545720561552489235902202218293285905677636803558829180223771405169850890924056566813947621424301191526385822721366143783235504504454334874468898549306969533458785494608720799239741312176758363451762289926331272537385602855990440016113851036953238561755460516907661432154994677315759968816711889308825966099030237301042830712208426909409632198480538766448768125528300696399630149271549327061850973294456880163982080808511092921563347445523784131024938829268692822865871921535083763963542471489971319273578118525114924110667344404273270683997785878411655793009941137952272610357924190555971389066558360713552536370209788495071592315566681836137116074487273603924403093759393054123258383541506594132635720706547570211522726658722289887791064543512183934258891884957139895125491814534722319606616881973274434125897884043969174577540934435486330695620233158487385176773513181551971149949108872107648137619037326307235029233999287795967943940371718339991923631291262959636967893968932453387412171675819897473998092518863249068010818362215608738156084395219196833398392700925891622917306970156002008816066264817596907326355421129525542027987455013748575552781588124079378115127866373696604962376777981500221654541669741152018509369667537137556852247969897543396016389791178830732371892179213347381111433165496167027101019179923059235067763054320045955460132919387201491778289896897882219879265510586788224739053741200060097229092745421158068466009491329790147954940513408993421304610426805243937721801346563234426951228502077084947729944557045752868104540415736751531340304211879713490070574312587746765607411546969735589704632708917884659465229349180806290626667238391480826467021968243112843533554758748159407462932463182493720074489648582112231932221036621792282833030096297188312567188852400622316439086529179927055696708080516048505096239496035963643940895096923409771744100872538081553053448579966220958112845601318406129349680439658409197396542626271087963952170562306246026578125156808440611785071936897897889667732562191289765938268033956135432257917108827631827495610473647168080532284357405330581238039325213477285762450558403806338744612051102102036216538364542875421102802748633983383581607497856918898011133677198506166344135064208934760225805043715315603121312846577745118183126810308332674132665520901633035615545979594317735236171576815875069696139352370661843087241330483161198461023205550494127110446599093855118570742127470220077424044816888683105558115615481695850384962615442293315122170977480536754604200408161880204950763209415665690825990927267193547171236040274036499786195459652189329725274583875872169129923514782046315371974928496733122446475656870556055930222889779086760226286298259187882355312590151426764577012384282559218240678803998165398730871334835873256583850495547143350999703166496936726270187423960770411322012344817712549056299356152791

224449502233114716735666059298590179800720274581507533799864585772683
457140233198286525642416817213265968597445859167773620957777063477301
413218617793343268016137520551232871829369698002715450922527133743592
981449288824526983441208625485398618104962318855581475193078232000175
749859250925602763297853661341299943304852355565326547162261006903503
031103826156835014757756554797319077679022153441119721744991046795271
316979163684486906801943336420774817023326637709324857000554443996953
372817441025065635052134780960079967103584376960515377450431829921591
670174523546624622840608260711085990771772040620728727801341775165575
988146157184223732465886340932488659792231683732128994946989197074201
887574462399169488349545899812056444481207544639312063846779786519303
839267088339631833533060079456086802036878226496388339817575736359182
654078044126176823658758313582509810196983341839102597409181027230672
592800421475772505513772336621395739310663225247313508226279169835767
644643022082452980278993853566924342591408994131361848670676779632563
426172027805952896300168523831699525279388496024016073625560566184186
773051296648796111239168773226394914128151165121144705567747167943798
079484598694131370726013770914552101238713711942830182898088562063187
375963770972476852361406199724261416472239614099562423268834963913545
196692541667029411544749028636080870627449501392146206799850406043515
091214550230805949976060382535583802145552836277552382718339655400642
742475688962323674677612712450344030193017401842123996690209757543378
452470273308245023693944993929195377409580094535831272862531272563666
569638289624657996046623838811559807079668409600843338199096459542137
229865215566596173555285795444037681525584470893906950113845112511991
456179272888793084639257606266357739437456490695884929635790118717772
725547720162702989868714711806366364056156066725281023817673052448370
212958715266377430988375061753129597992441736913259230068831613025717
958904735021481387742873635152329238249530018677341444524181144694128
132232061062305991021382100150331312350982535727541157534568076786750
816749751957510605631080386044384053462776816212802890710585463451574
942106876419539457794832255252231531365834453611515080287895715202227
045280721628564243104987151505586721124860891138807293198879977862877
450291591245913369480263440793310869544054686033339303261600167658912
543457792522153787022016739178390518835969291589783270843386217033491
243734390749782435141325464601662985062388627326345172133630287832545
877004010165182278505459560340400267556374654390868621990230663631093
678287867428071583168789659147200088824872028842814907968358748899664
277912180509464352889370456798919305526229104497149711870783114014776
028609467450896098808685740964433974728364816893044471640479885326609
641192989146996181041991988362249865140102329150310948432910598882431
746919567064025595152378272242214259461507741930453089030628347252925
576133895598579585868405431726762115552803970077370858863086453056764
887378720970153951904614802411196219126803363844385925958054562350916
290008803778007891025808862822093051959861093068263855230393065960800
974931524983164360094462406126827686798961314031962027486176820079503
521402644884432988402557014124614970939410745825617032354148531666299
392211514949676081784740197485134024911215304397506232258194924359057
209467227164572474827050150138994707717164080710112022259892093109001
334886270763506972382285540640687633243763963102300981458688564624600
162917248983496220507331880206095603982705875897959792222423865882428

224347006123525748024960679563705977673394938720056932317574802935311
310865042128408893564962335874729876428596509100644977011753839526930
649602809414682789508430534995226461929465396001007097106233635338432
263333003393328317966073243050381420245490496267901480475144939201067
230587341560063042103761337431524463715024424429692010256134492145570
776280838672779540889651116300918790993357232627491938803385680549270
790726744948829760927323486260166516214521778924617603355578790995569
082618799714435941087085979898961944816755499264589978183933936808204
944188962922242839699846868917000988398932729154815109290798838593254
640264113611014335606967941795985561180268701089479839346075144069834
895640126417752217008650398490644279036831564025220928357361234476243
467838250578699816442076014998792816053482198371857980102061522517148
194646296032026495616671050555208907435948396860893739184812266697012
620943747771729160750756345692140900314227376919775271394954770681545
205143005340890895489958055370327247338181667455262933033088664013004
997269573284288381669106474528607692971031502137315941048141745558750
247766817014916676543247978250322867770057279679001022476103595438411
848181942317071602300839813584224265538366153645585665805821770059036
687496156092976288229761108461940552652706595694758098791242127033152
574529647333538239322943539335613056717025975732204843423489851396609
372522408520752518384600987017235908725968797799352067365650526932570
124288122493242406179403650522077555487797216452126199054474287720177
866002610855306035479835833469294523809722815368985623561487540962281
4089760511005347100892254753214889152084740065055583870108035049510955
190718938953308204639863224447625162638175307445986501173117045767729
117886739521105784017808376729603779171514371958115862196033274796403
575099456670751699152720227848232102598200263236580696845112085241569
498625459357095647233236849299742988810545621069986978762919266982543
673010472307170014054381691245543697665239039747530129074738939567839
159187533701622314927629787804980510401183135486651790270853349419010
427009568596637267230610639389273040769171320059642753555682547073646
866064007179387347333807037632971661161150690141605787682849196428699
062919590670745484548906845499173353552496652008925222561171341926375
166615049738000115307848326881167968104667703324526280218133449473401
024652736703333764007126530453013081937158352686274003888343898678892
142003774587219928130090461553371551260677887230014309184434407468111
114346261971643452164711056709039092589625593420278999937509622311086
265611236798084578054767323298071376763279140405030579415647032598716
831920111656992522083468094300282443143665802159449400282831284038661
490421353559827007993751631954530587478169702591954700448111792732894
429270734387793027775690823952664651238177416273804956741483495056191
702029848877370347251141497345224117461692719196395965970621713324480
586226172295145826148743412597022175952499724468516657407236110143295
643764506470631732348153182940801219248240352124231044828535692348904
786103329772354535460248609144767448798437654728596707002988565257482
512491930850916833451270204986565384600596179188214391735856741887790
326656614691115532621848625912465343719750617917955962035397945965854
648454172150930904316111750736811857516059974735828403076060335231387
707416176506350635017976538439393517130573926250644727082519137967475
348194923636071565492370081818159600611511507447035346649228435372964
517304293984564732867140108356592245520256891023477660507299137736333

334699185273675103573508164859496828895279927722908648137849006956313
275879632460484658258217814717729282731201396851243805256810136488460
039081462052254582279796886812497097478121515458862515211367094270913
803373796482550675510570583850324423590953380554152531903268569282610
285076326338587231896538909734820417697088608891468618155556716628867
383073515303944871651145899353722435577020965471599913853359718253309
981673584531266815162046088048851018133421716802768791149017360409850
675540762561478178252872401655412603345167325816901362579620839884835
135621451785900121633795252639583475318872348658630162977239556683354
003847937134592830626452094006444651955666161444622294483137413847416
705736344199107639043737448640402192618477296084179185658253269861241
306280185426519183094915348652547100636515602786606762757633914144098
826976375543483038968848042868096067158874867005130414734769689448276
813576455009715089741884807300677660400935118452664556169947578527577
698218280787580061126264430220221168934952050155973776356607934570684
777802144577730573030313281263696437833495836477055153213920401529900
412077378225589679166004221986181201634786910077400500584912031859944
156626874861744233213556577821284908799837975960344090747640459355744
943404810357386160517523914338014345192146749577007051677910685561284
827013744778248495463897563128581928534179977865199544941476333144824
978158684918740985000102330475278562295992649492609716348557432641066
736482750532126715242261292561050532667505228945706745786152025716614
354078001769617017795840614184629253626520444021514653253842663141635
209580384132563740037256761035898457976885303960761252930294809239141
936534058330171220276582153303958386444098112092794566195053780154189
275611356491990117709066788167457682829451787330475509076928082016967
588730074475325638214361987772994041910377318688425099329212318462218
753440573156370141941873119525464451245426930449290033954656118192102
477576149243322582799948665386980535453259183942025697824276279063685
246867839575778871585182058042333359426956395085149622080055598837288
739678091904149110580275276837092564048604076128966591577651295859473
143529978725873153746849082435927700323269788587590230857767533172742
587277998303613270935430618470213204632942351482832188295220010538222
375083176273174655227592484916513670592865035250157542399192964747270
611505059665877944200925535308181192771960608755196220130439997567790
657266618867379944145864918988748932043254326248260603009001976618832
444789997259564446525058040812850215032565159823907639726410788042279
378821809029170678354312640786280916593028738551357090664208991357811
542480896947497302690458952814611402382282832906896184763757219502792
142505255433432839794211274261919205827021881548148766872253835693110
176467312378382533434231965851698156795613843903964578725205819207778
585192560572307170008440945530196178079897558896163350068785200079585
005930193284111469267082906026139700955481823898294452976166091612613
346716320165139580967066048016599958790325802390562665630003843312848
654835787865130895296785042116707096776500509313199433696826193532386
831806886752234061803067157335272510733419684837209393695291678425928
142845317609515943181636160859671043052724298443138865262892971601286
840920030316335378833733586329500828532921161873670314331498093924169
995043868727112104605617729169811256820538716303073137506754189212390
073493508654584394163934100569763813328526335080913450535083994726913
880168273384276109863707737440235495667010931066128067822796886220995

1617353848075742552072809908141586277049067973834566987922543844162 15
4832333808383072944993289309948690352701088386997483902314954641041 60
9541863008626974368910124812794562347654794387693780046173431534073 12
4257394485841111162453691459581399383355722756488819510502581874049 58
0882602214884134565946568924925402500335962911030729387226017616462 11
5258725444775324275696124510912020523888261430094778353866660113465 91
6973689891961585330960101213118923649455446192040796950157571314911 76
0789451215519412475447229963837093264806061649253109588179804778068 93
4121962742968314066878391536092616981729717296958707362732439310273 94
6773918042561426413063625447433379955104200289616650730607246070023 85
8610535611098458432811681402476391835242462917207418665917366556944 06
1800864550651811222542827022982370557220888316248922445559421061167 53
4211818246483282597475704050094011996696711553989091992375389038038 49
7959990070971746427333878613674312098242716353344095870626109997843 41
6808591702410124039221167605298453848006142247989603049276680351294 56
3924283120829100918137862653861192627623780312608029434755867364419 23
9292494669864043824563686067623317567215424333832010447630189328196 55
1270769393913717149960287641303540126334236446008511411478808734176 42
2768047340022298834978220732659418294192868947767060770369555672223 56
5863670017636175663632048053249694097178005991062287845528572255782 24
0470655902383027141728290939644565791619309642719866243864718752701 49
2943906234323478110628184833032484886755602075434726620319987897254 00
1706863505915510571035956601162099486032724404569630810573290742341 98
1142691737330811005531069925056472600510919343261766732744629027949 03
5055388920559696551947054101321254572683796625096030857055181312705 53
3830427344927500576894257564862508223255486793536367161467151343069 37
9222348671573029153343416478195565064216925473728156680363221524376 37
0537824655656446470517944311052523554151548432236864035983484830440 74
3696515151037237770064463028688644951953161577157937636242322615063 21
9939067416350799032442654476782533463421481006075185963268901258651 06
0383101482926593625958844079889183885184788651514388805414281338430 74
1758404732457797553077589609814999312301906521584711795875485306617 92
4103211616705718472725812077762947628532790119125770641500416158645 31
7410306613136977551645404646275212462567589523141086766260505852696 58
3834934565888893804598011024901586092952172865431346523789967251701 55
1309403754319233479853989752534215782484634490821907426028483203818 56
4691253858583750833809222346276561348888885653612814739117201531396 63
2583397819304443222249706144220697822860343569246484525817005803361 08
1431505861167608619563961123918584280545721910311081707044400828745 70
2456840176302555029776105952960452159587699090557664967924858297084 56
3867070110716230233063002470343146179273727278137081114633647729064 00
9880968780958063759544164637906463126770737472573097761736168651270 76
0044116629891482339907103986419371690158610588831930814190202242575 26
4946430669090024507204427960854566298215845577600456307610519032673 84
7409000694418217025051178422751713609800283896113870384503756213876 15
9474115750253090284219656894989282417744796274963672850188496476312 028
7840787794662094871402824455114730893145636942350316903931691612501 06
1418374681142631337347753444813193313570799051007954327039347836672 94
3164396332646465261423950940254527682628663007892602918180893425337 94
2607580948503007365797273871679050659017319520404958958266464289561 03
7387860879980841259176994468638185790785305283296627368671401964638 55

8894162328854947667759596765786697722392485055038643177431957930024100100413721147053777914673055819132161400305399095934445691466986534807037362111904592276398098579210396477480526355760225881264859062511977313234791570255784753628231701379390838193769467366572839783119863830283307293913912904749506947976531065126010714505951056122983803026464250400792200034740470035046343969157959626562117330489210411363975673455721006890845322818863608341765203973570428258681499003385420343514162547500877633722627446462304680411227560741485283539735158108381349640670760193747992769222107119531688669563427484199490535712679608409364565043854844881185154635720755433956974615353186989020491383139917590298275000765373890526978512177329957091875958453912137060347672760627738940864035240208815550646162590988767652099944104499300006063796683143512645100752481887383673655587670147286094397110799662004944977785388495876294785860756168888789437851555695950561098650053244817286223096925078611371976492793675757892330639303844930504847495284333307740458768892934501822487817004199854950946528516739521336548329941918666555209279961529431936986888708092481276184125892845071262685906008633518031100516290196387313463414054586758886763798611779755692998038885408346069644836616679835647499587886821082833163081018813229004859979836945036565120120184924513018750073282146797564361334632376159513089818959688088664485725783640926486525939631281609494980364694002603066910898360486444244252266996698370391541209284210279622968934180981119771906732382034507946129735959069950925611548412399053509824914391552875665480263577535949655061095803047540827152147790856355760096597426248310874098662347475263495740571310986926700055058136124216846405770041176974467254277219553077724336003604328103166251368100347948912753134311756944365372544117235056485817636780364865667416506719937540819849562178674749813817663894563864009349824399420339991523990198956066427255566593439130116827134574453490226424759023913581054941411358213860786058985426241107372232490283985367503516309223337674619889509886751237322471630472619065944736765818584061731327297583476181293002634169476089107699103280366324586744016741163605581678798369245495477581932792700247943962107838900955700858602368365113764940260058041886149381178363754642430510822167928444113117946485069132090735175588553844515075333413724712666971854499461833149502986881450986104142707398029083246931836082106592434049315494933863861640227561033130152159528868687970187125053236805026685447493251046629300334499026167417830539888254723111441227323919964184354973532781241795087901706739574928046863403449533886584369061758170060095293942390699362536264090503386468111923531212487973974694943586889101458501697978484853219347840576225526166230833950328295931892444561205586103302332319335116136717168440889592287000785290014945506732156703658187950591322356120326976497440868412894069468358762097512036564515090165860638521657340676310108848003558324878556797351128146690650054606893573931905205975896137331042462794883473931300798178425305434160563165480133083660721598813439772776039229810200753929369983087476942900315701613849085945503096909884105292633304807248009146979623817839260227489828428568232799537932832329409189715151228195040805939481061115336773977471881256837481332257269767910445336038699390209316836124137634171104341779483407194231553007730839633397409936559702180137806897344892924760396383146788932686256422548011661505244525019884993630023795522364026323064457559910702

273614396689766761800189532271917748030763447182801828745884932569164
985002808181153701811702471839374454440775603290070971862105552048054
574656630990137691951128685999475446757136534972840394201214576146184
681195769345075622327510555966900050503520179794559064161134747965149
834892051232861880911122046790636115952001353321345846568500900290675
812277385292095270888390975226937139869742487602214097980708320851799
594074840979359325525654987878866504754140267708892262397552560652750
782551368059881363401636907650586743764156797697281683915162776702670
875915101549366767479703320412764498399468886184885129111387275252382
807927871158921185748087441346492045656580649391284923483902625704811
713287962834100288033358400819562984603811532346066890624932538265041
824014521257696371966062419030418656138939038669356222541063489460141
153025397692216390868165798125225511495858862168348629149506592954548
528232512166926840564174855048907862140362106453969488520278605760185
180358996610216900328559824783702796840879901066914145366813327395683
357512006313250092833976670212272499295154994300583277724858342518845
817475040748915659625457566688214550699883274225551385985678719521998
724189072922194677597930821828160828009252771531357814435769863660119
196796489806718655071265293537367366433374775010197167972704609215965
705041465646271483014468257288485489480798603106652528990104577235444
075546378220885246257103140546285594613930751297018660206999477494634
383944868577671953718590227178379867990817784348606867741617787521826
958159825900976650210056631256723808265667200345475783251126564817310
034445368411642874260158451114538871179664245734401656030467520218410
539433408467795882262552620062600944205596637077137303794222723319833
272046299733273531708334230466515628836313077486408517967415669467437
122774698879056784644913099171381595126175661182844170823570234110020
649670660386794890957039640559985809562008708653086882732871974400270
128411240086788588488758078459294358614620079368368605522809628198211
085867231881071735297324954715611908929617429593272475661687193533307
556952750840470840098777054018902902411448132590631413934600914856177
604418710306171679095516978178849800095591915265426726409284035944934
834688031306172899205463722136085479201896166948398279181477935169790
084029744464288160311957507306095627827893921714787479481338694523704
411802505350232788758910560560533367062061171746276127582257382173280
789375662616793729041898634039579398434603519929909462105367347390675
568420934351786411101083867640496878256335544482612440088144074617875
489593172971181895279562817296767691458198711556504386425627489276999
371189162347887414787525138300134453229703004474329233031798451754628
759121610603022817694684125208104520956008455254258909464197544037602
699577724078092567461888061250584538082776704395351575397190522011814
668195926194833984779777474434312405661725422785236022739638451236212
937336246323321512543368572029168328089026454201619725474450669553392
919078485263514755927630294863787502925832735634940719477282616736610
548321642368280606861116582293758925751513832860596445747106256649287
603101965744516841013480900194534318367112963999952482203214626958350
442302434732880105192478158791794079116023508739353779903166844949212
336924496275931127067723270747903874653443383494555297496083160216441
192449977761552555721714522490528444052138488184548720093813501256141
679906336808363085576758137013373559119220901185264877080906717555613
735815385657865324912468465350841130995794747673486916266853041342706

1488060358186320708532145764257659430026446134729989155715825088478266
62158666843345397517982479995666708672575955612581149305765687130199631
882800805025082146131121604095897112456452438476667948127365120230934
246339067113565153807073800833346215569936159044268010711947305878844
704165833238084504483055991476043722151298190162782163112336971098875
376523470777041603408090807998285795319675189041301995918405753322503
427219844896617159723541481400163145401388372768413403618779768780569
740541827089240097150183607622631841390158388757514327244912101105872
379395316739445543144623427502363784922889693305902158115935404748275
785525484439582811680734426622587327682546418356124529307971468122117
626792892362430731714743003272990511993105528346014526171218346367957
448550225486014605489004402899716630281133578311706199002303641419915
889393454540337505941004987636832218810786162311820385068179738583994
211081743280347725678457243716207274567442637770710463124852970908870
284917528723532118438743665161393957482981398318481041108029405329508
087676145047952277906860150710365291101646221101842610740858933713650
241834600586499866251486036732822036836527130607598215195902834638513
172166391921407605035898530758426677637489652399182043160268138829091
633297385352117103714037519396532404741437286050530386136332646960602
612455238748572799521805602879607732817641029491537875663795434846775
042896059003830286361936972989612779816296736805440391702681961702483
823692600064276225249384091526481155636476486775970194565519240628158
814516374887743684536126805417798766751959364961187129022722559648986
286196013015196371058857155479856766710569513859406233591996616375198
134886519159994007136422209291012269717412760695344902758681561085390
696377343658114680625284672813876066200837637266628423503881315819201
795083076602860199384454958304628308531647845874131426624155581330745
808375913208905726649391519791236378692070095784962552126449378834679
356106558055226933845440983395407547092648195381965618352686769342477
205066613540934102606759263745105371873325962756986863372342157141191
748317844646831531034655773027211889281783385847622237397938238759521
283137966563400883542109604838235778576225051830223284440041521857245
292842000377908987223533664888616796169196177113747144976849302510835
420682101015961982638385820054585384631321212408206813991394013867651
585199621899502467693762150378451190779975418513162242940535397101728
761998301435941287077521034978572149267021223532216048327358623816270
149111095669076159522491942939581659486463590746142667252960888566879
158011297794528146468413134249825693810361143664182169660694762309691
043542441317483293861984812204266919465596823347383777419440300215122
505621610032038357789438006719585239526036835760433300111599422330459
309926515483888580119045151762126037768044306746538647568926193690971
212559223716069346233256006801005240889221982359971342429045046622012
964901160165165742415051509296540885671311970725448553525269034453289
375080644192908510725243842501084237101012385587788050690286924972105
789320682408146764204813156275925714319234400308664238314758392015907
619042553219473434644452911850599890847689846234644345037568913713746
614658194446408572135411880421217431050561559711079874439338246027973
257964741943528312529597650737176012821054369665124548831649314091694
547894894812312903654768352950608846066123097844229518799672940618911
706526648967235510119161778299482572780806537988471639083224603418870
005684272878574120345844829877647999338193958402720393053769309198088

887731937846481581383477866976309409116715601561946192351324619481514

Nous espérons que ce livre vous ait donné des outils supplémentaires **pour réaliser vos rêves**. Si c'est le cas, n'hésitez pas à laisser un avis et à partager votre propre expérience en **laissant un commentaire**. Cela nous motivera à continuer à fournir des livres de qualité.

MERCI

Fait avec AMOUR

Gil TAVARES

Notes

www.ingramcontent.com/pod-product-compliance
Lightning Source LLC
LaVergne TN
LVHW012041160826
845678LV00014B/2668

* 9 7 9 8 3 7 4 0 5 6 3 2 7 *